LE GRAND HÔTEL

L'invention du luxe hôtelier

(1862-1972)

Collection « Tables des hommes »

Dirigée par Martin Bruegel, Antonella Campanini, Jean-Pierre Corbeau, Marc de Ferrière, Marie-Pierre Horard-Herbin & Florent Quellier

Les Presses universitaires de Rennes, les Presses universitaires François-Rabelais de l'université de Tours et l'Institut européen d'histoire et des cultures de l'alimentation se sont associés pour développer la première collection en langue française exclusivement consacrée aux cultures alimentaires des sociétés humaines d'hier et d'aujourd'hui. Sa vocation est d'accueillir des travaux universitaires inédits (monographies, synthèses, publications de sources, essais, thèses, actes de colloque, journées d'études), des rééditions de livres ou d'articles devenus des classiques et des traductions d'ouvrages étrangers afin de proposer aux étudiants et au grand public des titres de référence en sciences humaines et sociales sur les rapports qu'entretiennent les hommes avec leur alimentation.

LE GRAND HÔTEL

L'invention du luxe hôtelier (1862-1972)

Alexandre Tessier

Collection « Tables des hommes »
Presses universitaires de Rennes
Presses universitaires François-Rabelais de Tours
2012

Titres déjà parus

Frédérique AUDOIN-ROUZEAU & Françoise SABBAN (Dir.),
Un aliment sain dans un corps sain, 2007
Martin BRUEGEL (Dir.),
Profusion et pénurie. Les Hommes face à leurs besoins alimentaires, 2009
Valérie BOUDIER,
La cuisine du peintre. Scène de genre et nourriture au Cinquecento, 2010
Robin NADEAU,
Les manières de table dans le monde gréco-romain, 2010
Martin BRUEGEL, Marilyn NICOUD & Eva BARLÖSIUS (Dir.),
Le choix des aliments. Informations et pratiques alimentaires, 2010
Marc de FERRIÈRE LE VAYER & Jean-Pierre WILLIOT (Dir.),
La pomme de terre de la Renaissance au XXIe siècle, 2011
Athéna-Hélène STOURNA,
La cuisine à la scène. Boire et manger au théâtre du XXe siècle, 2011
Nicolas BAUMERT,
Le Saké. Une exception japonaise, 2011
Matthieu LECOUTRE,
Ivresse et ivrognerie dans la France moderne, 2011

Mise en page : Charlotte Boutreux – PUFR

Coédition

3, rue des Tanneurs – BP 4103
37041 Tours cedex 1 – France
www.pufr-editions.fr

UHB Rennes 2 – Campus La Harpe
2, rue du Doyen Denis Leroy
35044 Rennes cedex – France
www.pur-editions.fr

ISSN : 0986-4369
ISBN PUFR : 978-2-86906-275-7
ISBN PUR : 978-2-7535-1860-5
Dépôt légal : 1er semestre 2012

REMERCIEMENTS

Le présent ouvrage est issu de ma thèse de doctorat intitulée « Le Grand Hôtel, 110 ans d'hôtellerie parisienne, 1862-1972 », soutenue le 24 novembre 2009 à l'Université François-Rabelais de Tours. Que les professeurs qui composaient mon jury de soutenance, MM. Hubert Bonin, Éric Bussière, Marc de Ferrière le Vayer, Laurent Tissot et Jean-Pierre Williot, trouvent ici l'expression de mes vifs remerciements.

Cette recherche doit beaucoup au Pr Marc de Ferrière le Vayer. Outre le fait d'avoir confié un magnifique sujet à un jeune chercheur, il apporta une attention permanente à l'avancée de mes travaux. Qu'il trouve en ce livre la récompense de son dévouement et de sa gentillesse.

Il m'est également impossible de trop remercier M. Pascal Boissel, qui, en plus de m'accueillir au sein de l'InterContinental Paris-le Grand, manifesta un grand intérêt aux suites de mon travail. Je tiens à présenter de surcroît toute ma reconnaissance envers la direction de l'entreprise qui m'a permis d'avoir un accès facile à ses archives.

Le concours et le soutien de M. Rémi Chapotin, et plus généralement de toute la famille Millon, m'ont aussi été très précieux. Puisse ce livre rendre dignement hommage à l'œuvre de leurs aïeux ainsi qu'à tous ceux travaillant et ayant travaillé au Grand Hôtel.

Cette publication a grandement été facilitée par l'aide financière de l'École doctorale de sciences humaines et sociales de l'Université de Tours.

Je tiens aussi à exprimer toute ma gratitude envers les Presses universitaires François-Rabelais pour l'accueil fait à mon travail et à son président, M. Samuel Leturcq, qui ne ménagea pas sa peine pour la bonne réalisation de ce projet.

Enfin, l'aide patiente et l'affection de mes proches, et tout particulièrement de Livia, m'ont été indispensables.

À tous – et à tous ceux que j'oublie – je présente ma vive reconnaissance.

PRÉFACE

Laurent Tissot
Professeur à l'Université de Neuchâtel

Qui n'a pas rêvé des grands hôtels : de leurs salles à manger aux décors rutilants, de leurs suites les plus excentriques, de leurs menus à rallonge ? Que n'a-t-on pas écrit sur eux : les mystères qu'ils renferment, les intrigues qu'ils cachent, les passions qu'ils suscitent, les drames qu'ils évoquent ? Ils n'ont jamais cessé d'alimenter des imaginaires dont la littérature a été friande d'en explorer tous les recoins[1]. D'Agatha Christie à Vicki Baum, de Thomas Mann à Marcel Proust, d'Alphonse Daudet à Joseph Roth, de Valérie Larbaud à Muriel Spark, la liste est longue des écrivains, mais aussi des peintres, des cinéastes qui ont saisi des scènes, des rencontres, des regards, des attitudes, des attentes, des angoisses. Mais que sait-on d'eux, de leur construction, de leur promotion, de leur fonctionnement, de leur ambition ?

Si le grand hôtel a été un créateur d'émotions et de plaisirs, s'il a été un faiseur de rêves et d'intrigues, il a été aussi un laboratoire étonnant d'innovations techniques, architecturales, culturelles, sociales, gastronomiques, comptables, institutionnelles, logistiques ; il a été un objet économique vers lequel des ambitions financières et professionnelles ont convergé ; il a été un espace de travail qui a mobilisé des ressources humaines très diverses, hiérarchisées, qualifiées ou en passe de le devenir. Il a été un créateur de métiers et a anticipé des évolutions dont d'autres grandes entreprises, actives dans d'autres secteurs, s'inspireront. Il a été un marqueur de développement urbain redessinant des espaces, remodelant des quartiers, redéfinissant les villes. Il a été l'incubateur de notions, de normes, de standards qui s'appliqueront à la société toute entière – l'hygiène, le confort, le bon goût et le luxe notamment.

Alexandre Tessier a l'immense mérite de s'être intéressé à tous ces aspects, encore trop mal connus. En prenant le Grand Hôtel comme cas d'étude, il a la chance de prendre appui sur un des fleurons de l'hôtellerie parisienne. S'il a pu compter sur de très

1. Pour une exploration tout en nuances, cf. Seger C., *Grand Hotel : Schauplatz der Literatur*, Köln/Weimar [etc.], Böhlau Verl., 2005.

bonnes archives, malheureusement inégalement conservées sur le siècle qu'il analyse, le souci d'être toujours proche des acteurs assure à ses observations une très haute qualité de démonstration. Délaissant l'hôte et ses caprices, il porte son attention à celles et ceux qui ont littéralement fait le Grand Hôtel, il se penche sur sa matérialité : les promoteurs, les propriétaires, le personnel, les financements, les agrandissements, les aménagements intérieurs. Il nous invite aux cuisines, nous entraîne à la cave, revient dans le bureau du directeur, passe dans les chambres des clients mais au moment où celui-ci ne s'y trouve point. Il est attentif à l'ascenseur, au mobilier, à la machinerie, aux entrepôts. Bref, il regarde vivre l'établissement tout en décelant ses changements d'aspect, ses changements de propriétaires et leurs conséquences, ses changements de fonctionnement. Par là même, il nous révèle toute la complexité du métier d'hôtelier qui consiste à faire jouer un ensemble d'éléments très disparates de telle sorte qu'ils s'imbriquent les uns les autres efficacement et harmonieusement.

L'histoire du Grand Hôtel qui nous est présentée ici souligne toute l'épaisseur de cette activité. Mais Alexandre Tessier n'oublie pas d'insérer son objet dans un contexte plus large. Une activité hôtelière ne s'arrête pas à l'exploitation d'un hôtel. Elle déborde de l'immeuble et étend ses effets à d'autres secteurs. C'est un ensemble d'activités qui est en jeu et qui regroupe au sens large du terme le logement, la restauration, le commerce, la distraction, la sociabilité et dont les impacts sont très grands en termes de reconfiguration de l'espace urbain, de l'espace social, de l'espace économique, de l'espace professionnel etc. En s'intéressant à tout ce qui « tourne » autour de l'hôtel et qui le fait véritablement vivre, Alexandre Tessier nous montre ce qui fait finalement exister un hôtel : des boutiques, des cafés, des services multiples et divers (communications, transports, informations...) autant que les chambres qu'il loue et des repas qu'il offre. Dans cette perspective, l'auteur redonne au genre monographique une place essentielle dans l'approche économique en lui joignant une dimension « multifonctionnelle » et « multidimensionnelle » à très haute valeur ajoutée. Il insiste surtout sur la nécessaire prise en compte des activités « tertiaires » pour reprendre la typologie de Jean Fourastié, les « services » comme on les appelle aussi, dans nos explications sur la formation des sociétés contemporaines[2]. L'hôtellerie n'est pas une annexe économique, une périphérie dont l'impact ne s'apprécierait que dans le sillage des activités « industrielles » traditionnelles, seules pourvoyeuses d'innovations et de « progrès ».

Alexandre Tessier nous offre une étude très bien documentée, très solide et plaisante à lire. Il éclaire de manière très neuve la question essentielle de l'hôtellerie sans laquelle il est vain de prétendre aborder, d'une façon intelligible, non seulement l'histoire des services, mais l'histoire économique de la France et de l'Europe. Michelle Perrot rapporte, dans son très beau livre sur l'histoire de chambres, les propos de Franz Kafka qui aimait beaucoup les chambres d'hôtel parce que, souffrant des promiscuités de l'appartement familial, il s'y trouvait chez soi[3]. Nous avons beaucoup aimé cette histoire du Grand Hôtel parce que, sans emphase ni effet de manches, Alexandre Tessier nous montre pourquoi les hôtes s'y trouvaient chez eux.

---

2. On trouvera une bonne entrée en matière dans Hervé Mathe, « L'innovation dans les services » in *Les Échos. L'Art de la stratégie*, 5 mai 2000.
3. Michelle Perrot, *Histoire de chambres,* Paris, Seuil, 2009, p. 254.

INTRODUCTION

S'il est indéniable que la grande hôtellerie, ou « l'hôtellerie de luxe » pour reprendre une expression trop souvent galvaudée, suscite l'intérêt du grand public, elle le doit avant tout pour des raisons de notoriété publique. Quelques noms attisent la part d'émerveillement faisant de ces établissements des espaces hors du commun et s'imposent au sommet de cette aura médiatique. De nombreux événements, nourrissant les gros titres des journaux, quel que soit le support, concourent à ce tapage autour des palaces, d'autant plus lorsque ces derniers ont le bonheur de recevoir les célébrités en vogue – il faudrait là encore donner une définition pertinente au concept ! Le Festival de Cannes est ainsi l'occasion de voir les Carlton et Majestic s'afficher en arrière-plan de nombreuses unes. Fin mai 2011, ce sont les grands hôtels de Deauville qui ont pu se réjouir de la présence du G8 et, par extension, des caméras. Il en est de même à Paris lorsque des dates récurrentes du calendrier mondain se déroulent au cœur des hôtels de renom de la capitale, comme le Bal des débutantes ou lors de la Semaine de la mode. De surcroît, les dîners des personnalités politiques ou les très populaires émissions de télé-réalité consacrées à la cuisine font entrer quelques instants le lecteur ou le téléspectateur au sein de ces espaces de rêve. De retentissants faits divers sont également fortement attachés à un établissement hôtelier : nul doute que le Sofitel de New York, suite à « l'affaire DSK », ou le Ritz de Paris, dont les portes tourniquet firent le tour du monde après l'accident mortel de la Princesse de Galles, se seraient volontiers passé de ces coups de pouce du destin.

Ces représentations occultent pourtant la réalité. Ainsi, notre but est dans une large mesure de prendre le contre-pied de ces images qui oublient trop souvent qu'un grand hôtel est avant tout une entreprise s'inscrivant dans un marché toujours plus concurrentiel et devant répondre aux aspirations d'une clientèle ordinaire devenant de plus en plus exigeante à mesure que le besoin du confort, tant en matière d'installation que de service, se fait plus prégnant. Remise dans une perspective historique, cette volonté rencontre un beau cas d'étude en la figure du Grand Hôtel, établissement parisien qui a toutefois perdu son nom de naissance au profit d'une appellation intégrant la chaîne qui l'a acquis. Il est ainsi devenu l'InterContinental Paris le Grand. Malgré tout, le Grand Hôtel est riche d'un passé illustre et peut notamment se féliciter d'être le doyen des grands hôtels de Paris avec bientôt 150 ans d'existence[1].

Fondé au cœur du nouveau quartier de l'Opéra, le Grand Hôtel possède, au centre d'une ville de l'ampleur de Paris, une triple spécificité : tout d'abord par son emplacement géographique, sur la place même de l'Opéra, où il occupe intégralement l'îlot triangulaire dessiné par les grands travaux de Haussmann et délimité par les rues Scribe[2], Auber[3] et par le boulevard des Capucines[4] ; par ses dimensions particulières, considérables – 8 000 m^2 au sol sur sept niveaux soit plus de 50 000 m^2 de surface exploitable ; par

1. Qu'il fête en 2012. D'autres hôtels comme le Grand Hôtel du Louvre ou le Meurice peuvent s'enorgueillir d'être plus anciens. Mais le Grand Hôtel du Louvre n'officie plus dans ses murs d'origine : il fut transféré de l'autre côté de la place du Palais-Royal en 1887, le bâtiment laissant alors place entière aux grands magasins du Louvre. Des inscriptions, au-dessous des balcons du premier étage du Louvre des antiquaires, témoignent de cet emplacement originel. Quant au Meurice, il n'a la forme qu'il possède de nos jours que depuis le début du XXe siècle, date d'un très large agrandissement et d'une profonde rénovation.
2. Primitivement appelée rue de Mogador, la rue Scribe est baptisée en 1863 en mémoire d'Eugène Scribe, auteur dramatique (1791-1862). Cette rue suit « à peu près le tracé de l'ancien passage qui allait de la rue Basse-du-Rempart à la rue des Mathurins » (Rochegude marquis de, *Promenades dans toutes les rues de Paris par arrondissement, IXe arrondissement*, Paris, Hachette, 1910, p. 87).
3. Le percement de la rue de Rouen est prévu par le décret impérial du 14 novembre 1858. Il est décidé dans le large plan de création d'une place pour le nouvel Opéra. De la même manière que pour le quartier de l'Europe, derrière la gare Saint-Lazare, qui adopte des dénominations de destinations de voyage, les rues du quartier de l'Opéra prennent des noms de compositeurs. Ainsi, la rue de Rouen est renommée en 1864 rue Auber, du nom de Daniel-François-Esprit Auber (1782-1871). Autour de l'Opéra, d'autres dénominations suivent cette logique comme la rue Halévy ou encore la rue Glück.
4. Le boulevard des Capucines, formé entre 1685 et 1705, doit son nom au couvent des Capucines qui se situait plus ou moins sur l'emplacement actuel du début de la rue de la Paix. Il fut détruit pendant la Révolution et, à cette époque, « le boulevard des Capucines constituait, avec ceux de la Madeleine et des Italiens, le boulevard Cerruti. Ce n'est que sous l'Empire qu'il retrouva son nom actuel » (Moncan P. de, *Les grands boulevards de Paris*, Paris, Les Éditions du Mécène, 2002, p. 348).

sa destination, construit pour être un hôtel de luxe. Inspiré de gigantesques hôtels étrangers, ouvert dans le sillage des grandes expositions et surtout du développement du tourisme[5] incarné par la révolution des transports[6] et le triomphe de la civilisation bourgeoise, bénéficiant de toutes les innovations de son époque, le Grand Hôtel, inauguré en mai 1862, représente une vitrine des progrès réalisés sous le règne de Napoléon III dans les domaines des sciences, des arts et de l'industrie. Dès son ouverture, du fait de sa conception, des équipements dont il est doté, des services qu'il propose... le Grand Hôtel devient une nouveauté, un symbole du Second Empire parisien, ainsi qu'un monument très caractéristique de cette même époque. Plus important est le fait qu'il institue à Paris et en France, avec le Grand Hôtel du Louvre, inauguré en 1855, un nouveau type d'hôtellerie ; il pose les jalons d'une hôtellerie contemporaine et devient un modèle pour les futures générations d'établissements d'accueil de luxe.

Pour traiter au mieux ce sujet, l'angle d'attaque privilégié est celui de l'histoire d'entreprise telle qu'elle s'est largement développée en France depuis une trentaine d'années[7]. Avec cette première monographie

---

5. La bibliographie sur l'histoire du tourisme commence à prendre de plus en plus d'épaisseur. Loin d'être exhaustif, nous pouvons citer les travaux pionniers de Marc Boyer (par exemple *Histoire générale du tourisme du XVIe au XXIe siècle*, Paris, L'Harmattan, 2005) ainsi que les études de Catherine Bertho-Lavenir (*La roue et le stylo : comment nous sommes devenus touristes*, Paris, Odile Jacob, 1999), de Bertrand Larique [*L'économie du tourisme en France des années 1890 à la veille de la Seconde Guerre mondiale. Organisation et développement d'un secteur socio-économique*, thèse de doctorat d'histoire (dir. Bouneau C.), Université Bordeaux III, 2006] ou le numéro d'*Entreprises et Histoire* de juin 2007 [Tissot L. (dir.), *Entreprises et Histoire, Le tourisme*, juin 2007, n° 47]. L'ouvrage d'Alain Corbin, sur l'apprentissage du tourisme, reste une référence (*Le territoire du vide, l'Occident et le désir de rivage : 1750-1840*, Paris, Flammarion, 1988). Une myriade d'études régionales – que l'on retrouve dans l'introduction de la thèse de Bertrand Larique – serait également à citer.
6. Voir en premier lieu les travaux de François Caron sur « la révolution ferroviaire » (et notamment *Histoire des chemins de fer*, t. I : 1740-1883, Paris, Fayard, 1997). Sur le développement maritime, se référer à Marthe Barbance (*Histoire de la Compagnie générale Transatlantique*, Paris, Arts et Métiers graphiques, 1955) et à Marie-Françoise Berneron-Couvenhes (*Les Messageries Maritimes, L'essor d'une grande compagnie de navigation française, 1851-1894*, Paris, PUPS, 2007).
7. Suite aux travaux pionniers de Bouvier J., *Le Crédit lyonnais de 1862 à 1882 : les années de formation d'une banque de dépôt*, et de Caron F., *Histoire de l'exploitation d'un réseau. La compagnie des chemins de fer du Nord des origines à la nationalisation (1846-1937)*, la bibliographie française s'est largement étoffée. Se référer, entre autres, à : Fridenson P., *Histoire des usines Renault, t. 1, Naissance de la grande entreprise (1898-1939)*, 1972, Paris, Seuil, 1998 ; Daviet J.-P., *Un destin international, La compagnie de Saint-Gobain de 1830 à 1939*, Paris, Éditions des Archives Contemporaines, 1988 ;

d'entreprise portant sur l'histoire d'un hôtel en France, notre démarche première consiste à comprendre comment le Grand Hôtel fut géré au long cours, quels furent les choix retenus par ses divers dirigeants afin de le rendre toujours plus attractif et rentable[8]. Il est ainsi nécessaire d'analyser les moyens mis en place, au fil du temps, par les différents dirigeants du Grand Hôtel pour adapter ce bâtiment très spécifique aux mutations du quartier de l'Opéra et surtout aux évolutions du marché, tout en conservant sa place stratégique, son style, son image, son gigantisme ainsi que son attractivité. Les mouvements capitalistiques seront disséqués avec soin dans la mesure où ils peuvent expliquer, dans une large part, les constantes de l'entreprise, ses réussites voire ses difficultés ponctuelles. Plus globalement, le Grand Hôtel s'avère, du fait qu'il est à l'origine même de la création de la grande hôtellerie et du fait de sa longévité, un prisme privilégié pour détailler les évolutions de cette industrie majeure de l'essor du tourisme parisien et français. Il permet ainsi d'approcher une profession, qui, il faut bien l'avouer, n'avait jusqu'à présent que peu attiré l'attention des historiens.

De manière plus particulière, l'histoire du Grand Hôtel doit permettre de s'interroger sur les fondements de la démarche des frères Pereire, puis, à la suite de la faillite des sociétés de ces derniers, de découvrir pourquoi un petit groupe de financiers parisiens s'est intéressé à l'hôtellerie de luxe comme moyen avantageux d'investissement et comme source d'enrichissement. Enfin, la carrière exceptionnelle d'un homme encore méconnu de l'histoire de l'hôtellerie parisienne, Arthur Millon, retient forcément notre attention. Véritable César Ritz à la française, parti de rien, arrivé selon la légende en sabots de sa Bourgogne natale, Arthur Millon est le créateur d'une des premières « chaînes » – au sens actuel du terme – d'hôtels haut de gamme à Paris. Après la Première Guerre mondiale, André Millon est le digne successeur de son père. Il consolide son œuvre et est par la suite à la tête d'un véritable empire d'hôtels-restaurants pendant plus de cinquante ans. Mais les mésententes familiales ont raison de ce groupement, ce qui provoque la vente en 1972 des quatre principales entités de l'empire que sont le Grand Hôtel, le Meurice, le Prince de Galles et la Rente foncière. De ce fait, la période retenue s'impose d'elle-même. Elle se borne aux 110 premières années d'existence du Grand Hôtel, depuis son ouverture jusqu'à la vente de « l'empire Millon »,

---

Ferrière Le Vayer M. de, *Christofle, deux siècles d'aventure industrielle, 1793-1993*, Paris, Le Monde Éditions, 1995 ; Daumas J.-C., *L'amour du drap, Blin & Blin, 1827-1975, histoire d'une entreprise lainière familiale*, Besançon, Presses universitaires franc-comtoises, 1999 ; Berneron-Couvenhes M.-F., *Les Messageries Maritimes…*, *op. cit.*

8. Le rôle des dirigeants est également au cœur de l'histoire d'entreprise suite notamment à l'ouvrage d'Alfred D. Chandler : *La main des managers : une analyse historique*, Paris, Economica, 1988.

page importante de l'histoire de l'entreprise puisque mettant un terme à sept décennies de capitalisme familial et correspondant à son entrée dans le cercle des chaînes internationales.

L'adoption d'un plan chronologique semble le plus adapté pour mener à bien nos intentions. Aussi, le choix des dates qui divisent ce travail est avant tout dicté par les mutations capitalistiques car elles expliquent en très large partie les différentes politiques commerciales et les grandes orientations de management. À une vision purement économique et recherchant une rentabilité rapide que l'on constate globalement chez les deux premiers groupes de dirigeants ayant exploité le Grand Hôtel, succède une conception tout autre de l'hôtellerie, celle d'Arthur puis d'André Millon. De ce fait, nous analysons en première partie la naissance de l'hôtel, son contexte si particulier qu'est le Second Empire parisien, sa réalisation et les premières années durant lesquelles le Grand Hôtel est directement exploité par la Compagnie immobilière. La seconde partie est dévolue au rachat du Grand Hôtel par la Rente foncière – société immobilière spécialement créée par et pour l'occasion – puis à son exploitation par une société fermière. Cette partie combine une seconde approche, plus thématique, tentant de mettre en lumière le fonctionnement du Grand Hôtel, les rouages internes d'un établissement de cette importance, aux environs de 1900. Le choix de cette période pour appréhender au mieux le quotidien de l'entreprise est entièrement guidé par la concentration exceptionnelle de sources propres au Grand Hôtel pour la période allant de la fin du XIXe siècle au début du XXe siècle. Enfin, la troisième partie s'efforce de retracer cette formidable aventure qu'est celle d'Arthur Millon, de comprendre son ascension puis les orientations adoptées par ses descendants pour assurer la pérennité de son œuvre. Elle se compose ainsi essentiellement de la gestion du Grand Hôtel par la dynastie Millon.

Ce plan ne doit sa cohérence qu'à l'existence de sources permettant de le tenir. Pour réaliser cette monographie d'entreprise, nous nous sommes basé essentiellement sur les archives du Grand Hôtel dont nous nous sommes assuré l'usage auprès de ses dirigeants actuels. À notre connaissance, ce fonds, unique, est le plus important sur l'histoire d'un hôtel de Paris. Néanmoins, les archives du Grand Hôtel ont subi les épreuves du temps et les foudres de quelques cadres « cliophobes »[9], qui, lors de réfections de l'hôtel, jugèrent bon de se séparer de précieux documents. Beaucoup furent détruits et la mémoire de l'hôtel ne doit son salut qu'à l'esprit avisé de quelques employés. Nous ne pouvons par exemple que regretter l'absence quasiment complète de tout document du Grand Hôtel, au sein de ses archives, pour la période

9. Expression empruntée à Jean-Pierre Williot, in *Naissance d'un service public : le gaz à Paris*, Paris, Éditions Rive droite, 1999, p. 679.

allant de sa création à 1887, ou encore le fait, qu'après 1945, nous n'y trouvons plus qu'exclusivement les rapports du conseil d'administration... Notre dépendance à l'égard des sources motive donc un certain nombre d'orientations ainsi que la mobilisation de nombreux documents indirectement liés à l'histoire du Grand Hôtel. De fait, malgré toute leur diversité et leur qualité, les archives de l'entreprise ne pouvaient suffire à mener à bien son étude. Nous l'avons donc étendu à certains fonds tout aussi essentiels comme celui de la Compagnie immobilière conservé principalement aux Archives nationales, ceux de la Préfecture de police de Paris, du Minutier central, des archives bancaires...

Comme déjà évoqué, l'hôtellerie reste un champ de recherches peu inexploré par les historiens. Elle a souvent été étudiée sous l'angle de l'histoire de l'architecture[10], non sous celui de l'histoire économique. La relative absence de sources propres aux hôtels explique directement l'anémie du bilan bibliographique. Bien que Jean-Marc Lesur se soit attaqué à ce vide pour les XIXe et XXe siècles pour Paris, une étude générale, chiffrée et globale fait défaut pour la France[11]. En revanche, concernant la fin de l'époque moderne et le début du XIXe siècle, l'ouvrage dirigé par Daniel Roche relatif aux mouvements de populations et aux structures d'accueil à Paris reste une référence[12]. Par contre, ce qui est vrai pour l'historiographie française ne l'est pas forcément ailleurs. Ainsi, nous avons pu atténuer cette relative absence de la recherche par l'utilisation d'études étrangères, notamment allemandes et suisses[13]. Ce faisant, l'hôtellerie de luxe a toujours fait rêver – et vendre. À cet égard, les ouvrages sur le sujet, plus ou moins sérieux, ne manquent pas. Nous avons

10. Notamment : Denby E., *Grands hotels, reality & illusion, an architectural and social history*, Londres, Reaktion Books, 1998 ; Pevsner N., *A history of building types*, Washington, Thames and Hudson, 1976.

11. Lesur J.-M., *Les hôtels de Paris, de l'auberge au palace, XIXe-XXe siècles*, Neuchâtel, Éditions Alphil, 2005.

12. Roche D. (dir.), *La ville promise. Mobilité et accueil à Paris (fin XVIIIe siècle – début XIXe siècle)*, Paris, Fayard, 2000.

13. Nous faisons référence aux différents livres et articles de Laurent Tissot [voir notamment « L'hôtellerie de luxe à Genève (1830-2000). De ses espaces à ses usages », in *Entreprises et Histoire, Le luxe*, avril 2007, n° 46, p. 17-33 ou « Le Beau-Rivage Palace : son évolution économique et sociale (1861-1976) », in Maillard N. (dir.), *Beau-Rivage Palace. Histoire(s)*, Lausanne, 2008, p. 62-76)] ou de Roland Flückiger-Seiler (par exemple : *Hotelpaläste : zwischen Traum und Wirklichkeit : Schweizer Tourismus und Hotelbau, 1830-1920*, Baden, Hier + Jetzt, 2003). Il nous faut également citer les travaux de Virginie Jourdain sur Bruxelles comme *L'Hôtel Bellevue (1776-1905). Précurseur de l'hôtellerie de luxe à Bruxelles*, Bruxelles, Archives de la Ville de Bruxelles, collection Studia Bruxellae n° 5, 2008, ou sa très récente thèse : *L'hôtellerie bruxelloise 1880-1940, acteurs, structures et logiques spatiales d'un secteur multiforme*, thèse de doctorat d'histoire (dir. Jaumain S. et Tissot L.), Université libre de Bruxelles et Université de Neuchâtel, 2011.

fait le choix de n'indiquer dans notre bibliographie que les livres ayant, selon nous, un réel intérêt, souvent iconographique[14]. De plus, un style s'est largement développé depuis quelques années, celui des beaux ouvrages commémoratifs. À nouveau, leur valeur iconographique est indéniable même s'ils regorgent avant tout de grands faits divers et autres anecdotes[15]. Dans la même veine se situe la très riche contribution de Pascal Boissel sur le Grand Hôtel en particulier[16]. Cet ouvrage, comme celui de Jean-Marc Lesur, du musée Carnavalet sur les hôtels de luxe[17] et celui de la Délégation à l'action artistique de la ville de Paris sur la création du quartier de l'Opéra[18], utilise en large partie l'exemple du Grand Hôtel, voire se sert de ses archives. Nous ne pourrons pas éviter quelques effets d'écho, bien que ces ouvrages n'aient pas la même ambition que le nôtre.

---

14. *Palaces et grands hôtels d'Europe*, Paris, Flammarion, 1984 ; Etienne B., Gaillard M., *Palaces et grands hôtels*, Paris, Éditions Atlas, 1992 ; Braunstein M., Giraud D., Lemaire G.-G., *Grands Hôtels de Paris et d'Europe centrale et orientale*, Paris, Éditions Éric Koehler, 1993 ; Kosinski S., Micheletti E., *Grands Hôtels du bord de mer*, Paris, Histoire & Collections, 1996 ; Hélène P.-A., *Palaces de France, vie et mémoire de l'extravagance*, Genève, Vögele, 2003...

15. Loin d'être exhaustif, nous pouvons citer : Boissel P., *Hôtel Meurice*, Paris, SNEA, 1987 ; Jammet P., *Le Bristol, un palace dans son siècle*, Paris, Hoëbeke, 1998 ; Payen-Appenzeller P., *Hôtel Plaza-Athénée Paris*, Paris, Assouline, 2004 ; *Le Montreux Palace*, Montreux, Éditions Montreux Palace SA, 2006 ; Hélène P.-A., *Hôtel Scribe, une légende au cœur de Paris*, Paris, 2010. À l'occasion de son centenaire, le Lutetia vient d'emboîter le pas. Adoptant une démarche rigoureuse, il nous faut citer la magnifique publication du Beau-Rivage Palace de Lausanne [Maillard N. (dir.), *Beau-Rivage Palace... op. cit.*].

16. Boissel P., *Grand Hôtel, Café de la Paix, deux siècles de vie parisienne*, Paris, Éditions Italiques, 2004.

17. Musée Carnavalet, *Du palais au palace, des grands hôtels de voyageurs à Paris au XIXe siècle*, Paris, Paris Musées, 1998.

18. Loyer F. (dir.), *Autour de l'Opéra, naissance de la ville moderne*, Paris, Délégation à l'action artistique de la ville de Paris, 1995.

PREMIÈRE PARTIE

Naissance d'un géant 1860-1879

Paris est entièrement transformé sous le Second Empire. Avec lui, de nouvelles règles d'urbanisme s'imposent. Elles sont motivées par des préoccupations d'ordre social, de sécurité intérieure, d'hygiène, d'élégance, de communication – autant pour les troupes que pour la circulation civile... L'État et la préfecture de Paris décident d'ouvrir la ville ; elle est en outre considérablement agrandie après l'annexion de dix-huit communes périphériques en 1860. Les quartiers jugés insalubres et malsains sont éventrés, de grandes voies améliorant autant la circulation que la mise en valeur des monuments sont percées. Déjà, avant son arrivée sur le trône impérial, Louis-Napoléon Bonaparte nourrit de grandes ambitions. Inspiré durant son exil par la ville de Londres où il a plus vécu qu'à Paris avant son élection à la présidence de la République, il rentre dans la capitale française en septembre 1848 avec un plan de la ville où est résumé, à grands traits de couleur selon la priorité à leur donner, le futur programme de transformations. Une fois la république transformée en empire, il choisit un préfet aux compétences reconnues et à la volonté certaine pour mener à bien cette mission grandiose, déjà ébauchée durant les précédents régimes. Georges-Eugène Haussmann est ainsi le bras armé de Napoléon III dans sa volonté de faire de Paris la représentation de l'éclat glorieux du régime en construction.

Schématiquement, on retient que les grands travaux de Haussmann – baptisés ainsi par la postérité – sont appliqués en trois temps, en trois réseaux. La pierre angulaire du deuxième réseau est la création, de toutes pièces, du quartier de l'Opéra, véritable « nouvelle ville adossée à l'ancienne »[1]. Vers le milieu du XVIIIe siècle, la zone n'est encore qu'une vaste campagne aux portes de Paris, comme en atteste le plan de Turgot. Du reste, le secteur de l'Opéra est sans doute l'application la plus stricte de la nouvelle conception de la ville que veut en faire Napoléon III. L'empereur, du temps de son règne, revendique la paternité de cette réalisation : l'axe qui ouvre la nouvelle place vers le Louvre

---

1. Andia B. de, « Quartier haussmannien, cité idéale », in Loyer F. (dir.), *Autour de l'Opéra...*, *op. cit.*, p. 14.

porte son nom, le quartier possède le bâtiment public le plus caractéristique du régime : l'Opéra de Charles Garnier. Néanmoins, limiter le quartier à son chef-d'œuvre architectural est une erreur importante puisque l'ensemble ne tarde pas, dès la fin du Second Empire mais surtout au commencement de la Troisième République, à devenir « un quartier bourgeois, un quartier d'affaires et un quartier de plaisir »[2]. Parmi les acteurs œuvrant au développement et à la réputation dont bénéficie le quartier tout entier, le Grand Hôtel est l'un des premiers édifices achevés et donc participant à ce processus. De surcroît, si l'Opéra est le monument parisien par excellence du Second Empire, le Grand Hôtel n'en est pas moins un bâtiment très caractéristique en étant, en plus, une nouveauté pour Paris, avec le Grand Hôtel du Louvre, c'est-à-dire un hôtel de voyageurs de grande capacité et de grand confort.

La naissance de la grande hôtellerie parisienne résulte avant toute chose de la prise de conscience de l'absence totale d'offre suffisante pour accueillir un flot continuel et croissant de clientèle haut de gamme à Paris. Le développement du tourisme, « grand fait du XIXe siècle »[3], est en effet appréciable à partir du début du siècle. Le modèle du touriste reste celui du XVIIIe siècle, à savoir celui des « voyageurs qui parcourent l'Europe selon le modèle du "Grand Tour" des Anglo-Saxons »[4]. Il perdure en partie bien qu'apparaissent de nouveaux touristes, se découvrant des passions jusqu'alors inconnues pour le voyage. Ainsi, la reprise des flux touristiques, notamment après 1815, voit l'émergence, à côté des aristocrates, « des membres de la bourgeoisie industrielle qui commence à s'affirmer et d'une clientèle de rentiers libres de leur mouvement »[5]. Qui plus est, ce tourisme s'étend tant du point de vue géographique que culturel, les centres d'intérêt du voyage se diversifiant. Paris ne peut passer à côté du phénomène. La capitale française est déjà, au XVIIIe siècle, une étape obligatoire du Grand Tour aristocratique des jeunes Anglais, s'éloignant de leur *home* pour une durée d'environ six mois afin de parfaire leur éducation. Son attractivité faiblit quelques années, durant les troubles de la Révolution, mais se réaffirme par la suite notamment pour ses activités commerciales, culturelles et de divertissements. Les nouvelles formes de pensée et d'épanouissement individuel ont aussi été les principales causes de ce développement. De ce fait, « entre 1831 et 1846, le flux des étrangers est multiplié par quatre »[6]. Néanmoins, comme c'est le cas à Genève,

2. Estrampes J.-C., « Une cité radieuse ? », in Loyer F. (dir.), *Autour de l'Opéra…, op. cit.*, p. 71.
3. Boyer M., *Le tourisme*, Paris, Seuil, 1972, p. 133.
4. Corbin A., *Le territoire du vide…, op. cit.*, p. 331.
5. Tissot L., « L'hôtellerie de luxe à Genève… », *op. cit.*, p. 17-18.
6. Favier J., *Paris, deux mille ans d'histoire*, Paris, Fayard, 1997, p. 539.

« les structures d'accueil habituelles ne suffisent dès lors plus à répondre à cet afflux »[7].

Sous l'Ancien Régime, les voyageurs de bonne naissance ont l'habitude de séjourner, entre eux, dans « des hôtels aristocratiques convertis à la fonction hôtelière »[8]. La Révolution accélère le mouvement et transforme de nombreux hôtels particuliers « en maisons garnies pour assurer [...] d'indispensables revenus »[9]. La pratique demeure et a le mérite, pour ses acteurs, de réunir dans des cadres somptueux l'élite européenne. Confort, luxe, manières de vie et hygiène sont au rendez-vous. Ces hôtels particuliers forment en quelque sorte la transition entre l'hôtellerie moderne et contemporaine. L'hôtel Meurice – surnommé dans l'une de ses publicités « Cité de Londres » – ouvert en 1818 rue Saint-Honoré à l'initiative de Louis-Augustin Meurice, fils d'un aubergiste calaisien, propose déjà des services dignes d'un hôtel de luxe, regroupant dans des proportions encore restreintes les visiteurs de la capitale. Il reste très longtemps considéré « comme la meilleure étape parisienne »[10] par les Anglais. Toutefois, il existe bien d'autres modes d'hébergement à Paris, des auberges héritées tout droit de l'Ancien Régime ou des « hôtels garnis », parfois qualifiés « d'hôtels à punaises »[11], aux services et au confort rudimentaires. La pension Vauquer reste l'une des plus célèbres de la littérature classique[12]. À tort ou à raison, leur image est déplorable. Il ne faut pas perdre de vue que, sous le Second Empire, les hôtels garnis se multiplient du fait de l'accroissement de la population flottante parisienne, souvent en attente d'un travail ou d'une situation fixe. Beaucoup logent dans ces hôtels à demeure. On dénombre 6 000 hôtels en 1847 à Paris, plus de 12 000 à la fin du Second Empire[13]. Le développement de l'activité hôtelière en tant qu'industrie à part entière se confirme, même si, dès les années 1820, l'industrie hôtelière parisienne a déjà connu un formidable essor, du fait, entre autres, du décollage économique de la capitale,

7. Tissot L., « L'hôtellerie de luxe à Genève... », *op. cit.*, p. 18.
8. Chabaud G., Milliot V., Roy J.-M., « La géographie parisienne de l'accueil », in Roche D. (dir.), *La ville promise...*, *op. cit.*, p. 121.
9. Musée Carnavalet, *Du palais au palace...*, *op. cit.*, p. 20.
10. Boissel P., *Hôtel Meurice*, Paris, SNEA, 1987, p. 26.
11. Frébault E., *La vie de Paris, guide pittoresque du visiteur*, Paris, E. Dentu, 1878, p. 29.
12. Balzac H. de, *Le Père Goriot*, Paris, Werdet et Spachmann, 1835 ; réédition : Paris, Le Livre de poche, 2004.
13. Lesur J.-M., *Les hôtels de Paris...*, *op. cit.*, p. 49. Sur la période suivante, voir Faure A., Levy-Vroelant C., *Une chambre en ville : hôtels meublés et garnis de Paris, 1860-1990*, Paris, Créaphis, 2007.

notamment dans le secteur du bâtiment, ce qui a pour conséquence l'arrivée massive d'ouvriers logeant en premier lieu en garni[14].

Au total, et au-delà des chiffres, c'est peut-être l'importance des initiatives liées au tourisme qui est le meilleur indice de son développement. L'essor des guides[15] puis des agences de voyages, la création de compagnies de transport maritime et ferroviaire, la fondation d'hôtels, de stations balnéaires, comme par exemple la ville d'Arcachon – autant d'activités auxquelles les créateurs du Grand Hôtel se sont intéressés de près –, marquent l'engouement pour l'esprit du voyage au XIXe siècle. De plus, à « partir du Second Empire, les grandes expositions internationales provoquent [...] des flux périodiques qui grossissent dans l'immédiat le mouvement migratoire et sont à long terme, par les récits qu'ils inspirent, générateurs de nouvelles aspirations au tourisme »[16]. C'est dans ce contexte si particulier, aux multiples éléments favorisant son apparition, que naît la grande hôtellerie parisienne. Deux conditions paraissent essentielles à sa naissance : la création d'un nouvel environnement et l'apparition d'une nouvelle demande.

14. Chabaud G., Milliot V., Roy J.-M., « La géographie parisienne de l'accueil... », *op. cit.*, p. 162-164.

15. Chaubaud G., Cohen E., Coquery N., Penez J. (dir.), *Les guides imprimés du XVIe siècle au XXe siècle, villes, paysages, voyages*, Paris, Belin, 2000.

16. Favier J., *Paris, deux mille ans d'histoire...*, *op. cit.*, p. 540.

CHAPITRE I

La création

L'invention d'une nouvelle industrie

Peut-être fallait-il des hommes à l'ambition débordante et au dynamisme incessant pour épauler Napoléon III et Haussmann dans leur intention de bouleverser Paris, mais aussi pour accompagner tous les secteurs d'activité en expansion du deuxième tiers du XIXe siècle. Opportunistes, mégalomanes pour d'autres, Émile (1800-1875) et Isaac Pereire (1806-1880) font partie des hommes qui croient au progrès, qui vivent avec leur temps et qui ont une confiance entière dans tout ce qu'ils jugent positif pour l'avenir de la nature humaine ainsi que pour leur fortune. La première partie de leur carrière est jalonnée de nombreux succès ; la seconde, parce qu'ils ne se sont imposé aucune limite et qu'ils se sont cru tout permis, entraîne un long délitement de leurs affaires, puis, dans la même impulsion, de leur mémoire. Il est nul besoin de revenir sur le destin bien connu des deux frères, ni sur leur origine modeste, ni sur leur arrivée à Paris synonyme de lancement dans le monde des affaires, ni sur leur participation à des secteurs d'activité en pleine révolution comme les chemins de fer ou la banque, ni sur la formidable débâcle qu'ils connaissent bien avant celle de Sedan[1]. Toutefois, il est impossible ici de ne pas retracer l'histoire de l'une de leurs innombrables sociétés, la Compagnie immobilière, qui participe grandement à la transformation de la capitale mais qui est surtout à l'origine de l'irruption de la grande hôtellerie parisienne.

---

1. Se référer en premier lieu à Stoskopf N., *Les patrons du Second Empire, tome VII : banquiers et financiers parisiens*, Paris, Éditions A. et J. Picard, 2002, p. 273-288 et Autin J., *Les frères Pereire, le bonheur d'entreprendre*, Paris, librairie académique Perrin, 1984.

Les Pereire et la transformation de Paris

Énième entité créée par les Pereire, la Compagnie immobilière connaît un avènement contrarié. Les projets s'accumulent sans se concrétiser[2]. Toujours est-il qu'en décembre 1854, la Société anonyme de l'hôtel et des immeubles de la rue de Rivoli voit le jour. Ses statuts sont déposés le 4 décembre, approuvés le 9 par décret impérial[3]. La nouvelle société prévoit

> d'acquérir de l'État et de la ville de Paris la totalité des lots restant à vendre situés entre la rue de Rivoli et la rue Saint-Honoré, de la rue des Poulies au passage Delorme ; d'élever sur ces terrains toutes constructions, de donner à bail, échanger ou revendre les terrains bâtis ou non bâtis ensemble ou séparément.[4]

Son capital est fixé à 24 MF, divisé en 240 000 actions de 100 F. Elle n'est en fait qu'une miniature de ce que les Pereire avaient à l'esprit : avant cela, ils prévoient la fondation d'une société devant « travailler à l'assainissement et à l'embellissement des villes en donnant aux constructions publiques et privées le développement et la perfection que ne peut atteindre l'entreprise individuelle »[5]. N'ayant pas reçu l'approbation impériale, ces statuts sont restés dans leurs placards. Malgré ce revers, la première société des Pereire participe à l'achèvement de ce vaste ensemble qui consiste à relier la place de la Concorde à l'Hôtel de Ville. L'initiative et les plans sont du ressort de la préfecture ; les Pereire ne sont que le « bras financier » de l'opération. Une fois les nouvelles voies dressées, Haussmann veut vendre les terrains non utilisés, mais cette revente

> s'avère difficile. Haussmann ne parvient pas à trouver d'acquéreurs, car la transformation de Paris est trop balbutiante pour convaincre les opérations financières de lancer de grandes opérations de construction le long des voies qui se créent.[6]

---

2. AN, F/12/6780 : Compagnie de l'hôtel et des immeubles de la rue de Rivoli et ET/VIII/1665 : minutes de Me Fould, mai et juin 1854. Pour plus de détails, cf. Tessier A., *Le Grand Hôtel…*, *op. cit.*, p. 31-32.
3. AN, ET/VIII/1668 : minutes de Me Fould, novembre et décembre 1854.
4. AN, F/12/6780 : Compagnie de l'hôtel et des immeubles de la rue de Rivoli, statuts de 1854.
5. AN, F/12/6780 : AG de la Compagnie de l'hôtel et des immeubles de la rue de Rivoli, 26 mai 1856.
6. Carmona M., *Haussmann*, Paris, Fayard, 2000, p. 292.

Les Pereire, sans doute pour s'attirer les bonnes grâces du pouvoir impérial, achètent tous les lots à pourvoir ; ils agissent de la même manière à maintes reprises. Par contre, le préfet de Paris fixe un cahier des charges rigoureux – « pierre de taille, toiture en zinc en dos-d'âne dite « à l'impériale », arcades au rez-de-chaussée, grand balcon régnant aux 1er, 3e et 4e étages »[7] ; des plans de balcons ou encore de pilastres sont joints aux actes de vente[8] – et ordonne que les travaux de construction soient terminés pour l'inauguration de l'Exposition universelle, soit le 1er mai 1855. Ces délais, très stricts, ne sont qu'en partie respectés : le grand magasin des nouveautés du Louvre ouvre ses portes en juillet 1855, trois maisons sur onze restent à achever en mai 1856[9].

L'opération de la rue de Rivoli est très révélatrice de la stratégie des Pereire au cours de la transformation de Paris. En effet, une vision d'ensemble, que nous pourrions qualifier de « système Pereire »[10], est perceptible. Ainsi, le Grand Hôtel du Louvre, qui est au cœur de ce premier investissement, n'a pas qu'une fonction hôtelière, de source de bénéfices par lui-même. Il est là pour mettre en valeur tout un quartier et donc l'ensemble des possessions de l'entreprise. Le Grand Hôtel du Louvre doit insuffler un « mouvement de vitalité [...] dans un rayon très étendu »[11] à tout le quartier du Palais-Royal. L'ensemble de la tactique des Pereire est donc fondé sur l'achat de la totalité de terrains expropriés par le dégagement des Tuileries et du Louvre, sur la transformation d'un quartier tout entier dont l'aspect contrastait jusqu'à présent avec la magnificence des deux palais, ce qui permet en définitive d'espérer louer ou vendre à des tarifs supérieurs au marché les nouveaux appartements. Au total, cette première opération est sans doute la plus grande réussite de l'Immobilière : en 1862, elle ne possède plus que le Grand Hôtel du Louvre rue de Rivoli, ce qui signifie qu'elle a réussi à se séparer du reste.

Les frères Pereire, Émile en tête, ne sont pas que des opportunistes ou des serviteurs du pouvoir impérial. Ils ont de vrais objectifs personnels qui

7. Musée Carnavalet, *Du palais au palace…*, *op. cit.*, p. 75.

8. AN, ET/VIII/1669 : minutes de Me Fould, janvier-février 1855.

9. AN, F/12/6780 : AG de la Compagnie de l'hôtel et des immeubles de la rue de Rivoli, 26 mai 1856.

10. Nous reprenons à notre compte une expression d'Emmanuel Chadeau bien que nous parlions en l'occurrence de la stratégie d'investissement des Pereire dans le secteur immobilier (*L'économie du risque, les entrepreneurs, 1850-1980*, Paris, Olivier Orban, 1988, p. 116).

11. AGO du 23 juin 1857 de la Compagnie de l'hôtel et des immeubles de la rue de Rivoli in *Compagnie immobilière de Paris, ci-devant Compagnie de l'hôtel et des immeubles de la rue de Rivoli, rapports aux assemblées générales*, Paris, Imprimerie administrative et des chemins de fer de Paul Dupont, 1861, p. 41.

se traduisent dans leurs actes. Tel Louis-Napoléon dans son discours de Bordeaux déclarant sa volonté en matière de politique générale et de développement économique, Émile Pereire énonce, en septembre 1855, les grands fondements dictant l'action de la société. Il commence par dresser un tableau de la situation passée puis met l'accent sur la volonté impériale de transformer la capitale :

> le développement de l'industrie et du commerce, l'augmentation de la fortune publique tendent à changer l'aspect de nos vieilles cités. Les rues étroites, les maisons entassées et malsaines disparaissent pour faire place à des voies larges et commodes, à des habitations élégantes et spacieuses, en harmonie avec les besoins de notre époque. La ville de Paris est depuis quelques années entrée hardiment dans cette voie de transformation ; mais jusqu'à présent, ses efforts avaient été incomplètement secondés par l'appui de capitaux insuffisants ou isolés.[12]

Pour mieux convaincre ses actionnaires, Pereire dégage toute l'importance qu'ils peuvent avoir dans cette action dont le bien-fondé ne souffre d'aucune contestation. Du reste, le premier choix d'investissement de l'Immobilière n'est pas un hasard. La transformation de la rue de Rivoli – contiguë au Louvre et aux Tuileries – est une réelle opération de prestige, de notoriété publique. Les Pereire rappellent aussi souvent que possible qu'ils disposent du soutien impérial, indispensable à toute initiative d'ampleur, et revendiquent largement cette proximité :

> nos efforts tendraient à seconder l'Administration dans ses projets d'embellissement et d'assainissement de la ville de Paris. [...] Nos travaux auront un résultat avantageux pour notre société, et leur parfaite et rapide exécution remplit les vues de la ville de Paris et du Gouvernement.[13]

Rapidement, les Pereire souhaitent étendre leurs actions. Toutefois, ils se rendent compte que leur première société, cantonnée à la rue de Rivoli, est géographiquement trop restrictive. C'est pourquoi, en juillet 1858, elle devient la Compagnie immobilière de Paris[14]. Les nouveaux statuts, relativement proches des précédents, ne font qu'accroître le champ d'action de la société à l'ensemble de la ville. Les Pereire agissent de la même manière

12. AN, F/12/6780 : AG de la Compagnie de l'hôtel et des immeubles de la rue de Rivoli, 29 septembre 1855.

13. *Ibid.*

14. AN, ET/VIII/1690 : minutes de Me Fould, juillet et août 1858.

lorsqu'ils veulent nationaliser leur action, pour poursuivre leurs activités en dehors de Paris, notamment à Marseille. En 1863, elle devient la Compagnie immobilière. Ainsi, les Pereire suivent Napoléon III partout où il ordonne de transformer. Ils ont une confiance totale, presque aveugle, en l'empereur, en sa politique et en la conjoncture :

> Aujourd'hui que la paix, rétablie par l'ascendant de la France, donne à l'Europe toute entière des gages de sécurité et de stabilité, la pensée des capitalistes et des financiers doit naturellement se tourner vers les entreprises de longue haleine qui demandent, pour se fonder, se développer et s'accomplir, les conditions de calme et de tranquillité dont les résolutions du Congrès de Paris viennent de donner garantie au monde.[15]

Dès que l'on parle de modifier le boulevard Mazas – boulevard Diderot –, les Pereire s'engagent et veulent procéder à une augmentation de capital de leur société. La délibération allant en ce sens est votée en mai 1856. Elle prévoit de tripler le capital de l'Immobilière, de le porter à 72 MF. Cette volonté se heurte à la volonté impériale, à la prudence des ministres – Magne s'y oppose fermement – ou à celle de la Banque de France puisqu'en juillet 1858, son capital est toujours de 24 MF. Une autre demande, en vue d'un doublement, est effectuée en juillet 1857, subissant un nouveau refus. Outre ces difficultés, le choix du nouveau nom de la société pose problème : Émile Pereire propose tout d'abord Société immobilière de Paris puis Compagnie immobilière de la Seine[16]. Plus intéressant, fin 1862, un large projet de fusion, entre la Compagnie immobilière, la Compagnie des magasins généraux et la Compagnie des ports de Marseille, est à l'ordre du jour. Comme pour mieux sous-entendre que l'opération bénéfice du patronage de l'empereur, Émile Pereire affirme à ses actionnaires que la future société prend le nom de Compagnie impériale immobilière[17]. Cette dénomination éloquente ne suscite pas l'enthousiasme désiré et le projet ne prit jamais forme. De fait, au plus haut sommet de l'État, on cherche à encadrer les velléités des deux frères.

Le deuxième quartier dans lequel les Pereire investissent sans compter est celui tout naissant de l'Opéra. Très précocement, la Société anonyme de l'hôtel et des immeubles de la rue de Rivoli s'y positionne avec l'achat de l'hôtel particulier d'Osmond, ce qui paraît non conforme à ses statuts. Dès

15. AN, F/12/6780 : AG de la Compagnie de l'hôtel et des immeubles de la rue de Rivoli, 26 mai 1856.
16. AN, F/12/6780 : lettre d'Émile Pereire adressée au ministre de l'agriculture, du commerce et des travaux publics.
17. AN, F/12/6781/A et B : AGE de la Compagnie immobilière de Paris du 19 novembre 1862 et projets de statuts.

1855, Émile Pereire annonce le prochain emplacement où il compte exercer sa volonté et rappelle le caractère stratégique de l'acquisition :

> enfin, nous nous sommes rendus acquéreurs de l'ancien hôtel d'Osmond, situé rue Basse-du-Rempart, en face de la rue de la Paix. Chacun de vous, Messieurs, connaît cette magnifique habitation, placée dans une situation exceptionnelle, sur le plus riche boulevard de Paris et dont les dépendances considérables permettront de tirer, plus tard, un grand parti.[18]

Bien que la place Vendôme et la rue de la Paix soient déjà le cœur du monde de la mode et de la joaillerie[19], il est remarquable que les Pereire se préoccupent de réalisations immobilières dans des quartiers en devenir. Il nous faudra y revenir. Après le Louvre et l'Opéra, la plaine Monceau, opération neuve et de prestige, devient une véritable préoccupation à partir de 1860. Son aménagement ne peut que séduire les deux frères du fait de la proximité avec La Chaussée d'Antin, quartier des financiers sous le Second Empire. L'Immobilière s'engage aussi dans des opérations moins glorieuses comme celle du boulevard du Prince-Eugène – baptisé en 1872 boulevard Voltaire –, espace qui n'attire guère les autres entrepreneurs. Après avoir acheté tous les terrains vacants, la société se charge de construire

> les immeubles de façade, sans luxe mais sans médiocrité, si bien que de petits bourgeois attirés par un confort honorable à prix raisonnable commencent à prendre le chemin de cette vaste artère, désenclavant du même coup le Marais et le centre assez encombré.[20]

L'inspiration saint-simonienne se retrouve dans ce chantier différent des autres. Selon les deux frères, la rénovation de Paris, le travail qu'elle procure, l'embellissement et l'assainissement de certains quartiers ne peuvent que profiter à l'ensemble de la population. D'ailleurs, Émile Pereire distingue deux types de transformations : les beaux quartiers qui « attirent de toutes les parties de l'Europe et du monde une clientèle riche »[21], ce qui est avantageux pour le commerce et l'industrie, et les anciens quartiers rénovés, offrant des conditions plus dignes d'habitation aux classes populaires. Il reste tout de

---

18. AN, F/12/6780 : AG de la Compagnie de l'hôtel et des immeubles de la rue de Rivoli, 29 septembre 1855.
19. Plessis A., « Au Second Empire, de l'entreprise de luxe au sommet des affaires », in Marseille J. (dir.), *Le luxe en France du siècle des « Lumières » à nos jours*, Paris, ADHE, 1999, p. 56.
20. Autin J., *Les frères Pereire...*, *op. cit.*, p. 297.
21. AN, F/12/6781/A : AGE de la Compagnie immobilière de Paris, 19 novembre 1862.

même sujet à caution que ces mêmes classes puissent s'offrir ces nouveaux appartements, comme en atteste leur désertion forcée du centre de la capitale en direction de l'est et de la banlieue.

Aller plus en détail dans l'ensemble des acquisitions des Pereire, dans leur tactique d'achat et de gestion, puis dans la longue agonie de l'Immobilière, dans les déboires et les ennuis judiciaires que connaissent ces multiples opérations, est passionnant, mais nous éloigne de nos objectifs principaux. Notons simplement que la croissance de son actif est considérable : en 1861, l'Immobilière possède, outre le Grand Hôtel du Louvre, des immeubles rue de Rivoli, boulevard des Capucines, sur les Champs-Élysées, rue du Caire et boulevard Malesherbes. Les bases de sa stratégie d'achat sont aisément décelables : achats exclusifs sur la rive droite, focalisation – à l'exception du boulevard du Prince-Eugène – vers des opérations de prestige, amorce de la poussée vers l'ouest des quartiers élégants parisiens. Il aurait été aussi fort intéressant de suivre l'évolution du parc immobilier de la société des Pereire mais cette tâche se révèle des plus ardues du fait que les ventes des terrains ou immeubles se réalisent « à la découpe », c'est-à-dire qu'elles s'opèrent séparément, échelonnées dans le temps au gré des offres des acheteurs. Il est rare qu'un groupe de maisons se vende d'un seul tenant. En outre, de nombreuses cessions se font par voie d'échange ; ainsi en est-il par exemple pour l'achat de terrains situés sur l'ancien Jardin d'hiver, à proximité des Champs-Élysées. Cet achat se réalise par l'échange de « trois immeubles situés rue de l'Échelle, n° 3, rue de Rivoli, n° 180 et 184, et en payant, à titre de soulte 800 000 F »[22]. La pratique est courante et s'opère également à Marseille où le parc de l'Immobilière prend des proportions très importantes. Il faut dire que les ambitions que les Pereire nourrissent pour la cité phocéenne sont à la hauteur du percement de l'isthme de Suez et de toutes les grandes actions de leur temps. D'après eux, grâce au désenclavement du vieux port, « Marseille ne peut manquer d'acquérir une importance dont le port de Liverpool peut à peine donner l'idée »[23].

Au début, les résultats semblent correspondre aux attentes des administrateurs de la société. Elle distribue dès 1855 un dividende de cinq francs qui passe à dix en 1860. La Bourse est stable mais sensible à tout événement géopolitique :

> le cours des actions [de la Compagnie immobilière] se maintient pendant sept ans de 100 à 130 francs environ pour faire 170 en 1855 lors de l'Exposition universelle, et 80 francs en 1859 au moment de la

22. AG du 23 juin 1858 de la Compagnie de l'hôtel et des immeubles de la rue de Rivoli in *Compagnie immobilière de Paris, ci-devant Compagnie de l'hôtel…*, *op. cit.*, p. 62.
23. AN, F/12/6 781/A : AG de la Compagnie immobilière, 27 avril 1865.

guerre d'Italie. Pendant l'année 1862, la valeur des actions alla toujours croissant.[24]

Néanmoins, ces bons résultats ne sont que l'arbre qui cache la forêt. Les valeurs de l'Immobilière sont en constante expansion, ce qui se traduit certes par une augmentation du revenu, notamment grâce aux loyers, mais la plupart des constructions neuves ne trouvent pas preneur. Pour ne rien arranger, la conjoncture devient incertaine – guerres d'Italie, expédition du Mexique – ce qui a comme conséquence de ralentir les mouvements économiques. Malgré la volonté des Pereire, les taux d'intérêt sont à la hausse, ce qui fait qu'ils trouvent de moins en moins d'acquéreurs pour leurs immeubles. Ils sont eux-mêmes endettés à des taux trop élevés. Le 28 avril 1866, Émile Pereire préside sa dernière assemblée générale. Pourtant, selon ses dires, il semble que tout aille pour le mieux : « les développements [...] de nos entreprises [...] ont porté les fruits que nous en attendions »[25]. Malgré cela, il n'est pas crédule et connaît les difficultés rencontrées. Les opérations marseillaises s'engluent. Au 31 décembre 1866, l'actif de la Compagnie immobilière s'élève à 283 MF. Les difficultés de construction se multiplient, ralentissant la vente des immeubles. Pourtant, la confiance est, au moins en apparence, toujours de mise : « la plus-value que doivent acquérir nos terrains est [...] absolument certaine », malgré « un déchaînement de passions, sans exemples comme sans motifs »[26]. En effet, de nombreux petits pamphlets contre les Pereire et le saint-simonisme paraissent dans la presse ou sous forme de petits recueils[27]. La situation n'est plus tenable pour les frères bordelais. L'opinion s'est retournée, le pouvoir impérial en partie aussi, ce qui engendre la disgrâce d'Émile Pereire en 1867 – lettre de démission du 25 septembre. D'ailleurs, son remplaçant à la tête de l'Immobilière et du Crédit mobilier, le comte de Germiny, sénateur, est choisi par l'empereur en personne[28]. Il trouve alors une situation financière particulièrement difficile. À Paris, rien ne semble catastrophique : les constructions sont globalement achevées, les immeubles loués ; l'ensemble du parc immobilier parisien est en rapport et, chose importante pour les écritures de la société, il est estimé à sa juste valeur[29]. Par contre, à Marseille, les locations ne produisent que 600 000 F sur les 130 MF investis. De plus, on ne peut guère en espérer plus de 5 MF dans

24. Nouette-Delorme E., *Le Crédit mobilier et ses valeurs, histoire de douze ans*, Paris, Librairie Castel, 1865, p. 24.
25. AN, F/12/6 781/A : AG de la Compagnie immobilière, 28 avril 1866.
26. AN, F/12/6 781/A : AG de la Compagnie immobilière, 27 mai 1865.
27. Par exemple : Crampon A., *La finance saint-simonienne à son déclin,* sous-titré *une grande incapacité méconnue*, Paris, Balitout, 1867.
28. Stoskopf N., *Les patrons du Second Empire...*, *op. cit.*, p. 196.
29. AN, F/12/6 781/A : AGE de la Compagnie immobilière, 21 décembre 1867.

un futur proche. D'autre part, les chiffres de l'endettement – du surendettement – sont vertigineux: la Compagnie immobilière doit, à ses divers créanciers, près de 213 MF. Les actionnaires réclament un retour sur investissement, de nombreux procès sont intentés à l'Immobilière, les litiges s'accumulent. À partir de 1869, l'entreprise remplit régulièrement les colonnes de la *Gazette des tribunaux*. La dissolution et la liquidation de l'Immobilière sont finalement prononcées le 23 avril 1872[30] par la Première Chambre du Tribunal civil de la Seine[31]. Le verdict est accablant: l'Immobilière se trouve en arrêt d'exploitation, ne peut continuer les opérations dans lesquelles elle s'est engagée, elle laisse « impayées les annuités échues que le Crédit foncier est en droit de réclamer et qu'à raison de ce retard les immeubles affectés à la garantie de la créance du Crédit foncier ont été mis sous la main d'un séquestre judiciaire ». Pour sauver ce qui peut encore l'être, le tribunal nomme trois liquidateurs judiciaires auxquels il confie tout pouvoir. Ils deviennent les seuls maîtres à bord de ce considérable bateau naufragé dénommé Compagnie immobilière.

C'est ainsi que se termine l'aventure immobilière des Pereire. Même s'ils avaient quitté la barre du navire depuis 1867, l'effondrement de la Compagnie immobilière marque le démantèlement de leurs actions, la fin de leurs beaux rêves saint-simoniens. Entre-temps, ils ont révolutionné un domaine auquel aucun homme d'affaires français n'avait pensé à s'attaquer: l'hôtellerie de luxe.

Un modèle de luxe: le Grand Hôtel du Louvre

Il aurait été extrêmement intéressant de comprendre le cheminement et les tractations aboutissant à l'implantation de la grande hôtellerie sur le sol parisien. Malheureusement, les lacunes des archives rendent vaines toute approche. Il est tout de même nécessaire de s'interroger et notamment de se demander à qui revient l'idée de création des premiers grands hôtels ? De ce point de vue, nous nous opposons à la vulgate qui voit le lien direct entre la naissance de la grande hôtellerie et le pouvoir impérial. D'anciens témoignages n'ont pas hésité à l'attribuer directement à Napoléon III en personne: « l'idée de fonder à Paris un hôtel "monstre" [...] revient à Napoléon III qui, dans ces fréquents séjours à Londres, y avait vu des spécimens du genre.

30. *Gazette des Tribunaux*, 24 avril 1872 et AN, ET/CVIII/1320 : minutes de Me Prud'homme, octobre-novembre 1879.
31. Audiences des 12, 17, 24 mars et 2, 9 et 23 avril 1872.

L'empereur suggéra le projet à M. Pereire »[32]. L'avis est clair et tranché ; il est certain qu'il est séduisant. Il nous appartient toutefois de le tempérer du simple fait qu'aucune preuve n'atteste que l'empereur soit le commanditaire des deux grands hôtels. À l'inverse et selon nous, la création de la grande hôtellerie parisienne est le fait d'un groupe d'entrepreneurs ayant vu en cette industrie un moyen d'enrichissement et un nouveau signe des progrès de leur temps. Ils jugèrent bon de fonder ces entreprises pour des raisons de rentabilité financière, mais aussi pour ajouter de la plus-value aux quartiers dans lesquels ils ont investi, pour renforcer leur « système ». Un autre indice abonde en ce sens : en 1854, *L'Illustration* présente un projet, à l'initiative, entre autres, de l'architecte Hector Horeau, finalement abandonné, de fondation d'un grand hôtel à la manière de ce qui se fait à Londres ou en Amérique[33]. Nous n'en savons pas plus même si cela tend à prouver que nous sommes bien en présence d'initiatives privées.

Partant de là, il aurait été bon de connaître les raisons motivant les Pereire dans cette aventure. La recherche du profit reste évidemment une démarche logique d'entrepreneurs. Mais pourquoi s'intéresser à la grande hôtellerie ? Pourquoi jeter son dévolu sur cette industrie encore inexistante en France ? Sur quelles bases reposent leurs réflexions et leur stratégie ? La quête de réponses à ces questions est une nouvelle déconvenue pour le chercheur. Ainsi, nous ne savons rien des enquêtes menées par les Pereire et leurs collaborateurs, à la condition qu'elles aient eu lieu, pour saisir les réalités d'un marché à conquérir. Il est certain que l'essor du transport maritime et ferroviaire, ce qui permet à Victor Hugo d'écrire que « le Paris de 1862 est une ville qui a la France pour banlieue »[34], est une condition nécessaire à la naissance de la grande hôtellerie. Les Pereire sont fortement impliqués dans ces industries en expansion et donc au fait des mouvements de voyageurs. Ainsi, ils ont conscience qu'une demande croissante se forme alors que l'offre hôtelière parisienne est très insuffisante et ne répond pas aux attentes d'une clientèle internationale exigeante.

Nous ne sommes pas les seuls à nous interroger. Devant la nouveauté, les contemporains cherchent des repères. Comment est née l'idée de bâtir le Grand Hôtel du Louvre puis le Grand Hôtel ? D'où est venue l'inspiration ? D'après les observateurs, la réponse est évidente : « un rêve maintenant réalisé

---

32. Avenel G. d', *Le mécanisme de la vie moderne, 5e série, les grandes hôtelleries. La Bourse. Les transports urbains (omnibus, tramways, métropolitain). Porcelaines et faïences. Tapis et tapisseries*, Paris, Armand Colin, 1905, p. 16.

33. *L'Illustration*, 27 mai 1854, p. 335.

34. Hugo V., *Les Misérables*, t. I, Paris, Pagnerre, 1862 ; réédition : Paris, Pocket, 1992, p. 149.

en pierres de taille, c'est l'hôtel américain de la rue de Rivoli »[35]. L'Amérique, avec toute la part d'imaginaire qu'elle suscite, devient, dès le départ, le modèle de ces nouveautés. En 1860, alors que la première pierre du Grand Hôtel n'est pas encore posée, on parle déjà de la construction d'un hôtel « monstre » qui ne peut souffrir de comparaison qu'avec les hôtels américains :

> de l'hôtel je ne sais que ceci : c'est qu'il sera construit près du nouvel Opéra par la Société Immobilière, c'est que l'Hôtel du Louvre sera un nain auprès de ce prodigieux caravansérail, avec lequel l'hôtel Saint-Nicolas de New York, pourra seul rivaliser.[36]

Ainsi, seuls les États-Unis, pour tout ce qu'ils véhiculent mais surtout pour l'avance considérable qu'ils ont dans le secteur des infrastructures hôtelières, sont placés au rang d'exemple. D'ailleurs, lorsqu'il aborde le sujet de la création du Grand Hôtel du Louvre, Émile Pereire revendique cette influence, même si elle n'est pas exclusive :

> le succès des entreprises de même nature, en Allemagne et aux États-Unis, nous a donné la conviction que ce serait une opération fructueuse, et nous croyons pouvoir avancer qu'aucune autre capitale de l'Europe ne possède un établissement qui puisse être comparé au nôtre.[37]

Émile Pereire semble oublier – volontairement ou non – la fondation, en 1851, à Londres, du Great Western Hotel, « premier grand hôtel européen de ce type »[38]. Malgré les dires de Pereire, au vu de la géographie mondiale de la création de la grande hôtellerie, nous pouvons supposer que les États-Unis ou l'Allemagne ne sont pas les sources exclusives d'inspiration des Grand Hôtel du Louvre et Grand Hôtel. L'Angleterre, mais surtout la Suisse, qui est, selon le *Baedeker*, le pays où se trouvent « les meilleurs hôtels du monde »[39], ne peuvent échapper à la curiosité des fondateurs de la grande hôtellerie parisienne.

---

35. *L'Illustration*, 23 décembre 1854, p. 419.
36. *L'Illustration*, 27 octobre 1860, p. 283.
37. AN, F/12/6780 : AG de la Compagnie de l'hôtel et des immeubles de la rue de Rivoli, 29 septembre 1855.
38. Musée Carnavalet, *Du palais au palace…*, *op. cit.*, p. 13.
39. Baedeker K., *La Suisse ainsi que les lacs avoisinant de l'Italie septentrionale, la Savoie, et quelques parties limitrophes du Piémont, de la Lombardie et du Tyrol*, Coblenz, Karl Baedeker éditeur, 1863, p. XX.

Une nouveauté architecturale

À nouveau, il n'est pas lieu de dresser une histoire complète du Grand Hôtel du Louvre. Néanmoins, une étude de celui-ci, au moins partielle, est obligatoire tant elle explique directement la création du Grand Hôtel. En effet, à quelques années d'intervalle, le Grand Hôtel apparaît comme la déclinaison réussie du premier né de la couronne Pereire, après en avoir corrigé les défauts et absences. De surcroît, tant que ceux-ci sont gérés par la même compagnie, leur histoire est indissociable. Surtout, pour tout ce qui concerne sa construction, sa conception, son organisation, son administration... il est manifeste que le Grand Hôtel du Louvre sert d'exemple au Grand Hôtel ; et quel magnifique exemple !

L'élévation du Grand Hôtel du Louvre se fait au milieu du vaste chantier qui voit l'achèvement de la rue de Rivoli. Le bâtiment occupe 7 911 m^2 sur les 15 800 que couvre l'opération. Il doit à l'origine ouvrir ses portes en même temps que l'Exposition universelle. Bien que le Grand Hôtel du Louvre soit une des premières constructions achevées, on ne peut procéder qu'à une ouverture partielle le 15 octobre 1855, à peine un mois avant la clôture de l'événement. Les conditions climatiques alliées, sans doute, à l'inexpérience de ces constructions titanesques sont à l'origine de ce retard, même si l'érection de l'hôtel se fait en un peu plus d'un an ; sa première pierre est posée le 27 août 1854.

Le Grand Hôtel du Louvre est une œuvre d'Alfred Armand (1805-1888), l'architecte personnel des Pereire, bien que le gigantisme de ce premier bâtiment nécessite le concours de plusieurs grands architectes du Second Empire comme en témoigne l'hommage du conseil d'administration de l'Immobilière :

> nous devons ici, Messieurs, rendre hommage au talent et au zèle avec lesquels MM Armand, Hittorff, Pellechet et Rohault de Fleury, architectes de notre société, sont parvenus à élever un ensemble de constructions immenses. C'est à l'énergie constante qu'ils ont déployée, que nous devons l'exécution de travaux accomplis dans les plus parfaites conditions de l'art.[40]

La description d'un tel bâtiment mériterait à elle seule un chapitre. Une étude complète se retrouve dans le catalogue du musée Carnavalet[41] ; c'est pourquoi, nous nous contenterons de quelques mots. Formant un quadrilatère entre les rues de Rivoli et Saint-Honoré, le Grand Hôtel du Louvre est haut de cinq étages. Sa partie d'exploitation ne commence qu'au premier ; chambres, salons et salle à manger se situent en altitude alors que les rez-

40. AN, F/12/6780 : AG de la Compagnie immobilière, 29 septembre 1855.

41. Musée Carnavalet, *Du palais au palace...*, *op. cit.*, p. 74-101.

de-chaussée, sous-sol et entresol sont dévolus au fonctionnement de l'hôtel (cuisines, caves, administration), à l'accueil des voyageurs (cours, portes d'accueil, réception) et aux boutiques. L'architecture extérieure du bâtiment est relativement simple alors que la cour d'honneur est l'objet de plus d'attention. Elle constitue en quelque sorte le cœur du bâtiment puisqu'elle dessert l'ensemble des services proposés par l'hôtel. Son perron débouche sur une galerie monumentale donnant accès à la salle à manger, située au premier étage de l'hôtel. À l'époque de sa construction, elle n'a sans doute pas d'équivalent à Paris. Plusieurs autres salles magnifiques éblouissent les clients. Au total, bien que le nombre varie d'une source à l'autre, le Grand Hôtel du Louvre comporte environ 700 chambres et salons. De la même manière que pour les immeubles de type haussmannien, les deux premiers étages accueillent les appartements les plus grands et les plus luxueux. Les troisième et quatrième restent de bonne tenue. Le cinquième étage est réservé au personnel de l'hôtel ainsi qu'aux domestiques des clients. En plus d'être « un monument touristique »[42] à lui seul, le Grand Hôtel du Louvre regorge de nouveautés de son temps – système de ventilation, calorifères, cabinets d'aisance à l'anglaise, monte-plats, éclairage au gaz –, innovations utilisées dès l'origine comme argument de vente à part entière.

L'aménagement intérieur de l'hôtel connaît très vite de légères modifications. Par exemple, un bureau de télégraphie est installé en 1858 ou 1859. La direction se rend compte de l'absence et du manque important d'un tel service dans un établissement destiné à une clientèle aisée, voulant communiquer rapidement, ce qui tend à prouver la stratégie commerciale des Pereire – être à la pointe du progrès – ainsi que toute leur réactivité. Fonctionnant de jour comme de nuit, le bureau télégraphique du Grand Hôtel du Louvre donne, selon Émile Pereire, une vraie valeur ajoutée :

> cette innovation met notre hôtel dans des conditions favorablement exceptionnelles. Les voyageurs qui y descendent peuvent recevoir de la province et de l'étranger les dépêches qui leur sont adressées, et répondre sans se déplacer et sans perdre une minute ; cet avantage a été vivement apprécié, et le bureau de télégraphie de l'hôtel est rapidement devenu l'un des plus importants de Paris.[43]

Ainsi, les dirigeants de l'Hôtel du Louvre ne s'endorment pas sur leurs lauriers et cherchent à parfaire constamment leur résidence. La même logique

42. *Tout Paris en poche, Guide de l'étranger*, Paris, Libr. Guittet, 1861, in Musée Carnavalet, *Du palais au palace…*, *op. cit.*, p. 84.

43. AG du 21 avril 1860 de la Compagnie immobilière de Paris in *Compagnie immobilière de Paris, ci-devant…*, *op. cit.*, p. 115.

s'exerce avec l'ascenseur, installé au cours des années 1860[44]. Les Pereire eurent tout le loisir de combler les « manques » du Grand Hôtel du Louvre au Grand Hôtel.

L'inauguration d'un tel bâtiment ne peut être qu'à son image. Une fête des exposants de l'Exposition universelle de 1855 est le prétexte de l'événement qui a l'honneur de recevoir Napoléon III en personne, lors de cette soirée devant être l'heure de gloire des Pereire. Le résultat est à la hauteur de l'attente[45]. Les deux frères ont réellement mis en scène cette consécration, ayant eux-mêmes invité des journalistes à la réception. Ils n'en sont qu'à moitié récompensés, puisque, bien que l'hôtel soit unanimement salué, les mauvaises langues rapportent que l'empereur n'est resté que peu de temps et que la fin de la soirée ressemble à une « orgie mémorable au champagne »[46] ; en fin de soirée, le buffet installé dans la cour d'honneur aurait offert l'aspect d'un champ de bataille. *L'Illustration*, qui n'a pas reçu d'invitation officielle, rappelle malicieusement que ses dessinateurs ont préféré évoquer, dans les deux lithographies accompagnant l'article relatant l'inauguration, des « tableaux qui ne déposent (*sic*) pas de l'animation un peu désordonnée des scènes finales du spectacle »[47].

C'est ainsi, sous ces auspices de fête, d'excès et de réjouissance que l'Hôtel du Louvre débute son existence. D'ailleurs, les contemporains ont conscience de ce qu'ils sont en train de vivre, du fait qu'ils assistent à la naissance d'une hôtellerie nouvelle. Voilà ce qu'écrit Paul de Saint-Victor, dans *La Presse*, quelques heures avant l'inauguration de l'établissement : le Grand Hôtel du Louvre fonde

> l'hôtellerie du dix-neuvième siècle, celle qui convient à ses migrations immenses emportées et rapportées par le souffle du wagon et du paquebot. La vapeur transforme en tous sens la vie sociale ; elle précipite sa circulation, abrège le temps, annule la distance.[48]

Parallèlement, le journaliste a conscience de l'extraordinaire et irrémédiable mouvement qui se déroule devant ses yeux, certes exacerbé par l'Exposition universelle, c'est-à-dire l'essor décisif du tourisme et l'ampleur que le phénomène prend : la ville de Paris « n'aura pas ni assez d'hôtels pour les

44. Laudet G., *Éclaircissement historique sur les dispositions des appareils de manutention et modifications conseillées à la Compagnie immobilière*, Paris, s.e., 1868, partie III, p. 1.
45. Récit de l'inauguration du Grand Hôtel du Louvre du *Journal des débats* repris dans *L'Illustration*, 20 octobre 1855, p. 266.
46. Musée Carnavalet, *Du palais au palace…*, *op. cit.*, p. 89.
47. *L'Illustration*, 20 octobre 1855, p. 266.
48. *La Presse*, 15 octobre 1855, in Musée Carnavalet, *Du palais au palace…*, *op. cit.*, p. 84.

loger, ni assez de voitures pour les transporter [...] C'est ce que nous avons vu et ce que nous verrons pendant encore toute la durée de l'Exposition »[49]. En effet, l'Exposition universelle de 1855 accueille 5 163 000 visiteurs[50], et il n'est pas rare d'en voir dormir à la belle étoile, les hôtels affichant complet longtemps avant son ouverture. Saint-Victor montre que les villes, Paris en l'occurrence, doivent se métamorphoser, se parer de mille équipements pour ne pas rester sur le quai du train en mouvement constitué par le développement du tourisme à partir de la seconde moitié du XIXe siècle et par l'invention de nouvelles pratiques qui l'accompagnent :

> la civilisation des villes a donc à faire un travail sur elle-même pour se mettre au niveau de ces immenses marées humaines dont on peut prédire les retours presque réguliers. La vapeur est appelée à faire dans le monde social les mêmes révolutions que l'imprimerie a produites dans le monde des idées.[51]

Le secteur de l'hôtellerie, en tout point en retard par rapport aux autres industries participant à ce mouvement, « n'a pas prévu les chemins de fer, ni les foules instantanées qu'il amène ; il attend cent voyageurs, il lui en arrive mille ». Le Grand Hôtel du Louvre comble une partie de ces lacunes en révolutionnant l'industrie hôtelière et en accompagnant un phénomène largement en devenir.

Une activité inédite

Il est à l'origine prévu que le Grand Hôtel du Louvre forme à lui seul une société anonyme. Une lettre du préfet de police de la ville de Paris, Piétri, nous apprend que cette société devait porter le nom révélateur de Compagnie du grand hôtel des chemins de fer[52]. Nul doute que les obstacles dressés par les différents adversaires des Pereire entravent cette initiative. En définitive, le Grand Hôtel du Louvre est géré par la Compagnie immobilière. Lors de son inauguration, il représente la moitié de son actif. Il a coûté au total 12 789 782,85 F, sur un capital social de 24 MF. De manière logique, l'importance du Grand Hôtel du Louvre puis du Grand Hôtel, par rapport à l'ensemble de l'actif de l'Immobilière, va en déclinant. Ainsi, une fois que l'Immobilière diversifie ses activités, dans tout Paris puis à Marseille, les deux

49. *Ibid.*, p. 88.
50. Ory P., *Les Expositions Universelles de Paris*, Paris, Ramsay « image », 1982, p. 153.
51. *La Presse*, 15 octobre 1855, in Musée Carnavalet, *Du palais au palace…*, *op. cit.*, p. 88.
52. AN, F/12/6780 : lettre du préfet de police de Paris au ministre de l'agriculture, du commerce et des travaux publics, 12 septembre 1854.

hôtels sont pratiquement « noyés » dans les comptes de la société d'autant plus que son capital passe de 24 à 80 MF entre les années 1850 et 1860. Les deux hôtels ne représentent plus que 15,54 % de l'actif total en 1867. Malgré ce relatif déclin, il reste évident qu'Émile Pereire croit fermement en ce nouveau secteur d'activité qu'est la grande hôtellerie. Quelques jours avant l'inauguration du Grand Hôtel du Louvre, voici comment il présente à ses actionnaires son nouveau joyau :

> cette vaste construction répond aux besoins nouveaux créés par l'accroissement incessant de la population flottante qu'amène à Paris le réseau chaque jour plus étendu des chemins de fer.[53]

Les Pereire perçoivent les progrès de leur époque, suivent le mouvement et y participent largement. En outre, ils intègrent toutes les parties de ce développement en procédant à une véritable intégration verticale des multiples facettes constituant l'activité touristique.

Avant la construction de l'Hôtel du Louvre, Émile Pereire a, semble-t-il, vu ce qui se faisait à l'étranger et en a gardé le meilleur. Plus que des études de terrain, les Pereire agissent en recrutant un professionnel allemand pour gérer l'Hôtel du Louvre. Émile Pereire rapporte que, pour la réussite de cette vaste opération, ils se sont assuré « la coopération d'un homme expérimenté, M. Dremel, propriétaire et directeur de l'Hôtel Victoria à Dresde ». Grâce à ce soutien, et à l'ensemble des talents mis à contribution pour la conception de l'hôtel, il n'est pas douteux que tous les ingrédients soient réunis pour réussir :

> l'intelligence et la longue expérience de M. Dremel, la distribution intérieure de l'hôtel, si commode pour une exacte surveillance, si bien appropriée aux besoins d'un service attentif et soigneux, sont autant de garantie de succès.[54]

En 1855, Édouard Dremel (1827-1898) n'est peut-être pas autant l'homme expérimenté qu'Émile Pereire veut bien décrire, bien qu'il soit issu d'une famille d'hôteliers allemands[55]. Né en 1827 à Aix-la-Chapelle, Édouard Dremel n'a donc qu'une trentaine d'années lorsqu'il vient à Paris

---

53. AN, F/12/6780 : AG de la Compagnie de l'hôtel et des immeubles de la rue de Rivoli, 29 septembre 1855.

54. *Ibid.*

55. Les renseignements biographiques sur Édouard Dremel sont issus de : Jourdain V., *L'Hôtel Bellevue (1776-1905)...*, *op. cit.*

pour diriger le Grand Hôtel du Louvre. Il n'a réellement commencé sa carrière « personnelle » qu'en 1852 à Dresde, à l'hôtel Victoria. En 1855, il se rend à Paris, à l'appel des Pereire. Il n'y reste qu'un an, sans doute le temps d'y mettre en place une organisation rationnelle, d'y mettre en application ses connaissances dont les Français manquent. On peut se rendre compte de l'appétit de l'homme, n'ayant pas peur, très jeune, de se mettre à la tête d'une armée importante sur un champ de bataille inconnu. Le simple fait de confier la direction de l'hôtel à Édouard Dremel suffit à montrer l'envergure du personnage. De plus, faire venir un jeune hôtelier allemand prouve l'ampleur du réseau des deux frères financiers. Comment ont-ils connaissance de cet hôtelier allemand ? Sous quels arguments l'ont-ils fait venir ? Nous ne sommes pas en mesure de répondre à ces questions, mais l'engagement de Dremel dénote l'importance des relations des Pereire et leur propension à attirer des talents internationaux.

Il n'est pas étonnant que les Pereire soient allés chercher en Allemagne leur premier directeur. Aux frontières de la France, l'Allemagne, au même titre que la Suisse, représente un pays avant-gardiste dans le secteur de l'hôtellerie. Le thème de prédisposition, presque ancestrale, de l'Allemagne pour l'hôtellerie moderne est incessant et visiblement accepté par beaucoup : « Partout ailleurs, en Europe, [...] l'hôtellerie moderne [...] était virtuellement aux mains des Suisses, des Allemands et des Autrichiens. »[56] Démontrant peut-être la méconnaissance française en matière d'organisation interne d'un hôtel, de division des tâches qu'incombe un si grand établissement, un contemporain s'amuse du fait que les Pereire embrassent, avec le Grand Hôtel du Louvre, plusieurs métiers :

> Les habiles administrateurs de cette tour de Babel doivent ne rien ignorer, et joindre à leurs éminentes capacités financières les connaissances pratiques du Manuel de l'entrepreneur et du Parfait cuisinier, afin de renvoyer satisfaits le maître maçon dont on règle le mémoire, et le blond gentleman qui trouverait à redire au service de la table et de l'appartement.[57]

L'Illustration, au lyrisme assuré, se délecte à dresser le portrait idéal de directeur d'un grand hôtel, profession assurément nouvelle, dont l'importance de la fonction n'avait peut-être connu d'égal que la charge de maître d'hôtel des rois de France :

---

56. Réal C., Graterolle P., *L'industrie hôtelière*, Paris, Gaston Doin & Cie, 1929, p. 160.
57. Nouette-Delorme E., *Le Crédit mobilier...*, *op. cit.*, p. 25-26.

> on demande un administrateur distingué pour gérer un établissement de premier ordre. Appointements fixes : cent mille francs. Inutile de se présenter si l'on ne sait pas faire un peu d'arithmétique et beaucoup de cuisine.[58]

La nouveauté apporte dérision quand elle n'apporte pas la crainte.

Les premiers résultats du Grand Hôtel du Louvre sont probants. Le phénomène de nouveauté et l'Exposition universelle y sont pour beaucoup. Par contre, ces deux éléments sont une entrave sérieuse au pronostic de futurs résultats. En effet, le caractère exceptionnel d'une Exposition universelle tend de manière obligatoire à exagérer les produits d'exploitation tout comme « l'affluence des voyageurs amenés dans les premiers jours par l'attrait de la curiosité »[59]. De plus, Émile Pereire en personne ne nie pas certaines difficultés : la clôture de l'Exposition universelle a éloigné de Paris un grand nombre de voyageurs, le temps n'a semble-t-il pas été favorable. Surtout, quelques surprises, inhérentes à tout début, apparaissent :

> l'organisation, en quelque sorte instantanée, d'un établissement unique en son genre, sans précédent analogue, et qui comporte d'immenses détails, n'avait pas permis [...] de donner immédiatement au service intérieur la parfaite régularité avec laquelle il se fait aujourd'hui.[60]

Pereire ne doute pas que ce bémol n'est que temporaire. Il met en avant que de nombreuses complications sont, en à peine trois mois, résolues : dès janvier 1856, les branches si multiples d'une exploitation hôtelière commencent à connaître une organisation optimale, une clientèle fidèle se forme. Malgré ces bons présages, les dirigeants du Grand Hôtel du Louvre se rendent compte du caractère fluctuant de l'exploitation de ce type d'entreprise. Par exemple, apparaît de manière significative la saisonnalité de l'activité hôtelière[61]. Entre janvier et mai 1856, le nombre de clients journaliers varie du simple au double. Il faut attendre les beaux jours de mai pour voir un taux d'occupation digne de ce nom. Pour surmonter ces premières difficultés, l'Hôtel du Louvre applique une politique de prix modérés, facilitant ainsi son occupation. Le *Baedeker*, dans sa traduction de 1860, se félicite du

58. *L'Illustration*, 23 décembre 1854, p. 419.
59. AN, F/12/6780 : AG de la Compagnie de l'hôtel et des immeubles de la rue de Rivoli, 26 mai 1856.
60. *Ibid.*
61. Les futurs résultats du Grand Hôtel du Louvre confirment cette première impression : ainsi, en janvier 1856, il a accueilli 7 068 voyageurs contre 15 961 en mai, 16 937 en septembre ou encore 10 589 en décembre 1856.

fait que l'entreprise ne pratique pas des tarifs exorbitants : il « n'a pas même l'inconvénient de prix trop élevés pour les besoins plus modestes »[62]. Les prix des chambres paraissent effectivement relativement faibles. Ils oscillent entre 2 et 20 F la nuit, prix auxquels il faut ajouter le service. À titre comparatif, sous le Second Empire – il existe toutefois une grande diversité selon les corps de métier et les années – un ouvrier qualifié parisien gagne environ 2,50 F par jour. Bien que les appartements du Grand Hôtel du Louvre ne soient pas à la portée de toutes les bourses, la relative modestie des premiers prix est marquante. La petite bourgeoisie, qui s'enrichit sur la même période, est la clientèle de base des chambres des étages élevés. Il n'existe bien sûr pas de limite pour les chambres les plus onéreuses. Ce large éventail de prix, de la volonté même des dirigeants de l'hôtel, implique une grande diversité de chambres et salons, une véritable hiérarchie des installations au sein du même établissement, autant dans leur superficie que dans leur aménagement. En revanche, les prix des services de restauration, et notamment ceux de la table d'hôte, suivent une logique tout autre. Un dîner à la table d'hôte du Grand Hôtel du Louvre, vin compris, coûte en effet 7 F[63]. Nous pouvons penser que ce choix est imputable à la dimension de l'hôtel : dans un premier temps, il faut appliquer des prix abordables pour emplir la totalité de la capacité d'hébergement, alors qu'il est plus facile de trouver les 300 couverts quotidiens de la table d'hôte, surtout une fois les chambres occupées.

Malgré cette stratégie, la réussite de l'exploitation hôtelière reste aléatoire, ce qu'apprend rapidement la direction de l'entreprise. Elle dépend fortement du taux d'occupation, qui, en dehors de la période allant de mai à octobre, reste en deçà des projections[64]. De plus, les travaux inachevés du quartier empêchent la location de quelques boutiques du rez-de-chaussée. La compagnie consent à une réduction du montant des loyers afin de louer coûte que coûte et espère les relever sitôt le quartier terminé. Par la suite, une amélioration notoire de l'exploitation et une fréquentation en hausse permettent à l'entreprise de présenter de bons bilans annuels. La location des boutiques donne, d'année en année, des résultats croissants ; surtout, l'exploitation hôtelière se porte bien. Les recettes brutes présentent une relative amélioration tandis que les bénéfices nets progressent plus rapidement : entre 1856 et 1860, les premières s'accroissent de près de 19 %, les seconds de plus de 42 %.

---

62. Baedeker K., *Paris, guide pratique du voyageur*, Paris, A. Bohné, 1860, p. 7.

63. Joanne A., *Le guide parisien*, Paris, Hachette, 1862, p. 15.

64. AGO du 23 juin 1857 de la Compagnie de l'hôtel et des immeubles de la rue de Rivoli in *Compagnie immobilière de Paris, ci-devant…*, *op. cit.*, p. 42.

Année	Recettes brutes	Bénéfices nets
1856	2 180 422,59	781 704,41
1857	2 529 138,74	912 552,05
1858	2 168 210,36	917 253,27
1859	2 202 685,28	941 301,43
1860	2 594 663,65	1 114 940

Tab. 1. Résultats d'exploitation du Grand Hôtel du Louvre, 1856-1860 (en F).

De manière nette, le Grand Hôtel du Louvre rapporte 1 411 940 F en 1860 (bénéfices nets plus loyers des boutiques). Or, de l'avis de tous, 1860 n'est pas une bonne année, ce qui tend à prouver que ces résultats sont éloquents quant à la réussite première de l'hôtel. Émile Pereire fournit à cela deux explications. La première est intrinsèque au Grand Hôtel du Louvre du fait du perfectionnement constant apporté à l'exploitation générale de l'entreprise ; la seconde semble plus être du ressort de l'évolution de la société : le développement du chemin de fer permet au plus grand nombre de se déplacer plus rapidement dans des conditions toujours améliorées. De surcroît, l'enrichissement d'une certaine part de la population, aussi bien française qu'étrangère, pousse à adopter un mode de vie de plus en plus bourgeois, à modifier certaines mœurs tendant vers « un besoin du confortable » auquel le Grand Hôtel du Louvre répond. Ce début de transformation de la société, additionné aux bons résultats du Grand Hôtel du Louvre, ne peut pas laisser Émile Pereire indifférent. Déjà, il avait vu juste avec ce premier établissement, novateur et fondateur d'un nouveau type d'hôtellerie. L'opération n'était pas gagnée d'avance, mais, en 1860, les premières inquiétudes sont entièrement révolues. D'ailleurs, à travers le prisme du Grand Hôtel du Louvre, nous percevons totalement le caractère d'Émile Pereire : certes, les résultats sont positifs, mais faut-il rappeler que lorsqu'il décide de fonder le second hôtel de son empire, le premier n'a que cinq ans et, de ce fait, il s'avère difficile d'avoir une vision à long terme de ce qu'est l'industrie de la grande hôtellerie.

Au total, réaliser cette brève histoire du Grand Hôtel du Louvre est impératif car si son entreprise avait échoué, s'il s'était avéré à court terme un gouffre financier, la première pierre du Grand Hôtel n'aurait jamais été posée. Il est de plus un ballon d'essai extraordinaire pour le Grand Hôtel tant dans sa conception que dans ses premières années de gestion. Ainsi, « au moment où la Compagnie entreprend la construction d'un autre établissement semblable à celui du Louvre »[65], Émile Pereire utilise les bons résultats de sa première entreprise hôtelière ainsi que les mutations de la société du Second Empire pour mieux justifier le nouveau projet grandiose dans lequel il entraîne ses actionnaires.

Le Grand Hôtel, un bâtiment spécifique

Le Grand Hôtel est donc une émanation totale du Grand Hôtel du Louvre. L'idée est claire dans toutes les têtes, aussi bien dans celles des Pereire – « le plan [du Grand Hôtel] a été conçu sur les mêmes données générales que celui de cet hôtel [le Grand Hôtel du Louvre] »[66] – que dans celles des contemporains : « les aménagements généraux, la décoration et l'ameublement [du Grand Hôtel du Louvre] ont servi de modèle pour l'installation du Grand-Hôtel »[67]. Du reste, au-delà de son illustre confrère, le Grand Hôtel du Louvre aurait fait des émules comme Émile Pereire tient à le rappeler :

> son plein succès lui a donné et lui donne des imitateurs dans les grandes villes de France. La formation d'établissements nouveaux qui se modèlent le plus possible sur l'Hôtel du Louvre est un fait que nous regardons comme très confortable.[68]

Le président de l'Immobilière n'a pas le triomphe modeste en attribuant directement la fondation des grands hôtels des littoraux normands, atlantiques ou de la Côte d'Azur, à la réussite du Grand Hôtel du Louvre. Il oublie de dire que, à Paris, aucune autre fondation n'est à l'ordre du jour. Seul le Continental, ouvert en 1878 rue de Castiglione, s'inscrit directement dans la lignée des grands hôtels Pereire. Sur ce créneau très précis, ils jouissent ainsi d'un certain monopole durant une quinzaine d'années. Au demeurant, il semble que les administrateurs de l'Immobilière aient eu hâtivement l'idée de fonder un deuxième hôtel. En effet, la société s'est positionnée très tôt dans le quartier où celui-ci fut construit.

---

65. AN, F/12 juin 781/A : AGOE de la Compagnie immobilière, 20 avril 1861.
66. AG de la Compagnie immobilière, 28 avril 1862 in *Le Temps*, 7 mai 1862.
67. Joanne A., *Le guide parisien*, Paris, Hachette, 1863, p. 15.
68. AG du 21 avril 1860 de la Compagnie immobilière de Paris in *Compagnie immobilière de Paris, ci-devant…*, *op. cit.*, p. 115.

Prise de position massive dans un quartier en devenir

« Fabriqué de toutes pièces sur une portion de l'ancienne enceinte des boulevards intérieurs »[69], le quartier de l'Opéra est sans doute le seul, de toute la rénovation haussmannienne, à avoir été revu et corrigé dans son ensemble. Il rassemble les grands principes d'urbanisme du Second Empire : mise en réseau d'une gare, mise en communication d'une rue à fort passage avec les boulevards, assainissement d'un quartier considéré comme insalubre. L'élément majeur du nouveau quartier est bien sûr l'Opéra. Il lui donne étiquette et prestige ; surtout, il attire une population aristocratique autour de lui. Déjà, la création du théâtre de l'Académie royale rue Le-Peletier, en 1821, avait eu pour conséquence de transférer le cœur de la vie aristocratique du Palais-Royal vers les boulevards et le quartier de la Bourse. Ainsi, l'emplacement de l'Opéra semble être un indice de l'importance, voire de la prédominance, d'un quartier de Paris. À côté de l'Opéra, lieu hautement symbolique, « point focal de la vie sociale, [...] lieu parfaitement adapté aux réunions de l'élite du pouvoir, [...] phare du prestige national pour l'ensemble du peuple »[70], le Grand Hôtel est une autre pièce maîtresse du nouveau quartier. Il fait partie intégrante du dispositif tendant à le mettre en valeur. Son rôle dans cette création est d'autant plus important que le Grand Hôtel est inauguré treize années avant l'Opéra – 1862 contre 1875. À la lecture de la presse de l'époque, il est évident que le Grand Hôtel participe pleinement à la notoriété du secteur par sa proximité avec la gare Saint-Lazare, par son voisinage avec l'Opéra, par son architecture nouvelle... mais aussi du fait des populations qu'il draine, qu'elles soient de simples Parisiens, d'hommes d'affaires ou de riches touristes[71].

Les Pereire ont pleinement participé à la transformation ainsi qu'à l'embellissement du secteur situé au croisement des grands boulevards et de la rue de la Chaussée-d'Antin. Comme évoqué précédemment, la première implantation de l'Immobilière est l'achat de l'hôtel d'Osmond. Cette magnifique demeure n'a d'intérêt que dans un large plan prévoyant la suppression de la rue Basse-du-Rempart et l'ouverture d'artères en face de la rue de la Paix. Or, au moment où cette propriété est achetée, ces projets ne sont pas dévoilés au grand public, même si Émile Pereire sous-entend le contraire :

---

69. Loyer F., « Le triomphe du Louis XVI sous Napoléon III », in Loyer F. (dir.), *Autour de l'Opéra..., op. cit.*, p. 29.
70. Fulcher J., *Le Grand Opéra en France : un art politique, 1820-1870*, Paris, Belin, 1987, p. 128.
71. Par exemple, *L'Illustration* du 6 janvier 1866 définit l'Opéra comme le « théâtre futur du Grand-Hôtel ».

> l'utilisation régulière de cet immeuble reste subordonnée à la réalisation des projets de la ville de Paris, touchant la suppression de la rue Basse-du-Rempart, qui importe si fort à l'amélioration de l'un des plus beaux boulevards de la capitale.[72]

S'agit-il d'un « délit d'initié » ? Tous les indices vont en ce sens. Pour cela, il suffit de savoir où la préfecture projette de réaliser une nouvelle voie pour se rendre acquéreur d'un immeuble avant l'avis d'expropriation. La suite est simple : « quelques mois s'écoulent, la décision de percement est rendue publique, les immeubles sont expropriés, et l'on fait une belle plus-value sur la différence entre la confortable indemnité d'expropriation et le prix d'achat »[73]. Haussmann s'est toujours défendu de ces accusations. Il reste frappant que l'Immobilière ait pu acquérir tous les terrains vacants du quartier de l'Opéra sans qu'aucun autre investisseur ne soit jamais venu les concurrencer, qu'aucun autre n'ait « flairé le bon coup ». Les critiques jaillissent rapidement. Émile Pereire essaie tant bien que mal de se défendre mais peine à trouver des arguments viables alors que certains actionnaires commencent à s'inquiéter. Il est certain que l'achat précoce de l'hôtel d'Osmond constitue une très bonne affaire. La propriété est achetée moins de 1 900 000 F soit 560 F le m^2, alors que les autres terrains situés sur la rue Basse-du-Rempart l'ont été pour environ 900 F le m^2. Les Pereire prennent également possession des terrains de l'hôtel Moynat, contigu à l'hôtel d'Osmond, afin d'accroître le potentiel de leur premier achat[74].

Comme prévu, le décret du 14 novembre 1858 rend productif ces investissements. Il approuve la suppression de la rue Basse-du-Rempart entre les rues de la Chaussée-d'Antin et de Caumartin par voie d'avancement, décide l'ouverture de la rue de Rouen devant communiquer avec la rue du Havre et prévoit la création d'une rue d'embranchement en direction de la rue de la Chaussée-d'Antin, la rue Halévy. Enfin, il programme la formation d'une place quadrangulaire au point de jonction des nouvelles voies. Émile Pereire, heureux de pouvoir enfin dévoiler ses plans devant ses actionnaires, se trahit lui-même rappelant les critiques qui émanent de toutes parts du fait de la trop grande proximité entre les deux frères et Haussmann. Le « délit d'initié » est pratiquement mis en lumière par son propre auteur. En effet, il rappelle que les vues de la compagnie sur les propriétés de l'hôtel d'Osmond étaient claires dès leur achat : « nous ne l'avions acheté qu'en vue d'élever [...] d'importantes constructions, et il ne pouvait recevoir cette nouvelle destination

---

72. AN, F/12 juin 781/A : AGOE de la Compagnie immobilière, 26 mai 1856.
73. Carmona M., *Haussmann...*, *op. cit.*, p. 459.
74. AN, F/12 juin 781/A : AGOE de la Compagnie immobilière de Paris, 20 avril 1861.

qu'à l'aide de la suppression de la rue Basse-du-Rempart »[75]. Cette maladresse s'apparente à un défaut d'orgueil. Il montre aussi que les propriétaires actuels vendent à l'Immobilière en connaissance de cause, ce qui sous-entend que les anciens propriétaires de l'hôtel d'Osmond étaient moins au courant des futures volontés préfectorales :

> à l'exception de l'hôtel d'Osmond, tous les terrains que la compagnie possède boulevard des Capucines, ont été acquis plusieurs années après que les enquêtes et les décisions administratives ont déterminé les percements à exécuter [...] De sorte qu'en réalité chaque propriétaire qui a traité avec la société, au moment où il traitait, connaissait aussi bien que les dirigeants de la société les grands projets.[76]

Entre 1859 et 1861, les acquisitions s'accumulent. Au total, la Compagnie immobilière possède sur le boulevard des Capucines 17 600 m qui ont été payés 14 700 000 F[77]. Parmi cet ensemble de formes très irrégulières, Haussmann a besoin de nombreux terrains pour mettre en place les voies désignées par le décret de novembre 1858, qui est du reste confirmé par celui du 29 septembre 1860. Afin de pouvoir constituer des ensembles cohérents, dans l'intérêt tant de l'Immobilière que de la préfecture de la Seine, de nombreux échanges, avec ou sans accompagnement financier, se font entre les deux parties. La ville de Paris avait notamment besoin des numéros 10 à 16 de l'ancienne rue Basse-du-Rempart pour l'emplacement de l'Opéra[78]. Une fois ces échanges réalisés, la Compagnie immobilière se trouve en possession de trois lots distincts : le premier, d'une faible superficie, se compose de maisons construites sur le boulevard des Capucines et sur la rue Lafayette ; le deuxième, de 8 300 m^2, occupe tout l'îlot compris entre la place de l'Opéra, le boulevard des Capucines et les rues de Mogador et de Rouen ; le troisième, de 5 300 m^2, est situé à l'angle du boulevard et de la rue de Mogador. Il occupe tout le côté gauche de cette rue jusqu'à l'impasse Sandrié. Dès lors, chaque lot a sa destination propre et le deuxième est entièrement dévolu à la construction du Grand Hôtel dont les travaux débutent le 5 avril 1861.

---

75. AG du 23 juin 1858 de la Compagnie de l'hôtel et des immeubles de la rue de Rivoli, in *Compagnie immobilière de Paris, ci-devant..., op. cit.*, p. 60.
76. AN, F/12 juin 781/A : AGOE de la Compagnie Immobilière de Paris, 20 avril 1861.
77. *Ibid.*
78. AG de la Compagnie immobilière de Paris, 24 avril 1860, in *Le Moniteur universel*, 25 avril 1860.

Le chef-d'œuvre d'Alfred Armand

Alfred Armand est un architecte relativement méconnu pour deux raisons. D'une part, la plupart de ses réalisations ont été détruites[79]. L'Hôtel du Louvre, et, à plus forte raison, le Grand Hôtel font office de témoignage de son travail. Les gares qu'il construit sous la Monarchie de Juillet puis sous le Second Empire – Versailles (1836 et 1839), Saint-Lazare (1841-1842 puis 1851-1853), Saint-Germain-en-Laye (1845)[80], mais aussi celles d'Amiens, Arras, Lille, Calais, Saint-Quentin ou Douai[81] – se sont rapidement révélé de trop petite envergure et ont donc été totalement transformées. D'autre part, il officia principalement dans le secteur privé, notamment pour les Pereire, ce qui est sans doute moins vecteur de notoriété. Il exécuta par exemple le magnifique hôtel particulier que les frères s'offrirent rue du Faubourg Saint-Honoré. Il fut leur architecte de confiance. On peut dire que les Pereire le lui rendirent puisqu'Armand prit sa retraite à la suite de l'achèvement du Grand Hôtel, à l'âge de cinquante-huit ans, pour s'adonner « à d'intéressantes études relatives à l'histoire générale des beaux-arts »[82]. Le Grand Hôtel, en plus de faire office de chef-d'œuvre de sa carrière, représente le couronnement de ce maître d'œuvre annonciateur d'un nouveau type architectural, les grands hôtels de voyageurs.

Il n'existe pas d'archives relatives à la construction du Grand Hôtel. De ce fait, il est fort délicat de décrire avec précision cette aventure grandiose, la construction d'un bâtiment de plus de 8 000 m^2 sur sept niveaux au cœur de Paris. Quelques revues spécialisées évoquent ce chantier titanesque. Ainsi en est-il avec la plus célèbre du Second Empire, la *Revue générale d'architecture*. Toutefois, outre quelques détails, le périodique de César Daly ne fournit qu'un jugement de valeur sur la réalisation du bâtiment, regrettant que les façades de ce nouvel espace urbain aux très grandes dimensions n'aient pas fait une part plus importante à l'ornementation et aient laissé échapper « sans plus de profit pour l'art, une si belle occasion de bien traiter un sujet si éminemment moderne »[83]. Les journaux non spécialisés, comme *L'Illustration* ou *Le Monde illustré*, ne fournissent que des lithographies du chantier de la place de l'Opéra. Le résultat est plus mis en valeur que le processus de fabrication.

79. Zirmi T., *Alfred Armand (1805-1888), un architecte collectionneur*, Paris, École nationale des Chartes, 2003, p. 61.

80. Hautecœur L., *Histoire de l'architecture classique en France, tome VII, la fin de l'architecture classique 1848-1900*, Paris, Éditions A. et J. Picard & Cie, 1957, p. 305.

81. Dubois A., Lucas C., *Biographie universelle des architectes célèbres, tome I*, Paris, Imprimerie générale de Ch. Lahure, 1868, p. 274.

82. *Ibid.*, p. 273.

83. *Revue générale de l'architecture et des travaux publics*, (dir. Daly C.), n° 20, 1862, p. 284.

Ces carences rendent difficile une description de la construction du Grand Hôtel. Nous pouvons tout de même en dégager les grandes lignes. Le travail se déroule de jour comme de nuit et « sert de banc d'essai à l'éclairage électrique » ; il est en effet « alimenté par deux lampes à charbon, jetant une lumière blafarde »[84]. Pour diriger ce chantier, Alfred Armand constitue autour de lui une véritable équipe, dirigée par Alphonse-Nicolas Crépinet qui fut « inspecteur du Nouveau Louvre de 1852 à 1859, [...] l'un des cinq finalistes du concours du nouvel Opéra et ultérieurement l'architecte des Invalides »[85]. Il occupe le poste de chef du bureau des dessins et inspecteur des travaux du Grand Hôtel[86]. Plus tard, il est l'architecte des Roches noires de Trouville[87]. Pour accélérer les choses, de nombreuses tâches sont probablement effectuées en dehors de Paris. De ce fait, la construction du Grand Hôtel n'est qu'un chantier d'assemblage[88]. Les contemporains sont étonnés de la promptitude avec laquelle le chantier arrive à son terme. De l'aveu d'Émile Pereire, tout est fait pour que la mise en exploitation de l'hôtel soit permise le plus rapidement possible[89]. Les techniques de pointe sont utilisées. Les façades, d'un linéaire haussmannien, sont en pierre de taille mais cachent une véritable armature métallique. À l'instar du Crystal Palace de Londres, bâtiment symbolique de l'architecture du XIXe siècle, construit pour l'Exposition universelle de 1851, le Grand Hôtel lie fer et verre, notamment avec la verrière surplombant la cour d'honneur. Un inventaire réalisé en 1861 permet de se rendre compte de l'importance, à tout point de vue, des travaux d'érection de l'hôtel et notamment de la mobilisation d'un grand nombre d'artisans et d'entreprises[90].

Sur le chantier du Grand Hôtel comme dans tous ceux qu'il mène pour la Compagnie immobilière, Alfred Armand doit réussir une parfaite et savante alchimie pour tenir les délais exigés par son employeur. On peut aisément imaginer l'extrême cohabitation que fut pendant quinze mois le chantier du Grand Hôtel. Les compétences d'Armand ne furent pas de trop mais il semble qu'il « excella dans l'organisation et la coordination de chantiers énormes menés très rapidement »[91]. Surtout, les responsabilités qu'il assume sont considérables, notamment d'un point de vue financier. Les Pereire lui confient des

---

84. Roncayolo M., « La production de la ville », in Duby G. (dir.), *Histoire de la France urbaine, tome IV, la ville de l'âge industriel*, Paris, Seuil, 1983, p. 76.
85. Zanten D. Van, « Un urbanisme... », *op. cit.*, p. 56.
86. Dubois A., Lucas C., *Biographie universelle des architectes célèbres...*, *op. cit.*, p. 273.
87. Kosinski S., Micheletti E., *Grands Hôtels du bord de mer*, Paris, Histoire & Collections, 1996, p. 20.
88. Étienne B., Gaillard M., *Palaces et grands hôtels...*, *op. cit.*, p. 45.
89. AG de la Compagnie immobilière, 28 avril 1862 in *Le Temps*, 7 mai 1862.
90. AN, F/12 juin 781/B : Compagnie immobilière de Paris, estimation des propriétés.
91. Zirmi T., *Alfred Armand (1805-1888)...*, *op. cit.*, p. 61.

chantiers où de très fortes sommes sont engagées. Comme au Grand Hôtel du Louvre, Armand s'entoure pour réussir d'une véritable équipe d'artistes, même si la paternité de l'architecture, à la différence du Grand Hôtel du Louvre, lui est totalement propre. Les plans et élévations d'origine de la construction du Grand Hôtel, signés uniquement de son nom, en attestent[92].

La décoration intérieure du Grand Hôtel est un véritable atelier d'artistes mêlant les disciplines. Armand fait traditionnellement appel à ceux ayant déjà participé à la conception du Grand Hôtel du Louvre. Ces artistes possèdent une forte notoriété. Ils ont contribué aux plus grands chantiers de leur époque, aux plus grands travaux d'embellissement de la capitale. La plupart alternent commandes étatiques et privées. Pour les plus connus et ayant le plus concouru à la décoration du Grand Hôtel, citons les sculpteurs Jules Cavelier, Aimé Millet, Jean-Baptiste-Jules Klagmann, Perraud, ou encore Hardouin, Choiselat, Bénier, Darvant[93]. De nombreux peintres sont à ajouter à cette liste œuvrant à la décoration des salons intérieurs de l'établissement, comme Léon Rousseau ou Alexis de Ghéquier. Le résultat est convaincant à tel point que « l'art est seigneur et maître au Grand Hôtel »[94].

Fig. 1. La grande salle à manger.

92. ADP, V12S6 : AGH, plans et coupes d'origine du Grand Hôtel.

93. *Revue générale de l'architecture et des travaux publics*..., *op. cit.*, p. 284.

94. *Musée des Familles*, « revue de l'année 1862 », *op. cit.*, p. 115.

Au total, la décoration intérieure du Grand Hôtel fait merveille. La grande salle à manger, pouvant accueillir 600 couverts, en est le chef-d'œuvre absolu mais toutes les parties auxquelles le public peut avoir accès ont été l'objet de soins attentifs. L'hôtel devient autant une attraction, un lieu d'éblouissement par sa grandeur que par son luxe d'apparence. La monumentalité reste très frappante. Le lieu est imposant. Il occupe un terrain de 8 345,89 m^2 dont 6 715,86 en bâti et 1 630,03 en cour[95]. Le Grand Hôtel, bâtiment-îlot de forme triangulaire, se pose ainsi comme un lieu à part, fermé sur lui-même. Peu d'ornements sont visibles de l'extérieur, attisant d'autant plus rêve et curiosité. Quarante-deux portes cochères ou de magasins, 788 fenêtres de première classe, 706 de seconde viennent découper ses façades[96]. En comparaison avec le Grand Hôtel du Louvre et pour rompre avec cette apparente monotonie, Armand prend quelques libertés dans la décoration extérieure du Grand Hôtel, offrant ainsi un certain nombre d'éléments de décor aux badauds, comme par exemple les *Atlantes* de Cavelier au-dessus des trois portes cochères de l'entrée du boulevard des Capucines. Toutes les façades de l'hôtel bénéficient de pilastres corinthiens. Mais la pièce la plus distincte reste la rotonde de l'angle, caractéristique de la « seconde phase de l'époque haussmannienne »[97], du boulevard des Capucines et de la rue Scribe. Du fait de cette petite fantaisie, répétée à deux reprises sur la place de l'Opéra, le Grand Hôtel correspond totalement à l'ensemble du quartier. Les balcons des premier et troisième étages, en pierre et fer forgé, participent aussi à la mise en valeur des façades même si l'on note une petite digression par rapport au modèle haussmannien traditionnel qui multiplie les balcons à tous les étages. De surcroît, la relative fermeture du Grand Hôtel sur lui-même donne plus d'importance aux boutiques de son rez-de-chaussée. En effet, elles concourent directement à la mise en valeur esthétique du quartier et répondent dans une certaine mesure à la curiosité des passants. Cette intériorisation de la vie, développée par le Grand Hôtel, répond au nouvel idéal bourgeois[98]. À la différence de la société d'étiquette de l'Ancien Régime, le luxe se renferme sur lui-même. Il n'en est pas moins présent, mais s'exprime de manière différente. Ainsi, même si la question ne se pose pas pour le Grand Hôtel car ses façades sont imposées, les extérieurs restent très humbles. Par contre, « la coquille vaut surtout pour ce qu'elle contient »[99] ; si l'extérieur n'est pas à proprement parler somptueux, l'intérieur ne doit en rien décevoir.

---

95. ADP, D1P4 184 : calepin des propriétés bâties, boulevard des Capucines, 1852.
96. ADP, D1P4 185 : calepin des propriétés bâties, boulevard des Capucines, 1862.
97. Loyer F., *Paris XIXe siècle, l'immeuble et la rue*, Paris, Hazan, 1987, p. 356.
98. Andia B. de, « Quartier haussmannien... », *op. cit.*, p. 20.
99. Perrot P., *Le luxe, une richesse entre faste et confort XVIIIe-XIXe siècle*, Paris, Seuil, 1995, p. 172.

Les données des fournitures employées surprennent par leur importance – « 18 000 mètres de tapis, 10 000 mètres carrés (un hectare) de glaces, 40 kilomètres (10 lieues) de fils électriques pour sonnettes »[100] ainsi que 35 000 m^2 de parquet, 4 000 becs de gaz, dix-huit calorifères, 354 bouches de chaleur – tout comme les chiffres et la nature des équipements intérieurs : « L'hôtel a 700 chambres à coucher, compris les chambres de domestiques, et 80 autres pièces (salons, galeries, salles à manger, salons de lecture) »[101]. Comme pour l'Hôtel du Louvre, le nombre des chambres reste très variable d'une source à l'autre. Les plus extrêmes parlent de mille, 700 étant le chiffre le moins élevé. D'après nos calculs et en se référant aux premiers documents fiscaux, il semble que le Grand Hôtel possède à sa naissance 726 chambres et salons ainsi que plus de 190 cabinets d'aisance[102].

Cette énumération est loin d'être complète. Des descriptions architecturales du Grand Hôtel ont déjà été réalisées[103]. Notre but n'était pas de dresser un tableau complet de l'architecture du bâtiment. Nous avons préféré à cela une esquisse de son architecture tout en la concentrant sur deux axes : son insertion dans le quartier de l'Opéra et les nouveautés que cette architecture comporte. Elle nous intéresse au plus haut point pour montrer en quoi le Grand Hôtel est un bâtiment pionnier dans la conception des hôtels modernes de haut rang. Il l'est d'autant plus par son organisation intérieure.

Conception d'un palace

Le Grand Hôtel, avec le Grand Hôtel du Louvre qui lui sert véritablement de prototype, fonde un genre. Alfred Armand ne peut s'inspirer d'établissements français. L'a-t-il fait avec d'autres modèles étrangers ? Nous ne le savons pas. Armand dut tout à la fois tenir compte des contraintes d'une construction aux dimensions si conséquentes et des obligations d'une future exploitation hôtelière. Il réussit en la matière puisque les deux établissements répondent aux deux exigences. Déjà, le Grand Hôtel du Louvre fait office de « chef-d'œuvre d'utilité et d'économie intérieure »[104]. Aussi, l'organisation générale des deux hôtels est similaire dans les grandes lignes. Visitons désormais le dernier né de l'empire Pereire.

---

100. *Revue générale de l'architecture*..., *op. cit.*, p. 284.
101. *Ibid.*
102. ADP, D1P4 185 : calepin des propriétés bâties, boulevard des Capucines, 1862.
103. Notamment in Musée Carnavalet, *Du palais au palace*..., *op. cit.*, p. 102-114.
104. *Musée des Familles*, novembre 1855, t. 22, p. 61-63.

Le voyageur entre par l'une des trois portes cochères du boulevard des Capucines. L'entrée y est permise en voiture hippomobile, la cour d'honneur, vaste espace carré de 550 m², fonctionnant comme un manège. Dès lors, le voyageur arrive dans un autre monde. La cour d'honneur est richement décorée et couverte d'un vitrage suspendu à la hauteur du quatrième étage. Les chambres donnant sur cette cour intérieure sont parmi les plus prisées pour profiter de ses beautés mais aussi du spectacle incessant qui y règne. De la même manière qu'à l'extérieur, une colonnade corinthienne découpe les quatre parois montant vers les étages. Le fond de la cour, face aux arcades de l'entrée principale, est composé d'un perron donnant accès à la salle de lecture ainsi qu'aux grands escaliers desservant les étages.

Le client est directement pris en charge dans la cour d'honneur. Les bureaux de réception la jouxtent. Le bureau principal du concierge est placé sous le péristyle de l'entrée monumentale. L'arrivée à l'hôtel offre entière liberté aux clients même s'il n'est pas douteux que les cochers déposent les arrivants devant l'espace appelé « bureaux » où sont situés la boîte aux lettres, le bureau de réception, le service des voitures, les interprètes, la caisse et le bureau de change. De plus, trois administrations publiques y sont installées : les Postes, les Tabacs et le Télégraphe. Une fois dans la cour d'honneur, le client est libre de se diriger où bon lui semble. De ce fait, la cour d'honneur fait office de place à part entière où chacun vaque à ses occupations, elle devient la place centrale du village autonome formé par l'hôtel. À l'instar du Grand Hôtel du Louvre, le Grand Hôtel est distribué autour de quatre cours intérieures : la cour d'honneur, la cour Scribe, la cour de l'Opéra et la cour d'approvisionnement, située derrière la grande salle à manger. Deux larges couloirs s'échappent de la cour d'honneur pour aboutir aux cours Scribe et de l'Opéra. Ces dernières servent à la tranquillité des visiteurs les plus importants de l'hôtel. Comme à l'Opéra où une entrée annexe est réservée au souverain, le Grand Hôtel dispose de deux entrées supplémentaires pour assurer la quiétude de certains clients[105]. À l'étage, les appartements donnant sur ces cours sont coupés du reste de l'hôtel grâce à des escaliers et donc des issues indépendantes.

Le Grand Hôtel est divisé en trois parties distinctes : une partie publique – comprenant certaines portions du rez-de-chaussée et du premier étage –, un espace privé – les étages –, et un espace « fonctionnel », constitué principalement des sous-sols, de la moitié du rez-de-chaussée et d'une partie de l'entresol. Cette tripartition de l'espace correspond pleinement aux exigences de la vie bourgeoise, à son idéologie, et est largement reprise

105. *Guide de l'Étranger dans Paris…*, *op. cit.*, p. VI.

pour la construction d'hôtels particuliers de la fin du XIXe siècle[106]. Outre les espaces publics et privés dont l'intérêt est évident, les espaces fonctionnels ont un rôle considérable. Ils permettent une exploitation rationnelle de l'entreprise. Par exemple, entre la grande salle à manger et le restaurant, un large office relié directement aux sous-sols par un escalier de service est aménagé. Au moment des repas, un ballet de maîtres d'hôtel anime cette salle lorsque restaurant à la carte et table d'hôte affichent complet. Néanmoins, tout est mis au point pour que ce mouvement ne soit pas perceptible par les clients : l'accès à la salle des fêtes par l'office se fait par deux larges ouvertures formant un angle vers leur extérieur afin que les convives ne puissent discerner le brouhaha des serveurs, l'arrivée des mets en provenance des cuisines souterraines et le débarrassage des assiettes. En outre, un monte-plats se trouve à proximité. Malgré ces précautions, notamment la mise en place d'un système rapide pour le service, l'éloignement d'un étage entre les cuisines et les salles de réception engendre certaines critiques :

> le Grand-Hôtel, splendide service, éblouissant matériel, fastueux local. On y sert bon… mais on y mange mal. Dans cet immense édifice, les cuisines sont trop éloignées de la table : ce qui fait que les meilleures choses vous arrivent à peu près froides.[107]

C'est là l'un des rares jugements négatifs, mais il n'est pas unique. En 1863, un visiteur anglais dénonce « la mauvaise qualité des mets, les trouve mal accommodés et servis froids »[108].

Vaste monde souterrain, les sous-sols, salle des machines du paquebot, suivent les mêmes proportions que le rez-de-chaussée. Les deux niveaux sont amputés, de la même manière, par les boutiques donnant sur les façades de l'établissement. Il est en de même à l'entresol. Dans la plupart des cas, les boutiques comprennent ces trois niveaux. Les sous-sols, partie immergée de l'iceberg, offrent un spectacle digne des étages supérieurs :

> il était cinq heures et demie : l'heure solennelle du coup de feu à la cuisine, – ou plutôt aux cuisines, car il y en a trois, il y en a quatre, il y en a je ne sais combien : cuisine du dîner, cuisine du thé, du chocolat et des œufs ; cuisine de l'office ; cuisine du beurre, des fruits, du lait et du dessert, etc., etc., un labyrinthe de Gamache ! des montagnes de

---

106. Eleb M., Debarre A., *L'invention de l'habitation moderne, Paris, 1880-1914*, Paris, Hazan, 1995, p. 64.

107. Chavette E., *Restaurateurs et restaurés*, Paris, A. Le Chevalier éditeur, 1867, p. 56.

108. Musée Carnavalet, *Du palais au palace…*, *op. cit.*, p. 125.

> provisions ! des fournaises de charbon de terre ! et, chose impossible ! nulle odeur, nul bruit, nulle confusion.[109]

Il n'est pas certain, à l'étude des plans d'origine, que les cuisines soient autant subdivisées. Les grandes cuisines suivent la forme de l'hémicycle de la salle des fêtes, ce qui engendre la mise en place d'un système de ventilation perfectionné, s'écoulant vers la cour d'approvisionnement. À l'origine, se trouvent deux larges fourneaux, une rôtisserie, un vaste garde-manger, des tables froides et chaudes et des fours. Un réfectoire et le bureau du chef de cuisine complètent le tableau. Les cuisines sont entourées par une cour de service, desservant tous les lieux utiles à leur bon fonctionnement. Divers lieux de stockage, autant pour la nourriture que pour le service, sont présents : des magasins pour les conserves, plusieurs garde-manger, une lampisterie, des magasins de l'économat, une argenterie, des lavoirs pour les cuivres, l'argenterie et la vaisselle, un office des cafés, un office des desserts. Une glacière est aussi spécialement aménagée ; cette dernière

> se fait remarquer par une propreté qu'on pourrait qualifier d'excessive ; ses murs stuqués, son carreau de marbre entretiennent une fraîcheur indispensable. Une machine à glace mue par la vapeur, des moules de toutes formes, aident aux divers caprices d'un glacier jaloux d'une renommée conforme aux traditions napolitaines.[110]

Fabriquer soi-même sa glace semble avoir de réels avantages tant le marché parisien paraît déficient : « le Grand-Hôtel a trop le souci de la santé de ses pensionnaires pour n'avoir point imaginé de se passer des ordinaires fournisseurs de glace à rafraîchir »[111].

Trois grands reportages dédiés au Grand Hôtel à la fin du XIXe siècle insistent sur ses sous-sols et plus spécifiquement sur ses cuisines, facette cachée mais ô combien essentielle de l'entreprise[112]. L'émerveillement et la surprise des chroniqueurs s'observent sur plusieurs plans. Tout d'abord, l'approvisionnement quotidien du Grand Hôtel semble en tout point extraordinaire. Servir tous les jours plus de 800 repas, sans compter ceux du personnel, nécessite des entrées de matières premières considérables. Le service de l'économat est dès lors décrit comme un véritable ministère. À leurs

109. *Musée des Familles*, « revue de l'année 1862 », *op. cit.*, p. 115.
110. BnF, G-1572 (bis) : *Les grands hôtels du monde…*, *op. cit.*, p. 7.
111. *La Revue illustrée*, vol. 20, juin-décembre 1895, p. 266.
112. Numéros 18 et 20 de *La Revue illustrée* (juin-décembre 1894 et juin-décembre 1895) et *La France Industrielle*, avril 1896. Ils sont largement redondants.

arrivées, les marchandises sont inventoriées puis emmagasinées. Le chef de ce service veille à leur qualité. Les quantités journalières consommées sont difficiles à cerner. Plusieurs centaines de kilogrammes de viande, 500 poulets, des dizaines de poissons, volailles et gibier seraient ainsi absorbés chaque jour, sans compter, en saison, « des montagnes d'asperges ou autres primeurs délicates »[113] ; 5 à 600 litres de lait entreraient tous les jours au Grand Hôtel.

Les cuisines deviennent un lieu mystérieux où sont transformées toutes ces denrées. Aux dires de tous, l'hygiène y est remarquable ; les sous-sols et la cuisine seraient bien éclairés et bien aérés. Sur ce point, les différents constats divergent selon leurs auteurs : la presse est dithyrambique alors que les personnages arrivant à la direction de l'entreprise à la fin du siècle sont très sévères. Quoi qu'il en soit, l'équipement général des cuisines impressionne les non professionnels. Le Grand Hôtel semble de ce point de vue avoir suivi une petite révolution de l'histoire de la cuisine de la fin du XIXe siècle, à savoir l'adoption de la cuisine au gaz[114]. À l'instar des plus grandes maisons parisiennes précurseurs, telles le Fouquet's, Maxim's ou encore le Terminus Saint-Lazare, les cuisines du Grand Hôtel se convertissent à l'énergie gazière du fait des nombreux avantages qu'elle procure et ce malgré les premières réticences : « bien que l'adoption du gaz soit recommandée pour diminuer la pénibilité du métier, les cuisiniers de restaurant y viennent plus lentement, lorsqu'il faut changer le matériel de cuisson. Certains chefs craignent une dénaturation du goût »[115]. Ce bousculement des habitudes ne se fait pourtant pas sans mal. Ainsi, si l'on en croit Marie-Louise Ritz, Auguste Escoffier est le premier à rester vigilant face à l'innovation. La présence des nouvelles applications liées au gaz et à l'électricité semble réduite, dans les cuisines de l'hôtel de la place Vendôme, à la portion congrue : l'électricité n'est employée que pour l'éclairage, le gaz uniquement pour faire bouillir l'eau, en aucun cas pour les grillades[116]. Escoffier ne porte pas non plus en odeur de sainteté les nouveaux matériaux comme l'aluminium et l'émail : selon lui, ils « sont employés dans les cuisines où la main-d'œuvre fait défaut. Comme ce n'est pas le cas chez nous, nous ne visons qu'à obtenir de la cuisine parfaite »[117]. En somme, les nouveautés se retrouvent partout au Ritz, sauf, peut-être, dans les cuisines d'Escoffier. Concernant le Grand Hôtel, aucune

113. *La Revue illustrée*, vol. 20, juin-décembre 1895, p. 264.

114. Williot J.-P., « De l'innovation industrielle à l'excellence gastronomique : l'apparition de la cuisine au gaz entre la fin du XIXe siècle et le milieu du XXe siècle », in Drouard A., Williot J.-P. (dir.), *Histoire des innovations alimentaires XIXe et XXe siècles*, Paris, L'Harmattan, 2007, p. 227.

115. Williot J.-P., « La flamme de la liberté », in *Gusto*, n° 3, été 2007, p. 53-54.

116. Ritz M.-L., *César Ritz*, Paris, Tallandier, 1948, p. 206.

117. *Ibid.*

mention de l'achat de nouveaux équipements ne se retrouve dans ses archives, même s'il est très probable que, à côté du Ritz, de l'Hôtel du Louvre ou du Continental, il ait commandé des fours à pâtisserie, des fourneaux et une broche sur laquelle peuvent rôtir cinquante poulets auprès d'un célèbre fabricant parisien, la maison Cubain[118]. Par contre, l'adoption du gaz ne se fait que graduellement. Par exemple, en janvier 1904, dans les charges du département cuisine, se retrouve une consommation de 1 450 F de charbon, soit plus qu'en janvier 1903[119]. La conversion est donc progressive, l'innovation mettant du temps à s'imposer.

Les cuisines ne sont pas les seules à être dotées de machines perfectionnées liées à optimiser l'exploitation de l'entreprise. Ainsi, et comme cela était en vigueur[120], l'hôtel produit lui-même son électricité – probablement intégralement, notamment après que l'éclairage électrique ait été installé : « c'est une usine, qui, outre qu'elle alimente tous les services de l'établissement, pourrait aisément éclairer une ville tout entière ». Des machines de production, des dynamos, des tableaux de distribution sont installés dans les sous-sols et constamment entretenus par des employés de l'hôtel. Enfin, les offices et autres laveries de l'hôtel devaient bénéficier, sans plus d'indices, d'une organisation quasi-militaire ; si l'on s'en tient aux chiffres donnés par Gaston Dalivet quant à la consommation journalière de vaisselle de table, chaque service monopoliserait l'usage de 5 000 fourchettes, couteaux et cuillères, 6 000 assiettes, 5 000 assiettes à dessert, 2 000 assiettes à potage, 2 500 verres à Bordeaux, autant pour le champagne[121]. Au total, il est regrettable que les archives du Grand Hôtel ne nous en apprennent pas plus sur le fonctionnement rationnel des sous-sols, une usine assurément indépendante au cœur de l'entreprise.

Dès l'origine, les caves constituent le second grand espace du sous-sol ; elles en occupent environ un tiers. Comme l'ensemble de l'hôtel, elles sont éclairées au gaz. Un bureau, sans doute celui de la comptabilité de ce dédale, est à l'entrée de la cave du jour, servant à stocker les vins prêts à être consommés. Ces vins déposés quotidiennement proviennent de la grande cave, qui, à la vue des plans, est très structurée, en allées parfaitement géométriques. Ces caves « contiennent aisément un million de bouteilles. Quinze cents cases permettent le classement méthodique, par crus et par années, des trésors

118. Publicité pour J. Cubain & Cie, vers 1910, in BHVP, série d'actualité 77.

119. ADP, V12S35 : AGH, compte de gestion, 1904.

120. En effet, les premiers utilisateurs de l'électricité disposent d'une véritable usine de production, généralement installée dans leurs sous-sols, comme l'opéra Garnier ou le Bon Marché (Beltran A., Carré P.-A., *La fée et la servante, la société française face à l'électricité, XIX-XXe siècle*, Paris, Belin, 1991, p. 103-106).

121. *La Revue illustrée*, vol. 20, juin-décembre 1895, p. 265.

qu'elles renferment »[122]. Aux extrémités, deux caves spéciales sont dévolues au stockage des vins en fûts alors que d'autres locaux sont destinés à la mise en bouteille du vin comme, par exemple, un rinçoir. Les caves du Grand Hôtel sont donc un monde à part entière : elles ont leur propre administration, leurs propres espaces et leur propre personnel. Les surplus du sous-sol sont affectés aux services nécessaires à l'exploitation de l'hôtel tels que les machines à vapeur, les calorifères, les soutes à charbon, les caves à bois, les ateliers et réserves de toute nature, des *water-closets* pour le personnel. Le sol est bitumé. Certaines portions sont sillonnées de rails et parcourues par des wagonnets[123]. C'est ainsi que le sous-sol du Grand Hôtel est avant tout pensé pour être fonctionnel, afin de garantir un service des plus rapides et des plus efficaces, avec une forte division de l'espace. Une grande volonté guide cet aménagement : de la même manière que pour l'arrivée des marchandises qui s'effectue rue Scribe, Alfred Armand veut que les espaces « fonctionnels » soient invisibles du public : le client ne doit voir que le côté doré et reluisant de l'hôtel, l'espace de rêve.

Prenons désormais place dans le monte-voyageurs pour accéder au premier étage. Celui-ci comprend les premiers appartements, avec toutes les pièces de service nécessaires : offices, bureaux des sommeliers et toilettes. C'est l'étage où commence réellement la fonction d'hospitalité de l'établissement. Toutefois, au-dessus du salon de lecture, se trouve le salon du Zodiaque, salle de fêtes toute en longueur, luxueusement décorée. D'autres salons, de dimensions variables, sont agencés au premier étage, comme le salon de musique[124]. Le premier étage est ainsi un étage dévolu autant aux hébergements qu'aux espaces de réunion et de réception. Suivant le modèle haussmannien, il s'agit de l'étage noble. Au Grand Hôtel, cela se manifeste par les tarifs les plus élevés mais surtout par la présence des grands appartements privés, des « suites royales » coupées du reste de l'hôtel. Ces appartements

> destinés aux souverains et aux princes sont remarquables par leur luxe : la soie, le velours, la moquette, les tapisseries d'Aubusson et de Neuilly, embellissent le mobilier. Des meubles savamment posés, des tentures bien disposées, des tableaux de maître, des fantaisies artistiques garnissent les salons, les boudoirs, notamment les chambres à coucher.[125]

---

122. *Guide de l'Étranger dans Paris…*, *op. cit.*, p. XIV.

123. BnF, G-1572 (bis) : *Les grands hôtels du monde…*, *op. cit.*, p. 6.

124. ADP, D1P4 185 : calepin des propriétés bâties, boulevard des Capucines, 1862.

125. BnF, G-1572 (bis) : *Les grands hôtels du monde…*, *op. cit.*, p. 3.

De plus, la proportion de cabinets d'aisance par rapport au nombre d'appartements est supérieure au premier niveau ce qui constitue un signe manifeste de la suprématie, en matière d'installations et donc de confort, de celui-ci.

	Nombre de chambres et salons	Nombre de cabinets d'aisance	Proportion
1er étage	103	46	0,45
2e étage	115	49	0,43
3e étage	135	50	0,37
4e étage	140	45	0,32
5e étage	233		

Tab. 2. Répartition par étage des chambres et cabinets, 1862.

Les deuxième, troisième et quatrième étages offrent des installations de très bon standing. La décoration intérieure des chambres et des couloirs, dont le plancher est recouvert de tapis et les murs rehaussés de stuc et de peintures, semblent en tous points satisfaisants :

> nous voulûmes coucher au Grand Hôtel, dans une chambre du deuxième étage. – Nous remarquâmes, en y montant, les massifs d'arbustes des paliers (qui coûtent six mille francs par an), la splendeur des escaliers, des antichambres et des corridors, où les tapis à haute laine amortissent les pas les plus bruyants.[126]

Nous ne pouvions rêver meilleur observateur qu'Émile Zola pour décrire une chambre du quatrième étage du Grand Hôtel, à 12 F la journée, où Nana fut transportée pour mourir « dans un endroit chic »[127] : « tendue de cretonne Louis XIII à grosses fleurs, la chambre avait le mobilier d'acajou de tous les hôtels, avec un tapis rouge semé d'un feuillage noir »[128]. Zola précise que la servante de Nana, Rose, choisit une chambre confortable mais sans luxe, ce qui tend à prouver la diversité des installations proposées. Cette chambre 401 est également meublée d'un fauteuil voltaire, d'une cheminée et d'un coffre à bois. Le cinquième étage contient les chambres aux tarifs

126. *Musée des Familles*, « revue de l'année 1862 », *op. cit.*, p. 116.

127. Zola E., *Nana*, Paris, Fasquelle, 1880; réédition : Paris, Le Livre de poche, 2004, p. 477.

128. *Ibid.*, p. 482.

les plus modiques. Y sont logés les domestiques, si leurs maîtres n'ont pas daigné leur offrir une chambre à proximité de la leur, ainsi que le personnel résidant à l'hôtel. À cet étage, se trouvent également les réservoirs d'eau, servant aux ascenseurs et aux divers services de l'hôtel, les ateliers de tapisserie, d'horlogerie, d'électricité, le garde-meubles… Enfin, l'entresol accueille les bureaux de direction, côté Capucines, des lingeries côté Scribe et, côté Opéra, les quinze salles de bains, de douches et d'hydrothérapie que possède l'hôtel à sa naissance[129]. Ces salles de bains, ouvertes à toute heure, installées « avec un superbe confort […] permettent au voyageur de purifier, de délasser son corps sans sortir de l'hôtel »[130].

Les sept niveaux du Grand Hôtel répondent ainsi chacun à une finalité propre. Complémentaires, se juxtaposant parfois, ils doivent satisfaire tous les besoins entrant dans le sillage de la grande hôtellerie. Toute la difficulté de l'opération est de faire coïncider les espaces publics, privés et fonctionnels, sans qu'aucune de ces fonctions ne soit flouée. De plus, le Grand Hôtel est une véritable fourmilière où plusieurs centaines d'employés – le *Musée des Familles* mentionne la présence de 250 employés à l'ouverture de l'hôtel – gravitent chaque jour pour répondre à une tâche bien précise. En ce sens, le Grand Hôtel forme une entreprise à part entière et de grandes dimensions au cœur de Paris.

Projeté, conçu, bâti, il ne reste plus au Grand Hôtel qu'à être exploité pour voir si tout ce qui a été mis en œuvre, des démolitions au chantier titanesque en passant par la réalisation d'œuvres d'art ou la mise en place de nouvelles dispositions dans la conception du bâtiment, suffisent à la réussite de l'opération. Une chose est sûre, l'attente est énorme.

---

129. *Guide de l'Étranger dans Paris…*, *op. cit.*, p. VIII.

130. BnF, G-1572 (bis) : *Les grands hôtels du monde…*, *op. cit.*, p. 3.

CHAPITRE II

Une enfance faite de contrastes

Un événement parisien

L'apparition du Grand Hôtel sur la scène parisienne

Nul Parisien, en promenade au milieu des travaux de construction du quartier de l'Opéra, ne peut ignorer la présence du Grand Hôtel. Et rien n'est fait pour la lui cacher. La presse, avant que le projet n'ait commencé à sortir de terre, relaie l'information. Les Pereire font aussi tout pour que cela se sache. Le voisinage avec le futur Opéra contribue à faire parler. Ainsi, avant qu'un nom soit officiellement adopté, cette prestigieuse mitoyenneté doit forcément influencer la future dénomination de l'hôtel[1]. En réalité, il en est tout autrement et le baptême se passe dans la douleur.

En avril 1861, l'Immobilière, par la voix de son président, présente le projet de construire un hôtel meublé semblable à l'Hôtel du Louvre, le « Grand Hôtel de la Paix »[2]. Quelques jours avant son inauguration, est magnifiée la dénomination même de l'Hôtel de la Paix, « un nom court, heureux, éloquent »[3]. Jusqu'en juin 1862, les baux de location des boutiques sont établis pour des locaux du « Grand Hôtel de la Paix ». Par contre, un rapport de décembre de la même année présente la situation générale du Grand Hôtel[4]. Par la suite, la « tour de Babel » de l'empire Pereire ne porte plus que cette

1. *L'Illustration*, 27 octobre 1860, p. 283.
2. AN, F/12/6 781/A : AGOE de la Compagnie immobilière, 20 avril 1861.
3. *L'Illustration*, 7 juin 1862, p. 362.
4. AN, F/12/6 781/B : situation générale du Grand Hôtel au 31 décembre 1862.

dénomination. Cette évolution est fort surprenante car le premier nom, Hôtel de la Paix, voulait marquer sa magnificence ainsi que son attachement au régime impérial. De surcroît, il est aisé de s'imaginer le bouleversement qu'engendre un tel changement de nom face aux dépenses publicitaires qui ont dû être réalisées pour le lancement du nouvel hôtel. Pourtant, un hôtelier de la rue de Paix, M. Muller, propriétaire d'un Hôtel de la Paix, voit l'apparition de l'hôtel de la Compagnie immobilière à la dénomination identique d'un très mauvais œil[5]. Selon lui, l'importance du nouvel hôtel, qui n'est séparé du sien que par la largeur du boulevard, engendre nécessairement une confusion qui ne peut être qu'à son préjudice. Ainsi, lorsqu'un voyageur voulant descendre chez lui demandera l'Hôtel de la Paix, il sera infailliblement conduit à l'hôtel des Pereire. Devant ces considérations, et après quelques épisodes judiciaires, l'hôtelier de la rue de la Paix obtient que l'Immobilière ne puisse pas se servir du qualificatif *de la Paix*, d'une quelconque manière que ce soit. De plus, la cour accorde un délai de six mois au Grand Hôtel pour faire disparaître les initiales H.P. de tout son matériel d'exploitation, comme le linge ou l'orfèvrerie. Cette péripétie est à notre sens loin d'être anodine car le lancement du Grand Hôtel est en partie bouleversé par ce changement de nom. Du reste, il est surprenant qu'un petit hôtelier ait pu s'accrocher à son bien et que la cour impériale lui ait en partie donné raison. Muller n'avait probablement pas conscience qu'il allait à jamais changer le nom d'une des constructions les plus typiques du Second Empire parisien. Le Grand Hôtel est désormais baptisé ; par contre, son restaurant ayant façade sur la place de l'Opéra, le Café de la Paix, garde trace de cette appellation originelle.

Les Pereire ne pensaient pas que le Grand Hôtel ferait son entrée sur la scène parisienne d'une telle manière. Quoi qu'il en soit, la suite de ce relatif tapage médiatique est plus conforme à leurs espérances. Aux yeux des observateurs, le résultat l'est également. Le Grand Hôtel du Louvre avait déjà ébloui les Parisiens. Le Grand Hôtel ne peut pas décevoir. Égaler simplement son illustre prédécesseur aurait été considéré comme un échec. Bien avant l'inauguration du nouveau joyau de la couronne Pereire, tout Paris – qui lit la presse – connaît le vaste hôtel qui vient de s'élever « comme par enchantement » sur le boulevard des Capucines. Tout a été fait pour attirer l'attention, susciter la curiosité et ainsi créer l'événement. La presse relaie allègrement le projet faramineux. L'imagination des observateurs de l'époque s'en trouve servie et les élucubrations vont bon train quant à la nature, la construction et le spectacle qu'offrira le nouvel hôtel[6]. L'importance que prend le grand hôtel, au sens large, dans l'imaginaire collectif est remarquable : lieu de brassage de

5. *Gazette des Tribunaux*, 23 mai 1862.
6. *L'Illustration*, 27 octobre 1860, p. 283.

populations internationales, il doit être un lieu de découverte et d'apprentissage des cultures. Les récits de voyage sont dépassés. Désormais, chacun peut se rendre à l'hôtel pour apprendre à connaître l'étranger lointain, ses habitudes, ses coutumes, ses manières de vivre. Le grand hôtel devient le lieu de rencontre des civilisations, véritable musée ethnologique avant l'heure. Ces espoirs vont en grande partie se réaliser lorsque le Grand Hôtel accueille, dès son ouverture, de hauts dignitaires arrivant de pays forts éloignés.

L'inauguration officielle du Grand Hôtel a lieu le 5 mai 1862 alors que ses finitions ne sont pas encore achevées ; elles le sont le 30 juin. Néanmoins, rien n'empêche la consécration. La présence de l'impératrice Eugénie, au bras d'Émile Pereire pendant la visite de l'établissement, montre tout l'intérêt du pouvoir pour cette nouvelle réalisation. À la fin de la visite, l'impératrice aurait eu ce mot : « c'est absolument comme chez moi, et je me suis crue à Compiègne ou à Fontainebleau »[7]. Une grande soirée donne suite à l'événement. L'orchestre est dirigé par Jacques Offenbach et Olivier Métra. L'opéra (*La Traviata* et *Giselle*), le théâtre (*29° à l'ombre* d'Eugène Labiche), le chant et la danse (*Quadrille des Lanciers*) sont au programme de la soirée, qui s'achève par un bal de nuit et une tombola. Cette consécration est véritablement vécue comme un événement à part entière. Comme l'a fort joliment écrit Léon-Paul Fargue,

> l'édification du Grand Hôtel, ancêtre des palaces contemporains, fut pour les Parisiens du XIXe siècle un événement comparable à ce que peuvent être pour nous un voyage dans la stratosphère, le lancement du Normandie ou le mystère de la télévision.[8]

Selon nous, la comparaison est tout à fait judicieuse. À la lecture des journaux, on note que l'impatience est notoire : « quelques jours encore et l'immense caravansérail du boulevard des Capucines, l'hôtel géant, l'hôtel monstre, l'hôtel Babel sera fini, et ses portes s'ouvriront toutes grandes à tous les peuples de la terre »[9]. L'ensemble de la presse attend cette sensation, à tel point qu'on est en droit de se demander si certains journaux ne sont pas à la botte des Pereire. C'est fort possible car on trouve dans *Le Figaro*, en juillet 1862, des petits entrefilets signalant au monde entier l'ouverture de l'hôtel. Les Pereire savent remercier la publicité gratuite provoquée par ce type d'annonces puisqu'ils commandent au journal, un mois plus tard, une véritable campagne publicitaire. Que la presse soit objective ou non, l'émer-

---

7. *Musée des Familles*, « revue de l'année 1862 », *op. cit.*, p. 117.
8. Fargue L.-P., *Le piéton de Paris,* 6e édition, Paris, Gallimard, 1939, p. 232.
9. *L'Illustration*, 7 juin 1862, p. 362.

veillement est à son paroxysme et nous ne résistons pas à l'envie de donner dans sa quasi-intégralité le passage de l'article de *L'Illustration* où X. Feyrnet, entré pour la première fois dans l'hôtel, exprime ses sensations :

> Et vous, voyageurs de toutes les latitudes et de tous les climats, vite accourez ; votre palais vous attend ! Mes yeux ont contemplé les magnificences de ce palais merveilleux et j'en suis encore tout ébloui. L'Hôtel du Louvre est éclipsé par l'Hôtel de la Paix : les splendeurs de l'un sont indescriptibles, les splendeurs de l'autre sont inimaginables. Si les génies ont quelque jour la fantaisie de revenir habiter ce monde, ils ne se bâtiront pas eux-mêmes leur demeure, ils prieront très humblement M. A. Armand de bien vouloir être leur architecte. Il n'est guère moins expéditif qu'eux : n'a-t-il pas improvisé en un an ce Louvre du voyage ? Quant à leurs inventions, qu'elles semblent pauvres et stériles à côté des siennes ! Non vraiment, ils n'ont jamais rien créé d'aussi frais, d'aussi élégant, d'aussi brillant à la fois que ce salon de lecture décoré avec tant de richesse et de goût ; rien d'aussi grandiose que cette immense salle à manger en rotonde, haute de cinquante pieds, aux voussures remplies de figures colossales, aux colonnes de marbre rouge, aux lambris d'or, aux glaces gigantesques qui réfléchiront douze fois l'image de la salle avec ses cristaux, ses lustres étincelants et ses convives en costumes variés et superbes ; rien enfin d'aussi galant que ces salons réservés à ceux qui aiment à bien dîner avec plus de recueillement, salons ravissants et réjouissants dont les frises et les plafonds couverts des fruits les plus exquis peuplés des hôtes les plus succulents de la création donneront à la gourmandise indécise et blasée des conseils pleins d'à-propos. Il y a, dans l'Hôtel de la Paix, quelques appartements de plus qu'il n'y en avait dans le fameux labyrinthe d'Égypte. Est-il nécessaire de dire qu'ils sont tous admirablement confortables, et que beaucoup sont ornés et meublés avec un luxe prodigieux ? Plus d'un prince, assez bien dans ses affaires, après avoir passé une quinzaine incognito dans cet hôtel sans pareil, ne pourra pas s'empêcher, de retour dans sa résidence, de pousser un assez gros soupir et de s'écrier : « Grand Dieu, que les princes sont piètrement logés au dix-neuvième siècle ! ».[10]

De tels éloges ne peuvent que susciter la curiosité et assurer un succès immédiat au Grand Hôtel. L'accueil réservé par les guides de voyages permet d'avoir une vision plus raisonnée. Ce traitement reste de fort bon aloi : pour le *Guide Joanne*, le Grand Hôtel est « le plus vaste et le plus bel hôtel de Paris »[11] ; pour le *Baedeker*, le Grand Hôtel et le Grand Hôtel du Louvre ne sont que,

10. *L'Illustration*, 12 juillet 1862, p. 19.
11. Joanne A., *Le guide parisien*, Paris, Hachette, 1862, p. 15.

sans plus de détails, les plus grands hôtels de Paris, voire de l'Europe entière[12]. D'ailleurs, le guide allemand se fait l'écho d'une critique que l'on retrouve constamment dans les écrits de l'époque. En effet, bien que tout soit jugé excellent, le visiteur y ressent « la difficulté qui existe à gouverner de si vastes établissements, et maint voyageur y cherchera en vain les agréments des petits hôtels »[13]. Le *Guide Joanne* suit le *Baedeker* dans ces réticences : « beaucoup de personnes se trouvant isolées dans cet immense et splendide caravansérail, préfèrent un hôtel moins vaste, où les contacts sont plus immédiats avec le chef direct de la maison »[14]. Ce reproche de grandeur attribué aux deux hôtels de l'empire Pereire est plus largement une critique de la politique des grands travaux de Haussmann. Par l'intermédiaire de l'un de ses personnages, Zola compare le Grand Hôtel à une caserne, jugement non unique[15].

En dépit de ces quelques regrets, le Grand Hôtel réussit pleinement son entrée sur la scène médiatique. Pour le *Musée des Familles*, il est « le chef-d'œuvre et le résumé pratiques »[16] de l'année 1862. Sa position, ses dimensions et son luxe frappent en premier lieu les esprits. Bientôt, et dès que chacun aura pu séjourner à l'hôtel, ce sont la nouveauté de ses installations et la diversité de ses services qui le rendent remarquable.

Le temple des nouveautés

La technologie au service du Grand Hôtel

Il est inutile de revenir sur l'utilisation massive de nouveaux procédés pour la structure du bâtiment. Il est plus opportun de s'intéresser à ceux mis directement au service des voyageurs ou mis à contribution pour l'exploitation de l'entreprise. À l'affût des progrès de leur temps, Alfred Armand et les frères Pereire ont su largement en doter le Grand Hôtel. Dès l'origine, le transfert de technologies sert à assurer la réussite de l'entreprise et à en faire une marque de fabrique.

Aux yeux des contemporains, l'ascenseur est très impressionnant. Signe de la nouveauté, le mot n'existe pas encore ; on parle de « monte-voyageurs » ou d'« escalier mécanique ». L'ascenseur du Grand Hôtel est capitonné, décrit comme un « cabinet charmant avec canapé de velours,

---

12. Baedeker K., *Paris et la France du Nord ainsi que les chemins de fer des frontières à Paris*, 2de édition, Coblentz, Karl Baedeker éditeur, 1867, p. 3.
13. *Ibid.*, p. 4.
14. Joanne A., *Paris illustré*, Paris, Hachette, 1867, p. XXX.
15. Zola E., *Nana*, *op. cit.*, p. 482.
16. *Musée des Familles*, « revue de l'année 1862 », *op. cit.*, p. 117.

tapis et tentures »[17]. On doit le premier ascenseur à Elisha Otis, qui le mit en fonction publiquement pour la première fois lors de l'exposition du Crystal Palace de New York en 1853[18]. L'ascenseur hydraulique du Grand Hôtel est vraisemblablement l'un des premiers en action en France. Toutefois, la nouveauté engendre certaines difficultés imprévues puisque, après une décennie de fonctionnement aléatoire, les ascenseurs de l'entreprise sont considérablement modifiés avec l'application d'un système utilisant la vapeur et réduisant les problèmes de pénurie d'eau que l'entreprise connaît à sa naissance – et sur lesquels nous reviendrons. Les nouveaux ascenseurs permettent désormais un service « sans temps d'arrêt depuis six heures jusqu'à une heure après minuit »[19]. De plus, ils desservent tous les étages, permettent l'ascension comme la descente, ce qui sous-entend que cela n'est pas possible auparavant. Au milieu des années 1870, ils effectuent environ 300 à 400 ascensions par jour. Devant le succès rencontré par ce type d'infrastructure, l'installation d'une nouvelle batterie est envisagée en prévision de l'Exposition universelle de 1878, afin de desservir de nouvelles parties de l'immeuble. Il est remarquable que l'acceptation d'une telle machinerie se fasse si rapidement. Par exemple, les clients se désespèrent de son mauvais fonctionnement à ses débuts alors le *Guide de l'Étranger dans Paris et ses environs*, dans son édition de 1874, affirme que ces appareils sont très « appréciés par les voyageurs qui habitent les régions les plus élevées de l'hôtel »[20]. Cependant, les différents systèmes mis au point ont besoin de temps pour se parfaire et certains faits divers freinent sans doute les clients face à un enthousiasme profond vis-à-vis de l'innovation. Le 24 février 1878, un très grave accident intervient au Grand Hôtel[21]. Alors que l'ascenseur doit descendre du deuxième étage vers le rez-de-chaussée, il se met à monter « avec une effrayante rapidité »[22], ce qui provoque la rupture de la pièce reliant le piston à la plate-forme de l'ascenseur. Une fois cette folle ascension terminée par le choc de la cage sur le toit de l'ascenseur ce qui engendre la rupture de nombreux éléments, la cage s'effondre violemment après une chute de cinq étages. Une enquête soumet l'hypothèse d'un défaut de fabrication d'une pièce du dispositif. Les experts retrouvent en effet des bulles d'air dans la tige du piston et mettent, de ce fait, en exergue de graves imperfections techniques. Quoi qu'il en soit, l'accident coûte la vie à trois personnes : une cliente, un inspecteur du Grand Hôtel et

17. *Ibid.*
18. Loyer F., *Paris XIX*e *siècle, l'immeuble et la rue…*, *op. cit.*, p. 190.
19. *Guide de l'Étranger dans Paris…*, *op. cit.*, p. XII.
20. *Ibid.*
21. AGO de la Compagnie immobilière, 28 mai 1878.
22. BHVP, série d'actualité 77 : articles de journaux, mars et avril 1878.

un liftier. Le Grand Hôtel n'est pas le premier établissement hôtelier à avoir connu pareille catastrophe : des systèmes à tubes défectueux ont coûté la vie « à plusieurs voyageurs en 1865 à Grosvenor Hotel à Londres, par la chute du wagon ascensionnel »[23].

Le chauffage général du Grand Hôtel se fait par les 354 bouches à air propulsant dans les corridors, les vestibules et les grandes pièces la chaleur produite par les dix-huit calorifères présents en sous-sol ; « le chauffage se fait par conduction, l'air chauffé tendant à s'élever par les gaines vers les pièces à desservir »[24]. Le système doit être mis en place dès la conception de l'édifice de telle sorte que les gaines de terre cuite partant du calorifère vers les bouches d'air, plus ou moins travaillées suivant le standing de l'établissement, soient dissimulées dans les cloisons ou les planchers. Le chauffage dans les chambres est toujours assuré par les cheminées.

Mélange de nouveautés et de pratiques qui le sont moins, le Grand Hôtel reste un bâtiment pionnier, un banc d'essai des nouvelles technologies. Beaucoup d'éléments sont mis en place dans l'hôtellerie avant leur installation dans l'habitat domestique. Cela se confirme avec l'ascenseur puisque c'est seulement à partir des années 1880 qu'il se répand. La haute hôtellerie est dès son origine une usine à tests, avec les inconvénients que cela suggère, et se doit, pour garder la part d'émerveillement et donc de séduction auprès de sa clientèle, d'épouser les procédés pouvant améliorer son confort ou sa rentabilité. Un hôtel haut de gamme qui n'est pas à la pointe du progrès, ou tout du moins qui ne suit pas de très près l'évolution de son temps, est un hôtel qui sera supplanté par ses concurrents. Les Pereire, qui avaient foi dans les évolutions technologiques apparues avec les révolutions industrielles, ont tout de suite conscience de ce phénomène. De ce fait, le Grand Hôtel et le Grand Hôtel du Louvre contiennent un grand nombre d'éléments tendant à offrir toujours plus de confort à leurs visiteurs. Ainsi en est-il avec les installations sanitaires, même si – bien que la direction du Grand Hôtel flatte les différents systèmes mis en place dans l'hôtel pour aller en ce sens : systèmes de ventilation, accès à l'eau courante à tous les étages –, l'hygiène n'est pas encore une des préoccupations majeures des concepteurs d'immeubles du milieu du XIXe siècle. La fin du siècle est beaucoup plus portée sur ce credo.

Toujours est-il que le Grand Hôtel profite d'inventions révolutionnant des domaines aussi variés que « l'éclairage, l'énergie ou les communications »[25]. À sa naissance, l'éclairage se fait en très grande partie au gaz. 2600 becs de gaz assurent l'éclairage des vestibules, corridors et salons. La salle à manger, à

---

23. Laudet G., *Éclaircissement historique sur les dispositions…, op. cit.*, partie I, p. 49.
24. Loyer F., *Paris XIXe siècle, l'immeuble et la rue…, op. cit.*, p. 185.
25. *Ibid.*

elle seule, en contient 1140[26]. Néanmoins, d'usage dangereux et salissant, le gaz n'est pas employé dans les chambres. L'usage de lampes à huile, comme la lampe Carcel, au prix de 2 F et donc réservée à une clientèle fortunée, et celui des bougies, vendues 1 franc l'unité, est toujours d'usage. À l'origine, l'électricité est employée pour les 800 pendules, signées Louis Bréguet, dont le fonctionnement émerveille : « toutes les pendules se règlent d'elles-mêmes et entre elles, à midi et à minuit, par un fil électrique introduit sous le socle et derrière la glace »[27]. De plus, le système d'appel à la réception est également électrique. Cette application met fin à un système ancestral voulant que chaque chambre soit dotée, dans les petits hôtels, d'une clochette à la tonalité différente afin que le personnel reconnaisse qui sonne[28].

Les progrès dans le domaine des communications ne s'observent pas qu'en interne. Le Grand Hôtel est ainsi le théâtre d'une expérience encore inédite en France. À l'instar de ce qui se fait à Londres, l'administration des Télégraphes décide en 1867 de mettre à l'épreuve un système de communication pneumatique entre le Grand Hôtel et la Bourse de Paris, distante de plus d'un kilomètre, « entre lesquels s'exerce une correspondance télégraphique très active »[29]. Une série de tubes souterrains relie les deux points. Grâce à l'air comprimé par la pression de l'eau disponible en sous-sol, on expédie à grande vitesse une boîte cylindrique en laiton pouvant contenir lettres, paquets ou petits colis. Le Grand Hôtel est ainsi un témoin placé au premier rang de la première diffusion, à Paris, de ce système de communication très véloce, qui eut cours jusque dans les années 1980[30]. Pour finir, le Grand Hôtel offre un service une nouvelle fois tout nouveau : un service de photographie. Dans un premier temps, le Grand Hôtel envoie régulièrement ses clients chez le célèbre photographe Nadar, installé de l'autre côté du boulevard des Capucines[31]. Par la suite, le service perdure puisqu'un photographe s'installe directement dans un appartement du quatrième étage, où il applique, pour des prix modérés, « un nouveau procédé instantané spécialement pour les enfants et les personnes qui ne peuvent pas supporter une longue pose »[32].

Ainsi, avancées technologiques et Grand Hôtel font bon ménage. L'entreprise a besoin du recours à l'ensemble de ces procédés afin de se

26. *Musée des Familles*, « revue de l'année 1862 », *op. cit.*, p. 114.
27. *Ibid.*
28. Guyer E., *Les hôtels modernes*, Paris, Morel & Cie, 1877, p. 109.
29. *L'année scientifique*, 1867, in BHVP, série d'actualité 77.
30. ADP, V12S88 : AGH, article sans référence de 1984.
31. *Musée des Familles*, « revue de l'année 1862 », *op. cit.*, p. 114-115.
32. *Guide de l'Étranger dans Paris...*, *op. cit.*, p. 323.

positionner tout de suite comme un établissement en avance sur son temps. Néanmoins, la technologie n'est pas tout. Les dirigeants du Grand Hôtel ont su très rapidement offrir de nombreux autres services.

Le Grand Hôtel au service des voyageurs

Savoir-faire à la française ? Sans doute pas. Les hôtels particuliers transformés au lendemain de la Révolution en hôtels de voyageurs ne ravissent en rien les visiteurs étrangers. De nombreux récits font état de la maigre qualité du confort et surtout des abominations rencontrées dans les différentes hôtelleries françaises[33]. Seule la qualité de la nourriture est unanimement saluée. Le Grand Hôtel apporte ainsi de la nouveauté dans tout ce qu'il offre aux voyageurs. Par exemple, la blanchisserie de Courcelles, érigée et exploitée par l'Immobilière, est mise à la disposition des clients des deux hôtels. De même, la présence de salles de bains, ouvertes de 6 heures du matin à 1 heure du soir, est perçue comme une véritable plus-value. Elles le sont d'autant plus qu'elles sont équipées de cabinets spéciaux réservés pour l'hydrothérapie, de douches chaudes ou froides, ou encore de bains de vapeur. Dès son ouverture, le Grand Hôtel suit et s'adapte aux aspirations de son temps. Ainsi en est-il avec l'hydrothérapie qui connaît, durant le Second Empire et les années qui lui succèdent, un très vif intérêt. Les traités lui étant consacrés se multiplient, louant au passage l'éventail de ses bienfaits[34]. Le succès de l'hydrothérapie se retrouve également dans le développement des stations balnéaires et la fréquentation des villes d'eau, à tel point que Paul Gerbod n'hésite pas à qualifier le Second Empire « d'âge d'or » des cures thermales, phénomène qui se prolonge jusqu'à la fin du XIXe siècle[35]. Cet exemple montre tout le dynamisme et la clairvoyance des administrateurs du Grand Hôtel, aux aguets des nouvelles tendances touristiques.

Le Grand Hôtel tente de faciliter le séjour de ses clients dans le domaine des divertissements. L'édition d'un petit guide, *Guide de l'Étranger dans Paris et ses environs*, concourt à cette volonté. De plus, la Compagnie immobilière fait publier sa propre édition de la *Gazette des Étrangers,* publication dirigée par Henri de Pène[36]. Le journal est distribué gratuitement à tous les

---

33. Lesur J.-M., *Les hôtels de Paris…, op. cit.*, p. 83-86.

34. Par exemple : James C., *Le guide pratique aux eaux minérales et aux bains de mer, hydrothérapie, stations d'hiver, thérapeutique*, 8e édition, Paris, Masson. Voir surtout : Penez J., *Histoire du thermalisme en France au XIXe siècle*, Paris, Économica, 2004 et Corbin A., *Le territoire du vide…, op. cit.*

35. Gerbod P., « Loisirs et santé : les cures thermales en France (1850-1900) », in Daumard A. et *al., Oisiveté et loisirs dans les sociétés occidentales au XIXe siècle*, Abbeville, Centre de Recherches d'Histoire Sociale de l'Université de Picardie, 1983, p. 195.

36. ADP, V12S66.

voyageurs du Grand Hôtel et du Grand Hôtel du Louvre. Tout porte à croire qu'il est largement financé par la publicité. Hôtels en province et à l'étranger, articles de Paris, bijouteries, dentistes, opticiens, vendeurs et fabricants de pianos, de textile, grandes maisons comme Guerlain, Christofle ou Moët & Chandon... se partagent les colonnes réservées à la réclame. Au-delà d'offrir aux visiteurs le loisir de dépenser leurs économies dans la capitale française, la *Gazette des Étrangers* présente l'ensemble des spectacles pouvant les divertir ou les intéresser. Sont ainsi répertoriées l'actualité théâtrale, les manœuvres militaires sur le Champs-de-Mars, l'actualité de la Sorbonne avec les sujets, les orateurs et les horaires des conférences, les visites organisées... De larges rubriques sont dédiées aux bulletins de la Bourse et aux coulisses du Palais.

Dans un tout autre registre, il est évident que la proximité des boutiques présentes au rez-de-chaussée du Grand Hôtel facilite la vie de ses clients. Ces voyageurs peuvent, sans trop se déplacer, satisfaire tous les besoins pouvant se faire ressentir lors d'un périple. Par exemple, l'installation, dès 1862, d'une agence de la Compagnie générale transatlantique, propriété des Pereire, sur le boulevard des Capucines, permet aux clients de l'hôtel de régler facilement les détails de leur retour. C'est l'une des premières boutiques ouvertes au Grand Hôtel[37]. Thomas Cook, qui installe sa première agence de voyages à Paris, 15, place du Havre[38], derrière la gare Saint-Lazare, puis une seconde très rapidement au 9, rue Scribe[39], toutes deux très proches du Grand Hôtel, agit de la même manière en épargnant aux voyageurs les désagréments d'une longue attente dans un hall de gare. La multiplication des agences et le développement des points de vente servent avant tout à faciliter les conditions de préparation des voyages, à « familiariser le public avec les chemins de fer »[40] en cette période où le moyen de transport est toujours en période d'adolescence. Agences de voyages et compagnies de chemins de fer ou de navigation y trouvent donc leur compte. Du reste, le choix de la Compagnie générale transatlantique, de placer son agence pour passagers au Grand Hôtel, est tout sauf anodin[41]. Le quartier autour de la gare Saint-Lazare devient très vite le

37. ADP, 2MI3 48 : *Bottin du Commerce*, 1863.

38. Une incertitude plane sur ce dernier point. En effet, nous avons retrouvé, dans le calepin des propriétés bâties pour le boulevard des Capucines de 1862 (ADP, D1P4 184), la présence d'une régie de l'agence Cook au Grand Hôtel. Il s'agit du seul indice nous indiquant cette existence. Le *Bottin du Commerce* ne signale en aucune occurrence cette domiciliation.

39. *Cook's guide to Paris*, Londres, Thomas Cook and Son, 1881, 112 pages.

40. Tissot L., *Naissance d'une industrie touristique, les Anglais et la Suisse au XIXe siècle*, Lausanne, Payot, 2000, p. 141.

41. En 1874, la Transatlantique possède trois bureaux à Paris : son siège rue de la Paix, une succursale pour le fret, rue du Faubourg Saint-Denis et donc une agence destinée aux

quartier des voyages de la capitale française. Il est le point d'arrivée principal des Anglais et des Américains. Cette stratégie apporte standing et clientèle à la compagnie. Le Grand Hôtel devient dès lors un point stratégique de rassemblement de ces touristes fortunés.

L'installation des agences de voyages au rez-de-chaussée de l'entreprise est une constante : un agent de la Compagnie de navigation des Deux-Siciles s'installe côté Auber dès 1864[42], un bureau spécial pour le renseignement des passagers de la Compagnie hambourgeoise américaine se trouve rue Scribe en 1874[43]… tant et si bien qu'en 1884, on dénombre cinq boutiques en lien étroit avec la vente de voyages au rez-de-chaussée du Grand Hôtel[44]. Les descendants de Thomas Cook se rendent compte de l'importance du secteur puisqu'une succursale de l'agence s'installe dans la cour d'honneur du Grand Hôtel dans les années 1880[45].

À travers toutes ces nouveautés et facilités, nous sommes en droit de nous demander si le Grand Hôtel est un hôtel de luxe. Les témoignages sont, à cet égard, loin d'être équivoques. L'historien doit tout de même essayer d'aller au-delà et appréhender au mieux la notion de luxe au Grand Hôtel et, de manière plus générale, dans l'hôtellerie.

Un hôtel de luxe ?

Le Grand Hôtel, « ce palais moderne, qui est le dernier mot de la civilisation matérielle, et qui consomme une révolution inouïe dans nos mœurs, en élevant le confort du premier venu au-dessus du luxe des rois et des empereurs »[46], est-il un hôtel de luxe ? Nous avons déjà eu l'occasion à maintes reprises de noter l'émerveillement produit par le Grand Hôtel. À quoi doit-on cette fascination ? N'est-ce que le fruit de la nouveauté ou a-t-elle des raisons plus profondes ? Répondre à ces questions revient à définir ce qu'est le luxe au milieu du Second Empire. Terme ambigu s'il en est, le luxe ne se définit pas de la même manière suivant le domaine auquel on tente de l'appliquer. De plus, la notion a suivi une longue évolution. Selon les définitions de la fin du XIXe siècle, trois aspects doivent être réunis pour pouvoir parler de luxe : le confort, l'exceptionnel et le coût. Dans ces conditions, le Grand Hôtel répond à la perception du luxe du XIXe siècle. Du reste, il correspond

---

voyageurs, dans les locaux du Grand Hôtel (Joanne A., *Paris-Diamant,* 6e édition, Paris, Hachette, 1874, p. 20 des annexes).

42. ADP, 2MI3 51 : *Bottin du Commerce*, 1865.
43. ADP, 2MI3 66 : *Bottin du Commerce*, 1874.
44. ADP, 2MI3 86 : *Bottin du Commerce*, 1884.
45. ADP, V12S88 : AGH, opuscule distribué aux voyageurs, mai 1888.
46. *Musée des Familles*, « revue de l'année 1862 », *op. cit.*, p. 114.

pleinement à la société qui l'a vu naître. Société du paraître, le Second Empire a vu « l'arrivée au pouvoir, aussi bien économique que politique, d'une nouvelle bourgeoisie »[47]. La personnalité des propriétaires des deux premiers grands hôtels parisiens en est une parfaite illustration. D'origine modeste, les Pereire, du fait de leurs talents et de leur volonté, ont su gravir tous les échelons de la société pour arriver au sommet. Cette ascension s'est traduite par l'appropriation d'un mode de vie qui n'était pas le leur. On retrouve cette envie dans la construction de leur hôtel particulier Faubourg Saint-Honoré ou encore dans leur collection d'œuvres d'art. Ainsi, ils ont voulu la même chose pour leurs hôtels et suivent de très près l'exemple impérial. Par exemple, ils commandent l'argenterie du Grand Hôtel à Charles Christofle, fournisseur de l'empereur. Cette commande est d'importance puisque son montant total avoisine les 500 000 F[48]. Elle allie d'ailleurs, pour Christofle, l'ordinaire et l'exceptionnel : en plus d'un grand nombre de pièces standard, le grand surtout *La Paix* (fig. 2) fait partie des rares pièces à être restées uniques, au même titre que le grand surtout des Tuileries commandé par Napoléon III en 1853.

L'art et le luxe sont très présents au Grand Hôtel, mais ils ne sont ni de tous les endroits, ni de tous les instants. Le rez-de-chaussée et le premier étage servent de devanture, d'image de marque. Le meilleur y a été mis en œuvre : peintures, décors, installations, ameublement, arts de la table, linge. Même si les autres parties sont tout à fait convenables, elles n'entrent pas dans la même logique. Les Pereire, soucieux de la réussite de leur entreprise et des futurs taux d'occupation, ont délibérément fait du Grand Hôtel et de l'Hôtel du Louvre des hôtels à demi luxueux, non de demi-luxe. Paul de Saint-Victor notait déjà que, au Grand Hôtel du Louvre, « le luxe n'est pas le même à tous les étages mais le confort est partout »[49]. Les bâtisseurs des hôtels ont joué sur les dimensions des deux établissements pour offrir un service adéquat aux différentes populations susceptibles de les fréquenter. Au sein du même établissement, si l'on ose utiliser l'exemple de production de biens, le Grand Hôtel offre le produit haut de gamme, au premier étage, et sa sous-marque, au quatrième, mais à la différence des biens de consommation, les deux produits portent l'estampille « Grand Hôtel ».

La volonté des deux frères est revendiquée et est facilement remarquable dans les dimensions du Grand Hôtel, qui empêchent d'emblée, pour des raisons de frais d'installation et d'exploitation, un luxe de tous les instants et de tous les

---

47. Ferrière Le Vayer M. de, « Des métiers d'art à l'industrie du luxe en France ou la victoire du marketing sur la création », in *Entreprises et Histoire, Le luxe…*, *op. cit.*, p. 161.
48. Kanowski C., *Tafelsilber für die Bourgeoisie*, Berlin, Gebr. Mann Verlag, 2000, p. 159.
49. *La Presse*, 15 octobre 1855.

Fig. 2. Grand surtout La Paix.

endroits. Le luxe à grande échelle, même dans le domaine hôtelier, n'existe sans doute pas. C'est la raison qui nous permet d'avancer que nous assistons, avec les Pereire, à la naissance de la grande hôtellerie sur un plan quasi industriel, expression qui voit, sur le long terme, la disparition de la notion de luxe. Mais, comme pour tous les secteurs de luxe en voie d'industrialisation, c'est l'exception qui est mise, commercialement, en avant. À l'image de Charles Christofle s'affichant dans ses catalogues ou sur ses placards publicitaires comme le fournisseur du roi puis de l'empereur[50], le Grand Hôtel met en avant, dix années seulement après son ouverture, son livre d'or (fig. 3) où sont notés les noms des souverains venus séjourner à l'hôtel[51]. Malgré cette utilisation purement commerciale, le Grand Hôtel prend la précaution de rappeler qu'il assure la tranquillité de ses clients de prestige, qualité suprême de tout bon hôtelier.

Ainsi, le Grand Hôtel peut être considéré partiellement et ponctuellement comme un hôtel de luxe. Il offre, lors de sa création, ce qui se fait de mieux dans le secteur hôtelier en matière de confort. Il devient l'archétype pour des générations d'hôtels à venir, qui ont tout loisir, au bénéfice de progrès techniques et d'innovations, mais surtout d'une démarche commerciale toute autre, de le supplanter largement dans cette recherche du luxe. Face à cette notion de luxe, l'histoire du Grand Hôtel est donc celle d'un long, lent et progressif déclassement.

Les registres sur lesquels figurent les noms des souverains, des princes et des personnages les plus illustres peuvent être considérés comme le livre d'or du Grand-Hôtel. Aussi ne résistons-nous pas au désir d'en extraire les quelques noms suivants :
L'ambassadeur du Céleste Empire et sa suite.
S.A.S. la grande duchesse de Russie.
S.M. Léopold Ier, roi des Belges.
S.M. l'impératrice Charlotte du Mexique.
S.A.I. la grande duchesse Hélène de Russie.
S.A.R. le prince d'Orange.
LL. AA. Omer Pacha et Nubar Pacha.
S.A.R. le comte de Flandre.
S.M. Isabelle II, reine d'Espagne, et sa suite.
S.A.R. le nabab Mumtazamal du Bengale, accompagné de ses deux fils et d'une suite nombreuse.
S.M. Marie-Pie, reine du Portugal, et sa suite.
S.A.R. l'infant don Sébastien d'Espagne.
S.A. le prince de Serbie, etc., etc.
LL. MM. l'empereur et l'impératrice de Russie et leur suite.
LL. MM. le roi et la reine des Belges.
LL. MM. l'empereur et l'impératrice du Brésil.
Ici s'arrête une nomenclature limitée par les exigences d'une discrétion qui interdit, de nommer toutes les illustrations européennes ou étrangères voyageant incognito et qui ont habité ou habitent présentement le Grand-Hôtel.

Fig. 3. Livre d'or du Grand Hôtel à la fin des années 1870.

50. Ferrière Le Vayer M. de, « Des métiers d'art à l'industrie du luxe en France »..., *op. cit.*, p. 161.
51. *Guide de l'Étranger dans Paris*..., *op. cit.*, p. XVIII.

Le revers de la médaille

Être avant-gardiste, à la pointe du progrès comporte toujours une part de risques. Méconnaissance des technologies, besoins nouveaux, travail dans la précipitation font apparaître de sérieuses difficultés. Par le biais des rapports du conseil d'administration de la Compagnie immobilière et par l'intermédiaire de la presse, nous avons une vision trop idyllique de la situation. Bien qu'il ne soit pas douteux que les administrateurs aient conscience des sérieuses difficultés que connaît le Grand Hôtel lors de son enfance, aucune n'est dévoilée. Seul le devant de la scène prévaut. Par contre, dès que nous avons la chance d'entrer dans les coulisses, les choses se gâtent sérieusement. Nous pouvons le faire à travers le témoignage unique de l'ingénieur chargé entre 1862 et 1868 des travaux et de la surveillance des appareils mécaniques aux Grand Hôtel et Grand Hôtel du Louvre[52]. Des difficultés importantes interviennent à plusieurs niveaux. Par exemple, lorsque Georges Laudet est appelé à la rescousse par Alfred Armand, il trouve un bâtiment où sont déjà implantés les emplacements destinés aux monte-charges, monte-voyageurs et monte-plats. Il juge l'emplacement et les dimensions des deux premiers satisfaisants alors qu'il est en total désaccord concernant l'implantation et le modèle des monte-plats. Comme le prévoit l'ingénieur, cette mauvaise conception a des conséquences graves : du fait que les entrées des monte-plats sont trop éloignées des cuisines, les mets arrivent déjà froids au départ du monte-plats. De plus, le long parcours qu'ils doivent traverser est sujet à tous types de péripéties. Par exemple, de nombreux mets disparaîtraient des nacelles entre le point de départ et leur point d'arrivée[53]. Pour éviter cette fraude, Laudet met en place un système de sonnettes et de fermeture du monte-plats devant éviter à tous ceux à qui ne sont pas destinés les produits de les voir passer : quand le plat est engagé sur le plateau, l'homme de service appuie sur un bouton électrique qui correspond à l'étage où le plat doit être livré ; aux étages, sont placées des portes qui ne peuvent s'ouvrir que lorsque l'employé fait agir la sonnette correspondant à l'étage. Ce perfectionnement déplut aux employés des étages, qui, pour se venger de ne plus pouvoir profiter de leur butin, déposent des objets de tout ordre – argenterie notamment – en dehors des nacelles, dans le vide, ce qui a comme conséquence d'abîmer à la fois les objets et les installations. L'ingénieur sous-entend que, du fait qu'il est impossible de faire confiance en la discipline du personnel, la technologie doit être irréprochable pour la bonne marche du Grand Hôtel.

---

52. Laudet G., *Éclaircissement historique sur les dispositions…*, *op. cit.*
53. *Ibid.*, partie I, p. 26.

Enfin, pendant que les employés des étages descendent aux caves pour aller chercher un produit ou un mets commandé par les clients du fait que le monte-plats ne fonctionne pas,

> celui [le second employé d'étage] qui est resté est appelé par un voyageur à une chambre plus ou moins éloignée ; il arrive alors qu'il n'y a plus personne à l'office pour répondre aux autres voyageurs et surtout pour exercer la surveillance si nécessaire dans un centre où toutes les clefs des chambres de voyageurs absents sont déposées ; et comme il n'y a qu'à l'hôtel qu'un inspecteur, il est facile aux malfaiteurs de s'emparer de ces clefs et d'enlever certains objets que le voyageur absent a cru laisser en lieu de sûreté. En disposant les appareils de monte-plats et les offices [...], les sommeliers n'ont plus d'excuses pour abandonner l'office : un seulement se rend près des voyageurs qui appellent par le timbre électrique, et, s'il est appelé sur deux points à la fois, le second sommelier fait venir, au moyen de la sonnerie dont il dispose, le valet ou la femme de chambre, pour que ces derniers répondent aux voyageurs.[54]

Au-delà de ces aventures, les monte-plats se montrent souvent non opérationnels à tel point qu'Alfred Armand demande à Laudet, en octobre 1862, de réviser leur système[55]. Dans un premier temps, l'unique solution qui est trouvée est de les faire fonctionner à force d'hommes. Par la suite, de petits moteurs sont installés, ce qui ne règle pas le problème. À la date de publication de son rapport, les monte-plats du Grand Hôtel fonctionnent toujours par intermittence.

Cette entrave est tout sauf isolée. D'autres difficultés surviennent. Une part de celles-ci s'explique par la méconnaissance de la nouveauté et par les dimensions du Grand Hôtel. Par exemple, une fuite de gaz en 1863 entraîne une explosion, occasionnée par un jointement défectueux, entraînant l'incendie d'une petite partie de la charpente. De surcroît, réparer les imperfections semble être un long chemin de croix car Armand est dans l'incapacité de fournir un plan d'ensemble des conduites de gaz du bâtiment, signe peut-être d'un travail d'édification dans la précipitation. La méthode employée pour résoudre un problème de tirage de cheminée confirme cette impression :

> lorsqu'un voyageur se plaint que la cheminée de la chambre qu'il occupe n'a pas de tirage et qu'il est incommodé par la fumée, les ouvriers fumistes sont obligés assez souvent de passer plusieurs journées à rechercher sur les toits le tuyau correspondant.[56]

---

54. *Ibid.*, partie I, p. 27.
55. *Ibid.*, partie I, p. 10.
56. *Ibid.*, partie I, p. 36.

En outre, au moment des chaleurs d'été, la cour d'honneur est envahie par des odeurs désagréables arrivant des sous-sols et notamment du lavoir de la vaisselle. La direction du Grand Hôtel subit les plaintes réitérées des clients. Pour ne rien arranger, les urinoirs placés à proximité du perron dégagent des émanations nauséabondes. Existe-t-il un problème de conception du Grand Hôtel ? Sans aller jusqu'à cette extrémité, il semble que tout ne fut pas pensé ou étudié pour éviter de telles péripéties, d'autant plus que les mauvaises odeurs monteraient jusque dans les étages, aspirées par la trémie du monte-bagages. Pour assainir définitivement les lieux, il est entrepris de poser un large tuyau dans les cabinets concernés, ce qui, grâce à un système d'appel d'air, dissipe les odeurs.

Le pire reste toutefois à venir. Ainsi, lors de ses premières années d'existence, le Grand Hôtel rencontre d'importantes désillusions avec ses monte-voyageurs et monte-bagages. Pendant longtemps, les deux connaissent de multiples interruptions. De plus, l'apprentissage de ces nouvelles machines est difficile, provoquant de nombreux accidents. L'ingénieur porte la faute sur les employés en charge de la manœuvre, qui ne sont pas attentifs aux mesures de vigilance préconisées par la direction : « un malheureux employé [...] se faisait blesser mortellement en voulant faire manœuvrer lui-même la machine du monte-bagages »[57] ; un autre accident a lieu en février 1864 du fait que la porte de la chambre d'ascension ne se trouve pas fermée, au rez-de-chaussée, alors que le wagon ascensionnel se trouve dans les étages. Le voyageur étranger à qui est arrivé cette mésaventure s'est directement retrouvé au sous-sol. De surcroît, la direction a toutes les peines du monde à faire comprendre à son personnel l'importance du danger représenté par ces appareils s'ils ne sont pas actionnés avec tout le soin qu'ils imposent. Néanmoins, malgré ces drames et à l'inverse des monte-plats, le problème principal n'est pas technique. Il réside en une carence dont les concepteurs du Grand Hôtel n'avaient pas mesuré toute l'importance.

Jusqu'au milieu des années 1870, il n'est pas rare, loin de là, de trouver notifié sur le monte-voyageurs : « par suite du manque d'eau dans les réservoirs, la machine ne fonctionnera pas aujourd'hui »[58]. Le manque d'eau est en effet un mal endémique des premières années du Grand Hôtel. Cependant, hormis l'impossibilité d'utiliser le monte-bagages et le monte-voyageurs, les clients ne durent pas en pâtir. Mais, pour un établissement de ce rang, il est inconcevable que des équipements aussi importants ne soient pas fiables du simple fait que l'eau n'arrive pas en quantité suffisante. Les jours de mauvaise distribution se multiplient ; en septembre 1862, le Grand Hôtel est privé

57. *Ibid.*, partie III, p. 1.

58. *Ibid.*, partie I, p. 16.

pendant neuf jours des eaux de la ville ; entre septembre 1862 et janvier 1863, « l'eau de la ville a été interceptée pendant 35 jours sur 125 »[59]. Pour y pallier, le Grand Hôtel augmente son personnel pour se ravitailler en eau, mais il est certain que le service des étages est privilégié au détriment des machines.

Il faut rapidement trouver des solutions même si, aux dires de Laudet, Armand semble tergiverser, espérant toujours une amélioration de la distribution. Pourtant, les besoins se font cruellement sentir et l'image du Grand Hôtel prend un sérieux coup du simple fait que ses machines élévatoires ne puissent répondre à l'attente des clients :

> le nombre des voyageurs augmentant, le service devenait de jour en jour plus difficile par le manque d'eau ; à chaque instant nous recevions de la Direction l'ordre d'arrêter le service des monte-voyageurs et bagages et d'envoyer l'eau dans les réservoirs d'approvisionnement des appartements.

Surtout les voyageurs, qui prennent très rapidement goût à ce nouveau confort, commencent à se plaindre, ce qui pourrait avoir des conséquences nuisibles sur la fréquentation de l'entreprise. Selon Laudet, si l'ascenseur venait à faillir, c'est tout l'hôtel qui en pâtirait :

> Au Grand-Hôtel, toutes les personnes qui occupent le troisième, quatrième et cinquième étage, les deux derniers surtout, répètent chaque jour que, s'il n'y avait pas ce wagon ascensionnel pour les monter, ils préféreraient se loger, pour le même prix, au premier ou deuxième étage dans un hôtel de second ordre, que de se fatiguer à monter les escaliers de quatre et cinq étages.[60]

La situation est donc urgente. Dès 1863, une locomotive à vapeur et une pompe à double effet sont installées dans les sous-sols. Toutefois, le problème reste entier : la matière première manque. De ce fait, après maintes tractations et analyses, l'architecte en chef du Grand Hôtel autorise l'exécution d'un puits foré derrière les cuisines, sous la cour de l'économat. Ce forage réussit parfaitement et une pompe est installée dans cette réserve personnelle du Grand Hôtel, ce qui a pour conséquence une amélioration du fonctionnement de la machinerie même si elle est toujours en proie à certaines difficultés pendant de nombreuses années. Malgré ces obstacles, le succès de l'ascenseur ne faiblit pas et les perfectionnements apportés au cours des années 1870 permettront un fonctionnement de plus en plus rationnel.

---

59. *Ibid.*, partie II, p. 10.
60. *Ibid.*, partie I, p. 49.

Loin d'être anecdotique, le rapport de Laudet est des plus instructifs car il met en lumière les difficultés que rencontre le Grand Hôtel à sa naissance. Comme nous l'avons vu, la grande hôtellerie est, dès son origine, un lieu d'appropriation et d'apprentissage des nouvelles technologies, un champ d'expérimentation de ces mêmes innovations et ainsi un élément moteur de la modernisation des sociétés occidentales. Ainsi, en dépit de ces très sérieuses difficultés qu'il ne faut en aucun point sous-estimer, le Grand Hôtel fait sensation par la qualité de son aménagement et de ses équipements. Il séduit chroniqueurs, Parisiens et, nous osons l'avancer, touristes l'ayant abordé. C'est ainsi que les Pereire réussissent un nouveau tour de force. Par l'usage que vont faire les Parisiens des nouvelles installations qui leur sont proposées, certains aspects de la vie mondaine se trouvent modifiés ou tout du moins déplacés, à tel point que le Grand Hôtel « n'a pas tardé à remplir une autre fonction, celle de haut lieu de la vie parisienne, fonction antérieurement réservée aux salons aristocratiques ou à certains lieux publics – cafés, théâtres, opéra »[61].

Création d'un mythe

Un nouveau lieu de mondanités

Dès son ouverture, le Grand Hôtel devient un nouveau lieu de vie, un « véritable creuset où se côtoient le luxe, l'aventure, l'amour, les affaires, le plaisir, le snobisme, la politique »[62]. Il est aussi un nouvel espace où s'accomplit l'actualité. La presse suit de manière assidue ses premiers pas, non pas pour faire part de la réussite ou non de son activité première, l'hôtellerie, mais pour narrer l'exceptionnel qui s'y déroule. Ces articles, d'autant plus s'ils sont suivis de gravures illustrant les manifestations tenues à l'hôtel, engendrent rêveries et envies auprès du lecteur et sont très bénéfiques pour l'image de l'établissement. En premier lieu, le Grand Hôtel fait donc parler de lui en devenant le rendez-vous des hauts dignitaires du monde entier. L'entreprise peut s'enorgueillir d'avoir accueilli les personnages d'importance ayant foulé le sol parisien à la fin du Second Empire et au début de la Troisième République. Nouveau fait remarquable, les populations étrangères, qui n'avaient pas l'habitude de séjourner dans de si vastes établissements, acceptent un changement profond de leur mode de logement en déplacement, en utilisant l'hôtel. Le voyageur

61. Bergeron L., *Les industries du luxe en France*, Paris, Odile Jacob, 1998, p. 216.

62. Andrieu P., *Histoire anecdotique des hôtels…*, *op. cit.*, p. 101.

de moindre condition se sent valorisé par le fait qu'il habite, pour un court moment, le même hôtel qu'une personne faisant la une des journaux. Ainsi, *L'Illustration* ou encore *Le Monde Illustré* remplissent régulièrement leurs colonnes d'arrivées de célébrités au Grand Hôtel.

Fig. 4. Visite du couple impérial à Charlotte du Mexique.

La présence de l'impératrice Charlotte du Mexique dans les salons du Grand Hôtel, venant demander à Napoléon III des subsides en hommes et en argent pour imposer Maximilien, sur un trône impérial bien fragile au Mexique, est un des premiers grands épisodes s'y étant déroulé. Une très forte théâtralité est donnée à l'illustration (fig. 4) représentant la scène d'embrassades d'adieu entre les deux impératrices[63]. Napoléon III, en retrait, est stoïque, ce qui préfigure son attitude face à la demande de la jeune princesse. Il est à noter que le couple impérial ne reçoit pas Charlotte du Mexique aux Tuileries ou dans toute autre résidence officielle, mais bien à l'hôtel, signe de son acceptation immédiate.

D'autres épisodes, moins dramatiques, se jouent au Grand Hôtel. Les séjours de clients de prestige arrivant de loin suscitent alors la curiosité. En 1866, une mission impériale chinoise composée de quatorze personnes descend au Grand Hôtel. Une cuisine spéciale leur est attribuée dans les sous-

63. *L'Illustration*, 1er septembre 1866, p. 129-131.

sols[64]. L'année suivante, une ambassade japonaise vient séjourner. Arrivée à Marseille le 5 janvier, elle parvient à Paris deux jours plus tard pour n'y rester que peu de temps[65]. Même si nous manquons de sources à ce sujet, il n'est pas à douter que les clients de prestige se succèdent et qu'un événement comme l'Exposition universelle de 1867 emplit le second hôtel des Pereire de clients arrivant des quatre coins du monde. De plus, la lecture des journaux permet de comprendre que la haute société parisienne fait rapidement du Grand Hôtel l'un de ses lieux de réunions favoris. Par sa conception, tout avait été mis en œuvre pour qu'il en soit ainsi : ses infrastructures permettent l'organisation d'événements de tout ordre. Banquets, réunions publiques, réceptions privées, concerts, célébrations de prestige, épisodes de tout genre s'y multiplient. Ainsi,

> nous avons vu le 11 janvier [1863], un banquet de noce de 250 couverts, puis quelques jours après un bal de près de 1 000 invités dans la salle des fêtes, dans le salon de lecture et dans la galerie, une vision des Mille et une Nuits multipliée par 100 glaces et près de 2 000 becs de gaz.[66]

Le 25 avril 1869, Jean-François Cail donne un grand banquet dans la salle à manger du Grand Hôtel, réunissant des industriels, des commerçants, des députés, des généraux et un grand nombre de ses employés[67]. Une page entière de *L'Illustration* montre toute la somptuosité pouvant régner lors de telles solennités. Divers autres bals et banquets sont organisés : sans être complet, nous pouvons citer un banquet « de foie gras, arrosé au champagne »[68] offert en l'honneur de Gambetta, un autre donné par Victor Hugo à l'occasion de la centième représentation d'une reprise de *Notre-Dame-de-Paris* en octobre 1879… Des manifestations, telles que le bal de bienfaisance donné par la société anglaise, « l'une des fêtes les plus brillantes de la saison »[69], ou encore des banquets donnés par des grandes écoles parisiennes deviennent des dates récurrentes du calendrier mondain. Finissons avec le banquet, donné le 6 février 1865, marquant symboliquement le retour en grâce de l'hippophagie en France. Un comité de scientifiques, à l'initiative de la Société d'acclimatation et de la Société protectrice des animaux, cherche à la réhabiliter afin d'assurer une fin de vie plus digne à de nombreux animaux et pour fournir aux

64. *Le Monde Illustré*, 26 mai 1866.
65. *Le Monde Illustré*, 19 janvier 1867.
66. *Musée des Familles*, « revue de l'année 1862 », *op. cit.*, p. 117.
67. *L'Illustration*, 1er mai 1869, p. 286.
68. *L'Illustration*, 4 janvier 1879, p. 3.
69. *L'Illustration*, 2 mai 1874, p. 278.

classes laborieuses une consommation carnée dont elles manquent jusqu'à présent[70]. Le combat des hippophages est long, tant les préjugés sont coriaces, mais aboutit à l'ordonnance du 9 juin 1866 autorisant l'ouverture d'une boucherie chevaline à Paris, qui eut lieu un mois plus tard[71]. En définitive, le banquet du Grand Hôtel, qui réunit 132 convives dont de nombreuses personnalités, lance un véritable « courant » de repas hippophagiques à Paris puis en province et est aussi à l'origine d'une petite révolution alimentaire.

Au total, les événements de prestige, ayant un fort retentissement dans les journaux, sont faciles à mettre en relief mais ils ne doivent pas faire perdre de vue que le Grand Hôtel est aussi un lieu de réceptions moins rayonnantes, moins médiatiques. Les petits salons du premier étage permettent la tenue de rendez-vous solennels alors que la grande salle à manger devient un espace favori d'organisation de repas de mariage des riches Parisiens. De manière plus générale, le Grand Hôtel devient un lieu de vie et doit ainsi faire face à certains faits divers ou à la présence de personnes indésirables telles que les voleurs et les prostituées. En 1863, une jeune femme, « une célébrité du monde élégant », met volontairement le feu à ses vêtements et ne doit son salut qu'au courage d'une personne présente sur place ayant tout fait pour éteindre l'incendie qui blesse sérieusement la jeune femme[72]. L'hôtellerie apprend dès lors à faire face à ce genre de péripéties.

Plus que les installations que l'établissement offre aux voyageurs, c'est tout le décorum et tous les événements qui s'y sont passés qui servent à la notoriété du Grand Hôtel. Un autre élément y œuvre : les boutiques du rez-de-chaussée et notamment le Café de la Paix, qui devient assez rapidement un établissement incontournable du monde des cafés parisiens, voire une nouvelle attraction touristique.

La vie des boulevards

Installé à un carrefour du monde des voyages parisiens, le Grand Hôtel est également stratégiquement placé pour une seconde raison. Il est établi sur un des lieux les plus animés de Paris, les fameux boulevards. Il profite dès lors de leur attrait.

---

70. Sur le sujet, voir : Hubscher R., « Nourrir le peuple : l'hippophagie à Paris au XIXe siècle », in Guintard C., Mazzoli-Guintard C., *Élevage d'hier, élevage d'aujourd'hui, Mélanges d'ethnozootechnie offerts à Bernard Denis*, Rennes, Presses universitaires de Rennes, 2004, p. 139-150.
71. Tessier A., « Mon royaume pour un cheval ! Une histoire de l'hippophagie en France », in *Les Cahiers de la Gastronomie*, n° 2, Printemps 2010, p. 38-41.
72. *Le Figaro*, 21 mai 1863.

Le Café de la Paix ou la mise en place du « système Pereire »

La réputation des grands boulevards – allant de la Bastille à la Madeleine – n'est plus à faire. Chaque portion a sa spécificité et ce sont les parties contenant les cafés et les théâtres qui sont les plus fréquentées. L'ensemble offre un tableau unique ; l'animation y est perpétuelle, la variété des spectacles infinie :

> toute la société parisienne y a ses représentants, depuis la duchesse jusqu'à la cocotte, depuis l'artiste jusqu'au cocodès, depuis l'homme de lettres jusqu'au boursier, depuis le rentier jusqu'au voyou, depuis le mendiant jusqu'au bourgeois, depuis l'ouvrier jusqu'à l'oisif.[73]

La partie la plus mondaine est assurément le boulevard des Italiens, où sont installés le Café de Paris, le Café du Helder, Tortoni, le Café anglais et son célèbre salon particulier « le Grand Seize », le Café riche… Héritier de l'effervescence du Palais-Royal, bordé d'arbres et de maisons luxueuses, surtout depuis les transformations haussmanniennes, il concentre la vie mondaine sous le Second Empire. « La vogue des cafés est antérieure au Second Empire »[74], mais elle s'intensifie sous le règne de Napoléon III. C'est le lieu de Paris où il faut être pour connaître les dernières nouvelles, découvrir les nouvelles modes ou pour tout simplement être vu. Le café et le boulevard jouent donc un rôle majeur de la vie mondaine et sociale parisienne du Second Empire. Les Pereire, qui se sont implantés sur cet espace hautement cosmopolite, ne pouvaient manquer une telle occasion de mettre en valeur leur construction par l'installation de leur propre enseigne. L'établissement du Café de la Paix, à l'angle de la place de l'Opéra et du boulevard des Capucines, et de manière générale du Grand Hôtel puis de l'hôtel Scribe, concourt au prolongement de la vie des boulevards. Le Café de la Paix est l'extension directe du Grand Hôtel sur Paris et ses boulevards. D'un espace refermé sur lui-même, assurant une certaine intimité à sa clientèle, le Grand Hôtel devient largement ouvert. L'inspiration des cafés-restaurants voisins affichant complet et bénéficiant d'une clientèle fortunée est indéniable. Grâce au Café de la Paix, le Grand Hôtel attire à lui une clientèle différente de sa clientèle « interne » et assoit un peu plus sa notoriété et son impact sur le quartier de l'Opéra.

Le Café de la Paix ouvre ses portes début 1863. Son succès est immédiat[75]. Il est une boutique appartenant à la Compagnie immobilière qui souhaite la louer au plus vite. De ce fait, un premier bail est arrêté entre la

73. Delvau A., *Les plaisirs de Paris, guide pratique et illustré*, Paris, Achille Faure Libraire-éditeur, 1867, p. 20.

74. Tulard J. (dir.), *Dictionnaire du Second Empire…*, *op. cit.*, p. 221.

75. *Le Figaro*, 2 avril 1863.

société des Pereire et le couple Buffier, limonadiers quai de Bercy, le 10 octobre 1861[76]. Ce bail originel est conclu pour vingt-quatre années. Le loyer est très conséquent : 80 000 F les trois premières années, 100 000 pour le reste du bail. Le contrat donne lieu à une description très détaillée de l'établissement. Il se compose d'un rez-de-chaussée, d'un sous-sol et d'un entresol. Au moment de la signature du bail, il est fort probable que la majeure partie du café soit encore en travaux. Un peu à l'exemple du Grand Hôtel, le sous-sol est consacré à la partie fonctionnelle du restaurant, son rez-de-chaussée à son exploitation, et l'entresol est constitué d'un logement pour le preneur et de divers salons pour le public. Malgré ce bail, tout laisse croire que les Buffier n'ont jamais pris possession du Café de la Paix. Le document d'octobre 1861 met en lumière les peines du couple restaurateur à verser les six mois de loyer d'avance exigés par le contrat ainsi que les difficultés financières qu'ils rencontrent pour aménager le nouvel établissement. En 1864, le Café de la Paix rapporte à l'Immobilière un produit net de 222 713 F[77]. S'est-elle résignée à la gérer directement ? C'est fort probable. De plus, cette gestion directe s'inscrit dans la durée et se poursuit jusqu'en janvier 1878, date à laquelle les liquidateurs de l'Immobilière louent l'établissement à M. Thouvenin, gérant de café dans le quartier de la Bourse[78].

Très tôt, le Café de la Paix devient la vitrine du Grand Hôtel, voire une institution à part entière, à lui seul. En effet, il s'impose rapidement comme un nouveau lieu de rendez-vous mondain à la mode, se détachant totalement de l'hôtel. Alfred Delvau, en 1867, note que le Café de la Paix

> a pour clientèle naturelle les étrangers du Grand Hôtel, puis les promeneurs que la chaleur invite à se rafraîchir, ou que la fatigue invite à se reposer. Mais c'est principalement le soir que sa terrasse se trouve envahie par les promeneurs. Je n'y ai point vu jusqu'ici de ces péripatéticiennes du boulevard auxquelles les devantures des autres cafés servent d'escales ; les honnêtes femmes qui s'assoient aux tables du Café du Grand Hôtel ne se plaignent pas de l'absence de ces crinolines tapageuses dont le voisinage est si fâcheux pour elles, et si agréable pour leurs amis ou leurs amants.[79]

Le Café de la Paix, héritage des cafés de la Restauration, devient donc le prolongement naturel des cafés élégants du boulevard des Italiens. Son décor, composé de « plafonds peints, moulures, colonnes élégantes, lustres

76. AN, ET/VIII/1711 : minutes de Me Fould, octobre/novembre 1861.
77. AN, F/12/6 781/A : AG de la Compagnie immobilière, 27 avril 1865.
78. AN, ET/VIII/1813 : minutes de Me Fould, novembre-décembre 1877.
79. Delvau A., *Les plaisirs de Paris…*, *op. cit.*, p. 65.

superbes, glaces immenses dissimulant les murs » éblouit, à tel point qu'il est placé au rang de « palais merveilleux où tout le monde peut entrer »[80]. D'une manière générale, le Grand Hôtel et les boutiques de son rez-de-chaussée constituent deux mondes à part. Le badaud oublie la présence du premier, renfermé sur lui-même, mystérieux, alors que le second doit être le plus séduisant possible. Néanmoins, à l'exception de cette différence notoire, ces deux mondes ne sont pas si dissemblables et chacun entretient le standing de l'autre. Les autres boutiques concourent à ce même processus en plus d'emplir les caisses de l'Immobilière.

Des boutiques à l'image de l'hôtel

Les boutiques présentes au rez-de-chaussée du Grand Hôtel constituent la partie sûre du revenu de l'immeuble. Néanmoins, comme nous l'avons déjà souligné, la présence des boutiques a un double intérêt : plus que les loyers qu'elles rapportent, c'est bien tout le processus sous-jacent à la mise en valeur de l'entreprise – hôtel et boutiques – qui a de l'importance aux yeux des Pereire. Pour eux, le calcul est simple : le Grand Hôtel a un réel impact attractif, il donne de la valeur à l'ensemble du quartier, il assure un surcroît de fréquentation aux boutiques avoisinantes. Par ailleurs, les populations drainées par l'hôtel sont des populations à haut pouvoir financier et qui, en plus, se renouvellent en permanence. La réussite des boutiques semble donc promise ce qui autorise la Compagnie immobilière à fixer des loyers importants. En définitive, le Grand Hôtel devient la pierre angulaire de la stratégie d'Émile Pereire pour le quartier de l'Opéra, car il permet d'octroyer une fonction distincte à chacune des parties de l'immeuble et d'en obtenir ainsi le meilleur rapport possible. Il agit de la même manière avec l'hôtel Scribe, achevé en 1863. Le premier étage est loué intégralement au Jockey-Club alors que le rez-de-chaussée est dévolu aux boutiques. Le Grand Café et le maroquinier Louis Vuitton figurent parmi les plus emblématiques[81].

L'importance des loyers sélectionne les commerçants pouvant s'installer au Grand Hôtel. Ces tarifs dépendent de la taille et de l'emplacement de la boutique. Une pratique constante est d'appliquer un loyer évolutif, c'est-à-dire que le montant du loyer s'accroît au fil du temps. Il en est ainsi pour le Jockey-Club qui contracte un bail, à partir du 1er octobre 1863, pour une durée de trente ans, moyennant un loyer de 90 000 F les quinze premières années, de 120 000 les quinze suivantes. Les premières boutiques du Grand Hôtel s'ouvrent sur le boulevard des Capucines. Les deux autres façades – rues Scribe et Auber – se garnissent plus tardivement du fait des

80. Lepage A., *Les cafés artistiques et littéraires de Paris*, Paris, Martin Boursin, 1882, p. 193.
81. ADP, 2MI3 80 : *Bottin du Commerce*, 1881.

chantiers de l'Opéra et de l'hôtel Scribe. Néanmoins, dès 1868, un grand nombre de boutiques a déjà trouvé preneur[82]. Ainsi se trouvent, boulevard des Capucines, le Bureau télégraphique, le bureau des passagers de la Transatlantique, le Café de la Paix – qui prend par la suite la double adresse 12, boulevard des Capucines et 5, place de l'Opéra –, un entrepôt de cigares, un opticien, un tailleur, un coiffeur-parfumeur, les caves des grands hôtels de la Compagnie immobilière, un magasin de dentelles et rubans, un éditeur de musique, un vendeur de photographies et d'épreuves stéréoscopiques et un marchand de chemises. Rue Auber s'installent un limonadier, une agence générale de locations, une boutique de tableaux et curiosités, une autre de foulards, un fourreur, une agence de publicités, un magasin de mode, un éditeur de musique et pianos et un expert en tableaux. Enfin le 2, rue Scribe est occupé par un second magasin des caves des grands hôtels de la Compagnie immobilière, une enseigne vendant du rhum de la Jamaïque et un éditeur de musique. En 1874, trente-deux boutiques sont ouvertes.

Certains traits se dégagent nettement. *Primo*, l'Immobilière s'est assuré l'usage d'un bon nombre de travées pour ses différents commerces. Deux magasins sont réservés pour les caves des deux hôtels. La vente de produits « dérivés » au rez-de-chaussée du Grand Hôtel est d'ailleurs un invariant. En plus des caves, un comptoir des ventes de conserves et de comestibles s'établit boulevard des Capucines au début des années 1870[83]. De la même manière, une pâtisserie du Grand Hôtel s'installe, par la suite, rue Auber. Comme déjà vu, l'installation d'une agence de la Transatlantique s'inscrit dans cette logique en plus de consacrer le Grand Hôtel comme un épicentre du monde des voyages à Paris. *Secundo*, les boutiques relèvent toutes d'un niveau élevé. Elles proposent des produits ou des services haut de gamme, vendent l'ostentatoire et correspondent pleinement à l'image du Grand Hôtel et du nouveau quartier de l'Opéra. Magasins de nouveautés, de musique, d'alcool ou de parfums se partagent ainsi les travées des trois façades de l'hôtel. *Tertio*, la non évolution des boutiques est remarquable. En effet, certaines boutiques restent au Grand Hôtel pour un long moment, sont fidèles à cet emplacement, dénotant ainsi son caractère commercial stratégique. Même si leurs propriétaires peuvent évoluer, les types de commerce représentés demeurent. Cependant, dans la plupart des cas, les boutiques les plus importantes restent en place pour des décennies complètes. Parmi les échoppes ayant élu demeure pour un grand laps de temps, on peut citer le Café de la Paix – même si son histoire ne peut être comparée aux autres boutiques –, le commerce de vente de photographies, la succursale de la Transatlantique, le parfumeur Violet ou encore l'Escalier de cristal.

---

82. ADP, 2MI3 56 : *Bottin du Commerce*, 1868.

83. *Guide de l'Étranger dans Paris...*, *op. cit.*, p. 325.

Trois boutiques retiennent l'attention par leur faste et leur grandeur. Il s'agit des trois boutiques d'angle. Il est inutile de revenir sur le Café de la Paix. À l'angle de la rue Scribe et du boulevard des Capucines, s'installe, à la fin du Second Empire, la maison Violet. Un éditeur de musique, É. Gérard & Cie, occupe précédemment l'espace. *L'Illustration* décrit avec une grande minutie les splendeurs de la boutique du célèbre parfumeur, qui occupe les cinq arcades de la rotonde d'angle[84]. Sur le troisième angle, le pan coupé entre les rues Auber et Scribe, s'établit, en 1872, la boutique Pannier-Laboche & Cie, magasin de porcelaines et cristaux, plus connue sous la dénomination des magasins de l'Escalier de cristal. L'intérieur de la boutique présente un grand luxe : vases de toutes formes et de toutes dimensions, céramiques, verreries, lustres, colonnes corinthiennes, corniches au plafond ornent le commerce[85]. L'Escalier de cristal est la maison la plus célèbre des vendeurs parisiens d'opaline. Son principal fait d'armes est « d'avoir le premier, fabriqué des objets d'ornement et des meubles en cristal ornés de bronze »[86]. De ce fait, elle possède une très grande notoriété et les produits qu'elle fabrique et qu'elle vend sont reconnus pour leur excellence. C'est donc une boutique de très grande réputation qui s'installe sur l'angle septentrional du Grand Hôtel. D'ailleurs, l'installation de ces prestigieuses enseignes incarne parfaitement le vaste mouvement de déplacement du Paris flamboyant vers l'ouest, quittant peu à peu le quartier du Louvre :

> le Palais-Royal, ce centre d'affaires jadis si animé, si brillant, rentre peu à peu dans le silence et dans l'ombre. Le centre se déplace visiblement : le soleil se couche. Les grands négociants qui faisaient encore naguère la gloire de ce quartier célèbre, s'en éloignent les uns après les autres [...] ils se portent vers ces quartiers nouveaux, si riches, si grandioses, dont l'éclat les attire, et auquel ils vont tout naturellement mêler leur rayonnement.[87]

L'Escalier de cristal, abandonnant la vieille galerie de pierre de la rue de Valois, en est le parfait exemple. Le quartier de l'Opéra s'impose donc comme un nouveau quartier commercial dès sa fondation. Le nombre de boutiques dans le secteur va croissant, comme le préfigure l'implantation des grands magasins sur le boulevard Haussmann.

L'ambition des Pereire, grâce aux boutiques et aux populations que le Grand Hôtel attire, est accomplie. Grand Hôtel et Café de la Paix suscitent

84. *L'Illustration*, 16 octobre 1869, p. 254.
85. *L'Illustration*, 7 décembre 1872, p. 363.
86. Amic Y., *L'opaline française au XIXe siècle*, Paris, Gründ, 1952, p. 146.
87. *L'Illustration*, 7 décembre 1872, p. 363.

admiration. Le boulevard des Capucines s'impose comme un nouveau lieu à la mode :

> le boulevard des Capucines avec ses magasins splendides, ses étalages ruisselant de lumière et d'or où s'accumulent toutes les élégances, toutes les superfluités indispensables de la vie moderne, est le lieu de promenade par excellence des oisifs et des étrangers. Le Grand-Hôtel a lui seul est un monde [...] La rue Scribe, à l'angle de laquelle se trouvent le Jockey Club et le Grand Café, rival du Café de la Paix, est devenue le centre du quartier américain de Paris.[88]

Au total, « l'opération séduction » est une réussite indéniable. Néanmoins, elle ne constitue pas le premier but de l'Immobilière, mais une condition importante de son succès. Il appartient donc de voir si l'ambition principale des Pereire s'est réalisée, à savoir si la réussite entrepreneuriale du Grand Hôtel est effective.

Une réussite entrepreneuriale ?

La Compagnie immobilière aux commandes du Grand Hôtel

Avec le Grand Hôtel du Louvre, les frères Pereire se sont aperçu des aléas et des difficultés de l'activité hôtelière. Déjà, ils ont rectifié de nombreux paramètres pour optimiser l'exploitation de l'hôtel de la rue de Rivoli. Le Grand Hôtel bénéficie de cette expérience. Ses gérants savent qu'une politique commerciale intense est obligatoire pour garantir le succès de leur nouvelle entreprise.

Politique commerciale

Très tôt, une guerre de notoriété s'instaure entre le Grand Hôtel du Louvre et le Grand Hôtel et c'est logiquement le premier né de l'empire Pereire qui tire les marrons du feu. Pour cela, il fait prévaloir la satisfaction des clients descendus à l'hôtel depuis sa création. L'âge de l'établissement devient ainsi un argument commercial ; les livres d'or participent à cette stratégie. Le deuxième point de grande importance est la situation de l'hôtel. Le Grand Hôtel du Louvre se targue d'être au centre « du périmètre qui englobe le Palais-Royal, la Bourse et le boulevard Montmartre »[89], c'est-à-dire au cœur

---

88. Salnat E. de, Martial A. P. (dir.), *Les boulevards de Paris*, Paris, Alcan-Lévy, 1877, p. 109-110.

89. *Guide de l'Étranger dans Paris et ses environs*, 11e édition, Paris, Grand Hôtel du Louvre, p. VIII.

du « Paris-vivant », du « Paris historique ». Enfin, le confort des installations et la multiplicité des services proposés sont évidemment soulignés. Rien n'est trop beau pour décrire l'établissement : « le Grand Hôtel du Louvre, un nom royal, européen, qui donne un démenti au vers proverbial : souvent un nom illustre est trop lourd à porter »[90] ou encore « au nombre des merveilles utiles du Beau Paris, il faut compter le Grand Hôtel du Louvre. C'est une ville dans la ville »[91].

La communication du Grand Hôtel est relativement similaire et est essentiellement conçue autour de trois points : l'emplacement, le fait d'être devenu la demeure des princes, le confort et les services proposés. Pour le voyageur, le choix d'un hôtel dépend beaucoup de son emplacement. Ainsi, les guides classent les hôtels suivant ce critère et affirment que ce choix doit être déterminé par le but du voyage[92]. Le *Guide Joanne* place le Grand Hôtel au milieu du Paris des plaisirs, correspondant *grosso modo* au quartier de l'Opéra, aux Champs-Élysées et aux boulevards. Le Grand Hôtel essaie de se détacher de cette idée en montrant qu'il est positionné idéalement quel que soit l'intérêt du voyage :

> sa situation sur le boulevard des Capucines, et sur la place du Nouvel-Opéra, dans le centre du nouveau Paris, ou, pour mieux dire, du vrai Paris, le met à proximité de tous les organes de la vie parisienne. Les palais, les jardins publics, les ministères, les musées, les bibliothèques, les théâtres sont dans son voisinage immédiat.[93]

Ce court énoncé prouve que, dès ses origines, « l'hôtellerie de luxe n'est pas dissociable de l'espace dans lequel elle s'intègre et des représentations qu'elle renvoie »[94]. Elle doit montrer à tout prix sa primauté face à ses concurrents, à tous points de vue, l'emplacement en étant un aspect déterminant. La démarche a de beaux jours devant elle comme en atteste ce slogan des années 1940 : « du Grand Hôtel... un taxi est inutile, c'est tellement central »[95]. Le deuxième axe publicitaire consiste à montrer que le Grand Hôtel est choisi, presque naturellement, comme demeure par les personnages les plus puissants : « les souverains, en rupture de résidence officielle, retrouvent au Grand Hôtel, pour eux et leur suite, si nombreuse qu'elle soit, leurs

90. *Ibid.*, p. VII.
91. *Ibid.*, p. VIII.
92. Joanne A., *Le guide parisien*, Paris, Hachette, 1862, p. 15.
93. *Guide de l'Étranger dans Paris...*, *op. cit.*, p. V.
94. Tissot L., « L'hôtellerie de luxe à Genève... », *op. cit.*, p. 17.
95. ADP, Perotin 901/61/1/46.

installations princières »[96]. Ce type de discours est adressé aux personnes de moindre rang social qui peuvent ainsi, comme à Carnaval, revêtir les habits princiers et profiter d'une vie fastueuse pendant la durée de leur séjour. Le Grand Hôtel ne s'en cache nullement et garantit à chacun le même traitement : « le modeste touriste y est l'objet des prévenances attentives »[97]. Enfin, le confort et les services proposés par l'hôtel sont mis en avant. Ainsi, le *Guide de l'Étranger dans Paris et ses environs* réserve dix pages accompagnées de cinq autres d'illustrations pour flatter les mérites de l'établissement. Le discours vient appuyer cet axe :

> le Grand-Hôtel est l'habitation la plus agréable que Paris puisse offrir aux étrangers [...] Tout y est ordonné de manière à donner à ses hôtes la plus complète expression de la vie confortable, et quelque variées que soient les convenances particulières de chaque voyageur, le Grand Hôtel y donne la plus entière satisfaction.[98]

Le *Guide de l'Étranger* est des plus informatifs. Après la notice concernant l'entreprise, suit une introduction comportant tous les renseignements d'ordre général pouvant aider les touristes découvrant Paris, comme les tarifs et les horaires des omnibus, la localisation des principales administrations et des grands établissements publics ou les tarifs de poste. Ensuite, est proposée en onze chapitres une longue description de la capitale, qui est en fait une version condensée du *Guide Joanne.* Les annexes de la brochure sont composées de publicités ou plutôt de « maisons recommandées ». Figurent parmi celles-ci, en bonne place, les boutiques du Grand Hôtel, comme ses caves ou son comptoir des ventes, genre d'épicerie fine. Du lait, provenant de la vacherie du Grand Hôtel, établie à Saint-Fargeau-Ponthierry, y est mis en vente, ainsi que de nombreuses denrées alimentaires parmi lesquelles se trouvent des « pâtés du Grand Hôtel renommés en France et à l'étranger ». Plus que les produits proposés, il est surtout intéressant que le Grand Hôtel tente d'être, en dehors de sa fonction hôtelière, une marque à part entière. Ses cuisines deviennent un laboratoire où sont mis en conserve des produits destinés à la vente extérieure. L'installation de la vacherie-modèle aux abords de Paris, qu'il est possible de visiter, participe à ce « processus industriel » qui vise à assurer l'excellence de son approvisionnement. De ce point de vue, l'entreprise a réellement une stratégie très moderne puisqu'elle possède sans doute l'une des premières boutiques « de luxe » ou tout du moins de grand

96. *Guide de l'Étranger dans Paris..., op. cit.*, p. V.
97. *Ibid.*
98. *Ibid.*

renom de vente de produits d'épicerie sur le boulevard. L'installation des désormais célèbres maisons Hédiard et Fauchon, dans les années 1880 sur la place de la Madeleine[99], montre le caractère précurseur de l'initiative.

Dérivant pleinement de l'envie de démontrer la qualité des produits vendus au Grand Hôtel, la table et les caves sont, dès l'ouverture de l'entreprise, mises en avant pour louer ses mérites. Un réel effort financier est consenti pour la doter d'une cave digne de son nom. Une enquête de décembre 1862 révèle qu'elle embrasse une variété de plus de 360 crus[100]. Surtout, en six mois, elle représente un actif d'environ 600 000 F. Il n'est pas étonnant d'y retrouver les premiers noms de la classification officielle des vins de Bordeaux établie lors de l'Exposition universelle de 1855 avec le château Margaux pour les vins rouges et le château Yquem pour les blancs. Le champagne, estampillé Grand Hôtel, tient également une bonne place dans les travées des caves. En définitive, les caves du Grand Hôtel présentent une grande diversité : vins de Bordeaux et

Fig. 5. Voiture de livraison des caves du Grand Hôtel.

99. Giannoli P., Feydeau E. de, Lambert J., *Les marques dans votre vie*, Toulouse, Milan, 2003, p. 60.

100. AN, F/12/6781/B : situation générale du Grand Hôtel au 31 décembre 1862.

de Bourgogne, de Frontignan, du Rhin, liqueurs étrangères, vins de Madère, de Xérès, de Malaga, d'Alicante, de Malvoisie, de Hongrie, d'Italie, rhums de Jamaïque, genièvres de Hollande, cognacs Hennessy ou Martel plus toutes autres sortes d'élixirs permettent de présenter une carte des vins offrant une large gamme de prix. L'observateur du *Musée des Familles* note que l'on peut commander un vin ordinaire à 2 F la bouteille, jusqu'au Gruau-Larose, classé deuxième cru en 1855, à un louis[101].

Accompagnant à merveille la cave, la cuisine est une autre vitrine de l'hôtel :

> la gastronomie au Grand-Hôtel a le choix entre deux manifestations élevées : la cuisine classique, qui apparaît à la table d'hôte et aux banquets, et la cuisine étrangère. [...] À côté de la cuisine française, cette quintessence de tous les types adoptés par la civilisation européenne, vient se placer la cuisine exotique, et les étrangers accourus de tous les points du globe ont la satisfaction de pouvoir manger leurs mets nationaux. Le Chinois peut y retrouver ses nids d'hirondelles : l'Indien, ses tortilles de maïs ; le Turc, ses viandes accommodées suivant le rite musulman ; l'Israélite, ses préparations orthodoxes ; le Russe, son caviar et ses beefsteacks d'ours ; l'Anglais, son roastbeef, qu'il peut arroser de sherry authentique.[102]

Il n'est pas sûr que les cuisiniers aient pu sortir de leurs fourneaux des plats si divers. Quoi qu'il en soit, l'hôtel propose, avec ses différents services de restauration, une cuisine de grande qualité et très diverse[103]. De plus, dès cette époque, la figure du chef de cuisine est essentielle. Après le directeur, il apparaît comme le numéro deux de l'établissement. Le *Guide de l'Étranger* le compare à Vatel ou à Carême, le *Musée des Familles* à Napoléon :

> le cuisinier, chef de cette comédie gastronomique, est un jeune homme qui a des appointements de colonel, et qui se nomme Balzac, comme l'auteur de la Comédie Humaine. À la tête de ses fourneaux, de ses marmitons, de son armée de plats et de valets, il est beau comme un Napoléon à Austerlitz. Et il n'y aura jamais de Waterloo ni de Sainte-Hélène ![104]

---

101. *Musée des Familles*, « revue de l'année 1862 », *op. cit.*, p. 115.
102. *Guide de l'Étranger dans Paris...*, *op. cit.*, p. XV.
103. L'article du *Musée des Familles* rapporte que lors d'un banquet, il fut servi des saumons à la sauce genevoise, des faisans de Bohême, des poulardes aux truffes, des suprêmes de fruits aux liqueurs, des raisins de Thomery et de Fontainebleau, le tout arrosé de champagne Moët et de Gruau-Larose.
104. *Musée des Familles*, « revue de l'année 1862 », *op. cit.*, p. 115.

Les efforts consentis par le Grand Hôtel pour obtenir une cuisine de grande qualité portent ses fruits puisque son restaurant figure parmi les meilleurs de la ville-capitale dans *Le Paris-Diamant* de 1870[105]. Sa cave est tout spécialement encensée. L'excellence a un prix. Un dîner à la table d'hôte se paie, vin compris, 6 F. Avec celle du Grand Hôtel du Louvre, il s'agit des tables d'hôte les plus onéreuses de Paris puisque l'on peut situer une moyenne des prix des déjeuners à table d'hôte, à la fin du Second Empire, à 4 F. Ainsi, dès leur ouverture, les grands hôtels se rendent compte qu'ils doivent, en plus du logement, offrir une cuisine digne de leur rang. Leurs conceptions prévoient d'ailleurs la tenue de cette facette essentielle de l'exploitation hôtelière. Ainsi, dès son ouverture, « l'usine restauration » du Grand Hôtel tourne à plein régime :

> nous nous sommes assuré qu'en août 1862, dans les moments d'affluence, il y a eu, le même jour, 600 couverts dans la grande salle, 500 au restaurant, 600 ailleurs en trois fois ; total 1 500 couverts en douze heures, servis par 200 employés. Il y en a même jusqu'à 2 000 dans les diverses salles de l'hôtel. Le tout sans compter les hôtes du splendide Café de la Paix.[106]

Une gestion indissociable

À partir de juillet 1862, la Compagnie immobilière se trouve à la tête de deux grands hôtels. Leur gestion devient indissociable. Une des premières démarches d'Émile Pereire est de rassurer ses actionnaires face au problème de concurrence qui pourrait survenir entre les deux établissements. Il expose que le nombre de voyageurs visitant Paris est en croissance permanente et que, de ce fait, il est facile de trouver les 1 200 à 1 500 clients nécessaires pour emplir les deux établissements ; or, « qu'est-ce que douze, quinze cents voyageurs par rapport à la masse de ceux qui chaque semaine, chaque jour, arrivent en France »[107] ? Encore faut-il les attirer. De plus, nous n'avons aucun moyen de vérifier ses dires. Est-il honnête lors de sa présentation ? Nous ne le savons pas. Tout de même, Émile Pereire est placé aux premières loges pour connaître quotidiennement le flot de touristes arrivant à Paris et c'est sur ce point qu'il insiste pour justifier la fondation du Grand Hôtel :

> l'extension du chemin de fer, tant en France qu'au-delà de nos frontières, où ils se fondent avec nos lignes, attire à Paris un grand nombre de voyageurs, toujours croissant, et rend de plus en plus nécessaire la création de grandes maisons meublées, offrant tous les genres du confortable

105. Joanne A., *Paris-Diamant*, Paris, Hachette, 1870, p. 20.
106. *Musée des Familles*, « revue de l'année 1862 », *op. cit.*, p. 117.
107. AN, F/12/6 781/A : AGOE de la Compagnie immobilière de Paris, 20 avril 1861.

> que nous avons réunis à l'Hôtel du Louvre et qui ont fait si vivement adopter cet établissement par une clientèle d'élite.[108]

Impliqués dans des sociétés de chemins de fer, de navigation puis d'hébergement, les Pereire auraient presque pu prendre en charge le voyageur au bas de sa porte pour l'amener, par leurs propres moyens de locomotion, dans leurs hôtels. Il ne leur manque que l'idée de Thomas Cook de créer des coupons globaux de vacances pour formaliser ce processus.

La concurrence, que pourraient se faire les établissements Pereire, ne semble en aucun point inquiéter les dirigeants de l'Immobilière. Est-ce le signe de résultats probants ? Sans doute. Par exemple, la bonne tenue du Café de la Paix incite les Pereire à ouvrir un établissement similaire, distant de quelques dizaines de mètres, au rez-de-chaussée de l'hôtel Scribe, le Grand Café, inauguré en 1865. Si l'on s'en tient aux comptes rendus de l'assemblée générale de l'Immobilière, le succès semble une nouvelle fois complet :

> ce nouveau café, installé dans des conditions que comportent la situation et l'ampleur du local, a, dès les premiers jours, obtenu un plein succès. En outre, l'affluence qu'il attire a donné à cette partie du boulevard une animation et une activité qui ne seront pas sans influence sur la valeur locative des magasins.[109]

Exploiter deux hôtels à la fois n'effraie en rien Émile Pereire. Le Grand Hôtel du Louvre a donné l'expérience nécessaire pour gérer au mieux son nouvel hôtel. De plus, posséder deux hôtels au cœur de Paris présente certains avantages : approvisionnements jumelés, possibilité de « déverser sur l'un le trop plein de l'autre » ou d'établir des systèmes communs de communication.

La publicité qui suit montre d'ailleurs les grandes lignes sur lesquelles s'appuie la communication des deux hôtels[110]. Les mêmes dynamiques que précédemment citées se retrouvent. Elle montre également la confusion, voire l'amalgame qui se fait entre les deux hôtels. Ils ne sont presque en rien dissociés. La seule différenciation est la présence, au Grand Hôtel, d'un restaurant à la carte. De plus, cet encart confirme que le Grand Hôtel et le Grand Hôtel du Louvre offrent une très large gamme de tarifs, ce qui permet de proposer leurs installations à différents types de clientèle. Les guides de l'époque précisent que, en règle générale, le prix moyen, pour une nuitée, à Paris, est de 3 F pour une chambre « fort modeste, sans doute, mais propre, dans la plupart des hôtels de

---

108. *Ibid.*
109. AN, F/12/6781/A : AG de la Compagnie immobilière, 27 avril 1865.
110. *Le Figaro*, 21 août 1862.

FIGARO

GRAND HOTEL

(Boulevard des Capucines)

GRAND HOTEL DU LOUVRE

(Rue de Rivoli)

Ces deux Grands Hôtels sont exploités par la Compagnie Immobilière de Paris.

Ils contiennent ensemble 1,400 Chambres ou Salons dont la location A PRIX FIXES est établie de 4 à 30 francs par jour pour le GRAND HOTEL, et de 3 à 20 francs par jour pour le GRAND HOTEL DU LOUVRE.

Par cette variété de prix et par la situation de ces deux Hôtels dans les deux plus beaux quartiers de Paris, les voyageurs et les familles sont toujours assurés de trouver à se loger selon leurs besoins, leurs goûts et leurs facultés.

Les Tables d'hôte des deux hôtels, ayant ensemble 700 places, sont servies à 6 heures; le public y est admis comme les locataires.

Le GRAND HOTEL, BOULEVARD DES CAPUCINES, a, en outre, à l'intérieur, un Restaurant public à la carte.

Les Salons de ces Deux Hôtels sont appropriés pour des repas de corps ou de mariage, pour des fêtes ou des réunions de famille.

Il y a dans chaque Hôtel un Salon de lecture, un Café-Divan-Billard, des Bains, UN BUREAU TÉLÉGRAPHIQUE PUBLIC CORRESPONDANT LE JOUR ET LA NUIT AVEC TOUTE L'EUROPE.

LE PERSONNEL PRÉPOSÉ AU SERVICE DES DEUX HOTELS PARLE TOUTES LES LANGUES

Fig. 6. Publicité pour les Grand Hôtel et Grand Hôtel du Louvre.

second ordre, quel que soit le quartier »[111], alors que le prix moyen pour une chambre convenable avec cabinet de toilette oscille entre 5 et 6 F. Ainsi, Grand Hôtel et Grand Hôtel du Louvre embrassent les prix les plus extrêmes, dans un sens comme dans l'autre, pour les hôtels destinés aux touristes, car ne nous méprenons pas, il existe, à Paris, des garnis, à quarante centimes la nuit, destinés aux classes les plus populaires. Les guides ne s'adressent, par nature, qu'aux touristes. Toutefois, on peut s'étonner des prix relativement bas proposés par les deux hôtels de la Compagnie immobilière même si on voit que le Grand Hôtel se place tout de suite, au moins dans le domaine des tarifs, à un niveau plus élevé que le Grand Hôtel du Louvre. Nous devons désormais comprendre si cette politique tarifaire mène le Grand Hôtel vers le succès.

---

111. Joanne A., *Paris illustré en 1870, guide de l'étranger et du Parisien*, 3e édition, Paris, Hachette, 1870, p. LIII.

Résultats d'exploitation

Les données concernant les premiers résultats du Grand Hôtel sont fragmentaires. Le nombre de clients reste une inconnue tout comme les taux d'occupation. Il faut de ce fait s'en remettre aux seuls bilans dévoilés lors des assemblées générales de l'Immobilière. Partant de là, les résultats montrent une certaine réussite initiale et surtout la hausse des revenus des deux hôtels Pereire[112]. Leur détail est parfois facile à analyser. Par exemple, le chapitre boutiques du Grand Hôtel ne peut qu'aller de manière croissante puisque son rez-de-chaussée tarde à être occupé totalement. De façon identique, ce même poste n'évolue pratiquement pas pour l'Hôtel du Louvre. Plus intéressant est le fait que, dans un premier temps, les résultats d'exploitation des deux hôtels connaissent une augmentation importante. De ce point de vue, les bénéfices du Grand Hôtel augmentent beaucoup plus vite que ceux du Grand Hôtel du Louvre : entre 1863 et 1864, le Grand Hôtel profite d'une hausse de plus de 20 % de ses bénéfices lorsque le Grand Hôtel du Louvre voit les siens n'augmenter que d'à peine 10 %. L'effet de nouveauté se fait ressentir du côté du boulevard des Capucines, même si cette croissance décline peu à peu. Les administrateurs de l'Immobilière se rendent compte de la difficulté de l'activité et surtout des fluctuations qu'elle subit. Par exemple, la crainte d'une épidémie de choléra pendant quelques mois de 1865 éloigne beaucoup d'étrangers. Émile Pereire essaie de rassurer ses actionnaires en parlant de « circonstances exceptionnelles ». Toutefois, il sait très bien que ces incidents sont appelés à se répéter et que l'activité hôtelière est très fortement dépendante d'éléments sur lesquels elle n'a aucune emprise. Les résultats nets d'exploitation des grands hôtels ne peuvent que ressentir ces diverses secousses. Entre 1864 et 1865, leur croissance n'atteint plus que 4 %. Surtout, les produits de l'activité hôtelière n'augmentent que de 1,22 %. Ce sont les loyers des boutiques qui gonflent artificiellement la croissance globale des résultats nets des deux hôtels. Même si l'exploitation du Grand Hôtel rapporte pratiquement deux fois plus celle du Grand Hôtel du Louvre – 1,54 MF contre 0,84 MF en 1865 –, il est manifeste que les deux établissements pâtissent de la présence de l'autre. Ainsi, nous sommes en droit de nous demander si, finalement, les deux grands hôtels ne se font pas une réelle concurrence qui, à terme, est nuisible aux deux. Un autre indice signale que l'arrivée des grands hôtels porte atteinte à l'ensemble de la profession : le rapport de faillite du Meurice en 1864 évoque, comme raisons à sa chute, « la création de l'Hôtel du Louvre, de l'Hôtel de la Paix [...], la guerre d'Amérique »[113].

---

112. AN, F/12/6 781/A : AG de la Compagnie Immobilière, 27 avril 1865.

113. Lesur J.-M., *Les hôtels de Paris..., op. cit.*, p. 79.

	1863	1864	1865
Grand Hôtel Boutiques	151 750	253 500	340 500
Grand Hôtel Exploitation	1 253 153	1 517 492	1 536 742
Hôtel du Louvre Boutiques	304 537	305 100	306 550
Hôtel du Louvre Exploitation	755 811	828 953	838 433
Total	2 465 251	2 905 045	3 022 225

Tab. 3. Produits nets, 1863-1865 (en F).

Les données chiffrées manquent par la suite. Il aurait été fort intéressant de les posséder pour 1867, année d'Exposition universelle. Nous n'en conservons malheureusement qu'un seul indice, faisant état de produits nets dépassant la barre symbolique des 2 MF pour le Grand Hôtel[114]. Il semble ainsi légitime de penser que ses taux d'occupation sont bons, pour ne pas dire plus, à l'occasion de l'événement qui attire 11 millions de visiteurs. 1867 marque également la disgrâce d'Émile Pereire. L'urgence de la situation fait que les résultats des deux hôtels passent désormais au second plan dans les rapports d'activité de la compagnie. Les résultats suivants confirment les variations de l'activité hôtelière. L'année 1868 est des plus difficiles. Les deux hôtels, le Café de la Paix, la blanchisserie et la maison Scribe ont réalisé au total un bénéfice de 1,80 MF. Le contrecoup de l'Exposition universelle est rude. En effet, les étrangers venus massivement à Paris en 1867 ne reviennent pas l'année suivante. Un événement majeur centralise les arrivées et le marché intérieur ne peut compenser ce phénomène. Toutefois, la nouvelle administration de l'Immobilière place de grands espoirs en les deux hôtels pour redresser la situation :

> la bonne exploitation des grands hôtels a été, dès le premier jour, l'une des préoccupations de votre nouveau conseil d'administration. La situation de ces deux établissements, au centre de la capitale, leurs nombreux éléments de succès, permettent d'espérer une progression de plus en plus marquée de leurs revenus.[115]

Les résultats de 1869 confortent les nouveaux dirigeants dans leurs espoirs. De ce fait, les nouveaux administrateurs ne songent pas à se séparer des deux hôtels – cette solution aurait pu être envisagée pour éponger rapidement une partie des dettes de la société – car ils rapportent toujours et

114. AGO de la Compagnie immobilière, 29 avril 1879.

115. AN, F/12/6 781/A : AGOE de la Compagnie immobilière, 23 mai 1870.

leurs revenus ne « sont pas inférieurs aux charges annuelles du capital qu'ils représentent »[116]. Il n'y a aucun intérêt à vendre, signe que les deux établissements représentent des fondements solides pour redresser les comptes de l'Immobilière.

Au total et pour tenter de trancher, le fait que le Grand Hôtel du Louvre ne réussit pas à retrouver, une fois le Grand Hôtel ouvert, les bénéfices de la fin des années 1850 s'avère inquiétant. Un dernier indice reste à analyser, bien qu'ambigu. Pendant toute la période durant laquelle Émile Pereire est à la tête de l'Immobilière, le Scribe est une maison meublée gérée par une femme, Mme Tellier[117]. Le fait que les Pereire n'ont pas transformé le Scribe complètement en hôtel – sans tenir compte de la partie réservée au Jockey-Club – peut révéler qu'ils ont conscience de l'essoufflement de leur système car, si les deux premiers hôtels se portent tant à merveille, pourquoi ne pas en avoir créé, officiellement, un troisième ? Il est probable qu'ils se rendent compte qu'ils ont été trop vite, de la difficulté de faire accepter au public ce nouveau type de logement ponctuel et que l'offre hôtelière parisienne haut de gamme est peut-être, à la fin du Second Empire, supérieure à la demande.

Chute de deux empires

Il n'existe aucun lien de cause à effet entre la chute des Pereire et la chute du Second Empire, la disgrâce des premiers étant intervenue bien avant la défaite de Sedan. Suit pour le Grand Hôtel une période nébuleuse. Néanmoins, bien que l'Immobilière agonise, et que, de ce fait, les marges de manœuvre semblent des plus restreintes, les nouveaux administrateurs de l'Immobilière, ses liquidateurs et un directeur ambitieux prennent la situation à bras-le-corps pour essayer de sortir le Grand Hôtel du marasme ambiant. Ces nouveaux dirigeants doivent de plus faire face à une conjoncture politique des plus tragiques, la Commune de Paris. Une nouvelle fois, les témoignages sont rares pour analyser la manière dont le Grand Hôtel a traversé cet épisode. Il est évident que, pendant la fin de 1870 et durant l'année 1871, l'entreprise fonctionne au ralenti et est en proie à de vraies difficultés. Ainsi en atteste l'unique document de cette époque, vestige des rudesses de l'hiver 1870. Le menu du soir de Noël montre la pénurie de vivres qui pouvait se faire ressentir à l'intérieur des murs de Paris :

116. *Ibid.*
117. ADP, 2MI3 51 et 60 : *Bottin du Commerce*, 1863 et 1870.

Entrée : consommé de cheval au millet
Plats : foie de chien à la maître d'hôtel ; émincé de râble de chat mayonnaise ; civet de chat aux champignons ; salmis de rat sauce Robert ; gigot de chien flanqué de ratons
Légume : bégonias au jus
Dessert : Plum-pudding au jus et à la moelle de cheval

Fig. 7. Menu de Noël, 1870.

L'inventivité du chef de cuisines pour faire paraître, au moins dans les termes, un vrai menu de fêtes est remarquable. Les menus de ce type ne sont pas l'apanage du Grand Hôtel. De vrais efforts sont réalisés pour offrir, le temps d'un repas, un moment joyeux aux Parisiens assiégés. Par exemple, voici le menu servi le 31 décembre 1870, au restaurant Peter's, situé sur les boulevards, en l'honneur du maire du 3e arrondissement[118] :

Hors d'œuvre : sardines, céleri, beurre, olives
Potage : sagou au vin de Bordeaux
Relevé : saumon à la Berzélus
Entrée : escalope d'éléphant, sauce aux échalotes
Rôt : ours à la sauce Toussenel, salade de légumes à la Raspail
Desserts : pommes, poires, biscuits

Fig. 8. Menu du restaurant Peter's, 31 décembre 1870.

Une nouvelle fois, en cette période où « les denrées deviennent rares et où les prix s'envolent »[119], les menus de festivité ont bien triste allure. Néanmoins, celui-ci a le mérite de présenter de la viande à ses convives, et pas n'importe laquelle, celle de Castor ou de Pollux, les deux éléphants du Jardin des plantes abattus pour nourrir les Parisiens.

Un témoignage de Théophile d'Astrié, clairement anti-communards, permet de savoir globalement la manière dont le Grand Hôtel a traversé ces

118. Ainé B., *Les menus d'un restaurant de Paris durant le Siège*, Toulon, Imprimerie Tardy, 1873.
119. *Ibid.*

mois difficiles[120]. Malgré les partis pris de l'auteur, il n'en demeure pas moins intéressant car il est bâti à partir de lettres du nouveau directeur de l'entreprise, Van Hymbeeck. Ainsi, le Grand Hôtel, réquisitionné d'urgence, devient en premier lieu un centre « des opérations de l'ambulance centrale de la Société de secours aux blessés ». Fin mars 1871, l'hôtel est totalement évacué et rendu à sa destination industrielle[121]. La direction de l'établissement essaie d'attirer à nouveau des clients après ses heures de réquisition mais il est peu probable que cette tentative soit couronnée de succès. Par la suite, l'amiral Saisset, qui avait essayé en vain d'établir « un rapprochement entre le gouvernement et la Commune de Paris »[122], s'établit au Grand Hôtel. C'est la raison qu'avance Van Hymbeeck pour que l'hôtel soit devenu la cible des insurgés, qui s'en prennent, lors d'une visite nocturne le 17 mai 1871, aux effets du personnel et non à ceux de la clientèle, ce qui tend à prouver, sans surprise, que cette dernière a totalement fui. Le Grand Hôtel ne subit pas de traitement de faveur. Par exemple, le Grand Hôtel du Louvre est, à de nombreuses reprises, perquisitionné. En mai 1871, des hommes de la Commune ordonnent qu'on leur fournisse des matelas pour ériger une barricade rue de Rivoli. 90 matelas passent ainsi par les fenêtres[123]. Les magasins de l'hôtel furent pillés. De plus, le Grand Hôtel du Louvre sert de cantine aux Communards.

Ayant suscité de nombreuses passions, narrer au plus juste ce qui s'est passé au Grand Hôtel durant cette période s'avère ardu. Quoi qu'il en soit, toutes les industries présentes à l'intérieur des murs de Paris en ressentent les effets. Les grands hôtels n'y échappent pas. L'administration de Van Hymbeeck commence donc de manière très troublée ; si la situation du Grand Hôtel était déjà difficile au moment de la chute de l'empire de Napoléon III, de telles conditions ne font qu'empirer les choses. De quelle manière et en combien de temps le Grand Hôtel peut-il se relever ? L'activité de Van Hymbeeck – que nous détaillons par la suite – est-elle une tentative effrénée de rétablissement de l'entreprise face à l'ampleur des difficultés, autant dues à la situation économique de l'Immobilière qu'au changement de régime ? Sans doute. Par contre, quelques écrits montrent que le Grand Hôtel et le Café de la Paix redeviennent, après le retour au calme, des espaces de vie publique ainsi que des vestiges du bonapartisme, signe que le Grand Hôtel retourne rapidement à sa fonction première et qu'il est, dans l'esprit collectif, fortement lié au régime impérial[124].

---

120. BnF, G-1572 (bis) : *Les grands hôtels du monde…*, *op. cit.*, p. 7-8.

121. *Le Figaro*, 30 mars 1871.

122. Tulard J. (dir.), *Dictionnaire du Second Empire…*, *op. cit.*, p. 1164.

123. *Le Figaro*, 30 mai 1871.

124. Lepage A., *Les cafés artistiques…*, *op. cit.*, p. 193.

En septembre 1872, le Tribunal civil de la Seine nomme trois liquidateurs en charge de clore, au mieux, l'actif colossal de la Compagnie immobilière. Leur mission est de se séparer « par toutes les voies amiables ou judiciaires des valeurs mobilières et immobilières dépendant de l'actif social, dans les conditions et aux époques qu'ils jugeront les plus avantageuses »[125]. Dans un premier temps, leur préoccupation est d'arrêter les poursuites exercées contre l'Immobilière ou du moins d'en suspendre les effets ainsi que « d'empêcher l'expropriation imminente et l'avilissement de l'actif de la Société »[126]. Par la suite, les trois liquidateurs, Jules Saladin, Antoine-Joseph Hébert et Joseph-Hector Harouel, se penchent sur la vente progressive et au meilleur prix du parc de la compagnie. À Paris, l'Immobilière possède 1 373 appartements, 268 boutiques, 67 000 m^2 de terrains, les deux hôtels ainsi que la blanchisserie de Courcelles. À Marseille, les liquidateurs doivent se dessaisir de 586 maisons ou immeubles représentant au total un peu plus de 108 000 m^2 de surface ainsi que de 330 695 m^2 de terrains. Leur tâche est donc très importante d'autant plus qu'ils ne veulent pas « vendre précipitamment tous ces terrains [ce qui] serait perdre une partie de leur valeur »[127]. Néanmoins, ils sont confrontés à l'écueil consistant à garder trop longtemps l'ensemble des terrains et bâtiments, ce qui, en période de conjoncture défavorable, coûte très cher à la société, du fait des sommes dues et des intérêts à payer. La situation est donc paradoxale et tout l'art des liquidateurs est de saisir le meilleur moment pour réaliser les différentes ventes. Toutefois, l'actif de l'entreprise fait des envieux. Ainsi, Harouel, Saladin et Hébert se retrouvent à maintes reprises sollicités mais ils ne répondent pas systématiquement à ces diverses sirènes. Leurs refus face à des offres qu'ils jugent inconvenables sont réguliers :

> d'autres immeubles, notamment les immeubles du Grand-Hôtel, de l'hôtel Scribe et de la blanchisserie de Courcelles, ont été l'objet, à diverses reprises, des négociations qui n'ont pu aboutir. Ces immeubles, chaque jour mieux appréciés, ne tarderont pas sans doute à trouver des prix en rapport avec leur valeur réelle et avec la prospérité que leur réserve l'avenir.[128]

---

125. Jugement de la première chambre du Tribunal civil de la Seine, 23 avril 1872 (Exposé de l'état de situation de la liquidation de la Compagnie immobilière, présenté à l'assemblée générale du 24 mai 1873).
126. AG de la Compagnie immobilière, 24 mai 1873.
127. *Ibid.*
128. AG de la Compagnie immobilière, 30 mai 1877.

Pour Marseille, le constat est identique[129]. Certains pensent que la situation catastrophique de l'Immobilière peut être synonyme de bonnes affaires. Les liquidateurs sont prêts à sacrifier quelques terrains ou immeubles, mais les fragments les plus intéressants ne doivent sous aucun prétexte être bradés. Ainsi, dès qu'une proposition intéressante émane, ils mettent aux enchères le lot en question, ayant, d'une part, un prix minimum d'adjudication et, d'autre part, la certitude d'un acquéreur à ce prix. Ainsi en est-il avec l'Hôtel du Louvre vendu en août 1875 à Alfred Chauchard et Auguste Hériot, moyennant le prix de 15 000 050 F alors qu'il représente 20 MF au bilan de l'Immobilière[130]. En plus de cette somme, les acquéreurs de l'édifice – qui louent une boutique de son rez-de-chaussée[131] – doivent s'acquitter de 2,50 MF au titre du matériel d'exploitation, de la clientèle, de l'achalandage et du titre « Grand Hôtel du Louvre ». Le bâtiment, plus que l'hôtel, intéresse Chauchard et Hériot. De ce fait, après deux années d'importantes rénovations et de réadaptation du bâtiment, ils sont en mesure de présenter les agrandissements des grands magasins du Louvre, le 9 avril 1877[132]. Une seconde inauguration, proposant de nouveaux agrandissements, a lieu à grand coup de renforts publicitaires en octobre 1879[133]. Dans un premier temps, Chauchard et Hériot font coexister l'hôtel et les magasins au sein du même bâtiment. Il semble que la cohabitation soit une réussite[134]. Cependant, devant le succès des grands magasins du Louvre, le Grand Hôtel du Louvre est transféré du côté ouest de la place du Palais-Royal en 1887. À cette date, les deux fondateurs du magasin de nouveautés ne sont plus à ses commandes. Le Grand Hôtel du Louvre, une fois transféré, ne compte plus que 300 chambres. Quelques mois plus tard, la Société du Louvre est créée, aux pouvoirs largement étendus[135].

Entre-temps, les établissements industriels de l'Immobilière continuent de fonctionner. Le montant du bénéfice de 1875 du Grand Hôtel du Louvre ne s'applique, sur le tableau ci-contre, qu'à huit mois d'exercice, la prise de possession du bâtiment par Chauchard et Hériot se faisant le 1er septembre. De manière similaire, les bénéfices du Café de la Paix de 1878 ne représentent qu'onze mois d'exploitation.

---

129. AG de la Compagnie immobilière, 24 mai 1873.

130. AG de la Compagnie immobilière, 24 mai 1876.

131. Les grands magasins du Louvre sont ouverts avant l'hôtel en lui-même puisque leur inauguration a lieu le 9 juillet 1855 (Aunay A. d', *Le Louvre, Grand Hôtel et Grands Magasins*, Paris, Imprimerie Tolmer & Cie, s.d., p. 55).

132. *L'Illustration*, 7 avril 1877, p. 221-227.

133. *L'Illustration*, 4 octobre 1879, p. 219-222.

134. Aunay A. d', *Le Louvre, Grand Hôtel et Grands Magasins*, *op. cit.*, p. 56.

135. BnF, 4-WZ-3885 : modifications des statuts de la Société du Louvre, 1929.

	1872	1873	1874	1875	1876	1877	1878
Grand Hôtel	1 038 895	1 440 005	1 502 383	1 700 369	1 318 515	865 411	1 672 812
Hôtel du Louvre	822 771	951 651	1 009 577	743 144			
Blanchisserie	200 000	200 000	147 874	180 235	107 058	100 029	186 327
Café de la Paix	147 739	135 365	126 693	175 285	154 251	99 702	
Grand Café	97 038	102 038	79 788	123 727	87 148	91 618	144 115
Maison meublée	56 014	34 588	76 526	139 596	107 803	115 135	154 023

Tab. 4. Produits nets de l'exploitation des établissements industriels de la Compagnie immobilière, 1872-1878 (en F).

Au regard des chiffres, les résultats des établissements d'accueil souffrent de fortes fluctuations, tout en restant positifs. Ainsi, lors de la reprise des enseignes par les liquidateurs, les produits nets des grands hôtels sont relativement faibles. Néanmoins, ils redressent rapidement la situation. En 1871, ils n'avaient produit à eux deux que 538 930 F[136] ; l'année suivante, le Grand Hôtel réussit à dégager un bénéfice d'un peu plus d'un million de francs alors qu'une partie des recettes a été employée à des dépenses de réparation – séquelles de la Commune ? – et d'entretien. Néanmoins, comme pour confirmer ce qui se passait sous l'ère Pereire, le Grand Hôtel du Louvre ne réussit pas à atteindre des résultats hautement rémunérateurs ; c'est ce qui explique qu'il soit un des premiers biens vendus. De plus, les résultats du Scribe méritent d'être soulignés. Avant 1874, les dirigeants de l'Immobilière se sont contentés d'en faire une maison meublée, sans lui donner réellement les moyens de se développer alors que, à partir de cette date, les liquidateurs qualifient l'infrastructure d'hôtel et l'équipent en ce sens. Ainsi, dès que le Scribe devient un hôtel à part entière, même s'il reste attaché au Grand Hôtel en tant que « dépendance familiale », il produit un bénéfice double allant même jusqu'à tripler en 1878.

Pendant les années 1870, une conjoncture déliquescente bouleverse la croissance de l'activité. Alors que s'amorce, après les troubles de la Commune, une véritable période ascendante, une série de circonstances défavorables vient frapper le secteur hôtelier parisien : en 1876, l'Exposition

136. AG de la Compagnie immobilière, 24 mai 1873.

universelle de Philadelphie, qui accueille près de dix millions de visiteurs, et l'élection présidentielle aux États-Unis, qui retient chez eux un bon nombre d'Américains, sont parmi les principales causes qui font que Paris n'a pas eu, cette année-là, son contingent habituel de touristes. De plus, les liquidateurs de l'Immobilière remarquent que la clientèle orientale a entièrement fait défaut du fait des tensions politiques alors que « la clientèle anglaise s'est, au contraire, développée ; il y a là, pour nous, une compensation qui ne sera pas sans importance dans l'avenir »[137]. Affectant les résultats hôteliers dans le mauvais sens en cas de conjoncture défavorable, des circonstances favorables ou un événement ponctuel la retourne aussi rapidement. Ainsi en est-il grâce à l'Exposition universelle de 1878, même si nous avons déjà eu l'occasion de voir que les retombées de cet événement de portée internationale sont ambivalentes. Il faut donc, pour qu'une manifestation comme une Exposition universelle soit réellement bénéfique, « faire le plein » pendant sa durée. De ce point de vue, les administrateurs de l'Immobilière semblent se plaindre, tout du moins en comparaison de ce qu'avait connu le Grand Hôtel en 1867 : « si l'on compare les bénéfices de 1878 avec ceux réalisés en 1867, lors de la précédente Exposition, on constate, au profit de ce dernier exercice un surcroît de revenu de près de 500 000 F »[138]. L'Exposition de 1878 n'aurait pas profité du même lustre que celle de 1867 : un grand nombre de souverains européens n'ont pas honoré de leur présence la manifestation, les tensions politiques ont éloigné les visiteurs allemands, « la guerre d'Orient a retenu, dans leurs pays respectifs, bon nombre d'Anglais, de Russes, de Grecs et d'Orientaux »[139]. De surcroît, elle a duré un mois de moins. Enfin, l'inauguration d'une Exposition voit l'émergence, à Paris, d'une nouvelle concurrence dont le Continental en représente le parfait exemple, d'autant qu'il se situe d'emblée sur le même créneau que le Grand Hôtel. L'hôtel de la rue de Castiglione n'est pas le seul à faire directement concurrence au Grand Hôtel. De nombreux autres hôtels, de plus petite taille mais proposant un confort moderne, voient également le jour sur l'avenue de l'Opéra ou encore sur les boulevards Malesherbes et Haussmann. Une lecture attentive du *Bottin de Commerce* de 1878 confirme les dires des liquidateurs. Quoi qu'il en soit, le Grand Hôtel tire son épingle du jeu et attire à lui quelques-uns des 16 millions de visiteurs : le bénéfice de l'exercice est là pour le prouver. Sur les six mois que dure l'Exposition, l'hôtel affiche complet pendant quatre, ce qui permet d'atteindre un record que l'entreprise n'avait encore jamais connu : elle accueille mille voyageurs en un même jour. L'euphorie gagne l'ensemble

137. AGO de la Compagnie immobilière, 30 mai 1877.

138. AGO de la Compagnie immobilière, 29 avril 1879.

139. *Ibid.*

des hôtels parisiens, souvent obligés de refuser du monde comme en témoigne ce rapport du service des garnis de la préfecture de police de Paris : « depuis une dizaine de jours, l'affluence des voyageurs est considérable à Paris [...] L'Hôtel du Louvre logerait chaque jour 120 personnes en plus de ses locataires si la contenance de ses locaux le lui permettait »[140]. Enfin, le Grand Hôtel réussit toujours à assumer sa fonction première, c'est-à-dire l'accueil des hauts dignitaires en visite à Paris : le shah de Perse, le duc d'Aoste, le roi du Portugal et le prince des Pays-Bas figurent parmi les illustres hôtes à avoir dormi au Grand Hôtel pendant leur visite à l'Exposition universelle. Pour ne rien gâcher,

> tous ces hauts personnages ont quitté le Grand Hôtel en y laissant des témoignages de leur contentement pour la manière dont ils ont été reçus et traités, et dont on a su y assurer leur bien-être et leur sécurité.[141]

Au total, l'ensemble des initiatives des liquidateurs – il aurait fallu ajouter la gestion du parc « boutiquier » et les quelques modifications apportées au bâtiment – montre que le Grand Hôtel, malgré les séismes politiques et les troubles qu'a connu sa tête, s'évertue à fonctionner normalement. D'ailleurs, un homme incarne la tentative de rétablissement de la situation de l'entreprise ou tout du moins la volonté de la conserver la plus dynamique possible : M. Van Hymbeeck[142]. Ancien chef de service de la Banque de France – rappelons que le sénateur de Germiny est lui-même gouverneur de la Banque de France de 1856 à 1863 et qu'à ce titre, c'est peut-être lui qui a appelé Van Hymbeeck au secours de l'Immobilière puis du Grand Hôtel –, secrétaire du Cercle impérial avant le 4 septembre 1870, Van Hymbeeck est nommé censeur de l'Immobilière en décembre 1867, sans doute au titre de la surveillance des comptes de cette dernière. Début 1870, l'Immobilière et Van Hymbeeck concluent un traité à l'effet de lui donner en charge l'exploitation du Grand Hôtel[143]. Il abandonne toute autre fonction et est désormais le

140. Rapport du service des garnis, 11 juin 1878, in Lesur J.-M., *Les hôtels de Paris…*, *op. cit.*, p. 103.

141. AGO de la Compagnie immobilière, 29 avril 1879.

142. Ou Vanhymbeeck. À quelques reprises, le nom du directeur du Grand Hôtel s'écrit en un seul tenant. Néanmoins, nous avons tranché pour l'orthographe majoritairement rencontrée. Ceci révèle que nous ignorons beaucoup de lui. Grâce à la presse, un court portrait du directeur du Grand Hôtel nous est fourni : « homme bien élevé, nature courtoise, esprit attentif à tout ce qui se produit et se passe autour de lui, caractère prévenant, réservé et discret, tel est le directeur du Grand Hôtel » (BnF, G-1572 (bis) : *Les grands hôtels du monde…*, *op. cit.*, p. 7).

143. AN, F/12/6 781/A : AGOE de la Compagnie immobilière, 23 mai 1870.

seul capitaine à la barre du vaisseau à la dérive. Quelle compétence a-t-il pour prendre cette charge ? Nous l'ignorons.

Malgré ce mystère et peut-être son inexpérience, Van Hymbeeck est, pendant près de dix ans, un directeur actif, qui favorise la reprise de l'entreprise. Il signe une grande partie des documents émanant du Grand Hôtel, revendique la paternité des innovations mises en place comme pour mieux mettre en lumière la rupture avec l'époque Pereire, passé à la fois glorieux et douloureux. Ceci est révélateur de la mauvaise image des deux frères pendant les premières années de la Troisième République et de la volonté de donner un second départ à l'entreprise. Ainsi, le Grand Hôtel continue d'être un haut lieu de mondanités parisiennes, signe évident que, pendant ces dix années tumultueuses, il n'est pas laissé à l'abandon. Du reste, Van Hymbeeck déploie des trésors d'ingéniosité pour garder ses clients le plus longtemps possible et érige la fixité de ses prix comme règle indéfectible[144]. Il procède à une véritable nouveauté dans le domaine des tarifs puisque la facturation du service est supprimée. De plus, un système d'abonnement complet est instauré. Ce système, à prix fixes, comprend le logement, le chauffage, l'éclairage, la nourriture (trois repas par jour, vin compris) et le service. Le système d'abonnement quotidien comprend trois classes qui se distinguent selon l'étage : le premier n'est pas compris car jugé trop huppé ; la première classe loge donc au deuxième étage, la deuxième au troisième et la troisième classe au quatrième étage. La nourriture est la même pour tous les abonnés. Les repas, normalement pris à la table d'hôte, comprennent, pour le petit-déjeuner ; café, thé, chocolat, pain, croissant et beurre ; pour le déjeuner : vin de Bordeaux ou Bourgogne au choix, hors-d'œuvre, deux plats à choisir dans le menu du jour, fromage, fruits ; pour le dîner : vin de Bordeaux ou Bourgogne au choix, potage, hors-d'œuvre, trois plats à choisir dans le menu du jour, salade, entremets, fromage, fruits.

Le gain pour le client réside dans le « tout compris », ce qui signifie qu'il connaît par avance le montant de sa dépense de logement et de nourriture. Au surplus, les compléments – domestiques ou enfants – ne font pas grimper inexorablement la note. Par ailleurs, le client peut, selon toutes vraisemblances, obtenir une réduction de sa facture en restant un long séjour à l'hôtel. Il est d'usage qu'un client logeant deux ou quatre semaines à l'hôtel voit sa facture réduite de 20 à 25 %[145]. Pour l'hôtelier, l'intérêt est double : d'une part, cela permet au Grand Hôtel d'emplir aisément ses services de restauration et notamment sa table d'hôte ; d'autre part, le système garantit au professionnel la connaissance par avance d'une part de ses recettes quotidiennes. Les dix années durant lesquelles

144. *Guide de l'Étranger dans Paris...*, *op. cit.*, p. XVII.

145. Joanne A., *Paris illustré...*, *op. cit.*, p. XXVI.

Voyageurs	1re classe	2e classe	3e classe
1 personne seule	30	25	20
2 personnes (1 chambre, un grand lit)	45	40	35
2 personnes (1 chambre à deux lits)	52	45	38
Enfants de moins de 4 ans (sans chambre particulière)	4	4	4
De 4 à 12 ans (sans chambre particulière)	8	8	8
Au-dessus de 12 ans (sans chambre particulière)	12	12	12
Au-dessus de 12 ans (avec chambre particulière)	25	20	15
Institutrices, gouvernantes, dames de compagnie, nourrices, bonnes d'enfants, etc.	20	16	12
Domestiques	7	7	7

Tab. 5. Tarifs quotidiens des abonnements, 1874 (en F).

Van Hymbeeck est à la tête du Grand Hôtel sont donc des années actives où une recherche d'améliorations constantes des différents services de l'hôtel est entreprise. Néanmoins, cette situation ne peut durer. Dès son application, chacun sait qu'elle est transitoire. L'Immobilière est en faillite judiciaire et il est impossible de redresser la barre tant les dettes sont abyssales. Son parc immobilier est peu à peu démantelé. Une fois le Grand Hôtel vendu, Van Hymbeeck n'en reste pas directeur et tout porte à croire qu'il se dirige vers le sud-ouest de la France pour prendre la direction d'un autre grand hôtel, le grand hôtel d'Arcachon[146].

La situation du Grand Hôtel, quinze années après son inauguration, est donc paradoxale. Pierre angulaire du nouveau quartier de l'Opéra, flamboyant par sa conception, son architecture, ses décors et ses équipements, salué par un grand nombre d'observateurs, il est perdu par ses concepteurs et une chape de plomb menace au-dessus du vitrage de sa cour d'honneur. L'entreprise continue à être rentable, bénéficie d'innovations autant sur le plan technique,

146. Trouvé sur http://leonc.free.fr/legallais/leg11.htm (consulté au printemps 2008).

commercial et de son organisation mais elle est irrémédiablement appelée à être vendue et, de ce fait, il semble peu probable que tous les investissements qu'un hôtel de ce rang et de cette taille réclame soient consentis. Les futurs entrepreneurs allant au chevet du Grand Hôtel ont forcément conscience de ces difficultés tout comme des nombreux atouts qu'il présente. Sa situation idéale sur les boulevards, lieu de promenade par excellence, « l'endroit où le Parisien flâne tous les jours [...] là où chaque jour, devant la terrasse d'un café, on voit se jouer la comédie humaine »[147], lui assure un réel succès, un véritable pouvoir d'attraction auprès des Parisiens en villégiature et des touristes. Le Café de la Paix, notamment, profite des sorties de spectacles depuis l'inauguration de l'Opéra. Ainsi, le Grand Hôtel et le quartier de l'Opéra se trouvent dans

> le triangle délimité par trois monuments emblématiques : les Tuileries, la gare Saint-Lazare et la Bourse [qui] vivait le jour avec les affaires, brillait la nuit avec les loisirs. Devenu un pôle culturel et mondain, l'Opéra attirait le Tout-Paris.[148]

L'emplacement est d'autant plus remarquable que le Grand Hôtel se trouve à proximité des gares desservant les grandes lignes de voyageurs, c'est-à-dire la gare Saint-Lazare, point d'arrivée à Paris des voyageurs anglais et américains, ainsi que les gares du Nord et de l'Est, bien que plus éloignées de l'hôtel mais fort accessibles grâce aux boulevards et à la rue Lafayette. Ce réseau permet au Grand Hôtel d'être facilement joignable par une clientèle originaire de tout horizon et arrivant à Paris en de multiples points.

Surtout, il semble que les Pereire, grâce au Grand Hôtel du Louvre – qui souffrit terriblement de la comparaison, à tout point de vue, avec son cadet – et au Grand Hôtel, ont réussi un véritable tour de force à Paris, c'est-à-dire imposer un nouveau type de logement pour les populations en voyage. Certes, le modèle ne leur est pas propre et les touristes séjournant en ces premières années au Grand Hôtel ont sans doute déjà résidé dans les mêmes conditions en Angleterre, aux États-Unis, en Allemagne ou encore en Suisse. De plus, il existait déjà à Paris des résidences fort cossues mais de faibles dimensions. Cependant, l'importation du concept est imputable aux frères Pereire. Comme pour d'autres domaines, ils ont pris les risques en premier, allant de la réussite complète – lustre du Grand Hôtel et salutations unanimes – à une déchéance qui l'est tout autant. Ne sont-ils que de simples imitateurs ? Sans

147. Frébault E., *La vie de Paris*, 1878, in Oster D., Goulemot J., *La vie parisienne, anthologie des mœurs du XIXe siècle*, Sand/Conti, 1989, p. 116.

148. Andia B. de, « Quartier haussmannien... », *op. cit.*, p. 23.

doute, mais l'esprit ambitieux qu'ils ont su déployer pour imposer, à Paris et en France, cette nouveauté dans le domaine hôtelier est remarquable. Malgré la facilité qui consisterait à noircir indéfiniment la situation du Grand Hôtel à la suite de la déroute de ses bâtisseurs, il ne faut pas, à notre sens, perdre de vue qu'il est, à son époque de création, un concept complètement novateur, véritablement accepté, qui participe totalement au large développement du tourisme, insufflé par le changement de mentalité chez les élites internationales et par les progrès techniques constitués notamment par les chemins de fer et matérialisés par la quête du confort.

DEUXIÈME PARTIE

Entre reprise et fonctionnement interne 1879-1898

Bien que la liquidation judiciaire de la Compagnie immobilière soit prononcée en avril 1872, la plupart de ses actifs ne sont vendus qu'entre 1878 et 1882. Les liquidateurs attendent et parient sur une conjoncture favorable pour se séparer des derniers joyaux de la couronne Pereire. « La profonde dépréciation immobilière des années 1870 explique la prudence observée pour liquider un parc immobilier montant à 259 millions au 31 décembre 1869[1]. » Avant 1879, un grand nombre de propriétés a été vendu, mais souvent à perte. En un premier temps, les liquidateurs de l'Immobilière se délestent d'anciens biens au gré de propositions avantageuses ou tout du moins acceptables ; *a contrario*, alors que la conjoncture reste défavorable, ils décident de garder, afin d'en tirer le meilleur parti, les immeubles pour lesquels ils pensent que le temps joue en leur faveur et qu'ils recevront dans l'avenir des offres de plus en plus conséquentes. La vente du Grand Hôtel répond à ce schéma.

L'achat, en août 1879, du Grand Hôtel, de l'hôtel Scribe et de la blanchisserie de Courcelles représente l'acte de naissance de la Rente foncière. Cette opération initiale est d'autant plus symbolique qu'elle est à la fois financièrement d'importance et prestigieuse. Derrière la Rente foncière, se cache une jeune banque d'affaires, la Banque parisienne, qui tente de profiter de la courte période de reprise économique de la fin des années 1870 pour investir dans l'immobilier[2]. Néanmoins, ces différents entrepreneurs se rendent rapidement compte que les métiers de banquier, propriétaire d'immeubles et hôtelier sont difficilement conciliables et doivent donc avoir recours à des capitaux importants et à de nouvelles compétences. Quels sont les profils des hommes qui se sont intéressés au Grand Hôtel en cette période charnière de son histoire ? Quelles sont les grandes orientations commerciales et d'organisation prises pour assurer son devenir ?

---

1. Lescure M., *Les banques, l'État et le marché immobilier en France à l'époque contemporaine (1820-1940)*, Paris, Éditions de l'EHESS, 1982, p. 281.
2. Caron F., *La France des patriotes, 1851-1918*, 2de édition, Paris, Le Livre de poche Références, 2002, p. 301. De 1876 à 1882, le secteur du bâtiment parisien connaît un net regain.

Répondre à ces questions permet de cerner au mieux le rôle des hommes dans l'évolution de la vie de l'entreprise mais aussi de comprendre l'ensemble des rouages d'un hôtel du gabarit de celui du Grand Hôtel dans les années 1880-1890.

CHAPITRE III

Du rachat à la quête du profit

La Banque parisienne au secours du Grand Hôtel

Le Grand Hôtel aux enchères

Une part substantielle des actifs parisiens de l'Immobilière est mise aux enchères le 20 août 1879, lors d'une audience des criées du Tribunal civil de la Seine[1]. Cette vente se compose de trois lots : le Grand Hôtel constitue le lot nº 1, le Scribe et le Grand Café, le nº 2 et la blanchisserie de Courcelles, le nº 3. Chacun bénéficie d'une estimation et d'une enchère propres. Toutefois, un seul et même acheteur se porte preneur des trois. Cela est sans doute convenu lors des discussions précédant la vente. Les liquidateurs de l'Immobilière décident de vendre car ils pensent que les conditions favorables qu'ils attendent sont enfin réunies :

> l'opportunité des réalisations est devenue plus évidente [...] par les offres nombreuses qui nous ont été faites, et qui ont elles-mêmes témoigné de la plus-value acquise par les maisons et par les terrains depuis le commencement de la liquidation.[2]

Précédemment, ils ont reçu de nombreuses offres qu'ils jugent en grande partie inacceptables[3]. Les circonstances économiques, le retour à la

1. ADP, DU5 4731 : audiences du tribunal des criées du 9 mars 1878 au 30 décembre 1880.
2. AGO de la Compagnie immobilière, 29 avril 1880.
3. AGO de la Compagnie immobilière, 28 mai 1878.

confiance dans le secteur immobilier de la fin des années 1870 et les résultats des établissements industriels de l'Immobilière sont, d'après les liquidateurs, les raisons qui font que les offres se sont multipliées. Pendant près de huit ans, leurs efforts se sont concentrés sur la mise en valeur de l'actif de l'Immobilière, n'hésitant pas à consentir à différents travaux pour vendre plus cher les immeubles. Néanmoins, au moment où ils procèdent à la vente du Grand Hôtel, les liquidateurs ont besoin de la réaliser pour épurer une part de leur dette vis-à-vis du Crédit foncier de France. Ils ne peuvent plus patienter. C'est alors, peut-être bien renseigné, qu'un groupe de financiers fait une proposition que les liquidateurs jugent recevable. En juin 1879, les liquidateurs obtiennent d'un « groupe de capitalistes » l'engagement qu'en cas de mise aux enchères de l'ensemble Grand Hôtel, Scribe et blanchisserie de Courcelles, elles seraient soutenues et couvertes jusqu'à des prix déterminés.

La mise à prix du Grand Hôtel est de 19 MF, celle de l'hôtel Scribe et du Grand Café est de 5 MF, alors que le prix de départ pour la blanchisserie est de 500 000 F[4]. En définitive, le montant des enchères pour le Grand Hôtel s'élève à 21 300 000 F, celui du Scribe à 6 320 000 alors que la blanchisserie est vendue pour 500 050 F. Il y a donc eu une réelle lutte pour l'obtention des deux bâtiments ayant façade sur la rue Scribe alors que le bâtiment industriel du XVIIe arrondissement de Paris n'a pas suscité de grandes convoitises. À cette somme, l'adjudicataire, par le simple fait de l'achat, doit obligatoirement s'acquitter d'une somme comprenant clientèle, achalandage, matériel et mobilier industriel qui s'élève pour le premier lot à 6 700 000 F, pour le deuxième à 500 000 F, et pour le troisième à 1 300 000 F. Au total, les acquéreurs déboursent 36,68 MF. Les liquidateurs se félicitent de la réalisation des « trois principaux immeubles de Paris, et du changement considérable et définitif qu'elle apporte dans la situation de la liquidation »[5]. La même année, ils procèdent à la vente de onze autres maisons situées à Paris ; tout laisse croire qu'en 1882 l'intégralité des propriétés parisiennes de la Compagnie immobilière ait été vendue[6].

Les adjudicataires, la Banque parisienne et la Banque européenne, achètent ainsi le tout, les immeubles et les fonds de commerce. Ils ont donc tous les éléments leur permettant d'exploiter ces établissements, voire de leur destiner un tout autre emploi même si cela ne semble guère avoir été envisagé. Le 20 août 1879, les deux banques « agissent pour le compte et l'intérêt de la

---

4. *Ibid.*
5. AGO de la Compagnie immobilière, 29 avril 1880.
6. AG de la Compagnie immobilière, 18 avril 1889.

Rente foncière parisienne, dont elles sont les fondatrices »[7]. Toutefois, leur alliance est de courte durée du fait des difficultés de la seconde[8]. La Banque parisienne, banque d'affaires créée en 1874, et qui devient, en 1904, du fait des nouvelles pratiques bancaires – émission et placement de titres boursiers en grandes quantités, opérations nécessitant des fonds toujours plus colossaux – la Banque de l'union parisienne, est le symbole du développement bancaire qui s'opère à côté de la traditionnelle Haute Banque durant les premières années de la Troisième République[9]. À l'origine, son capital est relativement modeste : il n'est que d'un million de francs[10]. Il connaît par la suite une évolution importante en trois temps : jusqu'en 1878, il stagne à 3 MF, puis passe à 20 MF en 1879 allant jusqu'à atteindre 70 MF en 1881[11]. Du reste, l'assemblée extraordinaire de mai 1881 autorise le conseil à l'élever, en plusieurs étapes, à hauteur de 110 MF[12]. Le krach de 1882-1883 ne lui en laisse pas le temps. Ce capital retombe d'ailleurs à 25 MF, chiffre stable pendant toute la fin des années 1880. L'évolution de son conseil d'administration révèle cette progression : jusqu'alors composé de proches de son président, Edmond de Werbrouck (1835-?)[13], il s'ouvre largement à partir de 1880, date « d'envol » de l'établissement, avec l'entrée, entre autres, du sénateur Pouyer-Quertier à la présidence, d'Ernest Barbet, autre notable normand, administrateur de la Caisse générale de réassurances et des coassurances, ou encore de Charles Guérinet, administrateur du Crédit foncier de France. Edmond de Werbrouck redevient président de la banque en 1883 au moment où elle rencontre de graves difficultés dues principalement à la

7. Collection Boissel : état descriptif du Grand Hôtel…, *op. cit.*

8. Se référer à Kurgan-Van Hentenryk G., *Rail, finance et politique : les entreprises Philippart (1865-1890)*, Bruxelles, Édition de l'Université de Bruxelles, 1982, p. 253 et Kurgan-Van Hentenryk G., Jaumain S., Montens V. (dir.), *Dictionnaire des patrons en Belgique, les hommes, les entreprises, les réseaux*, Bruxelles, De Boeck & Larcier, 1996, p. 505-506.

9. Bonin H., *La Banque de l'union parisienne (1874/1904-1974), histoire de la deuxième grande banque d'affaires française*, Paris, Éditions Plage, 2001, p. 7.

10. AGE de la Banque parisienne, 23 septembre 1880. Lors de cette assemblée, Edmond de Werbrouck retrace le parcours de son établissement bancaire et notamment l'évolution du capital social de la banque. Pourtant, un historique de la banque dressé en mars 1882 fixe à 500 000 F (divisé en 1 000 actions de 500 F) le montant de ce même capital. Ainsi, une légère interrogation persiste.

11. AGO de la Banque parisienne, 12 octobre 1881.

12. AGE de la Banque parisienne, 24 mai 1881.

13. Ses origines restent particulièrement floues. Banquier belge, il arrive à Paris aux alentours de 1870. En août 1873, il passe un contrat d'emprunt pour l'exploitation de mines d'argent en Bolivie. Il prête près de 3 MF et devient largement intéressé à la réalisation du projet. Nous ignorons s'il eut réellement lieu ni même comment Werbrouck put prêter, à lui seul, une telle somme. Dans tous les mémoires relatifs au projet, il ne représente que lui-même et n'est affilié à aucun établissement.

conjoncture économique[14]. Au début des années 1890, la banque connaît une nouvelle période de dépréciation, et, de ce fait, sa direction se remodèle profondément, sanctionnant l'entrée dans son capital de la Société générale de Belgique.

Pour élargir son audience et ainsi séduire les épargnants prêts à investir en Bourse, la banque conclut, dès sa création, un traité avec Hippolyte de Villemessant, directeur du *Figaro*, à l'effet de composer quotidiennement la partie financière du journal[15]. Jusqu'en 1879, le contrat est respecté mais, à la suite du décès de Villemessant, les nouveaux dirigeants cherchent à le casser au motif qu'il nuit à l'indépendance éditoriale du journal. Surtout, ils reprochent à Edmond de Werbrouck d'avoir acheté *Le Gaulois*, concurrent direct du *Figaro*. Pour finir, les trois nouveaux gérants du quotidien accusent la Banque parisienne d'avoir conseillé aux lecteurs de mauvais placements. Malgré cette tentative, le contrat va à son terme. Ce cas est loin d'être unique puisque « en 1880 déjà, la plupart des journaux avaient aliéné leur indépendance en matière d'information financière et économique. Le mouvement se poursuivit dans les décennies suivantes même après le krack de 1882-1883 qui eut, pour un temps, fortement réduit pour les journaux la manne des subventions financières. »[16] La Banque parisienne multiplie les tentatives pour attirer à elle les économies du grand public puisqu'elle fonde, en 1877, sa propre feuille financière, *Le Capitaliste, journal de la Banque parisienne*[17].

La grande affaire réalisée par la jeune banque à la fin des années 1870 est sa participation à la fondation de la Rente foncière. Largement liée au démantèlement de la Compagnie immobilière, la constitution officielle de la Rente foncière a lieu dans l'esprit de tous avec l'achat symbolique de « l'ensemble Grand Hôtel ». Elle doit, pour parvenir à ses fins, batailler pour acquérir cet ensemble puisque, le jour de la vente, Werbrouck, que l'on pense être celui qui mène les enchères à son profit, doit faire face à « deux groupes puissants de financiers »[18]. Le prix d'adjudication par rapport au prix de départ le confirme. De plus, à en croire le baron Haussmann, premier président de la Rente foncière, une lutte acharnée s'est déroulée en vue de cette acquisition :

> nous avons eu pour compétiteurs, dans l'adjudication du 20 août [...] dont la prudence ne saurait être mise en doute, non plus que l'habilité de

14. AGOE de la Banque parisienne, 27 octobre 1883.
15. *Histoire générale de la presse française de 1870 à 1940*, t. III, Paris, PUF, 1972, p. 194.
16. *Ibid.*
17. Bonin H., *La Banque de l'union parisienne...*, *op. cit.*, p. 9.
18. Haussmann ne précise pas l'identité de ces concurrents.

> leurs chefs et que, à 50 francs près, l'un de ces groupes a poussé les enchères aussi haut que le mandataire des fondateurs de la Rente foncière.[19]

Basée sur cette conquête de prestige, l'action de la Rente foncière se borne, d'après ses statuts, à l'achat, la location ou la prise en gérance aux meilleures conditions d'immeubles déjà bâtis. Elle s'interdit ainsi de

> rechercher et d'acquérir, dans Paris, des terrains bâtis ou non [...], y édifier les constructions les mieux propres à les utiliser le plus complètement, et réaliser le double bénéfice de cette double spéculation par la revente des immeubles ainsi mis en pleine valeur.[20]

La Rente foncière, « voulant d'adresser à des capitaux de placements »[21], cherche sans doute par ce moyen à se différencier de l'ensemble des sociétés immobilières spéculatives en cours de formation durant la même période, à se démarquer de son illustre aînée, l'Immobilière et de tous les écueils qu'elle rappelle, et ainsi à attirer à elle les investisseurs à la recherche d'un placement sécurisé. L'absence totale de danger est perpétuellement mise en relief : « le caractère essentiel de la Rente foncière est l'exclusion absolue de spéculation : la mobilisation de la fortune immobilière n'est possible qu'avec cette garantie »[22].

La notoriété de Haussmann est très utile à la création de la Rente foncière. Par exemple, elle sert à mener à bien les négociations avec le Crédit foncier qui consent à un traité en sa faveur, dit des 200 millions, le 20 septembre 1879[23]. D'ailleurs, cette très forte dépendance fait que, lors du krach de 1882-1883, alors que les titres de la Rente foncière voient une chute spectaculaire de leurs cours, le Crédit foncier, par l'intermédiaire de l'un de ses administrateurs, Félix Thoureau, prend la tête de la Rente foncière et pousse Haussmann vers la sortie. Celle-ci intervient en septembre 1884[24]. Déjà, dès 1880, les cours de la Rente foncière ont connu une fluctuation à la baisse du fait, selon Haussmann, de critiques émanant d'adversaires de la Rente foncière qui propagent avec insistance que l'achat du Grand Hôtel s'est fait à un prix trop élevé. Comme pour mieux rassurer ses actionnaires face à cette

19. AGE de la Rente foncière, 22 avril 1880.
20. *Ibid.*
21. Lescure M., *Les banques, l'État et le marché immobilier...*, *op. cit.*, p. 283.
22. BnF, 8-WZ-4287 : document émis par la Rente foncière, 12 novembre 1879..., *op. cit.*
23. Lescure M., *Les banques, l'État et le marché immobilier...*, *op. cit.*, p. 283-284.
24. AHCA, DEEF 29 193 : historique de la Rente foncière, avril 1892. C'est l'ensemble du conseil d'administration de la Rente foncière qui est renouvelé à cette date.

mauvaise passe passagère, le baron Haussmann contre-attaque en montrant que l'acquisition a été précédée d'une estimation des immeubles, réalisée par un expert du Crédit foncier

> qui s'est rendu compte, tant de la valeur, à ce jour du sol et des constructions, que des revenus constatés, et qui a poussé le scrupule jusqu'à rechercher quels pourraient être ceux des localités occupées par le Grand Hôtel et l'hôtel Scribe, transformées en habitations particulières.[25]

Toutes les éventualités sont donc évoquées et les conclusions de Haussmann semblent implacables : « la Rente foncière est loin d'avoir acheté trop chèrement le Grand-Hôtel et ses annexes ».

La première assemblée générale élit, à la présidence de la Rente foncière, le baron Haussmann ; autour de lui, se trouvent Bellonnet, ancien ministre plénipotentiaire, Bourdais, vice-président de la Société des ingénieurs civils, architecte, Léon Bret, ancien avocat au Conseil d'État, et à la Cour de cassation, administrateur du Crédit foncier de France et de la Société des forges de Chatillon et Commentry, Camille Dollfus, gendre de Haussmann et ancien député, Charles Guérinet, agent de change honoraire, administrateur du Crédit foncier de France, Martenot, sénateur, président de la Caisse générale de co-assurances et de réassurances contre l'incendie, Molinari, économiste, membre correspondant de l'Institut, Sébastien de Neufville, banquier, administrateur du Crédit foncier de France, Vernhette, ancien préfet, administrateur de la Compagnie des chemins de fer de Bône à Guelma et enfin Edmond de Werbrouck[26]. Dès le début, le contrôle du Crédit foncier est étroit, avec la participation de trois de ses administrateurs. Malgré son programme de prime abord prudent, le soutien financier du Crédit foncier permet au conseil d'administration de développer rapidement ses actions et de faire de nombreuses acquisitions dans Paris. N'allant pas à contre-courant de ses obligations statutaires, la Rente foncière achète des immeubles en cours de construction, les fait achever pour mieux les louer, ce que Michel Lescure qualifie « d'interprétation assez souple »[27] de ses statuts. Cette stratégie déroge en effet de la prudence affichée. Toutefois, l'objectif premier de la société reste bien l'achat puis la location, voire la vente, d'immeubles et n'a nullement vocation à l'exploitation industrielle. Suivant ce credo, ses administrateurs cherchent à louer au plus vite leurs diverses acquisitions ; concernant le Grand Hôtel,

25. AGE de la Rente Foncière, 22 avril 1880.
26. AGE de la Rente foncière, 22 avril 1880.
27. Lescure M., *Les banques, l'État et le marché immobilier…*, *op. cit.*, p. 284.

la Rente foncière compte, en son sein, des personnages intéressés par son exploitation. Par contre, elle peine à louer les autres établissements industriels qu'elle achète en août 1879 ; dans les années 1890, elle gère toujours directement le Scribe et la blanchisserie de Courcelles.

La création d'une société d'exploitation

Pour la première fois de son histoire, le Grand Hôtel devient une personnalité juridique à part entière. Dès lors, son avenir peut être tracé par et pour lui-même : il n'est plus une simple composante « noyée » à l'intérieur d'actifs d'une puissante société, il ne dépend plus des diverses activités d'une compagnie aux préoccupations avant tout immobilières. Le 1er juillet 1880, la Banque parisienne conclut un accord avec la Rente foncière afin de prendre en location le Grand Hôtel. Trois mois plus tard, le 25 septembre 1880, sont déposés les statuts d'une société fermière du Grand Hôtel[28].

S'intéresser à des activités industrielles fait partie des occupations régulières de la jeune banque. Ainsi, le jour où est annoncée la création de la société fermière du Grand Hôtel, est exposée la situation d'une participation à hauteur de près d'un million de francs dans une entreprise industrielle de trempe de verre. La Banque parisienne détient également diverses participations dans une société dite « Gaz et Eaux » ou encore dans l'acquisition du domaine de l'impératrice Eugénie à Biarritz : « qui connaît Biarritz ne doute pas de son avenir et surtout de l'avenir de notre superbe domaine, pour ainsi dire tout en bord de mer »[29]. Il semble même que la Banque parisienne ait acheté la villa Eugénie, qui a façade sur mer, à l'effet de la transformer en casino, devenant ainsi le Palais-Biarritz. La Banque parisienne, ou tout du moins les membres qui sont à l'origine de sa création, croit donc de manière importante en l'hôtellerie comme placement financier intéressant. Il n'en est pas de même par la suite puisque, dès que le conseil d'administration de la banque se renouvelle intégralement, le Palais-Biarritz est mis aux enchères, en août 1892[30].

Les hommes qui prennent en exploitation le Grand Hôtel prennent-ils un risque ? Aux dires de Haussmann, une atmosphère nauséabonde entoure le Grand Hôtel et plus généralement toutes les activités de la Rente foncière. Seraient-ce les anciens adversaires du fidèle serviteur du Second Empire qui surgissent pour nuire à ses intérêts ? Il est impossible de trancher mais tout

28. AN, ET/CVIII/1328 : minutes de Me Prud'homme, août-septembre 1880.
29. AGO de la Banque parisienne, 12 octobre 1881.
30. AGO de la Banque parisienne, 23 septembre 1893.

laisse croire que les pires bruits circulent contre la Rente foncière et surtout contre son achat principal :

> on a prétendu que le Grand Hôtel notamment ne pouvait plus donner, dans l'avenir, le même produit que par le passé, en raison surtout du tort que lui feraient de nouveaux établissements, fondés à Paris en vue de l'Exposition universelle, et qui disputent aujourd'hui, aux anciens, leur clientèle ordinaire.[31]

Cette concurrence mais surtout l'ensemble de la propagande menée contre la Rente foncière – s'agit-il des mêmes qui ont bataillé pour acquérir le Grand Hôtel ? – semblent porter ses fruits. Bien que des propositions aient été faites à la Rente foncière en vue de la location du Grand Hôtel, aucune n'a été suivie. Tous les arguments sont utilisés pour décourager les preneurs et ainsi laisser sur les bras de la Rente foncière un investissement lourd et ne demeurant que peu productif. En plus de ces différentes propagandes, les circonstances ne semblent pas favorables à la location de l'établissement du boulevard des Capucines : « l'affreux hiver que nous venons de traverser, peu après notre entrée en possession, et qui a paralysé le mouvement habituel des voyageurs, semblait même justifier ces dires »[32]. De plus, il s'avère que les attaques que la Rente foncière subit ne sont pas totalement infondées, car, afin de faciliter la location du Grand Hôtel, la Rente foncière entreprend elle-même des travaux et la restauration partielle de son mobilier. Au vu des sommes engagées, la Rente foncière cherche réellement à séduire d'éventuels repreneurs : les devis s'élèvent à 340 000 F pour le bâtiment, 300 000 F pour le mobilier.

Le consentement à ces efforts est efficace puisque, au printemps 1880, les négociations reprennent. Les offres semblent même ravir les administrateurs de la Rente foncière puisqu'elles « ont été graduellement élevées jusqu'à un chiffre qu'elles n'avaient pas atteint auparavant »[33], tant et si bien qu'elles aboutissent à l'accord du 1er juillet 1880. Ainsi, le pessimisme ambiant ne frappe pas tout le monde, et notamment pas Edmond de Werbrouck, qui devient président de la société fermière du Grand Hôtel. Il réunit autour de lui un groupement disparate puisque le conseil d'administration se compose d'Alphonse Hartog, administrateur de la Banque parisienne, de Louis Bonnefons, ancien directeur de l'assurance l'Urbaine et administrateur des eaux de Vichy, d'Édouard Dremel, l'ancien directeur du Louvre, d'Alfred Langronne, d'Auguste Magnin, expert comptable auprès des tribunaux, de

31. AGE de la Rente foncière, 22 avril 1880.
32. *Ibid.*
33. *Ibid.*

Léon Liais, du colonel Frédéric Aillery et de Paul Mercier[34]. Aucun lien direct ne semble exister entre ces différents profils, la plupart se présentant comme propriétaire rentier. La Banque parisienne devient largement majoritaire de la société d'exploitation du Grand Hôtel puisqu'elle détient 7 252 actions des 8 000 qui composent son capital d'origine[35]. D'ailleurs, ce sont Jean de Bojani et Othon Muller, respectivement administrateur et directeur de la banque, qui déposent les actes de la nouvelle entreprise, mettant un peu plus en évidence la paternité de la banque sur la société fermière.

L'officialisation de la création de la société du Grand Hôtel a lieu lors d'une séance du conseil d'administration de la Banque parisienne, en septembre 1880. Les membres présents – Werbrouck, Barbet, Bojani, Hartog, Metge et Mainfroy – établissent les statuts de la société devant l'exploiter[36]. Le capital social est fixé à 4 millions de francs, représenté par 8 000 actions de 500 F chacune devant être libérées de moitié lors de la souscription. Cette mesure est sans doute dictée par la volonté de ne pas assécher les ressources de la banque. La durée de la société est fixée à dix ans – en mars 1881, elle est arrêtée à trente ans pouvant être prorogée par décision du conseil d'administration – et son siège social est établi au 12, boulevard des Capucines[37]. L'objet de la société est :

1. « l'exploitation du Grand Hôtel et à cet effet la location par bail d'une durée égale à celle de la société des portions de l'immeuble sis à Paris, 12, boulevard des Capucines où cette exploitation a lieu présentement ainsi que des autres portions de cet immeuble sur lesquelles il serait jugé opportun de l'étendre », ainsi que l'exploitation « du fonds de commerce, du matériel, du mobilier et des approvisionnements ».
2. « L'exploitation de tous autres établissements déjà existants ou créés dont l'annexion au Grand Hôtel pourrait concourir à sa prospérité, tels que Boulangerie, Boucherie, Vacherie, Magasin de comestibles ou vins, blanchisserie, service de transports et de publicité ».
3. « L'acquisition ou la prise à bail de tous terrains ou constructions nécessaires à ces industries accessoires et l'édification, au besoin, de constructions nouvelles sur les terrains acquis ou loués à long terme ».
4. « L'exploitation de tout établissement similaire par voie d'association, de fusion ou d'adjonction ou de toute autre façon ».

---

34. AG de la société fermière du Grand Hôtel, 31 mars 1881.
35. AN, ET/LXXXVI/1015 : dépôt des procès-verbaux des assemblées générales constitutives de la société fermière du Grand Hôtel, déclaration de souscription des actions de la société fermière du Grand Hôtel, 1881.
36. AN, ET/CVIII/1328 : minutes de Me Prud'homme, août-septembre 1880, actes de la société fermière du Grand Hôtel.
37. AN, ET/LXXVI/1015 : minutes de Me Magne, mars-avril 1881, modifications des statuts de la société fermière du Grand Hôtel.

Les nouveaux dirigeants s'octroient plus ou moins les mêmes prérogatives que celles que s'étaient accordées les frères Pereire, avec notamment la possibilité d'acquérir des activités extérieures à l'hôtel. Toutefois, la constitution de la société fermière du Grand Hôtel n'a lieu d'être qu'à la condition de s'être précédemment assuré l'usage de l'édifice. Prévu pour une durée de trente ans, à courir du 1er juillet 1880, moyennant un loyer annuel de 1 400 000 F, le bail, paraphé en septembre, délimite avant tout les lieux exploités par le locataire et ceux laissés à la jouissance du propriétaire. Cette clarification n'empêchera pourtant pas les malentendus entre Grand Hôtel et Rente foncière[38]. Une clause importante est apportée au contrat donnant la capacité au locataire d'acquérir, pendant la durée du bail, les meubles meublants, les objets mobiliers, le matériel et les approvisionnements loués, moyennant une somme de 2 800 000 F. Dans le cas où cette option est levée, le loyer annuel est diminué de 175 000 F, mais la société du Grand Hôtel se trouve dans l'obligation de tenir les lieux constamment garnis de meubles et autres matériels à l'effet de pouvoir répondre à l'exécution du bail et notamment au paiement du loyer. Ainsi, la société fermière s'assure l'usage du bâtiment pour trente ans, mais aussi du fonds et de l'ensemble du matériel d'exploitation.

La première action des nouveaux dirigeants est de dresser un large panorama, et, de l'avis de tous, l'entreprise traverse une période délicate. Toutefois, un jeu de dupes s'instaure autour de la reprise du Grand Hôtel. Certains ont tout intérêt à le déclarer comme pratiquement en ruine alors que d'autres doivent au contraire prouver qu'il se porte bien afin de le louer le plus facilement possible. Selon nous, la Rente foncière est la principale responsable de ces ambivalences d'autant plus que son discours fait volte-face à six mois d'intervalle : dans un premier temps, elle décrit le Grand Hôtel comme un établissement ayant subi de nombreuses dégradations tant du point de vue des infrastructures que de son image comme pour mieux montrer qu'elle a réalisé une bonne affaire ; puis, afin de séduire un locataire, elle doit montrer tous les espoirs et les moyens de redressement dont dispose l'entreprise.

Le Grand Hôtel est-il au bord du gouffre en août 1879 ? Nous ne le croyons pas. D'emblée, nous avons vu que, pendant la période durant laquelle il est sous la tutelle des liquidateurs de l'Immobilière, le Grand Hôtel n'est pas abandonné à son sort. Deuxièmement, il dégage toujours des bénéfices importants – cela révèle peut-être un faible taux d'investissement. Troisièmement, le simple fait que la Rente foncière, comme d'autres groupes de financiers, s'intéresse au Grand Hôtel et accepte de l'acheter à un montant élevé montre que son potentiel est intact. Son emplacement reste une garantie face à un

38. Tessier A., *Le Grand Hôtel…*, *op. cit.*, p. 221-225.

investissement lourd, et, de surcroît, malgré les enquêtes de la Rente foncière, il ne fut jamais envisagé de le transformer en appartements privés. Le plus rentable est de continuer à en faire un hôtel, malgré un constat de reprise inquiétant.

En avril 1881, le baron Haussmann confirme la première tendance qui est de montrer que la valeur du Grand Hôtel s'est réduite durant les années 1870 :

> l'exploitation du Grand Hôtel et celle du Grand Café ont beaucoup souffert du mauvais état d'entretien dans lequel avaient été laissés ces établissements depuis plusieurs années. Le Grand Hôtel, notamment, était tenu d'une façon tellement déplorable que la clientèle riche s'en était éloignée. De plus, une foule d'abus, qu'il ne nous a pas été possible de découvrir et de réprimer immédiatement en amoindrissaient le rendement net.[39]

Tous ceux ayant approché le Grand Hôtel semblent confirmer ce jugement. Le bail évoque des « errements du passé » ; en mars 1881, le commissaire en charge de dresser un bilan de l'entreprise en parle en ces termes :

> les événements de 1870 et 1871 [...] ont apporté un certain trouble dans cette exploitation, les dernières années notamment ont eu particulièrement à s'en ressentir.[40]

Bien que la situation soit critique, tout est fait pour prouver qu'un redressement rapide de la situation est envisageable ; déjà, du temps où la Rente foncière est exploitante directe du Grand Hôtel, des améliorations notoires sont au rendez-vous. Les neufs mois pendant lesquels la Rente foncière a été aux commandes de l'hôtel sont décrits comme ayant été consacrés à une réfection importante. Tout l'intérêt de la Rente foncière est de démontrer que, bien qu'ayant connu des épisodes difficiles, le Grand Hôtel, par une reprise en main ferme et une administration solide, peut redevenir, à la condition qu'il ne le soit plus, un établissement de tout premier ordre :

> les études patientes que nous avons faites, de tous les services du Grand Hôtel, nous ont bien vite amenés à reconnaître qu'une administration habile, active, soigneuse du bien-être de la clientèle, aussi bien que des intérêts de la maison, secondés d'agents polis, scrupuleux et fortifiée par un contrôle efficace de toutes les dépenses, aurait bientôt fait de relever ce grand et magnifique établissement de sa déchéance apparente, et saurait en tirer bien plus que les produits moyens réalisés par le passé.[41]

---

39. AGO de la Rente foncière, 11 avril 1881.
40. AG constitutive de la société fermière du Grand Hôtel, 31 mars 1881.
41. AGE de la Rente foncière, 22 avril 1880.

Le programme est vaste mais alléchant. Dès octobre 1881, Edmond de Werbrouck est en mesure d'apporter de bons résultats aux actionnaires de la banque[42]. Le Grand Hôtel semble promis à un bel avenir, à la condition que les nouveaux dirigeants de l'hôtel de la place de l'Opéra mettent en œuvre de réels efforts tant financiers que dans son organisation interne.

Le paradoxe de la Grande Dépression

Réorganisation complète

Les hommes qui prennent en main le Grand Hôtel sont devant un vaste chantier. Problèmes d'image, de personnel, d'organisation, d'investissement, de matériel ne semblent pas leur être épargnés. Qui plus est, les administrateurs de la Banque parisienne ne paraissent pas, d'après leurs profils, les plus à même pour redresser la barre du paquebot tanguant. Edmond de Werbrouck a pleinement conscience que remettre sur de bons rails l'entreprise nécessite des qualités spécifiques et une grande expérience. Lors de l'assemblée constitutive de la société fermière, le rapporteur chargé de dresser un constat de sa situation ne dissimule pas que la Banque parisienne ne possède pas les aptitudes requises pour rétablir l'exploitation de l'hôtel : « une entreprise comme la vôtre sort du cadre des opérations habituelles d'une maison de Banque quelle que soit l'habilité de ceux qui la dirigent »[43]. C'est ce qui explique la création même d'une société fermière à l'effet d'attirer des hommes pouvant mener à bien cette mission :

> il lui faut pour réussir pleinement avoir à sa tête, une administration spéciale, pour ainsi dire technique, au courant des affaires commerciales et concentrant ses efforts journaliers sur tous les rouages intérieurs, il lui faut aussi un contrôle sévère.[44]

Prenant conscience de ces impératifs, Werbrouck se met à la recherche d'hommes susceptibles de pallier les méconnaissances des administrateurs de la Banque parisienne dans le domaine hôtelier et dans la gestion d'établissements industriels. Deux profils, parmi les administrateurs de la nouvelle société, confirment cette hypothèse : Édouard Dremel est de manière évidente appelé pour son expérience de la grande hôtellerie ; le savoir-faire d'Auguste Magnin,

42. AGO de la Banque parisienne, 12 octobre 1881.
43. AG constitutive de la société fermière du Grand Hôtel, 31 mars 1881.
44. *Ibid.*

expert comptable, n'est sans doute pas de trop pour clarifier les comptes de l'entreprise et remettre de l'ordre dans l'ensemble de la maison. Au moment de la reprise, il est mentionné que les nouveaux administrateurs ont toutes les peines du monde à se rendre compte de la situation économique passée.

Très rapidement, l'accent est mis sur les améliorations intervenues, soulignant les préoccupations majeures de ses repreneurs :

> grâce aux soins assidus et constants que les administrateurs provisoires ont donnés à la gestion de l'hôtel, le Grand Hôtel est sorti de la voie difficile dans laquelle il se trouvait depuis plusieurs années et il a commencé à reconquérir la faveur dont il jouissait auprès de la clientèle dans les premières années de sa création.[45]

Quels sont les axes sur lesquels s'appuient les administrateurs du Grand Hôtel pour le relever ? L'encadrement de la main-d'œuvre semble être un des soucis majeurs de Werbrouck et de ses collaborateurs. Déjà, Haussmann avait relevé des errements dans le comportement des salariés au moment de la vacance de gestion. Dès lors, la rigueur du personnel et son professionnalisme sont perçus comme étant un vecteur essentiel pour que le Grand Hôtel retrouve sa notoriété d'antan. Pour y parvenir, les créateurs de la société fermière pensent avoir trouvé la solution miracle. Ainsi, les statuts de la société prévoient d'intéresser le personnel aux résultats de l'entreprise afin d'en attendre le meilleur. Cette pratique s'inscrit dans le courant paternaliste de gestion du personnel caractérisé par la période. L'article 39 des statuts répartit les produits de l'entreprise[46]. Sur les bénéfices d'exploitation, il est prévu un prélèvement de 10 % destiné aux réserves de la société. Sur le solde, 5 % sont réservés aux actionnaires ; par la suite, l'excédent est réparti de la façon suivante : 10 % pour la Banque parisienne, 10 % pour le conseil d'administration, sur lesquels 5 % sont réservés aux deux administrateurs-délégués et enfin 10 % peuvent être distribués au directeur de l'hôtel ainsi qu'au personnel. Le surplus est réparti – 70 % du premier solde – au prorata des actions. Il est donc intéressant de noter que les statuts de la société prévoient d'attribuer une part des bénéfices aux salariés de l'établissement. Néanmoins, cet intéressement ne s'effectue qu'au dernier stade de la redistribution des bénéfices. Surtout, les statuts notifient, sans ambiguïté, que, contrairement aux autres obligations, cette mesure n'est qu'une possibilité ; il est du ressort et de la bonne volonté du conseil d'administration de rendre concrète cette option.

---

45. AGO de la société fermière du Grand Hôtel, 29 avril 1882.
46. AN, ET/CVIII/1328 : minutes de Me Prud'homme, août-septembre 1880, statuts de la société fermière du Grand Hôtel.

Cependant, les nouveaux administrateurs du Grand Hôtel cherchent par cet argument à motiver et attirer auprès d'eux des hommes et des femmes concernés par la bonne marche de l'entreprise. D'après les sources, l'application de cette mesure est régulière : dès que les bilans de la société présentent des bénéfices, les 10 % sont versés au directeur et à son personnel. Nous ignorons par contre les modalités de répartition de cette somme : chaque employé touche-t-il autant ? Est-ce que la rétribution diffère en fonction de l'ancienneté, du poste occupé ? Les archives sont muettes sur ce point. Enfin, à partir de 1887, le conseil témoigne constamment de l'entière satisfaction qu'il a du personnel ; voici, par exemple, ce qu'il s'attache à ajouter aux délibérations de l'exercice 1890 :

> en terminant, Messieurs, nous sommes heureux de constater que le Personnel du Grand-Hôtel, dont chacun des Membres reçoit une part de nos profits, remplit ses fonctions avec un zèle qui cimente de plus en plus l'union parmi nous.[47]

Signe de certaines hésitations dans la reprise d'un établissement hôtelier du gabarit du Grand Hôtel, une question importante se pose aux administrateurs au moment où ils entrevoient une gestion à long terme. Dans un premier temps, deux administrateurs-délégués sont nommés de manière provisoire. Il s'agit de Hartog et Mercier[48]. Leurs compétences – Hartog est sans doute banquier –, leurs rôles réels ainsi que les décisions qu'ils ont dû prendre sont des énigmes. Il paraît acquis que ces deux hommes découvrent le Grand Hôtel en même temps que le métier d'hôtelier. Cependant, le rapport d'activité parle de leurs « efforts », synonymes de « relèvement des recettes du Grand Hôtel », sans plus de précision. Bien que cette gestion semble concluante, le conseil d'administration cherche à aller au-delà et s'interroge sur la manière optimale d'administrer l'entreprise. La figure du directeur d'hôtel est au centre du débat. Les créations du Grand Hôtel du Louvre, du Grand Hôtel puis du Continental coïncident avec l'apparition de cette nouvelle profession dans les hôtels parisiens. Avant l'apparition de l'industrie des grands hôtels, du fait de la taille des établissements, les rôles du propriétaire et du directeur sont totalement assimilés. Le directeur n'existe pas en tant que tel. Les compétences qui lui sont dévolues par la suite sont précédemment du ressort du patron de l'hôtel et autre maison meublée. Avec l'apparition des hôtels « monstres », sont désormais indiqués les noms des directeurs et non plus des propriétaires des hôtels dans les

47. AGO de la société du Grand Hôtel, 25 avril 1891.

48. AGO de la société fermière du Grand Hôtel, 29 avril 1882.

différents documents d'information ou publicitaires. C'est bien la confiance et la notoriété de ce personnage central qui agit sur la bonne marche et donc sur la réputation d'une entreprise. Le crédit accordé au sérieux du directeur d'hôtel devient un gage de succès commercial. De ce fait, il est étonnant de ne pas rencontrer cette nouvelle figure au Grand Hôtel aux débuts des années 1880. Ceci s'explique par le choix du conseil d'administration qui s'est fait après de nombreuses interrogations :

> une question s'est posée à vos Administrateurs : l'administration de l'hôtel, la conduite de l'Exploitation générale devaient-elles être confiées à un Directeur, employé toujours révocable ou à des Administrateurs auxquels le Conseil délèguerait une partie de ses pouvoirs ?[49]

Le conseil tranche finalement en faveur de la seconde option. Un argument fort l'explique : les administrateurs du Grand Hôtel ne paraissent pas faire confiance, face à l'ampleur des défis étant appelés à être relevés, en un homme seul, qui plus est, non-propriétaire ou non-actionnaire de la société. Bien que le conseil ne nie pas un sentiment de devoir chez un potentiel directeur, il ne juge pas qu'il puisse être suffisamment influent. Les dimensions du Grand Hôtel ne paraissent pas être un obstacle à la nomination d'un directeur ; c'est bien le fait que seuls des directeurs-propriétaires sont, à leurs yeux, suffisamment légitimes et responsables, en comparaison d'un simple chef, pour diriger en ces temps de réorganisation complète l'entreprise.

La combinaison aboutit à l'établissement de quatre délégations devant encadrer et diriger les différents services de l'hôtel. Chacune d'entre elles est placée sous la tutelle d'un membre du conseil d'administration. Ainsi, un département « personnel et travaux » est confié à Frédéric Aillery, un autre baptisé « location et publicité » est placé sous l'égide d'Édouard Dremel, un troisième intitulé « direction du restaurant et des caves » est dirigé par Alfred Langronne et enfin le service « comptabilité et contentieux » est placé sous la responsabilité d'Auguste Magnin[50]. Le Grand Hôtel possède finalement quatre directeurs, quatre administrateurs-délégués ayant chacun une tâche précise et distincte. Quelle est la légitimité de ces hommes à gouverner ces différents services ? Les attributions de Dremel et Magnin semblent évidentes tant elles correspondent aux aptitudes de tous deux. En ce qui concerne les deux autres administrateurs, nous sommes dépourvu de tout indice nous permettant de comprendre les raisons faisant qu'ils accèdent à ces directions. Néanmoins, l'attribution de la direction du personnel au colonel

49. AGO de la société fermière du Grand Hôtel, 29 avril 1882.
50. *Ibid.*

Aillery pour ses qualités d'ancien militaire est tout sauf anodine. Au vu de l'affectation de Langronne mais surtout du fait qu'il devient directeur – officiellement – du Grand Hôtel dans le milieu des années 1880, nous sommes en droit de penser qu'il est issu du sérail hôtelier ou de la restauration. Ainsi, les nouveaux administrateurs optent, dans un premier temps, pour une organisation très hiérarchisée, placée sous d'étroits contrôles, dont certains traits – importance de la fonction administrative et mise en place d'un état-major quasi militaire – font fortement penser à la théorisation rationnelle de l'organisation administrative des entreprises d'Henri Fayol[51].

Le fait que la figure d'un directeur réapparaisse vers 1885 montre que cette gouvernance extraordinaire est de courte durée. Du reste, elle est sans doute, dès son origine, instaurée pour l'application de mesures fortes et suivies, pour un rétablissement prompt et rigoureux. Ainsi, une fois le bateau remis à flot, la division quadripartite n'a plus lieu d'être. L'objectif affiché par l'installation de ce quatuor est la recherche de « toutes les combinaisons, toutes les mesures d'ordre et d'économie qui peuvent procurer une augmentation de recettes, une diminution de dépenses »[52]. Werbrouck se réjouit de cette décision : grâce à cette organisation, le Grand Hôtel a trouvé « un concours actif, efficace, continu, journalier »[53]. Le commissaire aux comptes salue lui aussi le dévouement d'Aillery et Langronne, qui semblent être les plus impliqués dans la direction de l'hôtel. Dremel, par exemple, bien qu'étant en charge d'un des quatre services, habite et dirige deux hôtels à Bruxelles, le Bellevue et l'hôtel de Flandre, l'empêchant d'être quotidiennement à Paris. Il est à cet égard étonnant de le retrouver vice-président du conseil à la fin des années 1880[54]. Ce titre n'est probablement qu'honorifique mais Werbrouck s'attache à utiliser la notoriété de Dremel, personnage très reconnu dans le métier – comme le montre la presse belge de l'époque : « Si la perfection est de ce monde, elle a certainement été atteinte dans la profession par M. Édouard Dremel »[55] –, pour louer la nouvelle crédibilité du Grand Hôtel. Édouard Dremel est celui qui est le plus mis en avant, pour profiter de sa réputation, se substituant d'un certain point de vue à un directeur plénipotentiaire que le Grand Hôtel ne possède pas.

---

51. Daviet J.-P., « Stratégie et structure chez Saint-Gobain : un modèle français dans les années 1930 ? », in *Entreprises et Histoire, stratégie industrielle, l'éternel retour ?*, n° 1, avril 1992, p. 54.
52. AGO de la société fermière du Grand Hôtel, 29 avril 1882.
53. *Ibid.*
54. AGO de la société du Grand Hôtel, 29 avril 1889.
55. *Journal de la Cuisine*, 14 avril 1898 in Jourdain V., *L'Hôtel Bellevue (1776-1905)...*, *op. cit.*, p. 117.

L'installation de cette hydre à quatre têtes constitue la réforme la plus marquante et sans doute celle qui a le plus d'effets. Elle est loin d'être unique. Redorer le blason du Grand Hôtel, tel semble être un autre point important. Il faut faire savoir que du changement intervient. Ainsi, la société fermière communique largement sur le bouleversement de direction qu'a connu l'entreprise. Son discours est légèrement ambigu car on parle sans cesse du Grand Hôtel « soigneusement réorganisé par la Société fermière du Grand-Hôtel »[56], sans préciser qui se cache derrière cette société fermière. Du fait que les hommes reprenant l'entreprise sont des inconnus du microcosme hôtelier parisien, il leur est impossible de se servir de cette réputation. Quoi qu'il en soit, la nouvelle direction essaie de reprendre à son compte cette utilisation commerciale de la réputation des exploitants d'un hôtel, puisque la rubrique du Grand Hôtel dans le *Bottin du Commerce* énonce à son début et à sa fin – soit à un intervalle de quelques lignes – que le Grand Hôtel est « repris et exploité par la société Fermière ». Durant toutes les années 1880 et en dépit de son ambivalence, la démarche est prolongée à toutes ses communications[57].

Communiquer sur la transformation que connaît l'hôtel est fondamental pour attirer à nouveau la confiance de la clientèle. Cependant, le message n'est efficace que dans la mesure où le changement est probant. Dans cette optique, renouveler l'ameublement et l'aménagement des appartements devient un point crucial. Un réel effort financier est réalisé : le nombre de chambres destinées aux voyageurs au cinquième étage est augmenté, des pièces sont aménagées dans la cage des anciens ascenseurs à bagages aux premier, deuxième et troisième étages. Il est également prévu une sérieuse réfection des salons de lecture, des dames et de musique. Un autre poste d'investissement important est consenti pour « l'annexe naturelle de l'hôtel »[58], c'est-à-dire le magasin des caves. De plus, une réelle chasse aux dépenses est ouverte pour améliorer l'exploitation de l'entreprise. Les nouveaux administrateurs cherchent à réaliser un maximum d'économies et amputent certains budgets qu'ils jugent trop élevés. La publicité est le premier poste faisant les frais de cette politique – ce qui peut paraître contradictoire. Sont également revus et corrigés les contrats d'entretien : le service de l'horlogerie disparaît grâce à une convention passée avec une « maison importante de Paris ». Une réduction est obtenue par la renégociation du partenariat avec la blanchisserie de Courcelles ; des

56. ADP, 2MI3 86 : *Bottin du Commerce*, 1884.

57. Par exemple in *Guide de Bruxelles et de ses environs, souvenir des hôtels de Belle Vue et de Flandre*, Bruxelles, Edouard Dremel, 1881, pages publicitaires.

58. AGO de la société fermière du Grand Hôtel, 29 avril 1882.

optimisations sont trouvées pour le service de stationnement des voitures dans la cour d'honneur de l'hôtel ou encore avec la Société générale d'électricité. Dans ces deux cas, ce ne sont pas les économies qui sont attendues mais bien un meilleur fonctionnement des différents services de l'hôtel.

Toutes ces réformes semblent porter très rapidement leur fruit : « à partir du 1er juillet mil huit cent quatre-vingt, le Grand Hôtel est sorti du marasme dans lequel il était tombé et [...] à une période de décroissance a succédé une période de vigoureux relèvement »[59]. Encore faut-il que cela se traduise par des résultats positifs.

Entre résultats prometteurs et volonté d'expansion

L'année 1881 vient donner raison aux repreneurs du Grand Hôtel. Alors que toutes les améliorations introduites ne sont guère opérationnelles, les recettes applicables au logement et au service sont en nette progression. Entre 1880 et 1881, le nombre total de voyageurs s'est accru de plus de 27 %, passant de 23 369 à 29 799[60]. Le changement est donc d'importance et met en relief les difficultés rencontrées par l'entreprise lors des années de transition puisque la moyenne annuelle des recettes du logement entre 1873 et 1880 – exception faite de 1878 – est de 1,70 MF contre 2,1 dès 1881, ce qui permet, par un jeu d'écriture comptable, de présenter un bilan légèrement positif. Toutefois, ce solde n'autorise pas la distribution de revenu aux actions ; ceci ne doit aucunement être la règle car Werbrouck précise bien que les actionnaires du Grand Hôtel espèrent rapidement toucher d'importants dividendes[61].

Plus difficilement quantifiable, la direction du Grand Hôtel se targue d'avoir su restaurer l'image de l'établissement. Ainsi en est-il si l'on s'en réfère aux dires de son président, notamment en ce qui concerne la branche restauration :

> la réputation des cuisines du Grand Hôtel, des deux tables d'hôte du déjeuner et du dîner concert n'est plus à faire. Le restaurant prend l'extension sur laquelle nous étions en droit de compter, les recettes deviennent plus importantes ; une clientèle très sérieuse qui depuis quelques années diminuait sensiblement commence à revenir au Grand Hôtel, c'est celle des Banquets, des Dîners de Corps, Noces et Bals.[62]

---

59. AG constitutive de la société fermière du Grand Hôtel, 31 mars 1881.
60. AGO de la société fermière du Grand Hôtel, 29 avril 1882.
61. AGO de la Banque parisienne, 12 octobre 1881.
62. AGO de la société fermière du Grand Hôtel, 29 avril 1882.

La lecture de la presse confirme ce retour en grâce même si les connivences précédemment soulignées peuvent laisser quelques doutes face à l'objectivité de certains témoignages[63]. Malgré tout, le rétablissement du Grand Hôtel semble spectaculaire. Peut-être n'était-il tout simplement pas descendu aussi bas que certains l'ont affirmé. Il reste une valeur sûre du paysage hôtelier parisien. Seul l'hôtel Continental constitue une concurrence solide, un établissement comparable au Grand Hôtel ; la plupart des hôtels créés dans la perspective de l'Exposition universelle de 1878 ne peuvent nuire par leurs installations et leurs dimensions au Grand Hôtel.

Exercice	Bénéfices (en F)	Pertes (en F)	Dividende (en F)	Nombre de voyageurs	Nombre de nuits
1880 (six mois)		246 036,74		23 369	
1881	2 835,11			29 799	
1882	311 278,60		30		
1883	201 033,90		20		
1884		104 881,40			
1885	246 394,93		15		
1886	453 932,70		30		
1887	532 933,08		40	33 549	196 594
1888	557 601,20		45	37 246	202 920
1889	1 512 717,01		80	37 312	267 785

Tab. 6. Résultats du Grand Hôtel, 1880-1889.

La décennie 1880-1890 confirme les premières tendances. À l'exception de l'accident 1884, dû essentiellement à une épidémie de choléra, les résultats du Grand Hôtel sont en croissance constante. Le point culminant correspond à l'Exposition universelle de 1889 grâce à un accroissement très important du nombre de nuitées vendues. Un client du Grand Hôtel reste en moyenne 5,5 jours en 1888 contre 7,2 en 1889. Les visiteurs de l'Exposition s'attardent donc pour une plus grande durée pendant ces manifestations mais ceci n'explique pas la croissance substantielle des bénéfices de l'exercice en question. Alors que le nombre de nuitées vendues s'accroît de 32 % entre 1888 et 1889, les bénéfices font un bond de plus de 170 %. Outre une amélioration de l'exploitation, cet essor laisse peut-être transparaître que, gagnés par

63. Voir par exemple : *Le Figaro*, 30 mai 1883.

l'euphorie ambiante, les clients profitent plus volontiers des plaisirs proposés par Paris, et par extension, par l'entreprise. De surcroît, l'hypothèse qu'une Exposition universelle attire une clientèle exceptionnelle, à la fortune plus élevée, n'est pas à écarter. Les dirigeants du Grand Hôtel soulignent que ce ne sont pas des augmentations de tarifs qui expliquent cette hausse puisqu'ils ont décidé, avant l'ouverture de l'Exposition universelle, d'appliquer, pendant toute sa durée, le tarif habituel du printemps, « en n'imposant à nos voyageurs aucune augmentation sur les dépenses de table », ce qui doit avoir pour effet de préparer « l'accroissement régulier de notre clientèle »[64]. Par ce biais, les dirigeants du Grand Hôtel cherchent à la fidéliser. En proposant des tarifs stables, ils espèrent que ceux étant venus à Paris pour l'Exposition, et pour la première fois au Grand Hôtel, le choisiront à nouveau comme lieu de résidence parisien. En définitive, les résultats pendant cette période sont bons et permettent de verser des dividendes rémunérateurs, comme l'avait pronostiqué la Banque parisienne.

Ce début d'euphorie offre de nouvelles liquidités et permet d'investir dans certains postes bien définis. L'un d'entre eux, les caves, est d'importance puisqu'il compte pour un quart de l'actif de l'entreprise en 1888. Surtout, il renforce son image de marque notamment auprès de la riche société parisienne. Ce réel poids n'est pas sans poser quelques problèmes puisque, s'agissant d'un actif vivant, il peut péricliter, pouvant, au vu des sommes engagées, mettre en péril la société. Après une inspection scrupuleuse et en définitive rassurante, les administrateurs du Grand Hôtel multiplient les initiatives dans le but d'accroître la valeur de leurs caves. Ne disposant pas de suffisamment d'espace boulevard des Capucines, ils louent un emplacement dans les entrepôts de Bercy. De plus, ils prennent en location un chai à Bordeaux, pouvant contenir 100 000 bouteilles. L'administration Werbrouck se lance aussi dans de véritables campagnes de communication. Ainsi en est-il avec l'opération « Clos Marathon ». Dès le début des années 1880, la direction du Grand Hôtel s'octroie le monopole de ce vin blanc sec grec. Aux dires des administrateurs, il est très apprécié de la clientèle de l'hôtel : « la vente se développe d'une façon remarquable, qui dépasse nos espérances premières »[65]. Le Clos Marathon obtient en 1888 la grande médaille d'honneur de l'exposition de Düsseldorf. De plus, le Grand Hôtel tente de valoriser ses caves sur le plan international, comme en atteste la présence d'un « pavillon de dégustation du même hôtel dans l'enceinte de l'Exposition Internationale de Bruxelles de 1888 »[66]. Dremel, qui fait partie de l'organisation de la manifestation,

64. AGOE de la société du Grand Hôtel, 28 avril 1890.

65. AG de la société du Grand Hôtel, 23 avril 1888.

66. Jourdain V., *L'Hôtel Bellevue (1776-1905)...*, *op. cit.*, p. 132.

y est à coup sûr pour quelque chose. De manière générale, l'acquisition de récoltes entières est monnaie courante : après les mauvaises années de 1882 à 1886 dues à la crise phylloxérique, les millésimes 1887, 1888, 1889 et 1890 sont redevenus bons, voire excellents, ce qui fait que les dirigeants du Grand Hôtel font entrer de grandes quantités de vin, notamment en provenance du Médoc. Leur stratégie réside dans le vieillissement des crus afin d'en tirer une plus-value non négligeable à la revente.

Les caves ne sont pas le seul investissement d'importance de la société. Moderniser, entretenir et améliorer constamment les installations et les services de l'hôtel font partie des préoccupations normales des administrateurs de la société. D'ailleurs, cette politique ressemble à s'y méprendre à une stratégie de gestion à long terme ; en effet, ces investissements

> sont un élément de sécurité pour l'avenir en même temps qu'une atténuation de dépenses au bénéfice des Exercices suivants. C'est en rendant de plus en plus confortable et somptueuse cette vaste et incomparable demeure du Grand-Hôtel que nous conserverons notre réputation et notre belle clientèle.[67]

Malgré ce beau discours, les investissements restent circonscrits à l'entretien du matériel d'exploitation que la société loue à la Rente foncière. Werbrouck cherche à ne pas faire supporter l'ensemble des rénovations lors du terme du bail, mais surtout à maintenir le Grand Hôtel dans un état de bonne tenue générale afin que l'entreprise continue sa progression. La fréquentation exceptionnelle de 1889 – le Grand Hôtel connaît un pic de fréquentation de 1 121 personnes à loger le même jour – et l'usure qui en découle font que, après l'événement, les dirigeants du Grand Hôtel doivent consentir à de plus larges efforts financiers pour garder l'immeuble et le matériel dans un état correct.

Comme pour 1878, l'Exposition universelle est l'occasion de doter le Grand Hôtel de nouveaux équipements et de lui octroyer une cure de jeunesse. En 1888, 40 nouvelles chambres sont aménagées au cinquième étage ; début 1889, des locaux, au même étage, naguère affectés au personnel, sont transformés en chambres, « très confortables » pour les voyageurs. Un ravalement des façades extérieures ainsi que des cours intérieures a rendu à l'immeuble « un magnifique aspect de propreté et d'élégance »[68]. De plus, toutes les serrures des chambres ont été changées dans le but de donner aux locataires une sécurité exemplaire. Après coup, le succès de l'événement

67. AGO de la société du Grand Hôtel, 25 avril 1891.

68. AGOE de la société du Grand Hôtel, 28 avril 1890.

permet d'entrevoir une plus rapide modernisation de l'établissement et de remettre à neuf, dès l'année suivante, une grande partie des appartements des premier et troisième étages et surtout d'accélérer un chantier en cours : l'installation de l'éclairage électrique. Dès 1887 – peut-être avant –, des provisions sur les bénéfices sont votées ; à partir de 1890, les finances dédiées à cette installation enflent considérablement : par exemple, en 1887, la provision s'élève à 35 000 F, elle est de 105 000 en 1890, pour un devis qui avoisine les 265 000 F[69]. Ces efforts aboutissent, puisqu'à partir du 1er septembre 1891, l'éclairage électrique est en action dans toutes les chambres et tous les salons de l'hôtel[70].

Une fois la société établie, le loyer payé, une clientèle assurée, une notoriété instituée à nouveau, l'exemple de la société du Grand Hôtel montre que les investissements sont loin, en comparaison des bénéfices, d'être colossaux et permettent une très forte rémunération du capital engagé : pour toute action de 500 F détenue en 1889, un dividende de 80 F est versé ; l'année précédente, malgré des bénéfices deux fois moins importants, un dividende de 45 F avait été concédé. Ce succès fait que les administrateurs du Grand Hôtel rêvent d'exporter leur jeune savoir-faire. Aussi, Edmond de Werbrouck sait que la raison d'être de sa société ne tient qu'à l'existence d'un bail lui assurant l'usage des lieux. Malgré la prospérité qui se dégage en cette fin des années 1880, il souligne que la situation de la société fermière – qui a rapidement supprimé ce qualificatif – paraît contradictoirement précaire. Selon lui, elle ne peut pas réaliser de projets à long terme, ne peut investir dans l'hôtel tout en sachant que ces investissements peuvent être perdus en 1910, date d'échéance du bail. Alors qu'il reste vingt années de bail à courir, nous sommes en droit d'atténuer cette prise de position qui a sans doute pour objectif de convaincre les actionnaires de l'entreprise de le suivre vers son nouveau projet. Faisant prévaloir l'article 4 de ses statuts – le droit d'exploiter tout établissement similaire par voie d'association, de fusion ou d'adjudication –, la société entrevoit de s'expatrier[71]. À partir de 1889, les résultats de l'Exposition donnent sans doute confiance aux collaborateurs de Werbrouck pour que des pourparlers – avec qui ? – soient engagés. Après de nombreuses études, les administrateurs de l'entreprise décident d'exploiter un nouvel établissement en dehors de la ville-capitale française. Ils jettent leur dévolu sur trois projets : l'exploitation d'un hôtel à Londres, à Alger et au Caire. Pour convaincre ses actionnaires, Werbrouck rapporte que, malgré le succès de la reprise du Grand Hôtel, l'entreprise est en danger et qu'il serait dommageable de la voir liquidée, perdant ainsi « une compétence

---

69. AGO de la société du Grand Hôtel, 25 avril 1891.
70. AGO de la société du Grand Hôtel, 9 avril 1892.
71. AGE de la société du Grand Hôtel, 28 avril 1890.

reconnue, son personnel [...] et des hommes capables, expérimentés, aptes à la [la société] servir aussi bien au loin qu'à Paris »[72]. En plus de s'appuyer sur l'expérience acquise au Grand Hôtel, Werbrouck soutient sa démonstration en utilisant les progrès de la civilisation matérielle, engendrant eux-mêmes un développement du tourisme et donc de l'activité hôtelière :

> l'augmentation de la richesse, les facilités de communication qu'ont enfantées les travaux publics et les progrès de la science, les chemins de fer, le télégraphe, les bateaux à vapeur, les tendances de déplacements selon les saisons et les climats provoquées d'ailleurs par les prescriptions médicales, développent d'année en année le nombre des touristes, et le nombre des habitants des hôtels où l'on peut trouver réunis le bien-être et le confortable à des prix modérés.[73]

Les villes, sur lesquelles s'est porté l'intérêt de Werbrouck, sont, d'après lui, des destinations voyant leur flux touristique s'accroître. Il avance également que les villes retenues sont des cités où l'industrie hôtelière souffre de lacunes ; nul doute que ce propos ne se rapporte pas à la capitale anglaise. Au total, le président du Grand Hôtel, avec toute son expérience bancaire, se rend compte que les rendements dans l'industrie des hôtels et des cafés sont supérieurs à ceux de la plupart des affaires commerciales et industrielles.

C'est sur l'ensemble de ces considérations qu'il présente à ses actionnaires le projet d'édifier de nouvelles sociétés, dont une partie du capital doit être souscrite par la société du Grand Hôtel et l'autre par des capitalistes locaux. Bien que le conseil d'administration obtienne l'appui de la majorité de ses actionnaires, le projet multiple n'aboutit jamais[74]. Il semble que le temps ait manqué puisque, quelques mois plus tard, la société du Grand Hôtel connaît d'importants bouleversements, tant au niveau de sa direction que de son actionnariat. Le projet d'expansion arrive de manière trop tardive.

Le dessaisissement de la Banque parisienne

Lorsque la Banque parisienne fonde la société fermière du Grand Hôtel, elle le présente comme un investissement sûr. En fait, en participant massivement – rappelons qu'à l'origine elle possède ⅞ des actions – à la création de la société, la Banque parisienne répond aux opérations normales d'une banque d'affaires de l'époque. Ainsi, elle s'engage sur un placement à moyen terme

72. *Ibid.*
73. *Ibid.*
74. AGO de la société du Grand Hôtel, 25 avril 1891.

afin de le réaliser plus tard, comptant sur une coquette plus-value. Tout l'art du banquier est de « "flairer la bonne affaire", c'est-à-dire parier sur l'essor d'une société, acquérir ses titres dans l'espoir d'un placement ultérieur fortement rémunérateur »[75]. La Banque parisienne franchit même un cap dans la mesure où elle est à l'origine de la création de la société. Néanmoins, les espérances de la Banque parisienne vont au-delà. Les actions du Grand Hôtel représentent des valeurs refuges de son portefeuille, allant même jusqu'à devenir une récompense pour ses clients, dans le cas où celle-ci est amenée à se dessaisir d'une partie de ses titres[76]. À travers son principal organe de presse, la Banque parisienne essaie aussi d'attirer l'attention du marché sur ses nouvelles actions, tout en sachant qu'elle n'est pas prête de les réaliser :

> Si le Grand-Hôtel est connu du public, parisien et des visiteurs étrangers pour son confortable et sa situation exceptionnelle, par contre, les actions de la Société fermière qui exploite l'hôtel sont assez ignorées des capitalistes. Il ne faudrait pas en conclure que le titre, pour être inconnu, soit moins productif. Mais les actions sont jusqu'ici entre les mains de quelques privilégiés, et nous ne pensons pas qu'elles doivent avant longtemps, en présence des progrès certains de l'exploitation, être mises en circulation dans le public.[77]

Les bons résultats du Grand Hôtel et la forte rémunération qu'ils permettent doivent susciter l'intérêt des investisseurs. De plus, le ralentissement général des affaires des années 1882-1883 ne touche apparemment pas le Grand Hôtel, confirmant un peu plus les bonnes dispositions dans lesquelles il se trouve. Ce n'est pas le cas de l'ensemble des activités de la banque. Malgré ces temps laborieux, les bonnes nouvelles arrivent toujours du côté de la place de l'Opéra, justifiant un peu plus la stratégie de placement de la banque ; le Grand Hôtel se porte toujours aussi bien, au grand ravissement d'Edmond de Werbrouck :

> nous tenons à vous dire de la société fermière du Grand Hôtel tout le bien que nous en pensons. C'est une affaire dont l'avenir paraît assuré. Elle a procuré, pendant ces premières années, une rémunération de 10 % en moyenne aux capitaux que nous y avons engagés [...], nous restons autorisés à croire que, soit par l'encaissement des dividendes élevés, soit par la plus-value des actions, la Banque parisienne aura lieu de se féliciter de sa part dans cette affaire.[78]

75. Bonin H., *La banque de l'Union parisienne...*, *op. cit.*, p. 12.
76. AGO de la Banque parisienne, 27 octobre 1883.
77. *Le Capitaliste*, 11 avril 1883.
78. AGE de la Banque parisienne, 30 octobre 1884.

Cette bonne tendance permet d'entrevoir deux types de stratégie : soit la Banque parisienne garde un maximum de temps les actions du Grand Hôtel afin de s'assurer encore des revenus élevés – surtout au moment où se profile l'Exposition universelle – soit elle les réalise, à la cote officielle, empochant une plus-value importante. Par exemple, en 1889, le cours moyen d'une action de 500 F est de 939,67 F[79]. D'ailleurs, l'importance de l'investissement de la Banque parisienne dans le Grand Hôtel marque tous les espoirs que fonde cette dernière dans l'entreprise. De ce point de vue, elle n'est pas déçue.

Date	Nombre de titres Grand Hôtel possédés	Montant représenté par les titres Grand Hôtel (% du portefeuille)	Montant total du portefeuille	Revenu des titres Grand Hôtel (% du revenu total)	Revenu total du portefeuille
30 juin 1883	7 097	1 774 250 (11,5 %)	15 373 983,25	202 974,20 (17,6 %)	1 151 500,13
30 juin 1884	7 027	1 756 750 (23,9 %)	7 340 164,80	131 896,79 (27,5 %)	479 933,25
30 juin 1886	7 160	1 790 000 (21 %)	8 520 750,65		
30 juin 1887	7 137	1 784 250 (10,3 %)	17 366 188,90		
30 juin 1888	4 193	1 048 250 (8,74 %)	11 992 223,80		
30 juin 1889	2 591	1 295 500 (9,8 %)	13 191 092,50		
30 juin 1890	2 546	1 273 000 (9 %)	14 117 489,70		

Tab. 7. Les actions Grand Hôtel dans le portefeuille de la Banque parisienne.

L'importance des actions Grand Hôtel dans le portefeuille de la Banque parisienne est réelle. En 1883, elles représentent 17,62 % du revenu de son portefeuille alors que leur poids global n'est que de 11,54 %. Cette dimension est croissante ; en 1884, au moment où le montant du portefeuille de la Banque parisienne s'est réduit de moitié du fait du krach, les actions Grand Hôtel assurent 27,48 % de son revenu total. Par la suite, entre 1886 et 1890, alors que la banque reconstitue son portefeuille, le poids économique des

79. AHCA, DEEF 29 193 : cours des actions du Grand Hôtel, septembre 1887-août 1895.

actions du Grand Hôtel en représente environ 11 %. Ces dernières ne sont pas l'investissement le plus lourd de la jeune banque ; il s'agit plutôt des actions des Chemins de fer de l'est de l'Espagne dont le montant figure à hauteur de plus de 3,70 MF[80]. À partir de 1888, la Banque parisienne commence à se dessaisir de ses parts du Grand Hôtel, sans doute pour disposer de liquidités afin d'investir dans d'autres affaires. Des plus-values sont au rendez-vous. Par contre, la cession complète des titres Grand Hôtel se fait lorsque la banque rencontre à nouveau d'importantes difficultés. Lors du dernier exercice présidé par Werbrouck, les suspensions de paiement dont souffre la banque, les mécomptes de la Compagnie des Chemins de fer de l'est de l'Espagne, la non-entrée d'avances faites à cette dernière, de mauvais placements en tout genre font qu'elle n'a plus guère le choix[81]. La vente des actions Grand Hôtel doit servir, dans une certaine mesure, au rétablissement rapide de la banque[82]. À cette date, l'ensemble de son conseil d'administration – à l'exception de Barbet – est renouvelé et Werbrouck perd à la fois le contrôle de sa banque mais aussi celui de sa société hôtelière. Banque parisienne et Grand Hôtel avaient donc leur destin intimement lié, même si, à partir de 1890, leurs relations s'estompent. La séparation paraît totalement consommée à partir de cet instant ; par exemple, lorsque le Grand Hôtel souhaite émettre des obligations afin de lever l'option d'achat du mobilier, il se tourne vers le Crédit lyonnais, ce qui étonne ce dernier :

> je leur ai manifesté mon étonnement de ne pas les voir s'adresser à la Banque parisienne pour cette émission, M. Reusens [nouveau président du conseil d'administration du Grand Hôtel] ne veut pas de cet intermédiaire.[83]

La vente des actions Grand Hôtel par la Banque parisienne sonne le glas de l'administration Werbrouck. Hartog et Dremel arrivent démissionnaires à l'assemblée générale de 1892. Le fondateur de la Banque parisienne reste au conseil pour une seule année, en tant que simple administrateur[84]. Seul Langronne demeure au nouveau conseil. Sa qualité d'administrateur-directeur l'explique à n'en pas douter ; néanmoins, il voit son rôle considérablement diminué puisqu'il n'est plus qu'administrateur dès 1891. Il ne quitte cette

---

80. AGO de la Banque parisienne, 27 octobre 1888.
81. AGOE de la Banque parisienne, 29 octobre 1890.
82. AG de la Banque parisienne, 12 septembre 1891.
83. AHCA, DEEF 29 193 : visite d'un conseiller du Crédit lyonnais à la société du Grand Hôtel, 23 septembre 1895.
84. AG de la société du Grand Hôtel, 25 avril 1891.

fonction qu'au moment où cette nouvelle direction se voit, elle aussi, poussée vers la sortie, à la fin des années 1890. Ainsi, à partir de 1892, le Grand Hôtel possède un nouvel état-major. Celui-ci se compose du comte Reusens qui assure la présidence, du baron Amédée de Caters, au poste de vice-président, de Philippe Weiss, qui devient administrateur-directeur et secrétaire du conseil, de Jean della Faille de Léverghem, lui-même administrateur-délégué, et enfin d'Alfred Langronne[85]. Cette direction est relativement stable durant toute la décennie précédant le changement de siècle. Elle ne subit que quelques entrées et sorties, qui plus est discrètes. Du fait que nous ne possédons ni liste de souscriptions des actions du Grand Hôtel ni l'inventaire des actions représentées lors des assemblées générales, il est impossible de cerner qui achète les actions mises sur le marché par la Banque parisienne. Devant ces lacunes, comprendre pourquoi ces quatre hommes investissent de leur temps, et sans doute de leur argent, s'avère être plus que délicat.

Bien qu'un doute persiste, le comte Reusens serait l'un des trois fils de Pierre-Auguste Reusens (1811-1879), créateur d'une société de commerce en nom collectif en Belgique « disposant d'une assise financière assez large »[86]. Nous pouvons supposer qu'au décès de son père, il dispose de fonds substantiels qu'il investit dans différentes affaires, le Grand Hôtel étant sa dernière d'importance. Le parcours du baron – titre qu'il obtient en 1884 – Amédée de Caters (1839-1899) est plus facile à établir. Anversois, originaire d'une famille qui bâtit sa fortune grâce à la maison de banque de Wolf, il reprend lui-même la direction de la banque avec son frère, jusqu'en 1893[87]. Durant sa carrière, il est fait chevalier de l'ordre de Léopold, occupe la fonction d'administrateur de la Compagnie universelle du canal de Suez, de président du tribunal de commerce d'Anvers et d'administrateur de la Banque parisienne[88]. En 1888, il est déjà appelé au conseil d'administration du Grand Hôtel mais il en démissionne, sans explication, deux années plus tard. Au vu de la personnalité de ces deux hommes mais aussi du contexte entourant la Banque parisienne, nous pouvons présumer que Reusens et Caters sont proches des activités de la banque ou tout du moins du monde des affaires franco-belges. Ainsi, au moment où la Société générale de Belgique entre massivement dans le capital de la Banque parisienne, ils sont forcément au courant des actifs de cette dernière – le baron de Caters en est toujours administrateur – et, de ce fait, ils saisissent l'opportunité d'un bon investissement. Par contre, il semble acquis qu'ils ne possèdent aucune

85. AG de la société du Grand Hôtel, 24 avril 1893.

86. Kurgan-Van Hentenryk G., Jaumain S., Montens V. (dir.), *Dictionnaire des patrons en Belgique…*, *op. cit.*, p. 526.

87. *Ibid.*, p. 155.

88. AG de la société du Grand Hôtel, 23 avril 1888.

expérience de la grande hôtellerie. Ce sentiment est renforcé par le témoignage d'un ancien administrateur de la société – que nous pensons être Philippe Weiss – défendant le bilan de l'administration du comte Reusens, alors qu'il se trouve déchu de sa fonction et désormais dans le camp des actionnaires minoritaires : « la société du Grand Hôtel [...] était représentée par des hommes qui n'avaient pas l'expérience et peut-être toute la compétence voulue au début »[89]. Justement, malgré l'importance qu'il prend au sein du conseil de la société du Grand Hôtel, l'expérience hôtelière de Weiss paraît lacunaire. Issu du monde de la finance, ancien associé de la maison Buxtorf-Koechlin Weiss & Cie (Comptoir d'escompte de l'Aube), il est un temps pressenti pour devenir administrateur de la Banque parisienne[90]. Néanmoins, l'entrée de fonds belges dans le capital de celle-ci annihile sa nomination. Au total, et malgré des informations parcellaires, les quatre entrants au conseil d'administration du Grand Hôtel présentent des profils similaires à leurs prédécesseurs. Proches du secteur bancaire, pour certains même acteurs, ils entrevoient avec le Grand Hôtel un placement financier avantageux, un investissement sûr et prometteur.

Malgré ces changements d'importance, la gestion du Grand Hôtel suit une certaine continuité : rémunération élevée du capital, maintien dans les grandes lignes de l'état de l'hôtel, volonté de pérennisation de la société.

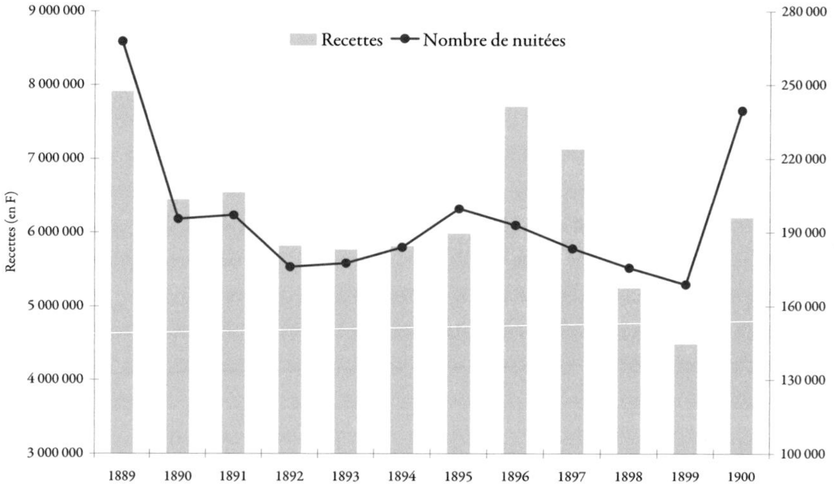

Graph. 8. Recettes et nuitées, 1889-1900.

89. ADP, V12S3 : AGH, procès-verbal de l'AGO de la société du Grand Hôtel, 30 avril 1898.

90. AGOE de la Banque parisienne, 29 octobre 1890.

Néanmoins, ce programme doit faire face à la conjoncture des années 1890 et, de ce fait, la société du Grand Hôtel peine à maintenir le cap. Ainsi, les différents résultats de l'entreprise souffrent d'une réelle inertie.

De 1891 à 1898, les résultats du Grand Hôtel stagnent. Le nombre de nuitées réalisées annuellement demeure aux alentours des 180 000 ; celui des voyageurs oscille entre 34 398 pour le minimum (1893) et 37 205 pour son maximum (1895). Même si une hausse des recettes est perceptible en 1896 et 1897, cela ne s'explique pas par l'activité de l'hôtel. En effet, en juillet 1894, ses dirigeants, après, selon leurs dires, d'âpres négociations, reprennent l'exploitation du Café de la Paix[91]. Précédemment, il était géré par Gabriel Lévy, à n'en pas douter, le successeur de Céleste Thouvenin. Les administrateurs du Grand Hôtel réussissent ainsi à faire prévaloir plus tôt – l'échéance du bail entre la Rente foncière et l'exploitant du Café de la Paix était fixée en 1898 – leur droit de préférence. Toutefois, cette reprise est de courte durée puisqu'ils répondent favorablement aux diverses sollicitations qu'ils ont *a priori* reçues pour reprendre l'exploitation du Café de la Paix. Cette tactique était sans doute planifiée, l'opération consistant simplement à toucher une jolie plus-value entre le montant de la reprise et celui de la cessation. En septembre 1897, ils concluent un contrat avec Arthur Millon (1852-1913), « propriétaire du restaurant Ledoyen, dont la personnalité bien connue dans cette industrie nous présentait toute garantie »[92], stipulant la reprise de la cave, un loyer annuel à hauteur de 242 000 F, l'achat d'un fonds de commerce de 650 000 F, du matériel et mobilier du Café de la Paix pour 150 000 F ainsi qu'une redevance de 6 % des recettes brutes[93].

Durant la décennie 1890, différents facteurs expliquent la non évolution des résultats du Grand Hôtel. Les dirigeants de l'entreprise n'ont pu que « constater la fragilité endémique de ce secteur économique »[94]. La crise commence réellement à toucher l'industrie hôtelière. De plus, le retour du choléra et des épidémies, les « exploits des dynamiteurs »[95] anarchistes, le développement de la concurrence, de grands événements internationaux comme l'Exposition universelle de Chicago de 1893, des conditions climatiques défavorables – par exemple, fortes chaleurs en 1893 – entraînent un éloignement des touristes de Paris, et plus particulièrement du Grand Hôtel. Au total, son chiffre d'affaires se fige de manière dangereuse. Néanmoins, face à cette situation, et afin de garantir toujours des bénéfices importants et

91. AGO de la société du Grand Hôtel, 25 avril 1895.

92. AGO de la société du Grand Hôtel, 30 avril 1898.

93. *Ibid.*

94. Tissot L., « Le Beau-Rivage Palace… », *op. cit.*, p. 65.

95. AGO de la société du Grand Hôtel, 24 avril 1893.

des dividendes juteux, la nouvelle direction opte pour une baisse des dépenses de tout ordre : « heureusement cette diminution a été compensée dans une large mesure, par les économies réalisées uniquement sur les frais d'installation, car rien n'a été négligé ni pour l'entretien, ni pour l'embellissement de l'Hôtel »[96]. De quelle nature relèvent ces économies ? Nous ne le savons pas avec précision mais il reste évident, au regard du taux de rétribution des actions et de la stagnation des recettes d'exploitation, que les administrateurs du Grand Hôtel, entre 1890 et 1898, sont en quête de profits en tout genre, et vivent, de manière démesurée, « sur la bête ». Comment expliquer un taux de rétribution du capital de 28 % en 1896 alors que, sans tenir compte du Café de la Paix, dont l'amortissement de la prise de gérance est échelonné à long terme, le nombre de nuitées vendues est inférieur à celui de l'exercice précédent[97] ? Il semble bien que les dirigeants de l'entreprise tirent au maximum le meilleur parti des actions et de l'enseigne Grand Hôtel.

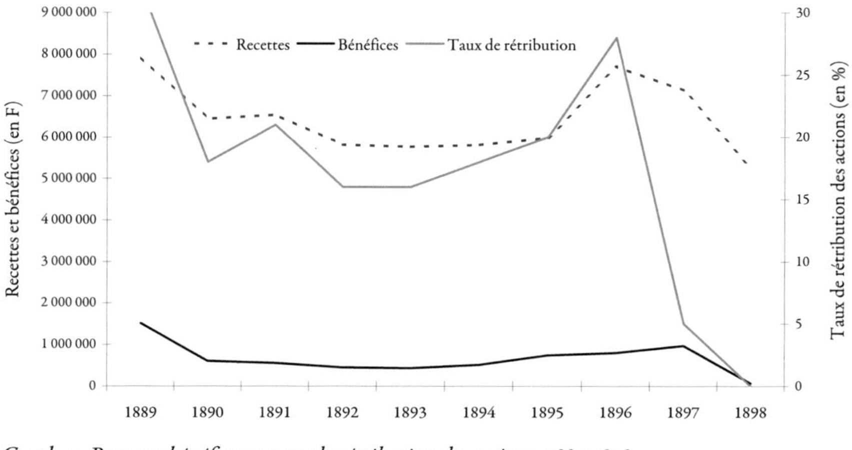

Graph. 9. Recettes, bénéfices et taux de rétribution des actions, 1889-1898.

L'entreprise pâtit de cette politique. À partir de 1898, exercice transitoire tant il voit un changement complet au sein de sa direction, le taux de rémunération des actions devient nul car il faut procéder à de nombreuses dépenses pour redonner du lustre à l'hôtel. La politique des forts bénéfices et dividendes avait fait un perdant : le Grand Hôtel. Ainsi, dès la prise de fonction de la

96. *Ibid.*

97. À chaque reprise, nous parlons des taux complets, c'est-à-dire tenant compte de l'obligation statutaire de 5 % additionnée de la décision du conseil d'administration d'allouer, ou non, un complément au dividende.

nouvelle administration, l'homme représentant le nouveau groupe d'actionnaires majoritaires, Numa Salzédo, répond de manière forte à un actionnaire louant l'action de Reusens et n'hésite pas à accuser publiquement les anciens administrateurs face à leur volonté de faire à tout prix de l'argent sur le dos de l'entreprise et, de ce fait, d'avoir négligé ses installations et d'avoir ainsi mis en péril sa notoriété et sa survie :

> j'avais eu l'occasion de faire quelques observations, et c'était bien mon droit, sur l'entretien de l'immeuble qui ne me paraissait pas tout à fait satisfaisant et j'avais formulé très courtoisement des reproches à l'ancienne administration qui avait un peu sacrifié la propreté de l'immeuble aux dividendes des actionnaires.[98]

Ceci a le mérite d'être clair et confirme un peu plus les impressions laissées par les différents résultats de l'entreprise. Lors de l'assemblée d'avril 1898, que l'on peut supposer houleuse, des voix s'élèvent, appuyant le jugement de Salzédo. Le nouveau président du Grand Hôtel, Albert Ellissen (1838-1923), qui est parallèlement celui de la Rente foncière, note qu'il est urgent d'améliorer le Grand Hôtel à tout point de vue. Un actionnaire, resté anonyme, souligne que « la propreté fait défaut depuis longtemps »[99] ; un autre prend la parole pour corroborer ce propos en ajoutant que la mauvaise image du Grand Hôtel est de notoriété publique. Nul doute que ces prises de parole émanent du groupe d'actionnaires nouvellement majoritaire.

L'instigateur du changement est ainsi un homme bien connu du monde industriel français. Fils d'un « banquier de premier plan à Francfort [ayant] quitté la Rhénanie après les violences antisémites de 1848 »[100], Albert Ellissen, centralien, ingénieur chimiste, intègre la Compagnie du gaz de Paris en 1861. Bien que « réputé brillant technicien »[101], il est révoqué de cette dernière à l'automne 1870. Loin de se laisser abattre, Ellissen se manifeste par la création de nombreuses sociétés gazières, comme en témoigne par exemple la fondation de la Compagnie générale pour le gaz en France et à l'étranger, en décembre 1879[102]. Dans le même temps, son frère Alexandre reprend les rênes de la banque paternelle. Après 1880, sentant que le gaz en matière d'éclairage commence un long déclin, Albert Ellissen et son frère placent « leurs pions dans

98. ADP, V12S3 : AGH, procès-verbal de l'AGO de la société du Grand Hôtel, 30 avril 1898.

99. *Ibid.*

100. Chadeau E., *L'économie du risque…*, *op. cit.*, p. 249.

101. Williot J.-P., *Naissance d'un service public…*, *op. cit.*, p. 298.

102. BnF, 4-WZ-842 : Compagnie générale du Gaz pour la France et l'étranger, statuts 1879.

l'industrie naissante du matériel d'éclairage. [...] Ils avaient acquis les brevets des lampes et des génératrices Edison. »[103] Après le gaz, l'électricité mais aussi le téléphone, Albert Ellissen se tourne vers de nouveaux horizons à travers une nouvelle société industrielle qu'il crée en décembre 1896, la Compagnie générale pour l'industrie en France et à l'étranger[104].

Le renversement de l'actionnariat du Grand Hôtel débute l'année suivante. L'entrée au conseil d'administration de la société hôtelière de Numa Salzédo – sans doute un proche d'Ellissen – amorce le changement[105]. En avril 1898, quatre administrateurs sont élus : Albert Ellissen, en lieu et place du comte Reusens, démissionnaire, Jean-Jacques Schuster-Burckhardt, Pierre Bailleux de Marisy et Oscar Hauser (?-1935)[106]. Les trois premiers sont des administrateurs de la Rente foncière, ce qui inquiète fortement l'ancien actionnariat :

> le comte Reusens avait présidé cette société pendant de longues années et il a emporté toutes nos sympathies, mais également la représentation peut-être d'un système. [...] Je suis entré dans la société quand les actions étaient de 750 francs ou 800 francs [...] et quand M. le comte Reusens nous a quitté ces actions étaient de 2 000 francs. [...] Pourquoi cette société qui a si bien marché depuis dix ans, qui a fait des progrès constants sous la surveillance et la conduite de ses administrateurs voit-elle son conseil d'administration augmenter de trois membres ? [...] Alors je me demande si notre société [...] n'aboutit pas justement aujourd'hui au résultat que nous voulions éviter, sans nous en rendre compte, résultat que je considérerais comme fâcheux, je le dis très sincèrement et très carrément, car la société du Grand Hôtel, dans laquelle nous sommes entrés comme des pères de famille, pour avoir uniquement un petit dividende rémunérateur et pas le moins du monde comme des boursiers, deviendrait alors une société de spéculation.[107]

La différence du prix d'achat et de revente des actions ainsi que les dividendes perçus entre 1880 et 1897 suffisent à montrer que la société du Grand Hôtel n'est plus un investissement « de bon père de famille » mais plutôt de capitalistes, avides de forts dividendes. Numa Salzédo récuse l'accusation de subordination de la société du Grand Hôtel face à la Rente foncière en montrant que le rapprochement entre les deux sociétés ne peut être que bénéfique.

---

103. Chadeau E., *L'économie du risque...*, *op. cit.*, p. 251-252.
104. AN, ET/LIX/909 : AGE, 26 septembre 1896.
105. AGOE de la société du Grand Hôtel, 8 avril 1897.
106. AGO de la société du Grand Hôtel, 30 avril 1898.
107. ADP, V12S3 : AGH, procès-verbal de l'AGO de la société du Grand Hôtel, 30 avril 1898.

Par contre, ce n'est pas la Rente foncière qui orchestre le changement d'état-major du Grand Hôtel mais bien certains de ses administrateurs, qui semblent être, au passage, les membres les plus en vue de la compagnie immobilière[108]. L'état du portefeuille de la Rente foncière, pendant cette période transitoire autant de sa propre histoire que de celle du Grand Hôtel, indique qu'elle n'est pas entrée dans le capital de la société d'exploitation au point de pouvoir inverser le rapport de force. C'est en réalité la Compagnie générale pour l'industrie en France et à l'étranger qui prend le contrôle du Grand Hôtel. Un indice signale que cette dernière devient son actionnaire majoritaire au tournant des deux siècles : « Quant à M. Reuben Gubbay, il avait été élu en 1899 comme représentant la Compagnie Générale pour l'Industrie en France et à l'Étranger, qui était alors le plus gros actionnaire de la société du Grand Hôtel »[109].

La société fondée par Ellissen en juin 1896, société anonyme au capital de 12 MF divisé en 24 000 actions de 500 F, dispose de prérogatives assez larges puisqu'elle a pour objet, entre autres, toutes affaires industrielles de quelque nature qu'elles soient, en France, en Russie, et dans tous autres pays[110]. Lors de la souscription originelle, l'actionnariat principal, composé au total de 110 porteurs, rassemble de nombreuses banques et sociétés d'origine suisse, allemande ou russe. Les cinq plus gros actionnaires de la compagnie industrielle sont Albert Ellissen en personne (détenteur de 1 180 actions), la veuve de son frère Alexandre (1 000 actions), le baron Albert Oppenheim, banquier à Cologne (1 500 actions), l'Union des banques de Bâle et Zurich (1 500 actions) et l'Union d'entreprises d'électricité, société ayant son siège à Berlin (*Union Electricitätsgesellschaft*) pour 1 950 actions[111]. De nombreux particuliers, qu'ils soient français, suisses, russes ou allemands – avec une préférence pour les banquiers – complètent le tableau. Les activités de la nouvelle société se portent dès l'origine vers le Grand Hôtel et la Rente foncière ce qui fait qu'elle s'impose au sein des deux conseils d'administration. D'ailleurs, les nouvelles têtes qui arrivent au Grand Hôtel sont pratiquement toutes des administrateurs de la Compagnie générale pour l'industrie en France et à l'étranger. Suivant cette

108. La Rente foncière connaît à la même époque un bouleversement au sein de sa direction. Dans le milieu des années 1890, une nouvelle administration se met en place, présidée par Albert Ellissen. Peu de temps plus tard, en 1900, il démissionne, officiellement pour incompatibilité de fonctions. Dans son sillage, le conseil est complètement renouvelé avec l'entrée de huit – sur onze – nouveaux administrateurs.

109. ADP, V12S3 : AGH, procès-verbal de l'AGO des actionnaires de la société du Grand Hôtel, 24 avril 1909.

110. BnF : 4-WZ-1864 : statuts de la Compagnie industrielle pour la France et l'étranger, juin 1896.

111. AN, ET/LIX/909 : première assemblée constitutive de la Compagnie générale pour l'Industrie en France et à l'étranger, 23 juin 1896.

logique, entamée dès 1898, sont appelés au conseil du Grand Hôtel Abbeg-Arter, Bory d'Arnex, Reuben Gubbay puis Henry Wiener (1853-1922), même s'ils n'y restent pas, pour la plupart, longtemps[112]. En 1899, Weiss, Langronne et della Faille démissionnent pour des divergences de vue. Langronne, notamment, s'insurge contre le programme de dépenses envisagé par les nouveaux administrateurs, qu'il juge excessivement élevé. Il craint peut-être que l'investissement Grand Hôtel devienne moins profitable car il semble clair que la société fut, pendant les administrations Werbrouck et Reusens, largement lucrative. Pourtant, de l'aveu même d'Edmond de Werbrouck puis du comte Reusens, les actionnaires du Grand Hôtel se sont toujours interdits de tirer le meilleur profit de ses bénéfices ; voici par exemple ce qu'énonce Werbrouck aux actionnaires de la Banque parisienne en 1887 :

> Le solde bénéficiaire de l'exercice clos le 31 décembre 1886 aurait permis la répartition d'un dividende de 45 francs par action ; mais les actionnaires se sont contentés, par extrême sagesse, d'un dividende de 30 francs, en reportant à nouveau au compte de Profit et Pertes le surplus des profits.[113]

En 1889, alors que le taux de rétribution des actions est fixé au record de 32 %, le constat est identique :

> il eût été possible, Messieurs, de fixer le dividende des actions pour 1889 à près de 140 francs par titre. Les principaux Actionnaires consultés ont été d'avis comme nous, qu'il fallait, dans une année aussi exceptionnellement favorisée, laisser une partie du profit en caisse pour la consolidation de notre prospérité.[114]

Les bénéfices importants enregistrés grâce à l'Exposition universelle autorisent ce record ; toutefois, cette légitimité disparaît en 1896, lorsque la très haute rétribution accordée aux actions est simplement motivée par l'incorporation, au chiffre d'affaires, des résultats du Café de la Paix. La constance des bénéfices et des taux de rétribution du capital engagé s'expliquent par le fait que, pendant cette dernière décennie, aucune dépense n'est réalisée au titre « Travaux et entretien ». Avec l'arrivée de la nouvelle administration, une chose est sûre : la politique des gros dividendes est terminée, au grand dam de certains actionnaires devenus minoritaires. Le Grand Hôtel est entré dans une nouvelle ère.

112. AGO de la société du Grand Hôtel, 27 avril 1899 et 28 avril 1900.

113. AGOE de la Banque parisienne, 25 octobre 1887.

114. AGOE de la société du Grand Hôtel, 28 avril 1890.

CHAPITRE IV

Un « grand hôtel » à l'orée du XXe siècle

Comment fonctionne un hôtel des dimensions du Grand Hôtel aux alentours de 1900 ? Telle est la question à laquelle nous allons tenter de répondre. Cette approche pose, comme bien d'autres, de nombreux problèmes dus à la fragmentation des sources. Cela est d'autant plus vrai lorsqu'on aborde les questions relatives au quotidien des entreprises, à la notion de travail qui, par nature, laisse moins de trace que les décisions du conseil d'administration. Un chef de service aura nécessairement moins consigné ces directives que l'état-major de la société. Le recours aux sources indirectes est donc obligatoire, même si elles ne permettent pas, et nous ne pouvons que le regretter, de dresser avec exhaustivité des pans complets de l'histoire du Grand Hôtel. Tout de même, en partant des sources primaires telles que ses archives ou celles de la préfecture de police de Paris et en les recoupant avec divers autres fonds, articles de presse et autres traités relatifs à l'hôtellerie, il est possible de donner une vision d'ensemble du fonctionnement général d'un grand hôtel parisien au tournant des XIXe et XXe siècles.

Sources de revenu

La difficile étude de la clientèle

L'étude de la clientèle de l'entreprise s'avère être une tâche compliquée. Le Grand Hôtel n'a conservé aucun registre d'entrée et sortie de ses clients. De plus, le nombre restreint de factures ayant résisté au temps fournit quelques éléments intéressants, même s'il est impossible de mesurer leur degré de représentativité[1]. Au total, la clientèle ordinaire de l'entreprise reste, et nous ne pouvons que le regretter, une énigme. Par contre, il est permis d'analyser avec détail les voyageurs notables ayant séjourné au Grand Hôtel pour la période 1878-1889 et pour l'année 1920. La préfecture de police conserve en effet des répertoires indiquant quotidiennement les personnages « importants » – suivant ses propres critères – descendus dans les hôtels de Paris. Il n'existe pas, ou plus, de registres référençant l'ensemble des voyageurs. Ainsi, les archives de la police permettent de mieux cerner ce pan très précis de la clientèle du Grand Hôtel. Leur dépouillement, pour 1882, peut être synthétisé de la manière suivante[2] :

Provenance	Nombre	Pourcentage
Europe occidentale	515	73,36
Europe orientale	51	7,26
Afrique du Nord	11	1,57
Amérique du Nord	4	0,57
Amérique du Sud	3	0,43
Cuba	3	0,43
Inconnue	115	16,38
Total	702	100

Tab. 10. Provenance des personnes notables descendues au Grand Hôtel, 1882.

Sur les 5 545 personnes que la police a classées « notables » en 1882, 702 ont résidé au Grand Hôtel, soit 12,66 %. Cette première statistique est à comparer avec les données de 1889 et de 1920. Pour l'année de l'Exposition universelle, la police a recensé 7 138 personnes ; 759 ont résidé au Grand Hôtel, soit 10,63 %. Le Grand Hôtel détient toujours une large part de cette clientèle, même si son poids s'est quelque peu atténué. En 1894, il est toujours en première position, devant le Continental, le Chatham et le Terminus Saint-Lazare[3]. En revanche, son positionnement sur ce marché très précis s'amenuise au lendemain de la Première Guerre mondiale. En 1920, sur 3 762 personnes notables inscrites sur les fiches policières, le Grand Hôtel en accueille 214, ce qui ne représente plus

1. ADP, V12S88 : factures du Grand Hôtel.
2. APPP, B/A 340 : mouvement et arrivée des personnages marquants pour 1882.
3. Vajda J., « Grands hôtels de gare parisiens : le Terminus Saint-Lazare et le Palais d'Orsay », in *Paris et Île de France, mémoires publiés par la Fédération des sociétés historiques et archéologiques de Paris et d'Île de France*, t. 54, 2003, p. 384.

que 5,7 %. Ce pourcentage baisse donc dans une large mesure, ce qui s'explique directement par l'émergence de concurrents au Grand Hôtel, c'est-à-dire la création d'hôtels de luxe et de demi-luxe durant la Belle Époque. Il est évident que le Grand Hôtel n'est plus l'hôtel le plus prestigieux de Paris comme il le fut durant près de trente ans. Dès lors, les personnalités n'ont plus que l'embarras du choix et il se porte bien souvent vers les hôtels les plus luxueux : le couple royal belge ou le shah de Perse choisissent le Meurice comme lieu de résidence parisien en 1920, l'ex-roi du Portugal descend au Ritz tout comme le cousin du roi d'Espagne. De même, Winston Churchill préfère l'hôtel de la place Vendôme à celui de la place de l'Opéra lors d'un séjour en avril 1920[4]. Le Continental et l'hôtel Lotti, rue de Castiglione, occupent également une bonne place. Toutefois, il faut relativiser les choses puisque le Grand Hôtel accueille des personnages de première importance comme des ministres arrivant de tout pays – Hollande, Uruguay, Pologne – ou encore un maharadja d'Alivar et sa suite arrivant des Indes anglaises. Au total, le Grand Hôtel perd sa prééminence comme lieu d'accueil premier des plus hauts dignitaires avec la Belle Époque.

Les clients notables du Grand Hôtel proviennent en écrasante majorité de pays d'Europe. Très peu de personnes arrivent directement du Maghreb, d'Asie ou d'Amérique. Dans ces quelques cas – 3 % sans compter les provenances inconnues –, l'attention des autorités ou peut-être des dirigeants du Grand Hôtel semble plus intense puisque la présence de personnalités originaires de pays lointains donne lieu à des précisions supplémentaires. Par exemple, en août 1882, plusieurs personnages importants de la ville de Hyderabad, ville située en Asie du Sud, s'installent au Grand Hôtel, en provenance de Londres, dont le nabab Iglad ud Dovulah Vikar ul Omra, son médecin, quatre personnages et six domestiques. Le rapport de police du 2 août 1882 indique que

> ces étrangers ont pris des appartements au premier étage sur la place de l'Opéra ; le prix de leur location est de 282 francs par jour. Le nabab est ses quatre compagnons sont vêtus à l'européenne ; mais ils sont coiffés d'un turban armé d'une aigrette. Les domestiques portent leur costume national. On dit que cette caravane doit passer huit jours à Paris et se rendre ensuite à Cologne.[5]

Cette description montre bien l'extraordinaire exotisme que l'on pouvait rencontrer dans les grands hôtels. En effet, dès leur ouverture, ils sont des lieux de découverte des civilisations du monde entier car ils rassemblent

4. APPP, B/A 900 : personnages descendus dans les hôtels de Paris, 1920.
5. APPP, B/A 340 : mouvement et arrivée des personnages marquants pour 1882.

des personnes de toutes origines en un même espace au même moment. Les arrivées de ces délégations venues d'autres continents sont constamment le théâtre de scènes d'étonnement autant pour les employés des hôtels que pour leurs autres clients. À chaque reprise, les illustrateurs des journaux se font forts de les représenter, posant pour l'occasion en habits traditionnels. Ainsi en est-il avec une famille princière indienne en 1869[6] ou encore avec une ambassade malgache en décembre 1882. L'attente suscitée par la venue à Paris et au Grand Hôtel de ce genre de clientèle exceptionnelle est grande pour les Parisiens, tout comme la désillusion de ne pas les découvrir en tenues autochtones :

> c'est bien l'idée des curieux qui ont envahi en foule la cour du Grand Hôtel, le jour de l'arrivée de l'ambassade à Paris, et leur déception a été grande en voyant descendre des landaux les Malgaches correctement habillés à l'européenne.[7]

Heureusement, l'exception n'est pas la règle et les journaux peuvent, à l'occasion de la présence d'un prince africain et de sa suite, fournir un petit reportage géopolitique et ethnologique, à l'aide d'illustrations, sur ces voyageurs hors du commun[8]. Les exemples de séjours créant la surprise et la fascination seraient faciles à multiplier, comme par exemple lors de l'arrivée, au Grand Hôtel, d'une ambassade malgache en janvier 1887 ou encore de l'empereur du Brésil le 21 juillet 1887[9]. La presse se fait amplement l'écho de ces spectacles. En ce qui concerne le Grand Hôtel, le phénomène s'estompe largement après 1918 pour les raisons que nous avons déjà développées. De plus, bien que ne représentant qu'une infime partie de sa clientèle, les clients notables n'en constituent pas moins une classe à part par les installations qu'ils louent – les plus onéreuses et peut-être les plus rentables – et donc par les revenus qu'ils apportent à l'hôtelier. Bien que l'arrivée de telle ou telle délégation puisse être source d'importantes gênes pour le professionnel de l'hôtellerie – attente des clients, renforcement de la sécurité, demandes répétées des services de police –, il ne fait guère de doute que l'accueil de ce type de clientèle soit plus que recherché, par les ressources qu'il génère mais aussi par la notoriété que cela procure à l'hôtel. Ces arrivées drainent en effet un large flot médiatique :

---

6. *L'Illustration*, 3 avril 1869, p. 210.
7. *L'Illustration*, 9 décembre 1882, p. 392.
8. *L'Illustration*, 21 août 1886, p. 132.
9. Tulard J. (dir.), *Almanach de Paris de 1789 à nos jours...*, *op. cit.*

Fig. 9. Le nabab Munsoor-Ali-Khan et sa suite.

> je passe devant le Grand-Hôtel où flotte un grand étendard rouge surmonté d'un croissant et orné d'une cravate tricolore, ce qui lui enlève l'emblème séditieux et ne permet pas à M. Jaurès de croire que la Commune est proclamée. Des cuirassiers occupent la chaussée, des curieux se groupent sur le trottoir ; dans la cour et sur les escaliers du Grand Hôtel les voyageurs sont massés et attendent. C'est l'ambassade marocaine qui, solennellement reçue par le Président de la République, va tout à l'heure partir pour l'Élysée.[10]

Les rapports de police de 1882 dispensent un autre détail sur les personnages notables descendus au Grand Hôtel. Il est ainsi possible de dresser une classification en fonction du titre que ces derniers portent ou de l'activité qu'ils déclarent.

10. *L'Illustration*, 5 juin 1897, p. 438.

État	Nombre
Militaire	59
Politique	140
Noble	499
Autre	4
Total	702

Tab. 11. État des personnes notables, 1882.

L'écrasante majorité des personnages notables porte un titre de noblesse – 71 %. Aucun motif n'est mentionné quant à leur présence à l'hôtel. Suivant les calculs de Jean-Marc Lesur, la proportion de clients notables nobles arrivés au Grand Hôtel avoisine les 70 % entre 1878 et 1889, alors qu'elle baisse de manière significative en 1894, ne représentant plus que 49 %[11]. La presse, tout comme la communication du Grand Hôtel, accentue ce sentiment, faisant de l'hôtel de la place de l'Opéra le logis privilégié des princes de tout horizon : « Aussi les étrangers de distinction y descendent à l'envi ; des princes, des ambassadeurs, des rois, des empereurs y ont logé ; c'est le séjour de prédilection de la haute société cosmopolite. » La deuxième classe la plus importante représentée au sein de cette clientèle particulière est celle des « politiques ». Leur séjour à Paris avait sûrement une raison professionnelle, les préfets ou sous-préfets se rendant à leur ministère de tutelle, les consuls en visite à une ambassade ou encore les députés en séance à l'Assemblée nationale. Enfin, le nombre élevé de militaires, essentiellement des généraux, montre leur goût pour les espaces moins spartiates qu'un camp militaire et surtout leur aptitude à voyager, sans doute pour des raisons officielles.

Durant les années 1880, les journaux commentent fréquemment ce qui se passe dans les hôtels parisiens, autant pour les faits divers que pour la présence d'émissaires étrangers. En janvier 1889, *Le Figaro* nous renseigne sur un élément d'une tout autre importance : la répartition par nationalités de la clientèle totale du Grand Hôtel[12]. Selon les renseignements du journal, sur les 37 246 voyageurs y ayant séjourné en 1888, 14 306 sont Français, 9 006 Anglais, 3 004 Américains, 2 603 Belges, 1 189 Allemands, 940 Hollandais, 831 Espagnols, 746 Russes et Polonais, 620 Autrichiens, 617 Italiens et « le surplus vient de tous les autres endroits de l'univers », ce qui donne, en pourcentage, la répartition suivante :

11. Lesur J.-M., *Les hôtels de Paris…*, *op. cit.*, p. 163. L'année 1889, centenaire de la Révolution, constitue un minimum – 44, 5 % –, les aristocrates ayant choisi de fuir Paris et ses célébrations.

12. *Le Figaro*, 6 janvier 1889.

Nationalité	Répartition (en %)	Nationalité	Répartition (en %)
Français	38,4	Espagnols	2,2
Anglais	24,2	Russes et Polonais	2
Américains	8,1	Autrichiens	1,7
Belges	7	Italiens	1,7
Allemands	3,2	Autres	9
Hollandais	2,5		

Tab. 12. Répartition par nationalité de la clientèle du Grand Hôtel, 1888.

Il n'est pas étonnant de voir que plus de 60 % de la clientèle du Grand Hôtel est d'origine étrangère. Cela conforte un peu plus l'impression laissée par tous les témoignages faisant des boulevards l'espace le plus international de Paris. La présence du Grand Hôtel renforce assurément le spectacle, tout en l'alimentant :

> la véritable « auberge du monde », c'est le Grand-Hôtel. Il n'est point un Parisien, ni même un étranger qui puisse le contester, le superbe établissement du boulevard des Capucines répond mieux que tout autre à cette destination spéciale [...] Le Grand-Hôtel est en quelque sorte le centre, le foyer, l'âme du Paris mondain et contemporain.[13]

Après les Français, les Anglais arrivent en deuxième position des nationalités les plus clientes du Grand Hôtel. Cela confirme l'attrait des Britanniques en faveur de la France en cette fin de siècle. La présence d'un important contingent américain souligne la multiplication des liaisons transatlantiques. Au total, on ne s'étonnera pas que les clients du Grand Hôtel soient principalement originaires de France et de ses pays limitrophes, plus de 76 %, même si les voyageurs extra-européens représentent une part non négligeable de la clientèle de l'hôtel, probablement croissante.

Passée la décennie 1880, seule l'année 1920 peut être étudiée par le biais des fiches de police[14]. En comparaison de 1882, le point le plus marquant est la quasi-disparition des voyageurs portant un titre de noblesse. Les députés, diplomates, consuls, généraux et sous-préfets ont pris la place des ducs, marquis et barons. On peut expliquer ce phénomène par les événements politiques européens du début du XXe siècle qui affaiblissent considérablement cette même noblesse. La Révolution russe ou la chute de l'Empire austro-

13. *La France Industrielle* (supplément au journal *Le Gil-Blas*), 4 avril 1896.
14. APPP, B/A 900 : personnages notables descendus dans les hôtels de Paris en 1920.

hongrois en sont des exemples majeurs. De plus, cela signifie peut-être que le prestige ou l'argent s'est déplacé en l'espace de 40 ans au profit des gens de la société civile et au détriment des rentiers ou des gens de vieille fortune.

Une constante de cette clientèle exceptionnelle reste qu'elle est principalement étrangère. Ce phénomène s'accroît d'ailleurs puisque les Français ne représentent plus que 10 %. Ce sont une nouvelle fois les pays limitrophes qui sont les plus importants pourvoyeurs de clients notables. La Belgique, l'Angleterre, l'Espagne, l'Italie et dans une moindre mesure l'Allemagne fournissent plus de 45 % de ces voyageurs. Additionné à l'ensemble des pays européens, ce pourcentage avoisine les 75 %. Cependant, ce poids tend à s'atténuer avec l'arrivée de plus en plus fréquente de clients des quatre coins du monde, notamment d'Amérique du Nord et du Sud.

En définitive, et en se référant aux critères de la police, 98 à 99 % de la clientèle du Grand Hôtel est « ordinaire »[15]. Le trait important est qu'elle est étrangère mais cela n'est pas vrai pour tous les hôtels de Paris comme en atteste le tableau dressé à partir d'une étude du docteur Jacques Bertillon[16]. Grâce à elle, il est possible de mesurer le poids du Grand Hôtel dans l'hôtellerie parisienne avant l'arrivée de la deuxième génération d'établissements de luxe et de demi-luxe. En comparant les chiffres de 1888 du Grand Hôtel et ceux de 1886 pour l'ensemble des hôtels parisiens, faute d'éléments plus détaillés, le

Année	Nombre d'étrangers	Nombre de Français mais non parisiens	Total
1872	96 000	262 000	358 000
1876	118 000	292 000	410 000
1881	192 528	535 342	727 870
1886	173 738	532 560	706 298
1891	223 929	557 937	780 966
1896	272 293	631 022	903 315
1901	289 890	613 227	903 117
1906	453 215	740 404	1 193 619
1908	460 709	748 805	1 209 574

Tab. 13. Nombre de visiteurs entrés dans les hôtels de Paris, 1872-1908.

15. En 1889, le nombre de voyageurs « notables » du Grand Hôtel représente 2 % de sa clientèle totale, à peine 0,5 % en 1920.
16. *L'Hôtelier, organe de la chambre syndicale des hôteliers de Paris*, 15 janvier 1912.

Grand Hôtel accueille 5,3 % de l'ensemble des voyageurs ayant résidé à l'hôtel à Paris en 1886-1888[17]. Surtout, son pouvoir d'attraction auprès des étrangers se confirme puisqu'il draine 13,2 % du total des étrangers résidant dans les hôtels parisiens, contre 2,7 % de la population française en voyage.

Le tableau précédent confirme la baisse relative du poids du Grand Hôtel dans l'hôtellerie parisienne, même s'il réussit à maintenir le cap puisque, en 1901, 1906 et 1908, il concentre constamment environ 3,9 % des entrées enregistrées par les hôtels de Paris. L'arrivée massive de touristes dans la ville-capitale française explique ce bon résultat. Le développement du tourisme à la fin des années 1900 est plus que manifeste à tel point que Bertillon encourage les professionnels de l'accueil à tout faire pour que Paris continue d'être une destination phare :

> l'afflux des visiteurs impose à Paris le devoir d'être de plus en plus attrayant. J'ai visité toutes les capitales de l'Europe. Nous avons assurément la plus belle, la plus intéressante à tous les points de vue. Il faut conserver cette supériorité, la rendre plus incontestable encore. Elle est pour nous non seulement un sujet d'orgueil mais une source de richesse.[18]

Le sentiment général perçoit la massification du mouvement touristique, même si certains hôteliers se plaignent du fait qu'elle a engendré l'ouverture de nombreux hôtels[19]. En outre, avant 1900, le Grand Hôtel détient en quelque sorte le pouls de l'hôtellerie parisienne ; quand son taux d'occupation est bon, toute la profession s'en ressent, et vice-versa :

> le nombre des voyageurs descendus au Grand Hôtel est en ce moment considérable. C'est dans la publication de ces tableaux que le commerce parisien et l'opinion trouvent une indication sur le mouvement des affaires à Paris. Quand le Grand Hôtel a 800 voyageurs, on est sûr que le monde afflue de partout à Paris ; quand il n'y en a que 400, on devine que les affaires sont pénibles. Pour le moment, les étrangers sont à Paris en grand nombre. C'est bon signe.[20]

17. Ce chiffre ne tient apparemment pas compte des Parisiens ayant fréquenté les hôtels de Paris, proportion assurément marginale.
18. *L'Hôtelier, organe de la chambre syndicale des hôteliers de Paris*, 15 janvier 1912.
19. *Ibid.*, 1er avril 1912.
20. *Le Figaro*, 25 mai 1891.

Des services multiples

Les produits du logement constituent une part essentielle des produits totaux de l'entreprise. Selon nos calculs, ces derniers représentent 44,19 % de son chiffre d'affaires en 1881, 55,78 % en 1904[21]. Les grands hôtels ont donc diverses autres sources de revenus. Pour garder leur standing et attirer de nouveaux clients, ils doivent en premier lieu proposer d'innombrables services, celui des appartements étant le premier venant naturellement s'ajouter au logement. D'autres prestations viennent accroître les recettes de cette branche d'exploitation, au premier rang desquelles se situe l'éclairage, avant que l'électricité ne bouleverse ce fonctionnement. Le plus petit besoin est source de dépense. Aux alentours de 1890, installer un lit supplémentaire dans un appartement coûte 3 F, un lit d'enfant 2 francs. Une chambre de domestiques vaut 3 F, sa nourriture quotidienne 6. Manger dans les appartements constitue un autre poste important de dépenses, tout comme le blanchissage dont la grille tarifaire ne comprend pas moins de vingt-neuf options pour les hommes, trente pour les femmes : le nettoyage d'une chemise avec col coûte 60 centimes, un mouchoir brodé 10. Sur demande, le linge peut être apprêté dans les 24 heures, moyennant sans doute un surplus tarifaire.

D'autres services sont proposés aux clients du Grand Hôtel, bien qu'ils bénéficient d'une facturation propre. N'ayant trouvé aucune trace de revenus directs dans les comptes de l'entreprise, nous supposons qu'ils sont soustraités à d'autres sociétés, installées directement dans le bâtiment. Ces services se concentrent essentiellement vers l'extérieur de l'hôtel, pour faciliter le voyage des clients ainsi que pour leur assurer un séjour parisien divertissant. Ainsi, un véritable parc de voitures à louer est mis à disposition. L'éventail des tarifs est très large tout en comprenant diverses exceptions, liées à de grands événements de la vie mondaine parisienne, comme les jours de Grand Prix ou de Grande Revue. Comme autre service payant, et allant pleinement avec le service de location de voitures, le Grand Hôtel propose toujours à ses clients dans les années 1880-1890 des guides et interprètes. Leurs missions sont amplement étendues puisqu'ils peuvent autant servir de guide au sens littéral que de commissionnaires. D'après la publication du Grand Hôtel, les guides et interprètes parlent toute langue et connaissent bien Paris, ce qui constitue un minimum ! De plus, ils peuvent accompagner leur employeur temporaire pour des séjours en dehors de Paris ou à l'étranger. Dans le même ordre d'idée, la présence d'agences de voyage facilite toujours la pérégrination des touristes, ce qui est unanimement salué :

---

21. Pour plus de détails, voir : Tessier A., *Le Grand Hôtel…*, *op. cit.*, p. 313-325.

> au Grand-Hôtel, on évite aux voyageurs les mille petits ennuis ordinaires de la vie en chemins de fer. Grâce à l'office Cook et à l'office des Wagons-lits, [...] le voyageur n'a qu'à demander des billets de chemins de fer ou de sleeping-car ou de trajets circulaires. Tel voyageur qui se rend de Paris à Mayence, ou à Londres, ou à Moscou, ou à Bordeaux, à Lisbonne, au Caire, n'a qu'à demander un ticket aux bureaux du Grand Hôtel pour se débarrasser avant le départ de cet ennui et de ce désagrément qui s'appellent : « la queue aux guichets de gare ».[22]

Le bureau spécial des Wagons-lits fournit aux clients, en plus de la possibilité d'enregistrer ses bagages à l'hôtel, tout renseignement lié au voyage : itinéraires, prix des transports, correspondances, tarifs des frets, etc. Le *ticket-office*, qui permet de réserver des places de spectacles pour bon nombre de théâtres parisiens, ainsi que le bureau de change participent au fait que toutes les modalités d'un séjour puissent être réglées directement au Grand Hôtel. Enfin, d'autres commerces se trouvent directement dans l'hôtel, comme le coiffeur, pouvant être appelé dans les appartements. Au total, du fait de l'ensemble des services proposés, le Grand Hôtel renforce l'impression d'être plus que jamais une ville dans la ville. Il fournit tout ce dont ses clients auraient besoin lors de leur voyage. De plus, les dirigeants de l'entreprise y trouvent un double intérêt : d'une part, cela accroît le potentiel attractif de leur établissement ; d'autre part, l'ensemble des services proposés reste lucratif.

Un point majeur, tant pour les recettes de l'hôtel que pour sa notoriété, reste la multiplicité de ses installations. Dès la conception du Grand Hôtel, il est prévu de consacrer une part importante de sa surface d'exploitation à des espaces destinés à accueillir des manifestations en tout genre. Comme déjà évoqué, la salle des fêtes et les salons de réception font beaucoup pour créer puis alimenter le mythe Grand Hôtel. Étant donné la pauvreté de la documentation, il est impossible de connaître la part de la branche « banquets et manifestations » dans les revenus totaux du Grand Hôtel ainsi que le prix de location de ces différents salons et salles. Une unique annonce indique à celui voulant louer un salon au Grand Hôtel qu'il doit « s'entendre sur les conditions avec M. le secrétaire général »[23]. Devant l'apparente réussite de la location des salons de réception, les dirigeants de l'entreprise accordent des baisses de prix à ceux désirant louer, en pleine saison des rassemblements, c'est-à-dire l'hiver, tous les jours à l'exception du samedi, jour très prisé par les sociétés et autres corporations. De surcroît, l'administration Werbrouck cherche à développer considé-

22. *Le Figaro*, 6 mai 1891.
23. ADP, V12S88 : opuscule distribué aux voyageurs, 1888, p. 3.

rablement cette branche d'exploitation, en proposant aux sociétés d'organiser leurs assemblées d'actionnaires dans l'un des salons de l'hôtel[24].

Les plus grandes manifestations s'étant déroulées au Grand Hôtel sont toujours relayées et commentées par la presse. Ainsi, la soirée en l'honneur de la grande tragédienne Sarah Bernhardt est une des plus remarquables que le Grand Hôtel ait accueillie lors de la dernière décennie du XIXe siècle[25]. Allant du plus grandiloquent au plus simple, les banquets et manifestations revêtent des aspects bien différents. Le Grand Hôtel est plus que jamais un haut lieu de la mondanité parisienne de la fin du XIXe siècle, « un véritable foyer de rénovation aristocratique » :

> les hautes assemblées de la bienfaisance, de la politique, des lettres et des arts, les grandes cérémonies mondaines, signatures de contrats, mariages, réceptions se font au Grand Hôtel. S'agit-il de réjouissances nationales, de réceptions patriotiques à offrir aux amis de la France, l'hospitalité grandiose et princière capable dans l'esprit de nos hôtes de laisser l'inoubliable et précieux souvenir d'un grand rêve accompli dans la réalité, c'est encore le Grand-Hôtel qui offre sa somptueuse hospitalité aux étrangers que nous recevons, aux comités de la presse qui organisent ces patriotiques agapes, ces nationalités étreintes que nous appelons un peuple ami.[26]

Cette impression est d'autant plus renforcée que certains journaux publient de véritables programmes des manifestations qui se déroulent au Grand Hôtel. Ainsi, *Le Figaro* apprend à ses lecteurs qu'un bal au profit de l'Œuvre de la vieillesse a lieu le 19 janvier 1889, un assaut d'armes de la Société d'encouragement de l'escrime le 20, le bal annuel de la Société de prévoyance des cuisiniers, sous le patronage des Grands Restaurateurs le 24 et le banquet du lycée Condorcet le 28 janvier 1889[27]. Bien que ces divers raouts ne soient pas d'entrée libre, ce type d'annonces contribue à alimenter l'effervescence autour du Grand Hôtel. Outre les banquets, bals et autres manifestations, les divers salons sont régulièrement transformés en véritable palais des sports, et notamment en salles de billard où les plus grands professionnels, venant du monde entier, s'affrontent. Les joueurs deviennent des stars internationales – leurs noms sont connus du public – et les matches bénéficient d'un grand retentissement, à tel point qu'ils sont commentés dans la presse généraliste[28]. Le Grand Hôtel est le lieu de rencontres d'un second sport noble : l'escrime. En

24. *Le Figaro*, 2 avril 1889.
25. *L'Illustration*, 19 décembre 1896, p. 492-493 et 496.
26. *La France Industrielle* (supplément au journal *Le Gil-Blas*), 4 avril 1896.
27. *Le Figaro*, 10 janvier 1889.
28. *L'Illustration*, 17 mai 1879, p. 311.

plus d'y organiser ses banquets, la Société d'encouragement de l'escrime utilise ses salons et notamment la grande salle des fêtes pour la convertir en salles d'armes[29]. En somme, la diversité des salles du Grand Hôtel lui permet d'organiser et de recevoir des manifestations variées, cultivant toujours plus sa notoriété. Néanmoins, certains de ces espaces sont avant tout conçus pour accueillir un élément essentiel de la santé économique de l'entreprise mais aussi un organe primordial des hôtels : la table.

La table

Depuis sa création, le Grand Hôtel n'a pas modifié ses services de restauration. Ils se composent donc du *room-service*, du restaurant à la carte, de la table d'hôte, du café-divan et du bar. Véritable institution, la table d'hôte est très appréciée et correspond à l'image de lieu de rencontre que l'on se fait toujours de l'hôtel à la fin du XIXe siècle. Elle prend plus que jamais tout son sens en tant qu'espace fondamental de la sociabilité hôtelière. Le cadre, la grande salle des fêtes, la simplicité et la régularité du service[30] – comme par exemple le fait de découper toutes les pièces en cuisine et non plus en salle – font beaucoup pour son succès. Le Grand Hôtel joue sur ces atouts pour attirer le Tout-Paris :

> ce qui compte pour les personnes qui vont au théâtre, c'est l'heure du dîner. Le dîner à la table d'hôte du Grand Hôtel permet à tous de se trouver dès 8 heures, sans avoir éprouvé le moindre inconvénient. L'heure fixe de la table d'hôte force les familles à venir à temps et évite les retards inévitables du restaurant. C'est donc un bon conseil aux Parisiens aussi bien qu'aux étrangers que de le dire : avant d'aller à l'Opéra ou au Théâtre-Français, dînez sans vous presser à la Table d'hôte du Grand Hôtel.[31]

Les administrateurs du Grand Hôtel soulignent également, dans l'ensemble de leur communication, qu'ils disposent d'un restaurant plus traditionnel, concurrençant ainsi les autres maisons parisiennes. Ils tentent de dissocier leurs deux offres de restauration ouvertes à une clientèle extérieure : la table d'hôte est destinée aux gens pressés, désireux de rencontrer du monde ou acceptant de dîner dans une certaine agitation, alors que le restaurant à la carte est le lieu « où se donnent rendez-vous les gourmets qui aiment dîner tranquillement et composer leur menu à leur guise et à leur goût »[32].

---

29. *L'Illustration*, 10 février 1894, p. 104.
30. Guyer E., *Les hôtels modernes…*, *op. cit.*, p. 203.
31. *Le Figaro*, 19 octobre 1891.
32. *Le Figaro*, 16 mai 1891.

Durant les décennies 1880 et 1890, les tarifs de la table d'hôte du Grand Hôtel ne subissent pas de grande fluctuation. Un déjeuner à la table d'hôte, vin, café et liqueur compris coûte 5 F ; le dîner, vin compris, 8 F. Les enfants au-dessous de l'âge de sept ans bénéficient d'un tarif préférentiel : 3 F pour leur midi, 5 pour le soir. Un concert se fait entendre pendant la durée du repas. L'admission au déjeuner se fait de 11 heures à 13 heures, de 6 h 30 à 7 h le soir. Les horaires en soirée sont progressivement étendus. Dans le but de séduire un maximum de clients, les menus sont affichés dès le matin sur la porte principale de l'hôtel, boulevard des Capucines[33]. Ce panneau devait aussi avoir pour fonction d'annoncer si la table d'hôte se tenait ou non, au cas où la grande salle des fêtes était privatisée le temps d'une soirée. Aux dires du conseil d'administration, la table d'hôte est très suivie, atteignant même des pics de fréquentation lors de l'Exposition universelle de 1889 : durant la plus forte journée, 610 déjeuners et 500 dîners furent servis[34]. Bien que nous ne puissions l'estimer, il est certain que la table d'hôte représente une part très importante des repas préparés quotidiennement. Comme autre stratégie devant donner l'eau à la bouche des Parisiens, le Grand Hôtel fait parfois publier dans *Le Figaro* les menus qui sont proposés le jour même.

Hors d'œuvre variés
Merlans frits
Filet de maquereau sauce verte
Omelette au jambon d'York
Poulet sauté aux fines herbes
Filet grillé aux pommes de terre frites
Tête de veau vinaigrette
Tournedos à la Béarnaise
Saucisse au choix
Viande froide à la gelée
Rosbif au cresson
Epinards au beurre
Fromages – Fruits
Café – Cognac
Médoc ou Graves

Tapioca au consommé de volaille
Truite saumonée sauce hollandaise
Pommes de terre à l'anglaise
Clos Marathon 1885
Filet de bœuf à la Savarin
Ris de veau à la financière aux truffes
Volaille fléchoise au cresson
Salade romaine
Fonds d'artichauts à l'Italienne
Tarte aux abricots
Brioche Mousseline
Glace Bombe Dame Blanche
Compotiers de fruits – pâtisseries
Médoc vieux

Fig. 10. Menus de déjeuner et dîner de la table d'hôte, juin 1891.
[*Le Figaro*, 25 et 21 juin 1891]

33. ADP, V12S88 : opuscule distribué aux voyageurs, 1888.
34. AGO de la société du Grand Hôtel, 28 avril 1890.

En plus de la table d'hôte, les administrateurs du Grand Hôtel tentent de lancer un nouveau concept : le souper d'après bal de l'Opéra. Pour un prix supérieur à celui du dîner normal, il doit être un rendez-vous hautement mondain entre amateurs de musique classique. Lancée en 1881, durant la saison, en lieu et place de la table d'hôte, cette innovation en matière d'offre de restauration semble rencontrer un vif succès :

> ses soupers à prix fixes, si luxueusement servis dans la Salle des Fêtes du rez-de-chaussée et dont le succès va croissant depuis trois ans, parce qu'ils sont amusants et gais sans être tapageurs. [...] Tous les mondes se croisent dans sa Salle des Fêtes et s'y amusent : c'est même là qu'on trouve le dernier reflet de la gaîté d'autrefois.[35]

À partir de la fin des années 1890, un changement d'importance se produit dans l'organisation de la table d'hôte. Toujours installée dans la grande salle des fêtes, elle est désormais dressée par petites tables, modulables à l'envi suivant le nombre de convives présents au sein d'un groupe désirant manger ensemble. Les tarifs ne s'en trouvent pas modifiés et le changement ne semble pas entamer son attractivité :

> la table d'hôte dressée par petites tables dans la salle des fêtes, une des curiosités de la capitale, est une innovation des plus goûtées par les voyageurs. L'excellent orchestre qui se fait entendre pendant le dîner y remporte chaque soir un grand succès.[36]

Cette modification suit une évolution générale, à savoir l'individualisation du séjour hôtelier ou tout du moins la recherche de plus de quiétude. Ainsi, les grandes tables d'hôte ne répondent plus à ces nouvelles aspirations et essuient les critiques les plus acerbes :

> le système du restaurant à la carte [...] permet au voyageur de choisir les mets qu'il connaît et qu'il préfère, au lieu d'être astreint au menu de la table d'hôte qui souvent ne lui convient pas. Il en est de même du service de tables séparées, qui permet aux familles de voyageurs de prendre leurs repas en particulier. La table commune, la table d'hôte, comme on l'appelait, est entièrement démodée.[37]

---

35. *Le Figaro*, 25 janvier 1884.
36. *La Vie à Paris*, n° 4, 4 mai 1898.
37. Bautte A., *À travers le monde culinaire et gourmand, critique de la cuisine et de l'administration des grands hôtels, et restaurants mondains, des familles princières et aristocratiques*, Paris, Imprimerie Nilsson, 1910, p. 17.

Les hôtels créés pendant la Belle Époque optent largement pour le système de table d'hôte à tables séparées. Certains vont même jusqu'à exclure ce mode de restauration ancestral, comme le Ritz. Néanmoins, fort du succès constant rencontré par son institution, le Grand Hôtel reste fidèle à sa table d'hôte, qui existe toujours dans les années 1920. Il semble en fait que la table d'hôte soit devenue au fur et à mesure l'apanage d'une clientèle plus modeste que celle recherchée par les établissements les plus luxueux. Par cette permanence, le Grand Hôtel revendique clairement le créneau sur lequel il s'inscrit :

> nous avons toujours maintenu notre table d'hôte, c'est-à-dire des lunchs et des dîners à prix fixes, ce qui n'existe pas dans les maisons de grand luxe. C'est là une tradition de la maison qu'une partie de notre clientèle verrait disparaître avec regret. Une notable partie de celle-ci se compose en effet d'hommes d'affaires, de chefs de maison de commerce, aussi bien de la province et de l'étranger ; ces voyageurs demandent des chambres confortables et très propres, un mobilier sérieux et un service correct, mais ils ne tiennent pas à avoir une installation par trop raffinée.[38]

L'exemple de la table d'hôte du Grand Hôtel vient dans une large mesure contrecarrer les thèses avancées sur la création du restaurant, qui serait d'une certaine manière une réaction vis-à-vis des désagréments de la table d'hôte, et vient balayer une partie de son image négative[39]. Dès sa création, les fondateurs du Grand Hôtel utilisent la table d'hôte comme mode de restauration principal, ce qui tendrait à prouver que, même sous le Second Empire, elle est un lieu mondain par excellence à la condition majeure que ses cadre, nourriture, service et clientèle soient irréprochables. L'appropriation de cette institution doit être totale et dépasser le visage rigide ou trivial que certains lui ont attribué. Il est évident que quelques maisons parisiennes offrent des prestations peu séduisantes. Les critiques sont en tout point acides. Louis-Sébastien Mercier les qualifie déjà d'insupportables au motif qu'elles privent le dîneur d'intimité, qu'elles rassemblent des êtres de conditions diverses à la même table. Ce constat perdure. En fait, l'image désastreuse des tables d'hôte peut être comparée à celle des hôtels de l'Ancien Régime. Aussi, Grand Hôtel et Grand Hôtel du Louvre réussissent un double tour de force : la réhabilitation de l'hôtel et de sa table d'hôte. Par ailleurs, elle reste peut-être sous le Second Empire le seul moyen de nourrir plus de 500 personnes à la fois en un même lieu. En ce sens, la dimension organisationnelle n'est pas à oublier. La pérennité de la table d'hôte du Grand Hôtel montre que son avenir n'est

38. AGO de la société du Grand Hôtel, 23 avril 1921.

39. Spang L. R., *The invention of the restaurant, Paris and modern gastronomie culture*, Cambridge, Harvard University Press, 2001.

nullement en jeu après la création du restaurant, les deux pouvant cohabiter en fonction des attentes des clients.

La branche banquet du Grand Hôtel concourt également à sa renommée. Il est permis de se rendre compte de la qualité de ces prestations grâce à la conservation de deux magnifiques recueils de menus, totalisant plus de 800 cartes, préparées entre 1880 et 1895[40]. Il n'est pas lieu ici de s'attarder sur la composition de ces menus, même si la qualité du fonds rend une analyse d'une grande finesse possible[41]. Contentons-nous d'une approche globale. La structure des menus préparés entre 1 880 à 1895 ne diverge guère. Un menu typique est composé de deux potages, de deux relevés, de trois à quatre entrées, d'un ou deux rôts, de quatre à cinq entremets, d'une glace et enfin de plusieurs desserts, tant et si bien que chaque repas présente environ une quinzaine de plats. La figure 11 est l'exemple d'un menu représentatif, en huit services, servi à l'occasion d'un mariage[42].

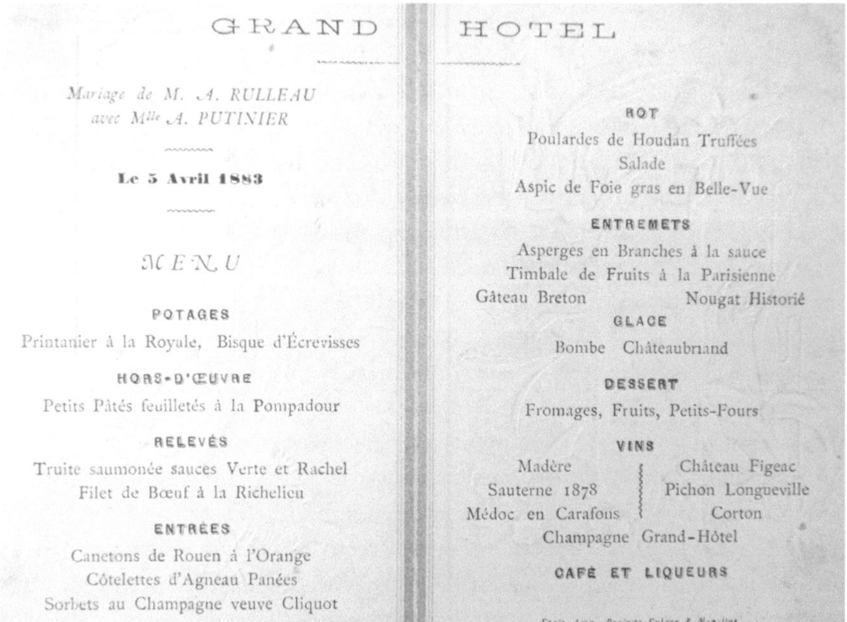

GRAND HOTEL

Mariage de M. A. RULLEAU
avec Mlle A. PUTINIER

Le 5 Avril 1883

MENU

POTAGES
Printanier à la Royale, Bisque d'Écrevisses

HORS-D'ŒUVRE
Petits Pâtés feuilletés à la Pompadour

RELEVÉS
Truite saumonée sauces Verte et Rachel
Filet de Bœuf à la Richelieu

ENTRÉES
Canetons de Rouen à l'Orange
Côtelettes d'Agneau Panées
Sorbets au Champagne veuve Cliquot

ROT
Poulardes de Houdan Truffées
Salade
Aspic de Foie gras en Belle-Vue

ENTREMETS
Asperges en Branches à la sauce
Timbale de Fruits à la Parisienne
Gâteau Breton Nougat Historié

GLACE
Bombe Châteaubriand

DESSERT
Fromages, Fruits, Petits-Fours

VINS
Madère — Château Figeac
Sauterne 1878 — Pichon Longueville
Médoc en Carafons — Corton
Champagne Grand-Hôtel

CAFÉ ET LIQUEURS

Paris Imp. Seringe Frères & Noailles

Fig. 11. Menu de mariage, avril 1883.

---

40. ADP, V12S48 et 49 : AGH, collection de menus.

41. Un exemple : Tessier A., « De la pomme de terre dans les assiettes du Grand Hôtel », in Ferrière Le Vayer M. de et Williot J.-P. (dir.), *La pomme de terre, de la Renaissance au XXIᵉ siècle*, Tours, PUFR, 2011, p. 135-144.

42. ADP, V12S48 : AGH, menu de mariage (nº 25).

En dépit de nombreuses exceptions, les menus de banquets revêtent majoritairement cette forme et proposent souvent les mêmes mets. Ainsi, en schématisant légèrement, quelques invariants gastronomiques, pour ne pas dire de réelles spécialités, dominent les repas du Grand Hôtel. En potage, le consommé printanier, le consommé de volaille ou la bisque d'écrevisses se retrouvent principalement. Le relevé est essentiellement constitué d'un plat de poissons, qu'il s'agisse de truites saumonées, de filets de sole, de bouchées à la Reine et de turbots, le tout accommodé de différentes sauces. Les entrées offrent plus de diversité. Il semble que ce soit le service où le cuisinier peut le plus librement laisser cours à son imagination avec la préparation de cuissot de gibier, de filet de bœuf à la Savarin, de ris de veau ou encore, côté digestif, de punch à la romaine et sorbet à l'Armagnac. Le rôt est le service le plus rigide puisqu'il est principalement composé d'une viande d'oiseau – faisans truffés ou bardés, perdreaux, poulardes farcies, bécassines, gélinottes, canetons – accompagnée de salades, voire, pour les banquets les plus fastueux, de foie gras ou de cascades de homard. Le service suivant est celui des entremets où fonds d'artichauts, haricots verts, flageolets, petits pois, timbales de fruit, gâteaux napolitains sont rois. Après un repas si copieux, les glaces et desserts paraissent presque modestes, dans leur dénomination, en comparaison des plats précédents : bombe, sorbet, glace aux fruits, différents compotiers de fruits et autres petites pâtisseries viennent clore le repas non sans champagne de marque Grand Hôtel et autres liqueurs. Il est évident que ces grandes règles ne sont qu'une vulgarisation de la diversité et de la complexité des menus du Grand Hôtel. Toutefois, le schéma se retrouve à maintes occasions, même s'il n'est pas immuable. Les cuisines du Grand Hôtel sont ainsi capables de sortir une grande palette de mets et proposent des menus variés. Cette capacité a sans doute pour objectif d'atteindre une plus large gamme de clientèle et de ne pas seulement toucher la plus haute société parisienne. Enfin, ces menus sont une nouvelle preuve de l'importance d'une dernière branche de l'exploitation de l'entreprise : ses caves[43].

Le Grand Hôtel offre donc une palette très étendue de modes de restauration. Cette variété est instaurée afin de séduire le plus grand nombre de clients, qu'ils dorment à l'hôtel ou non, quelle que soit leur richesse ou l'ambiance recherchée au cours du repas. Par ailleurs, au vu de la diversité de ces services, de la complexité et de la « multidimensionnalité » d'une entreprise hôtelière de grande dimension, le recours à un personnel nombreux et divers est obligatoire ; menons-en l'étude dès à présent, même si, à nouveau, les obstacles sont nombreux.

43. Tessier A., *Le Grand Hôtel...*, *op. cit.*, p. 310-313.

Les hommes

Le nombre exact de salariés de l'entreprise reste difficile à établir. Nous pouvons simplement affirmer avec certitude qu'au 31 juillet 1914 le Grand Hôtel emploie 427 hommes et femmes[44]. Hormis cela, les dirigeants de la société ne fournissent aucun indice quant à leur nombre de salariés. Précédemment, les seules estimations sont fournies par les reportages journalistiques déjà cités, dont l'exactitude paraît douteuse. Toutefois, des registres du personnel, établis aux alentours de 1900, ont survécu[45]. Leur usage interdit d'avancer un effectif précis à une date donnée mais ils permettent de mettre en évidence, entre autres, la très forte hiérarchisation du personnel hôtelier.

Une organisation fortement hiérarchisée

Un personnel nombreux, encadré et fluctuant
Le directeur constitue le personnage central de l'organisation d'un grand hôtel. Une gestion irréprochable ainsi que des bonnes performances sont directement attribuées à son action. Le choix réalisé par le conseil d'administration quant au recrutement de son directeur est donc fondamental. Avant la Première Guerre mondiale, il ne semble pas y avoir de profil type. Chacun possède sa propre trajectoire, et l'on arrive sans doute au niveau suprême qu'après avoir goûté aux différentes tâches de l'hôtellerie, une fois sa propre expérience constituée. Le mythe de l'employé ayant débuté à 14 ans en tant que groom puis, trente ans plus tard, arrivé sur la plus haute marche de la hiérarchie hôtelière n'est sans doute pas qu'illusion. Certains peuvent posséder une formation plus solide, mais ceci est loin d'être la règle. Du reste, dans l'entre-deux-guerres, se forme à Paris un syndicat des directeurs d'hôtels, ayant pour but « de sauvegarder les droits des [directeurs] nationaux et de limiter l'ingérence des étrangers dans l'industrie hôtelière »[46]. Cette initiative répond d'une certaine manière à l'absence de formation des professionnels de l'hôtellerie en France jusqu'au lendemain de la Grande Guerre.

Avant cela, signe de la reprise et d'une tendance à une professionnalisation du métier, le conseil d'administration du Grand Hôtel, présidé par Ellissen puis Wiener, engage rapidement un directeur, qui reste

---

44. AGO de la société du Grand Hôtel, 10 mai 1915.
45. ADP, V12S38 et 39 : AGH, registre du personnel, commencé au 1er septembre 1893 et au 1er avril 1901.
46. Réal C., Graterolle P., *L'industrie hôtelière...*, *op. cit.*, p. 299.

en dehors de celui-ci. En janvier 1899, Louis Casenave est recruté[47]. Ses appointements annuels s'élèvent à 18 000 F. Aucune indication n'est donnée sur un quelconque intéressement supplémentaire au-delà de celui prévu par les statuts de la société. Nous ne connaissons malheureusement rien de l'itinéraire de Casenave. Pour être appelé en ces temps de reprise, il est très probable qu'il soit loin d'être un novice et ait déjà dirigé d'autres hôtels d'importance. Par ailleurs, il n'arrive pas seul ; sa femme s'installe à ses côtés, accompagnée de leur enfant et d'un domestique. Surtout, sa femme prend une grande importance dans la hiérarchie de la société puisqu'elle devient gouvernante des étages. Elle est donc sous la tutelle de son mari, mais dirige un service majeur de l'entreprise.

Comme le suggère l'organigramme ci-contre, la figure du directeur est assurément incontournable. Il contrôle tout et l'ensemble des services est directement placé sous son autorité. L'organisation type d'un grand hôtel repose donc sur une structure très centralisée et très hiérarchisée, divisée en de nombreux services, placés sous l'autorité d'un sous-chef ou du directeur lorsque ce service comporte un nombre réduit de subordonnés. Dans le premier cas, une nouvelle hiérarchie est instaurée. De manière générale, aux alentours de 1900, le Grand Hôtel est partagé en trente-quatre sections. Il s'agit de la comptabilité, la caisse, l'économat, la lingerie, la réception, les surveillants, les grooms, les équipiers, les étages, les valets de chambres, les femmes de chambres, les bagages, l'alimentation, les caissières, la salle à manger, le restaurant à la carte, la cuisine, la grande office, le réfectoire, l'argenterie, le café-divan, le service des travaux, l'éclairage et les gaziers, les gardes meubles, l'électricité lumière, la glacière, les caves du Grand Hôtel, les bains, l'agence de théâtre, la machine à écrire, la pâtisserie, les ouvriers, le bar et enfin le garage à bicyclettes. Même si par nature un organigramme reste théorique, on s'étonne de l'absence complète de synergie entre services. Cette logique renforce l'impression que chacun dispose d'une réelle indépendance, dans la gestion de son personnel, dans son fonctionnement ou dans ses approvisionnements. Un grand hôtel regrouperait une multitude de branches plus ou moins importantes dont l'assemblage fournirait toute la richesse et toute la complexité d'une entreprise de ce type.

Au regard des registres conservés, il semble que la gestion du personnel du Grand Hôtel se fasse sans ménagement ; par exemple, un commis aux écritures est renvoyé en avril 1899. Les motifs de son licenciement sont loin d'être équivoques puisqu'il est noté qu'il est paresseux, indiscipliné et que l'on ne peut « rien en tirer »[48]. Un autre, travaillant à l'économat, est

---

47. ADP, V12S38 : AGH, registre du personnel, commencé au 1er septembre 1893.

48. *Ibid.*

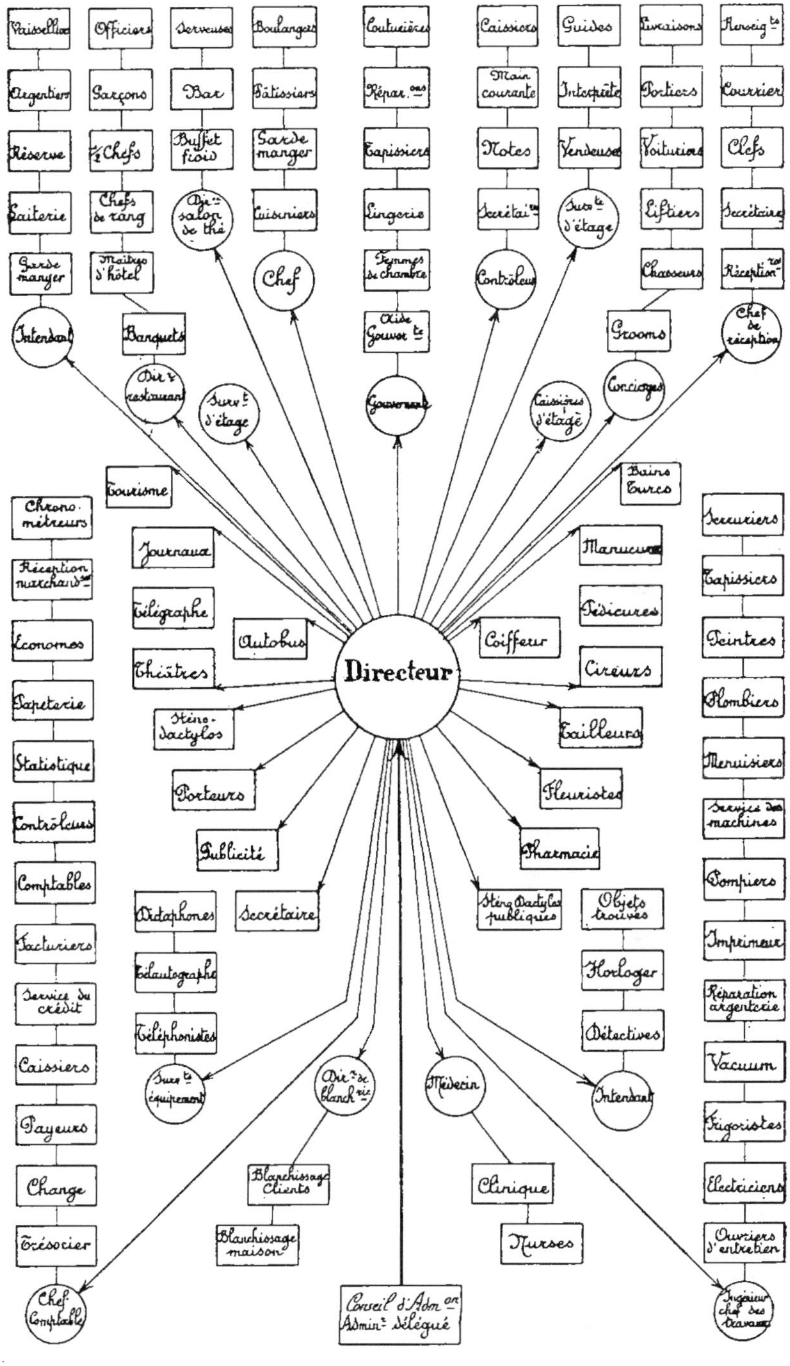

Fig. 12. L'organisation d'un grand hôtel.

[Gautier M., *L'hôtellerie, étude théorique et pratique*, Paris, Librairie Dalloz, 1932] remercié pour insubordination et paresse. L'autorité des chefs envers leur personnel est incontestable, donnant lieu à d'innombrables licenciements. En dehors des exemples précités, revient souvent le motif de la désobéissance et de l'indélicatesse à l'égard des clients. La direction du Grand Hôtel encourage d'ailleurs sa clientèle à la prévenir dans le cas où son personnel se serait comporté de mauvaise manière ou ne leur aurait pas apporté entière satisfaction : « sur une plainte fondée, émanant des voyageurs ou de l'administration, l'employé désigné sera congédié immédiatement »[49]. La négligence en service ou encore le fait de s'être battu engendre immanquablement un renvoi. Ainsi, ce qui frappe à la lecture des registres du personnel, c'est le très fort mouvement des salariés. Pour la période allant de 1893 à 1901, le recueil recense plus de 2 600 noms[50]. Or, il semble que les effectifs de l'entreprise ne soient que d'environ 350 éléments en 1901. L'instabilité du personnel est donc majeure. En outre, cette inconstance s'observe à tous les échelons de l'entreprise et frappe tous les services. L'un des plus hauts postes de l'entreprise, celui de responsable des cuisines, est plus que jamais touché, car, en une dizaine d'années, ce ne sont pas moins de quatre chefs qui se sont relayé aux commandes des cuisines du Grand Hôtel.

Des besoins temporaires, comme par exemple lors de la haute saison, peuvent expliquer une part infime du phénomène. On retrouve à quelques reprises des mentions « d'extra terminé », mais ce motif est loin d'être le plus fréquent. En revanche, les cas de démission sont omniprésents. Par exemple, un groom entre au Grand Hôtel le 15 avril 1901, il en démissionne le 1er juin de la même année ; un valet de chambre ne reste à l'hôtel qu'un mois, du 21 mars au 24 avril 1901… Les cas seraient faciles à multiplier tant les démissions au bout d'un ou deux mois de service sont fréquents. Il ne faut pas perdre de vue non plus que le Grand Hôtel se trouve, entre 1898 et 1901, en phase de restructuration, ce qui peut expliquer cette extraordinaire instabilité. Toujours est-il que les va-et-vient sont perpétuels, le mouvement considérable, entravant l'exploitation rationnelle de l'entreprise et engendrant de graves dysfonctionnements. Les motifs de départ sont massivement les démissions, puis, dans une moindre mesure, les licenciements, les congés, les maladies, les suppressions de poste, par exemple lorsqu'une machine vient remplacer le travail humain, les accidents du travail, surtout chez les employés des sous-sols. On retrouve également de nombreux cas de départ au service militaire, ce qui indique que certains postes du Grand Hôtel, comme les valets de chambre ou les garçons de salle, sont occupés par des personnes jeunes. Enfin, un dernier point, et non des moindres, est le fait qu'il existe

49. ADP, V12S88 : opuscule distribué aux voyageurs, 1888.

50. ADP, V12S38 : AGH, registre du personnel, commencé au 1er septembre 1893.

une très forte mobilité au sein même de l'entreprise : l'adjoint devient le chef, un employé aux écritures passe de l'économat à la comptabilité, un sommelier ou un valet de chambre change d'étage, un commis saucier devient chef rôtisseur. Ces nombreux cas soulignent une très forte fluidité entre services mais démontrent qu'elle est loin d'être exceptionnelle. Le poste nouvellement occupé est proche du précédent : on change de statut au sein du service ou on exerce le même métier dans un service différent. Les cas d'ascension fulgurante, en une seule impulsion, sont inexistants. Voyageons désormais à travers les services pour y découvrir les innombrables professions dont est composée la main-d'œuvre d'un grand hôtel.

Rez-de-chaussée et services généraux

Le sommet de la pyramide est donc constitué par le directeur et son bras droit. Les deux hommes forment un binôme ayant la tutelle sur l'ensemble des composantes de l'entreprise et auquel les différents chefs de service doivent constamment rendre des comptes. Leur présence dans l'entreprise est permanente, leur visite redoutée. En descendant d'un échelon, la comptabilité demeure un service primordial. Elle est dirigée par un chef aux appointements très confortables, qui a sous ses ordres une vingtaine d'éléments, à nouveau très hiérarchisés. Assez proche de la comptabilité, se situe la caisse, au personnel réduit en nombre, plus ou moins trois personnes, mais ayant des salaires intéressants, sans doute du fait qu'ils manipulent une part importante de recettes. Un caissier touche environ 300 F, son aide, un tiers de cette somme. Enfin, même s'ils ne sont pas placés directement sous l'égide de la comptabilité centrale, plusieurs postes de comptable se retrouvent dans de nombreux services de l'hôtel comme l'économat, les caissières de la table d'hôte, du restaurant à la carte et les caves.

La réception reste un élément crucial de l'organisation d'un grand hôtel. Cela se traduit par les salaires de ses dirigeants. Ainsi, le chef de réception perçoit 350 F par mois, le secrétaire général la même somme, le chef du bureau de réception 225 F. Le chef de réception est un des personnages majeurs de l'hôtellerie, au même titre que le chef des cuisines. Les vertus qu'il doit posséder sont innombrables : il doit être « un homme dont la tenue, la correction parfaite impressionne favorablement dès leur arrivée »[51]. Il est en quelque sorte l'image de marque de l'hôtel car il accueille les clients et leur donne une première impression. Il doit se souvenir « des goûts particuliers des habitués de l'hôtel, il tient à les prévenir et à tout disposer d'avance conformément à leurs habitudes, afin que les clients aient immédiatement l'impression du « chez soi », impression particulièrement

51. Réal C., Graterolle P., *L'industrie hôtelière...*, *op. cit.*, p. 302.

agréable »[52]. Assez curieusement, aucun concierge ne se retrouve dans le registre du personnel de l'entreprise ce qui peut s'expliquer par le fait que cette profession à part ne percevait pas d'émoluments fixes mais était uniquement rémunérée par les clients. Polyglotte, le concierge doit connaître la ville dans laquelle il travaille pour pouvoir conseiller ses clients sur les bonnes adresses concernant les restaurants ou encore les pièces de théâtre en représentation. Il peut aussi se comporter en véritable agent de prêt : les clients peuvent réaliser diverses emplettes dans les magasins de la ville, en laissant le soin aux commerçants d'envoyer les factures à l'hôtel où ils résident ; en fin de séjour, après avoir réglé sa note d'hébergement à la Caisse, le client passe à la loge pour y régler son débours.

Un contingent très important présent dans le hall du Grand Hôtel est celui des grooms. Sur la période que nous étudions, il semble que plus de 130 garçons aient exercé cette charge ; on peut estimer à seulement une vingtaine le nombre de grooms y travaillant en permanence, ce qui en fait l'une des tâches les plus volatiles. À l'intérieur de ce service, il existe des grooms guides, des grooms voyageurs, un groom à l'administration et enfin un groom au secrétariat. Hommes à tout faire, les grooms ou chasseurs – la frontière est ténue, les deux auraient, théoriquement, la même fonction mais les premiers agiraient dans l'hôtel alors que les seconds en dehors – sont généralement

> jeunes, alertes, débrouillards ; plus leur physique est agréable, plus ils font honneur à l'hôtel dont ils portent la livrée. Outre les services de nettoyage, ils sont affectés aux courses et aux commissions des clients. Ils doivent être munis d'une bicyclette leur appartenant et bien connaître les quartiers de la ville et les grands magasins.[53]

À proximité des concierges, grooms, portiers et autres chasseurs, se positionnent les bagagistes, constamment prêts à décharger les voitures arrivant à l'hôtel puis à monter les valises dans les appartements. Enfin, bien que ces derniers n'apparaissent pas dans la nomenclature des salariés du Grand Hôtel, il se peut qu'il dispose de pisteurs. Ces employés très particuliers sont chargés de rapatrier les clients, notamment à la descente des trains, dans l'hôtel qui les emploie. En fait, la pratique est interdite dans les halls de gare et c'est pourquoi certains n'hésitent pas à le faire directement dans les trains, « en montant à la station d'avant l'hôtel pour lequel ils travaillent [...] Des dames, à l'air respectable, font d'excellentes "pisteuses". »[54] Du fait que le

---

52. Leospo L., *Traité d'industrie hôtelière*, Paris, Flammarion, s.d., p. 246.
53. Réal C., Graterolle P., *L'industrie hôtelière...*, *op. cit.*, p. 324-325.
54. *Ibid.*, p. 289.

Grand Hôtel possède ses propres véhicules attendant ses clients à la sortie des gares, mais surtout du fait qu'il a une vraie réputation à préserver, il est probable qu'il puisse se passer de ces pratiques opérées par des hôteliers peu scrupuleux. Toutefois, si des pisteurs sont en action pour le compte du Grand Hôtel, il n'est guère étonnant qu'ils soient absents du registre du personnel et que sa direction cherche à les dissimuler.

Enfin, la salle à manger emploie un personnel nombreux. Elle est placée sous la tutelle d'un ou plusieurs maîtres d'hôtel qui dirigent eux-mêmes les sommeliers, garçons de salle, officiers et huissiers. Le maître d'hôtel doit en permanence gérer sa salle et son équipe, porter satisfaction aux attentes des clients, ne pas hésiter à remplacer au pied levé l'un de ses subordonnés, veiller à la mise en place de la salle, assurer sans cesse une bonne coordination avec la cuisine... D'ailleurs, la rivalité avec les cuisines ne semble pas vaine si l'on en croit Antonin Carême :

> Rien n'est plus pénible pour un bon cuisinier que de se voir sous la domination d'un maître d'hôtel. Les maîtres d'hôtel sont généralement orgueilleux et sans talent ; ils prétendent que l'honneur d'un dîner leur revient personnellement.[55]

Chacun essaie de tirer la couverture sur son propre travail. Cependant, la réussite d'un repas ne peut se faire sans une parfaite entente entre les deux parties. L'organisation du restaurant à la carte est relativement proche de celle de la salle à manger, même si, du fait du service proposé, quelques divergences apparaissent. Les maîtres d'hôtel forment toujours l'élite de la salle de repas mais ils sont désormais épaulés par des chefs de rang. Ce nouveau personnage a la charge d'un nombre restreint de tables. Il dirige lui-même les commis débarrassant et servant les clients. Il est en quelque sorte une garantie de bon service pour chacune des tables sur lesquelles il exerce son autorité. Il prend ainsi les commandes des clients, les temps de cuisson désirés, les conseille dans le choix des vins et leur explique la carte.

Le personnel agissant au rez-de-chaussée du Grand Hôtel est donc, par sa composition, très divers. Qui plus est, un nombre important de salariés n'a pas été mentionné comme les barmans, les serveurs du café-divan, les surveillants, les réceptionnistes, les agents du téléphone, les vendeurs du *ticket-office*... Loin d'être négligeables, ils constituent, avec tous ceux que nous venons de mentionner, un personnel numériquement important et dont l'uniforme avait sans doute un grand rôle pour que le client puisse les différencier. Cela se retrouve également dans les étages.

---

55. *Ibid.*, p. 307.

Les étages

Le rez-de-chaussée constitue l'espace où l'on retrouve le plus de salariés et surtout une très grande diversité de fonctions. De ce point de vue, les étages sont moins riches mais voient un grand nombre de travailleurs s'activer. La gouvernante est la personne qui règne sur ce vaste monde. Principale interface avec les clients en cas de litige, elle doit toujours veiller au confort de chacun d'entre eux. Pour ce faire, elle contrôle chaque jour que chaque chambre soit irréprochable. Elle dirige d'autres services attenants à la bonne tenue des chambres comme par exemple la lingerie. Elle a donc sous ses ordres un grand nombre de salariés, et notamment les femmes de chambre qui ont en charge l'entretien de toutes les installations d'étage. Ces employées peuvent également brosser et secouer les vêtements laissés dans les chambres, apporter à la buanderie le linge que le client désire faire blanchir. Ainsi, « la tâche de la femme de chambre est assez lourde ; mais elle est généralement bien dédommagée de ses peines par la générosité des voyageurs en contact immédiat avec elle »[56]. De manière générale, les femmes de chambre constituent le groupe de salariés où la gente féminine est la plus représentée au Grand Hôtel. Poste similaire à celui de la femme de chambre, le valet de chambre nettoie quotidiennement les chambres, veille à leur propreté et à leur bonne tenue. En outre,

> il cire et nettoie les chaussures déposées sur le seuil des chambres et les rapporte ensuite à leur place ; puis il commence le balayage des passages du couloir et des escaliers. Les clients hommes leur donnent parfois leurs habits, lorsqu'un coup de fer est nécessaire.[57]

Il n'est pas rare que femme et valet de chambre forment un couple au travail comme à la ville.

En dehors des chambres, une autre équipe s'affaire de manière importante. Placé sous la responsabilité d'un chef, le service « étage » a principalement la charge du *room-service*, c'est-à-dire du service des repas et consommations pris dans les appartements. Sommeliers et aide sommeliers sont les premiers à œuvrer à cette besogne. D'ailleurs, le mot semble avoir suivi une très nette évolution, puisqu'il ne désigne pas un employé en charge de présenter puis de servir le vin. Il serait ce qu'on appelle aujourd'hui un serveur. Les traités relatifs à l'hôtellerie mettent en lumière ce point : en Allemagne, le mot sommelier est utilisé afin de désigner la plupart des fonctions hôtelières, jusqu'à celle de

---

56. *Ibid.*, p. 330-331.
57. *Ibid.*, p. 331.

gérant d'un hôtel pour un premier sommelier[58]. Pour revenir au Grand Hôtel, l'appellation d'un second métier pose problème : celle d'omnibus. En l'occurrence, elle est absente de tous les traités dédiés à l'hôtellerie. Nous pouvons penser que cet employé agit en duo avec le sommelier ou l'aide sommelier et travaille au service des appartements. Ce qualificatif d'omnibus est peut-être adopté du fait des dimensions du Grand Hôtel !

Sous-sols et cuisines

Comme nous l'avons déjà évoqué, les sous-sols forment un monde à part. La composition du personnel travaillant dans cet espace souterrain renforce cette impression. À la veille du basculement de siècle, le Grand Hôtel dispose de nombreux équipements, ascenseurs, machines dynamoélectriques, glacière... l'obligeant à employer un personnel très spécifique, comme des mécaniciens, des conducteurs, des gaziers, des électriciens ou encore des ouvriers chargés de l'entretien des ascenseurs. Il est évident que tous ces hommes œuvrent dans l'ensemble de l'hôtel mais leur point de rattachement demeure les sous-sols. Le service des travaux a donc une grande importance. Les grands hôtels, par la multiplicité de leurs installations mais également du fait qu'ils doivent répondre instantanément aux moindres problèmes techniques, ont le devoir de posséder un personnel aussi divers, aux compétences si étendues. D'autres services importants se situent dans les sous-sols du Grand Hôtel, comme le réfectoire, l'argenterie ou le grand office qui emploient également un personnel propre. Par exemple, le personnel des caves est composé d'un chef d'exploitation, d'un comptable, de cavistes, de livreurs et de commis. Toutefois, le contingent le plus important des sous-sols demeure celui des cuisines. Cet univers est exclusivement masculin. Au Grand Hôtel, une césure a lieu, au moins dans la répartition des tâches, entre les grandes cuisines et une autre spécifique au restaurant à la carte, car nous retrouvons dans le registre du personnel une double organisation, celle des grandes cuisines étant quantitativement la plus puissante. Il s'agit de l'un des services où l'instabilité du personnel est la plus forte. Le chef de cuisine détient entière autorité sur tous les détails de sa cuisine et sur chaque élément de sa brigade :

> Dans sa cuisine, le chef est le maître absolu : chefs de partie, aides et garçons de cuisine lui doivent le plus grand respect et l'obéissance ; cette obéissance doit plutôt être de l'aménité, des prévenances qu'une soumission passive et involontaire.[59]

58. Guyer E., *Les hôtels modernes...*, *op. cit.*, p. 181.
59. Garlin G., *Le cuisinier moderne*, 1887 in Drouard A., *Histoire des cuisiniers en France, XIXe-XXe siècle*, Paris, CNRS édition, 2004, p. 74.

Le chef est entouré d'un second et aidé par de nombreux chefs de partie, qui dirigent eux-mêmes un grand nombre d'aides et commis. Une organisation parfaite du travail et un ordonnancement adéquat des tâches forment la clé de voûte du bon fonctionnement quotidien des cuisines de l'hôtel, qui, on peut l'imaginer, étaient en action une grande partie de la journée, voire de la nuit. Le chef des cuisines s'assure que son royaume réponde en permanence aux demandes des étages. Lors de la dernière décennie du XIXe siècle, le chef du Grand Hôtel perçoit un salaire de 700 F par mois, son second moitié moins. Après 1900, un grand nom de la cuisine française vient occuper ce poste : Prosper Montagné[60]. Tout porte à croire que c'est Arthur Millon qui engage dans un premier temps Montagné chez Ledoyen, avant de le faire venir au Grand Hôtel. C'est là que le célèbre cuisinier aurait élaboré un plat appelé à bénéficier d'une grande renommée, l'omelette norvégienne.

La personnalité du chef reste donc essentielle au bon fonctionnement d'une cuisine, surtout lorsqu'elle atteint la taille de celle du Grand Hôtel. Les chefs de partie ont également un rôle majeur. Comme son nom l'indique, le chef saucier a pour responsabilité la confection des diverses sauces. Il semble que ce soit un emploi de grande renommée puisqu'on ne peut arriver à ce poste qu'à la condition d'être passé par tous ceux composant une cuisine[61]. Du reste, le chef saucier peut être appelé à remplacer temporairement le grand chef. Le chef entremettier prépare les consommés, les œufs, les légumes et les entremets. Il a un grand rôle dans l'art du dressage. Le rôtisseur est chargé

> de la broche, de la grillade et des fritures en général… [il] doit connaître exactement le temps nécessaire à la cuisson des pièces de toutes les grosseurs ; le degré de délicatesse que chacune de ces pièces possède et le degré de cuisson qu'elles réclament.[62]

Le chef du garde-manger a pour sa part une attribution bien plus large. Il veille à l'entrée effective des nombreuses denrées dans les réserves de l'hôtel, fournit aux chefs de partie les produits dont ils ont besoin, et suivant les cuisines, est susceptible de se muer en véritable boucher puisqu'il peut désosser, dépecer, vider, brider les viandes et volailles. En l'absence de boucher officiel au Grand Hôtel et du fait du nombre de garde-manger, on peut penser qu'ils y effectuaient toutes ces tâches. Enfin, la pâtisserie a, cela s'entend, la charge

---

60. Voir notamment : Lamoise R., *La vie et l'œuvre de Prosper Montagné*, Malakoff, Éditions Jacques Lanore, 1995.
61. Réal C., Graterolle P., *L'industrie hôtelière…*, *op. cit.*, p. 318.
62. Garlin G., *Le cuisinier moderne*, 1887 in Drouard A., *Histoire des cuisiniers en France…*, *op. cit.*, p. 75.

de la fabrication de tous les gâteaux, glaces et autres desserts. Du fait de l'ampleur des cuisines du Grand Hôtel et du nombre de repas en sortant quotidiennement, une armée de commis et d'aides prête main-forte aux chefs de partie. Au vu de ses émoluments, le commis semble plus formé, plus expérimenté et compétent que l'aide, vraisemblablement le premier grade des cuisines. Par ailleurs, nous n'avons retrouvé qu'un seul et unique apprenti, ne percevant aucun salaire, puisque la règle est encore qu'il paît son maître d'apprentissage[63]. En comparaison, les plongeurs et un homme de peine semblent mieux lotis, malgré la difficulté de leur besogne. D'ailleurs, pour réellement comprendre le traitement réservé à chacun des employés du Grand Hôtel, il convient de s'intéresser à la question des salaires.

Salaires et recrutement

Des revenus fixes très disparates

Un regard sur les appointements des salariés de l'entreprise renforce l'idée d'une très forte hiérarchisation. Même entre chefs de service, de véritables divergences se forment : chef argentier et chef officier ne sont pas placés à la même enseigne que les chefs des autres principales branches de l'hôtel. De plus, la haute rétribution de trois personnages prouve leur importance : le directeur, le chef de la comptabilité et le chef des cuisines, avec respectivement des appointements mensuels de 1 500, 833 et 700 F. Il est évident que les postes à forte responsabilité sont les mieux rémunérés, engendrant ainsi d'importantes disparités entre chefs et subalternes : le chef saucier perçoit en moyenne 250 F, son aide cinq fois moins. Cette proportion est à peu près constante. Un autre trait important est le fait que les salariés en contact direct avec l'argent perçoivent des salaires relativement élevés ; la direction de l'hôtel tente ainsi de contrecarrer toute velléité de vol. Aussi, on retrouve une relative constance des émoluments fixes. À fonction identique, salaire égal. Cela est quasiment vrai pour la plupart des activités. Par exemple, tous les surveillants touchent 100 F par mois, les grooms sans qualification particulière 10 F, les femmes de chambre 30 F, les valets 35 F. Il semble donc qu'il n'y ait pas ou peu d'espoir pour tous ces salariés de voir leurs rétributions augmenter, en fonction de leurs qualités, de leurs compétences ou de leur ancienneté. Seule une promotion permet d'entrevoir une revalorisation salariale. Quelques cas viennent perturber ces conclusions, mais ils ne sont qu'infimes, pour ne pas dire insignifiants, si ce n'est dans un service important : les cuisines. En effet, il existe à charge égale une vraie disparité de salaires. Par exemple, un aide saucier perçoit 70 F alors

63. Drouard A., *Histoire des cuisiniers en France…*, *op. cit.*, p. 58.

que son collègue n'en touche que 20. L'expérience ou l'ancienneté entre les membres de la brigade l'explique sans doute. N'usant pas d'une hypertrophie des titres, les cuisiniers se distinguent par leurs émoluments, la distinction par le titre ne venant que progressivement.

Direction		**Cuisine**	
directeur	1500	chef de cuisine	700
sténographe	150	second	300
Comptabilité		chef saucier	250
sous-chef comptable	300	aide saucier	60
comptable	75	**Service des travaux**	
Réception		chef	350
chef de réception	350	électricien	150
employé	150	**Étages**	
Surveillants		chef des étages	350
brigadier surveillant	125	sommelier	60
surveillant	100	femme de chambre	30
Restaurant à la carte		valet de chambre	35
garçon	50	**Grooms**	
chef de rang	50	groom voyageur	20
chef de salle	100	groom	10

Tab. 14. Émoluments mensuels moyens, vers 1900 (en F).

Selon le conseil d'administration, deux grandes catégories de salariés forment la main-d'œuvre du Grand Hôtel : ceux qui ont un contact direct avec le client et ceux qui n'en ont pas. Dès lors, une différence notable de salaires s'explique par le fait que c'est aux clients de récompenser les salariés grâce aux pourboires. La faiblesse de certains salaires, comme ceux par exemple du petit personnel d'étages, ne s'explique pas autrement. De plus, bien que n'ayant pas de contact avec la clientèle, d'autres catégories perçoivent des émoluments très faibles. On peut penser notamment aux commis et aides de cuisine. L'exemple du Grand Hôtel ne déroge pas de ce point de vue aux conditions difficiles que connaissent les petites mains des grandes cuisines à cette même époque[64]. D'ailleurs, ces très faibles salaires et ces rudes

64. *Ibid.*, p. 82.

conditions de travail font qu'apparaissent de multiples doléances à l'encontre des patrons hôteliers. Voici, par exemple, ce que répond le syndicat des hôteliers de Paris à un article paru dans *L'Humanité* en février 1910 concernant les conditions de travail des garçons d'hôtel :

> Le métier d'employé d'hôtel est dur, pénible mais il comporte de généreuses compensations. C'est le gain relativement élevé que des employés obtiennent au début sans aucun apprentissage. Ces jeunes gens, certes fort vigoureux, désireux de bien travailler mais ne connaissant rien ou presque de Paris, arrivant des champs gagnent 50, 60, 90 francs par mois. Ils sont nourris, logés, blanchis. Un comptable, un ouvrier ayant fini son apprentissage gagnera beaucoup moins en réalité parce que la nourriture et le logement constituent déjà un important salaire à Paris.[65]

Les patrons se défendent donc en plusieurs points. D'une part, ils se disent employer un personnel non qualifié, « arrivant des champs », et l'embaucher aussi rapidement qu'il gagne Paris, ce qu'aucune autre branche industrielle ne pratique selon eux. D'autre part, ils insistent sur les avantages en nature qu'ils fournissent à leurs salariés : la nourriture, le logis et le blanchissage. Ils avancent que de tels bénéfices offrent, au final, un traitement conséquent, surtout à Paris, où la vie est plus onéreuse qu'ailleurs. Concernant le logement, l'argument est très discutable puisque tout porte à croire qu'à cette époque les grands hôtels ne logent plus leurs salariés, toutes les installations étant réservées à la clientèle. Ainsi, en dépit de la défense des patrons hôteliers, les plus bas salaires, correspondant généralement aux tâches les plus ingrates, sont très faibles. De plus, le paiement au mois, et non à l'heure, entraîne certaines dérives. Cette faiblesse des salaires rencontrée pour une grande partie de la main-d'œuvre du Grand Hôtel fait que les frais de personnel – nous comptons les appointements et les avantages en nature – ne représentent que 13,70 % en 1904 des charges totales de la société[66]. Les personnels administratifs et des cuisines représentent à eux deux près de 73 % de la masse globale salariale. Au total, cette faiblesse des émoluments rend le pourboire obligatoire et entraîne une vie difficile à tous ceux n'en percevant pas[67].

---

65. *L'Hôtelier, organe de la chambre syndicale des hôteliers de Paris*, 16 juin-30 juin 1910.
66. ADP, V12S35 : AGH, compte de gestion, 1904. Dans charges totales, nous incluons les frais généraux et les charges par service.
67. Sur la question du pourboire, voir le très intéressant plaidoyer de René-Hilarion Didaret, garçon de café devenu trésorier de la Chambre syndicale parisienne des ouvriers limonadiers restaurateurs (*Le pourboire dans les Hôtels, Cafés et Restaurants, Les mauvais effets du Pourboire-Salaire, Comment faire disparaître le Pourboire et garantir le Salaire*,

Formation et nationalités

Consciente de ses lacunes en matière de formation, la corporation des grands hôtels parisiens ne commence à cerner le problème que tardivement. Au début du XXe siècle, quelques initiatives tentent de répondre à cette absence mais elles restent sans lendemain ou n'atteignent pas les objectifs affichés[68]. Par contre, vers 1905, M. Graterolle, fondateur du journal *L'hôtellerie française*, présente un projet d'école hôtelière, qu'il soumet au président du Syndicat des grands hôtels de Paris, Paul Brunel[69]. Toutefois, son décès retarde l'exécution du projet. Le 6 mars 1908, a lieu au Grand Hôtel une réunion entre Graterolle, Wiener et Boland, au sujet de cette importante question. Le nouveau président du Syndicat des grands hôtels de Paris déclare réserver son opinion et affirme que « la main-d'œuvre étrangère était suffisante »[70]. Finalement, la première école n'est inaugurée qu'en octobre 1910 par le Syndicat des grands hôtels de Paris. Son siège se confond avec celui de l'association. La nouvelle structure « a pour but de donner aux jeunes gens [...] les connaissances multiples que doivent posséder aujourd'hui ceux qui se destinent à la carrière d'hôtelier »[71]. L'apprentissage se fait sur deux années et est divisé en une partie théorique et une seconde beaucoup plus pratique et dispensée directement dans les hôtels qui se portent volontaires pour accueillir les jeunes gens, sans doute de bonne condition – c'est en tout cas un objectif avoué – voulant embrasser la carrière hôtelière. Par exemple, six mois après l'inauguration de l'établissement scolaire, quatorze élèves sont accueillis dans les hôtels de Paris. Le Grand Hôtel en accepte deux, le Chatham trois, tous les autres hôtels volontaires, comme le Régina, en recueillent un. L'ambition de l'enseignement est bien de sensibiliser les futurs dirigeants d'hôtels à tous les détails que comportent les exploitations des plus grandes entreprises. Cette première initiative est ainsi orientée vers la formation des prochains cadres et compense peut-être l'idée que le métier d'hôtelier ne nécessite aucune formation préalable à son exercice. Toutefois, il faudra encore attendre l'entre-deux-guerres pour voir un réel essor des écoles hôtelières touchant à toutes les strates d'une organisation d'un grand hôtel. Ce développement tardif est une conséquence lointaine de la Première Guerre mondiale, puisque a

---

Paris, Fédération Nationale Confédérée des Syndicats de Travailleurs de l'Alimentation, 1922). Se référer également aux quelques éléments d'analyse que l'on retrouve dans Tessier A., *Le Grand Hôtel...*, *op. cit.*, p. 354-358.

68. Réal C., Graterolle P., *L'industrie hôtelière...*, *op. cit.*, p. 205.

69. *Ibid.*, p. 206.

70. *Ibid.*

71. *Bulletin officiel du syndicat général de l'industrie hôtelière France et colonies*, organe et propriété du syndicat général de l'industrie hôtelière et des grands hôtels de Paris, mars 1911.

lieu, après 1918, dans l'esprit de certains, un devoir de nationaliser l'industrie hôtelière française, « une nécessité de franciser l'hôtellerie »[72].

Rappeler les circonstances de la création de la première école hôtelière parisienne, quelques années après la fin des hostilités de la Grande Guerre, est tout sauf innocent. En effet, les auteurs rappelant ces faits sont explicitement germanophobes. Graterolle souligne son propre rôle dans cette affaire, comme pour mieux montrer qu'il fut entravé dans sa volonté de former les Français aux métiers de l'hôtellerie ; sans cela, « l'hôtellerie en France, depuis vingt ans, serait entièrement nationale »[73]. L'infiltration allemande des hôtels de Paris ne repose donc que sur l'incompétence des gens ayant pris la succession de Brunel. Du reste, notifier la présence de Wiener, qui est d'origine autrichienne, lors de la réunion déclarant que la main-d'œuvre étrangère est largement suffisante, relève également de l'accusation. La présence massive des employés germaniques dans les hôtels parisiens est-elle une réalité historique ? Les impressions laissées par différents commentateurs le confirment. Le conflit de 1914-1918 marquerait, sous cet angle, une césure importante dans la composition du personnel des grands hôtels français. Avant la Première Guerre mondiale, la main-d'œuvre hôtelière serait principalement étrangère et composée en grande majorité d'Allemands et de Suisses. Certaines sources contemporaines, allant clairement dans le sens d'une colonisation germanique de l'industrie hôtelière française, avancent qu'à Paris, sur 10 000 employés d'hôtel, 4 000 seraient allemands[74]. Après 1918, à Paris, les grands hôtels n'emploieraient plus que 13,8 % d'employés étrangers[75]. Ce retournement se retrouve également dans les nationalités représentées puisqu'il s'agirait surtout d'Italiens, de Suisses et de Tchécoslovaques. Pour des raisons évidentes, la prédominance allemande disparaît. Pourquoi, avant 1914, le personnel hôtelier serait-il si massivement étranger ? Les raisons avancées donnent un portrait prosaïque du caractère hexagonal. D'une part, les Français seraient récalcitrants à l'apprentissage des langues étrangères ; d'autre part, ils conserveraient une mauvaise image de l'hôtellerie, « industrie qui ne chôme pas, qui réclame de grands sacrifices quant aux loisirs »[76]. Un traité allemand de 1877 confirme que les Français souffrent d'un réel retard dans la perception même du développement du tourisme, au contraire d'autres nations comme la Suisse et l'Allemagne :

---

72. Réal C., Graterolle P., *L'industrie hôtelière…*, *op. cit.*, p. 198.
73. *Ibid.*, p. 206.
74. Darmon P., *Vivre à Paris pendant la Grande Guerre*, Paris, Fayard, 2002, p. 160. Toutefois, comme le note bien l'auteur : « Si l'espionnage allemand existait avant guerre, son importance n'en a pas moins été exagérée dans l'exaltation du moment » (p. 161).
75. Gautier M., *L'hôtellerie, étude théorique et pratique…*, *op. cit.*, p. 288.
76. *Ibid.*

> dans les contrées où les étrangers affluent de toutes parts, on n'a pas tardé à reconnaître que la connaissance des diverses langues était précieuse, voire même nécessaire ; en conséquence on y a attaché toujours plus de prix et on s'est de plus en plus préoccupé de progresser dans ce sens. Les bords du Rhin et la Suisse ont longtemps donné sous ce rapport le bon exemple ; la France et l'Angleterre ne l'ont guère suivi, ce qui fait qu'on trouve beaucoup d'Allemands et de Suisses en possession de bons hôtels à l'étranger, tandis qu'il est peu de Français et d'Anglais établis hors de chez eux en qualité de maîtres d'hôtel.[77]

À l'occasion d'une grève de 1907 des garçons de café, le directeur du Scribe confirme que le personnel hôtelier est, dans de larges proportions, étranger et qu'il ne craint aucunement un arrêt de travail, car, auquel cas, il songerait à employer des salariés suisses, ce qui sous-entend que ces derniers sont nettement moins enclins à venir contester leurs conditions de travail : « in case of a strike there would be no difficulty in replacing the discontenteted ones. A few telegrams to Switzerland would bring trainloads of new and capable hands »[78]. En outre, les préjugés sur les qualités attribuées aux divers caractères nationaux s'exercent sous toutes les latitudes. Aux États-Unis, une autre forme de ségrégation aurait lieu puisque tout le personnel de seconde catégorie serait noir, la première étant constituée d'Américains, d'Anglais ou d'Allemands[79].

Qu'en est-il au Grand Hôtel ? Les registres du personnel ne fournissent pas les nationalités de chacun des employés de l'entreprise. Aussi, le meilleur indice, même si les effets du contexte international se font peut-être déjà ressentir, est une nouvelle fois fourni par le conseil d'administration à l'occasion de son assemblée générale de l'exercice 1914. À la veille de la déclaration de guerre, l'entreprise emploie 299 Français, 6 Alsaciens, 49 Suisses, 24 Italiens, 20 Autrichiens, 14 Allemands et 15 autres salariés de diverses nationalités. La précision des administrateurs du Grand Hôtel contredit les lieux communs. En effet, l'écrasante majorité du personnel de l'hôtel de la place de l'Opéra est de nationalité française, plus de 70 %, puis suisse – 11,5 %. Même en y incluant les Alsaciens, les germanophones ne représentent que 9,4 % du personnel total de l'entreprise. Ainsi, dans le cas du Grand Hôtel, les pires accusations lancées pendant le conflit et après l'armistice ne peuvent pas se vérifier, à la condition toutefois importante que les Allemands n'aient pas déjà quitté les lieux lors du premier semestre 1914. Bien que cette dernière hypothèse soit plausible, il est tout de même remarquable que l'entreprise ait pu compenser cette fuite,

77. Guyer E., *Les hôtels modernes...*, *op. cit.*, p. 156.
78. *The New York Times*, 23 avril 1907.
79. Guyer E., *Les hôtels modernes...*, *op. cit.*, p. 156.

signe que la main-d'œuvre française n'a pas rebouté entièrement les métiers de l'hôtellerie. Par contre, pour ce qui est des administrateurs des plus grands hôtels de Paris, la situation est nettement plus délicate...

En dépit des limites que nous avons tenté de surmonter, l'étude du personnel hôtelier, loin d'être complète, est en tout point passionnante. *Primo*, elle montre un univers où cohabite un grand nombre de métiers, où le mécanicien croise un collègue cuisinier, concierge ou valet de chambre. En ce sens, et contrairement aux apparences laissées par ses murs infranchissables, l'hôtel est une entreprise de production, comme les autres, nécessitant le recours à de nombreuses et multiples compétences. *Secundo*, la question des salaires est en tout point centrale. Au-delà de la division standard de la main-d'œuvre hôtelière faite par bon nombre d'observateurs, il semble que trois catégories de personnel hôtelier se distinguent : le salarié en contact avec le client, touchant des émoluments fixes plus ou moins importants et comptant sans cesse sur la générosité des clients pour arrondir ses fins de mois, le salarié qui n'a pas contact avec le client mais qui perçoit un salaire décent, ce que l'on retrouve avec les postes administratifs ou les chefs des cuisines, et enfin, la troisième catégorie est composée des salariés n'ayant contact ni avec les clients, ni, le plus souvent, avec la lumière du jour, n'ayant droit qu'à des appointements réduits. Encore une fois, dans ce dernier cas, leurs conditions de vie paraissent réellement difficiles. *Tertio*, la Première Guerre mondiale marque une étape cruciale de l'histoire de l'hôtellerie parisienne. D'une part, elle chasse des hôtels les employés germanophones, et, dans une moindre mesure, étrangers ; d'autre part, elle encourage les patrons français à développer – pour ne pas dire créer – la formation hôtelière.

Des politiques de communication dynamiques

Un troisième point doit être évoqué afin d'analyser toutes les strates et le fonctionnement du Grand Hôtel. Il s'agit de la politique commerciale de l'entreprise, et plus généralement de tous les modes de communication mis en œuvre, autant pour attirer un nombre croissant de voyageurs que pour régir le quotidien de l'hôtel.

Un règlement intérieur strict

Au Grand Hôtel, les voyageurs sont astreints à un grand nombre de règles. La première consiste à s'acquitter de la note d'hébergement hebdomadairement. La bonne tenue de cette exigence permet un meilleur contrôle, minimise le risque de fraude et assure à l'entreprise une entrée régulière de fonds. L'opuscule, distribué à tous les clients à leur arrivée à l'hôtel ou en consultation dans les chambres, mentionne sans ambiguïté cette obligation : « les notes sont remises à la fin de chaque semaine ; elles devront être payées à la caisse de l'Hôtel le lendemain de leur remise et porter le visa du caissier pour que l'acquit soit valable »[80]. Comme pour mieux mettre en exergue l'importance de la procédure, elle est traduite en anglais, ce qui n'est pas le cas de toute la brochure.

Les horaires d'arrivée et de départ des voyageurs sont également très encadrés. Tout client prenant possession de sa chambre avant six heures du matin doit régler le montant de la nuit précédente. Les chambres doivent être rendues avant six heures du soir, horaire adapté aux départs des trains de nuit. Durant des absences prolongées, les clients de l'hôtel peuvent y laisser en dépôt leurs bagages, « aux conditions d'un tarif modéré »[81]. De plus, à leur arrivée, les clients ont la possibilité de remettre leurs objets précieux à la caisse centrale. Seuls ces derniers sont placés sous la responsabilité du Grand Hôtel, qui en décline toute autre forme en ce qui concerne les valeurs laissées dans les appartements. Les recommandations données aux voyageurs en matière de sécurité sont très strictes. En quittant leur appartement, ils doivent donner leur clé au bureau d'étage où elle demeure jusqu'à une heure du matin. Au-delà, les clés sont descendues au bureau des surveillants, situé dans la cour d'honneur. Les instructions laissées aux voyageurs précisent qu'ils ne doivent aucunement laisser leur clé sur la porte de l'appartement et qu'ils doivent s'enfermer de l'intérieur lorsqu'ils se couchent. Ces consignes prouvent la grande préoccupation des hôteliers contre toute forme d'effraction. Dans le même ordre d'idée, les personnes désirant rendre visite à un client sont dans l'obligation de s'adresser au bureau de poste et de renseignements. Un employé demande, par le biais d'un porte-voix, au service des étages si le client est dans sa chambre. L'étranger est autorisé à accéder aux étages à la seule condition que la personne visitée s'y trouve. Enfin, le règlement intérieur de l'entreprise rappelle que les domestiques ainsi que les employés n'ont pas le droit de vendre quoique ce soit en son sein. Les voyageurs doivent rester vigilants devant ces pratiques et ont la faculté de s'en plaindre auprès de la direction. En outre, dans un souci perpétuel de veiller au bien-être de ses visiteurs, le Grand Hôtel met à leur disposition, au secrétariat général, un livre destiné à recevoir leurs observations. Les administrateurs de la société se disent enclins à « les examiner et [à] y donner satisfaction »[82].

80. ADP, V12S88 : opuscule distribué aux voyageurs, 1888, p. 3.

81. *Ibid.*, p. 9.

82. *Ibid.*, p. 10.

L'organisation est donc très codifiée. Il ne fait pas de doute que pour que fonctionne de manière cohérente un établissement de cette dimension, son règlement intérieur doit être à la fois efficace et respecté. À travers un témoignage louant « la puissante organisation du Grand Hôtel », il semble que ces systèmes d'administration soient efficients ; voici, par exemple, la manière dont est perçu le service de renseignements et des courriers vers 1895 :

> attendez-vous un ami, un correspondant ? À peine êtes-vous installé que votre fiche est établie au rez-de-chaussée, au bureau de renseignements ; on peut venir vous demander, et l'on vous trouvera sans peine, et sans erreur possible. – M. X..., tel étage, tel escalier, tel numéro ! [...] Ce n'est pas tout. Il y a le service de la poste, de la correspondance. Quatre employés y sont affectés et leur besogne n'est point une sinécure. Chaque courrier apporte en moyenne plus de cinq cents lettres [...] S'il s'agit d'une missive pressée, d'une dépêche ou de tout autre avis urgent, un groom le monte aussitôt.[83]

Le fait que la direction de l'entreprise consente à tant d'efforts pour que les divers services fonctionnent efficacement est évocateur de l'attention portée à la marche quotidienne du Grand Hôtel. Faire cohabiter, sans heurts, plus de 1 500 personnes, entre salariés et visiteurs, les jours de grande affluence, en un même espace renfermé, repose sur un corpus de règles et une gestion stricte, pratiquement scientifique. L'opuscule distribué à l'arrivée des clients y concourt, même s'il n'a pas que cette unique fonction. Il doit aussi être un outil de communication, devant inciter les clients de l'hôtel à profiter des plaisirs mis à leur disposition. Toutefois, la communication du Grand Hôtel est bien plus large.

L'offensive commerciale

L'invention du plan-tarif

À l'approche de l'Exposition universelle de 1889, l'administration du Grand Hôtel annonce à ses actionnaires qu'elle a mis sur pied un nouveau système d'informations, qu'elle baptise « plan-tarif ». Ce principe doit permettre d'en finir avec les nombreuses surprises que les clients pouvaient subir en arrivant dans leur lieu de résidence, tant au niveau du confort qu'au niveau des tarifs :

> L'innovation d'après laquelle un plan-tarif, renseignant par avance sur le coût de location pour chaque saison comme pour chaque chambre,

83. *La Revue illustrée*, vol. 20, juin-décembre 1895, p. 263.

> et mis à la disposition du public, contribuera à améliorer encore nos rapports avec les personnes sérieuses qui ne veulent pas être exposées dans leurs dépenses à aucune surprise.[84]

Les dirigeants du Grand Hôtel se placent comme des précurseurs dans cette tentative d'harmonisation et de normalisation des relations entre l'hôtelier et ses clients. Sont-ils réellement les inventeurs de ce nouvel outil commercial ? Nous ne le savons pas. Quoi qu'il en soit, les témoignages renforcent l'impression donnée par Edmond de Werbrouck : « l'administration du Grand-Hôtel a imaginé un moyen fort heureux autant que fort ingénieux, – c'est ce qu'elle appelle son Plan-Tarif »[85]. Ils louent les mêmes mérites que ceux avancés par la direction du Grand Hôtel quant à l'utilité d'un tel opuscule :

> avant même de s'embarquer dans une gare ou dans un port, les étrangers ne savent-ils pas qu'ils y trouveront tout ce qu'ils désirent ? Grâce à l'ingénieux plan-tarif, un opuscule qui a fait beaucoup d'imitateurs, partout répandu dans les deux mondes, ils peuvent par avance faire un choix judicieux parmi les huit cents chambres de l'hôtel ; toutes les dépenses y étant prévues jusqu'aux plus infimes détails.[86]

Grâce à une notification claire et sans ambivalence, l'hôtelier ne peut plus, au moment du règlement de la note, ajouter une série de suppléments, ce qui permet au client de se sentir rassuré lorsqu'il aborde son séjour. Le plan-tarif est envoyé gratuitement, aux quatre coins du monde, sur simple demande. Il s'agit sans doute d'une des premières fois dans l'histoire qu'un hôtel use d'une publicité aussi massive et géographiquement aussi étendue. En plus de disposer de tous les tarifs proposés par l'établissement, cet « agent d'attraction extrêmement précieux »[87] permet aux visiteurs de réserver directement l'appartement qu'ils souhaitent. Les exemplaires conservés, rédigés en français et en anglais – même s'il ne fait guère de doute qu'ils en existaient en d'autres langues –, montrent la diversité des installations, et, de fait, la disparité des prix. De plus, le plan-tarif est extrêmement précis puisqu'il indique pour chaque chambre, à l'aide de son numéro, son emplacement sur le plan de l'étage annexé et son prix de location. Dans le milieu des années 1890, les appartements les plus chers, et visiblement les plus spacieux, sont ceux du premier étage, situés à l'angle de la place de l'Opéra et au-dessus de

84. AGOE de la société du Grand Hôtel, 28 avril 1890.
85. *La Revue illustrée*, vol. 20, juin-décembre 1895, p. 262.
86. *La Revue illustrée*, vol. 18, juin-décembre 1894, p. 416.
87. *Ibid.*

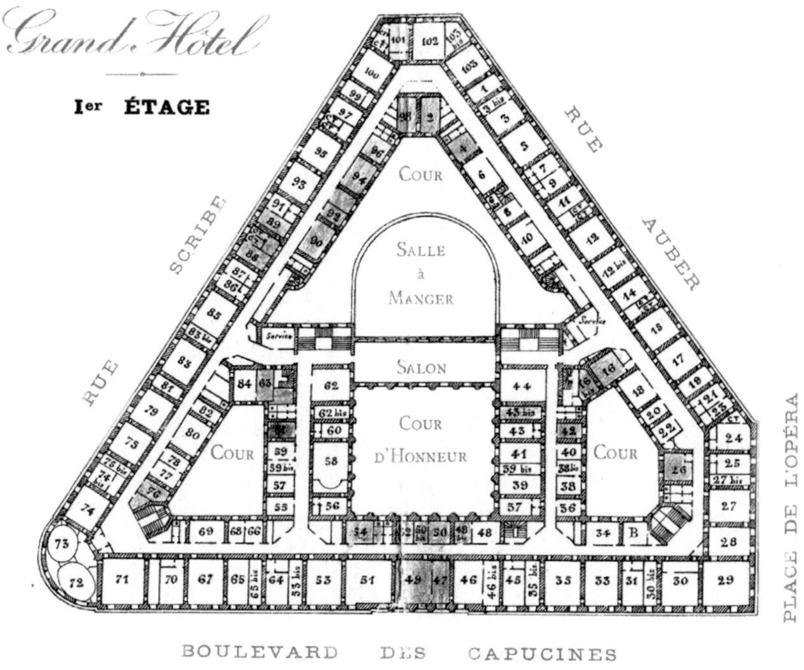

Prix des Appartements — Ier ÉTAGE

Les prix indiqués en caractères **verts** *sont appliqués* { **du 16 Novembre au 14 Mars.** **du 1er Juillet au 31 Août.**

Les prix indiqués en caractères **rouges** *sont appliqués* { du 15 Mars au 30 Juin. du 1er Septembre au 15 Novembre.

Salons

Numéros	Fr.	Fr.
5	35	40
12 *bis*	35	40
17	35	40
28	40	45
29	50	60
33	35	40
49	35	40
51	40	50

Salons

Numéros	Fr.	Fr.
58	35	40
67	35	40
72	30	35
73	30	35
85	30	35
93	30	35
102	35	40

Chambres a 2 Lits

Numéros	Fr.	Fr.
2	20	24
6 et 6 *bis*	24	28
10	20	24
12 *C. T.*	30	35
15 *C. T.*	30	35
18	20	24
26	20	24
27	35	40
34	20	24
35	35	40
39 et 39 *bis*	25	30
44	20	25
46 et 46 *bis*	40	45
53	35	40
62 et 62 *bis*	25	30

Chambres a 2 Lits

Numéros	Fr.	Fr.
69	20	24
71	35	40
74	35	40
75	30	35
79	30	35
80	20	24
83 et 83 *bis*	40	45
90	20	24
94	20	24
95 *C. T.*	30	35
98	20	24
100 *C. T.*	30	35
103 et 103 *bis*	40	45

Chambres a Grands Lits

Numéros	Fr.	Fr.
3 et 3 *bis*	26	32
11 *C. T.*	22	26
14 *C. T.*	22	26
16 / 16 *bis* {1 Grand 1 petit lit}	20	25
19	20	24
24 *C. T.*	26	32
25	22	26
30	35	40
31	22	26
38 et 38 *bis*	16	20
42	14	18
45	22	26
47	22	26
50 / 50 *bis* {1 Grand 1 petit lit}	18	24
54	18	20
59 et 59 *bis*	16	20
60	14	16
63	12	16
64	22	26
65 et 65 *bis*	30	35
70	22	26
84	20	25
88 *C. T.*	22	26
89 *C. T.*	22	26
96	14	18
97 *C. T.*	22	26
101 *C. T.*	26	32

Chambres a 1 Lit

Nos	Fr.	Fr.
1	16	20
4	10	12
7	16	20
8	10	12
9	16	20
20	10	12
21	16	20
22	10	12
23	16	20
27 *bis*	15	20
30 *bis*	15	20
35 *bis*	15	20
36	10	12
37	14	16
40	10	12
41	14	16
43	14	16
43 *bis*	12	14
48	12	14
48 *bis*	12	14
52	12	14

Chambres a 1 Lit

Nos	Fr.	Fr.
53 *bis*	15	20
55	10	12
56	14	16
57	10	12
61	10	12
66	10	12
68	10	12
71 *bis*	15	20
74 *bis*	15	20
75 *bis*	15	20
76	10	12
77	10	12
78	10	12
81	16	20
82	10	12
86	16	20
87	16	20
91	16	20
92	10	12
99	16	20

N. B. — *Les Cabinets de Toilette* (**Nos Bis**) *attenants aux Nos correspondants, sont loués avec ces chambres.*

On peut y placer des lits supplémentaires.

L'indication **C.T.** *répond aux Cabinets de Toilette de moindre dimension.*

Ier ÉTAGE

1 lit supplémentaire	fr.	4	»
1 lit d'enfant	—	3	»
1 chambre de domestique au Vme Étage	—	3	»
Service et électricité par personne	—	2	»
Une bougie	—	1	»
Une lampe Carcel	—	2	»
Une veilleuse	—	»	60
Un panier de bois	—	3	»

Fig. 13. Plan-tarif, 1er étage, 1899.

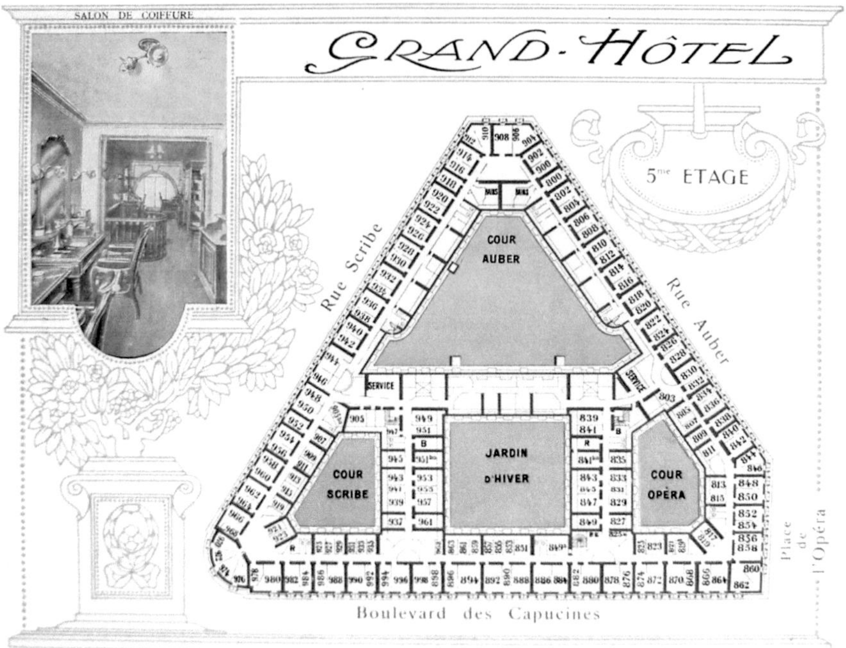

5me ÉTAGE. — 5th FLOOR. — 5. STOCK.

TARIF DES APPARTEMENTS

(Service et Éclairage compris)
Attendance and electric light included. — Bedienung und electrische Beleuchtung inbegriffen

Chambres à 1 Lit	
Numéros	Prix
800	7 fr.
803	6 -
804	7 -
805	6 -
807	6 -
808	7 -
809	6 -
811	6 -
812	7 -
813	6 -
815	6 -
816	7 -
817	6 -
819	6 -
819 *bis*	6 -
820	6 -
821	6 -
823	6 -
824	6 -
825	6 -
826	6 -
827	6 -
828	7 -
829	6 -
831	6 -
832	7 -
834	7 -
838	7 -
840	7 -
844	6 -
846	6 -
848	8 -
849 *bis*	6 -
853	6 -

Chambres à 1 Lit	
Numéros	Prix
854	8 fr.
855	5 -
856	8 -
857	6 -
859	6 -
860	6 -
861	6 -
862	6 -
863	6 -
866	8 -
868	8 -
874	8 -
876	8 -
882	8 -
890	8 -
898	8 -
900	7 -
904	6 -
910	6 -
912	6 -
914	7 -
916	7 -
918	7 -
920	7 -
922	7 -
924	7 -
925	6
926	7 -
927	6 -
928	7 -
929	6 -
930	7 -
931	6 -
933	6 -

Chambres à 1 Lit	
Numéros	Prix
934	6 fr.
935	6 -
938	6 -
940	7 -
942	7 -
943	6 -
946	7 -
948	7 -
952	7 -
956	7 -
957	6 -
958	7 -
960	7 -
964	7 -
966	7 -
970	7 -
972	7 -
974	7 -
976	7 -
980	8 -
984	8 -
986	8 -
992	8 -
994	8 -
Chambres à 2 Lits	
833	8 fr.
839	8 -
843	8 -
850	12 -
852	12 -
870	12 -
880	12 -

Chambres à 2 Lits	
Numéros	Prix
886	12 fr.
892	12 -
894	12 -
906 / 908	15 - (C.T.)
939	8 -
953	9 -
988	12 -
990	12 -
Chambres à grand Lit	
802	10 fr.
806	10 -
810	10 -
814	10 -
818	10 -
822	10 -
830	10 -
835	7 -
836	10 -
842	11 -
847	7 -
849	7 -
851	7 -
858	11 -
864	11 -
872	11 -
878	11 -
884	11 -
888	11 -
896	11 -
902	10 -
905	7 -

Chambres à grand Lit	
Numéros	Prix
909	7 fr.
913	7 -
919	7 -
932	10 -
936	10 -
944	12 -
950	10 -
954	10 -
962	10 -
982	11 -
986	11 -
998	11 -

Arrangements comprenant : Chambre, Service et Éclairage, petit Déjeuner, Lunch et Diner, Table d'hôte, Vin compris depuis **17** francs par jour, selon la saison.

Fig. 14. Plan-tarif, 5e étage, 1905.

l'entrée monumentale du boulevard des Capucines. De manière générale, les angles, les pièces du boulevard et celles situées sur la cour d'honneur proposent les installations les plus onéreuses. De surcroît, le plan-tarif propose une double tarification, liée aux saisons. En effet, du 15 mars au 30 juin et du 1er septembre au 15 novembre, est appliqué un barème de haute saison, qui, en moyenne, est supérieur de 20 % à celui de basse saison. Enfin, l'instauration du plan-tarif permet une uniformisation des moyens de communication de l'entreprise. Que ce soit en dehors ou à l'intérieur du Grand Hôtel, le client y trouve dorénavant tous les renseignements utiles à son séjour. Le principe séduit puisqu'il est longtemps en action et qu'il devient, au fur et à mesure, de plus en plus soigné. En une dizaine d'années, le plan-tarif du Grand Hôtel est tellement accepté et reconnu d'une grande utilité qu'on lui attribue directement une part du succès de l'entreprise :

> Le plan-tarif est donc pour une part sensible dans le succès et la prospérité du Grand-Hôtel, – et il est assez piquant d'enregistrer l'influence puissante d'une simple feuille imprimée ![88]

Le lien de confiance créé entre le client et l'hôtel, principale vertu concédée au plan-tarif, est d'ailleurs unanimement relevé : « pas d'aléa, pas de surprises, – et rien à redouter, comme on dit aujourd'hui au point de vue de "l'estampage" traditionnel de tant d'hôteliers sans scrupule »[89]. Néanmoins, la direction du Grand Hôtel ne s'arrête pas en si bon chemin.

Un recours massif à la presse

Du point de vue de la communication, les époques se suivent et se ressemblent. Dès que le Grand Hôtel est racheté par la Rente foncière, ses nouveaux administrateurs font paraître une nouvelle formule de *La Gazette des Étrangers*, intitulée *La vie à Paris*[90]. Toutefois, la publication cesse rapidement du fait des coûts qu'elle représente. Aussi, comme sous l'ère Pereire, les dirigeants du Grand Hôtel durant la Grande Dépression, mais aussi lors de la Belle Époque, se tournent largement vers la presse pour chanter les louanges de la société. Nous avons déjà eu l'occasion de voir que Werbrouck et la Banque parisienne sont très proches du *Figaro*, et c'est pourquoi, un nombre appréciable d'articles et d'entrefilets dédiés au Grand Hôtel s'y retrouve. Leur fréquence est remarquable. Par exemple, en 1891, un billet, simplement intitulé « Grand-Hôtel », est publié tous les jours, sans exception. Il se retrouve

---

88. *Ibid.*
89. *Ibid.*
90. *La vie à Paris*, 24 mars 1880, 1re année, 1er numéro.

Fig. 15. Publicité, février 1900.

sans cesse à la même page et sous le même format. Ces divers papiers font, sans y paraître, réclame de tous les services du Grand Hôtel. Par exemple, les menus des tables d'hôte sont régulièrement annoncés, tout comme, à quelques reprises, le programme du dîner-concert se jouant le soir même[91]. Des menus exceptionnels, comme par exemple celui du dîner de Carnaval 1887, sont également édités[92]. D'autres publicités pour les services de restauration du Grand Hôtel, et notamment sa table d'hôte, axent leurs propos sur le succès qu'ils rencontrent : lors de la rentrée parlementaire de février 1892, le Grand Hôtel aurait refusé du monde au déjeuner[93]. D'autres billets vantent les vertus du plan-tarif[94] ou mettent en lumière le mouvement des voyageurs, comme pour mieux donner le tournis aux lecteurs du quotidien face à cet aperçu des fluctuations touristiques[95]. Toutefois, plus de la moitié des billets est consacrée à la publicité des caves de l'établissement[96]. Ces campagnes publicitaires sont en corrélation parfaite avec les efforts financiers de l'entreprise. De plus, à l'instar du plan-tarif, ses administrateurs font paraître un

91. *Le Figaro*, 4 juin 1891.
92. *Le Figaro*, 20 février 1887.
93. *Le Figaro*, 17 février 1892.
94. *Le Figaro*, 10 juin 1891.
95. *Le Figaro*, 5 juin 1891.
96. *Le Figaro*, 15 février 1890, 27 mars 1891, 29 juin 1891…

petit guide, entièrement dédié aux caves de l'hôtel[97]. Outre un inventaire de tous les élixirs en vente, se trouvent de nombreux conseils liés à la dégustation et à la conservation des vins achetés au Grand Hôtel.

L'utilisation quotidienne du *Figaro*, qui au total s'avère être un mode de communication imposant, ne constitue pas le seul recours à la presse qu'ont eu les différentes administrations du Grand Hôtel. D'un format irrégulier, de nombreuses publicités fleurissent dans divers journaux parisiens et nationaux comme en atteste la figure 15. Cette illustration reprend les grands axes sur lesquels la direction du Grand Hôtel oriente sa communication : gigantisme des installations, confort de son agencement intérieur et diversité des prestations proposées[98]. À cette époque, le chiffre avancé de mille chambres paraît plausible puisque, comme nous le verrons prochainement, de nouvelles chambres ont été créées. Les innovations apportées depuis peu de temps, comme le téléphone, les nouvelles salles de bains, le plan-tarif, voire les trois ascenseurs, sont aussi soulignées. Du reste, les arguments, déjà utilisés sous le Second Empire, perdurent, comme la localisation parfaite de l'hôtel au sein de la cité ou encore le fait d'être la résidence des princes[99]. Ainsi, le Grand Hôtel tente d'entretenir sa notoriété et joue déjà sur son histoire. Toutefois, il cherche à être, au moins dans le discours, un établissement proposant un confort parfait, quasi luxueux, sans pour autant être ostentatoire, dans le but de ne pas se fermer à une clientèle plus modeste, sans doute celle qui le fait vivre :

> le Grand-Hôtel a su mériter cette faveur enviée et atteindre cette renommée par des efforts répétés, des sacrifices incessants, destinés à assurer à ses hôtes ce qu'ils y viennent chercher, c'est-à-dire un séjour élégant, un bien-être de tous les instants, un confort luxueux et cependant point onéreux.[100]

Ce confortable, pour employer un terme de l'époque, est, selon de nombreux observateurs, obligatoire pour assurer la réussite d'un hôtel. Du reste, trop de luxe effraie le client et coupe l'hôtelier d'un potentiel important de clientèle. L'hôtel n'est plus perçu, en cette fin de siècle, comme un musée ou la réplique d'un château royal ; il doit désormais correspondre au mode de vie du client qui recherche la nouveauté en voyage mais aussi le réconfort et la permanence à l'hôtel. La chambre d'hôtel doit demeurer « l'illusion du chez soi » ; aussi, « qu'on se garde toutefois d'un excès de luxe ;

97. ADP, V12S88 : AGH, brochure relative aux caves du Grand Hôtel.
98. *L'Illustration*, 24 février 1900.
99. BHVP, série 77 : publicité pour le Grand Hôtel dans *L'Événement*.
100. *Ibid.*

car un ameublement somptueux exige que tout soit à l'unisson pour la faire valoir »[101]. Le Grand Hôtel, ne bénéficiant pas d'une clientèle captive et ne se spécialisant pas vers un type très défini de clientèle, joue en permanence sur cette ambivalence : la maison des rois accessible au plus grand nombre. En définitive, le discours, en matière de communication, reste fondamentalement le même.

Communiquer sur le changement fait aussi partie des stratégies logiques d'une entreprise. C'est ainsi qu'à partir de 1901 la nouvelle direction accentue ses efforts sur la reprise dont bénéficie l'hôtel. Néanmoins, il ne faut pas balayer tout d'un revers de main et réussir à entretenir sa notoriété :

> Bien que, depuis sa fondation, le Grand Hôtel n'ait jamais cessé de se recommander à l'attention de sa clientèle par son excellente organisation, la préoccupation de sa direction est de tenir la maison au niveau de tous les progrès modernes accomplis dans le domaine du confort, du bien-être et de l'hygiène.[102]

Les problèmes et les nombreuses perturbations qu'a connus la société doivent rester en coulisse. Ainsi, en plus de la traditionnelle combinaison gigantisme/confort/services/innovations, un nouveau point important éclôt : l'hygiène, domaine dans lequel le Grand Hôtel souffre d'un certain retard. Les transformations faites en ce sens, comme le chauffage central ou le décuplement des salles de bain, sont mises en avant, tout comme celles apportées au cœur de la Belle Époque. De grands articles, notamment dans *L'Illustration*, annoncent ces multiples changements. Le but affiché est bien de démontrer qu'un vent de modernité souffle sur le Grand Hôtel, lui permettant désormais de pouvoir totalement concurrencer la nouvelle génération d'établissements d'accueil :

> Or, la comparaison, le GRAND HÔTEL peut la soutenir victorieusement, car la parfaite organisation de tous ses services, sa cuisine dirigée par un des meilleurs chefs de Paris, ses caves si justement appréciées, son personnel stylé et empressé, réalisent toutes les conditions du bien-être, de la tranquillité, du confort moderne et du luxe de bon aloi, répondant à tous les desiderata, en font, en un mot, un établissement moderne, qui justifie pleinement sa réputation universelle.[103]

---

101. Guyer E., *Les hôtels modernes…*, *op. cit.*, p. 130.
102. *L'Illustration*, 21 février 1903.
103. *L'Illustration*, 21 février 1903.

La pratique est toujours en vigueur quelques années plus tard[104]. En outre, le Grand Hôtel bénéficie d'un atout important dont le Ritz, le Régina ou encore le Terminus Saint-Lazare ne peuvent pas encore se glorifier : son histoire.

Les vingt dernières années du XIXe siècle sont donc, pour le Grand Hôtel, une période instable. De 1879 à 1898, ce ne sont pas moins de quatre directions différentes qui se sont succédées à la tête de l'entreprise. Certes, la Rente foncière n'exerce son pouvoir que durant une dizaine de mois, alors que l'administration Ellissen ne se met en place qu'en avril 1898. Cette fragilité générale s'explique directement par la possession du capital de la société. Tant que la Banque parisienne détient la majorité des actions de l'entreprise qu'elle a aidé à créer, Edmond de Werbrouck et ses collaborateurs n'ont rien à craindre quant à leur avenir. Par contre, dès que cette dernière connaît de graves difficultés, les sociétés directement placées sous son égide se trouvent dans une situation inconfortable allant jusqu'à leur perte pure et simple par leurs créateurs. Un mouvement d'actions explique à n'en pas douter le même phénomène en 1898. Cette page de l'histoire du Grand Hôtel est plus que jamais passionnante et incarne à merveille que, bien que difficiles, les affaires restent actives lors de la Grande Dépression. D'ailleurs, l'empressement de certains à se jeter sur une industrie qui n'en était encore qu'à ses balbutiements est remarquable. Ces hommes d'affaires ont vu en l'hôtellerie un secteur industriel dynamique, très intéressant et très lucratif. Mais cette optique, cette politique d'investissement réduit à la portion congrue et de rétribution excessive du capital, est sans lendemain et ne peut perdurer. De ce point de vue, la transition de 1898 est, pour la pérennité de l'entreprise, essentielle.

En dépit des changements de direction, l'entreprise poursuit sa relative marche en avant, même si cette instabilité a forcément des répercussions sur son fonctionnement quotidien. Malgré tout, un certain nombre de perfectionnements est mis en place : quelques innovations émergent dans le domaine de la communication, d'autres sont apportées au bâtiment, comme l'éclairage électrique, alimentant d'autant plus l'illusion que l'hôtel a gardé toute sa splendeur. Néanmoins, ces rideaux de fumée s'envolent rapidement, dès que le Grand Hôtel doit souffrir la comparaison avec les hôtels de la Belle Époque.

104. ADP, V12S10 : AGH, *L'Illustration*, 29 février 1908 et 29 avril 1911.

TROISIÈME PARTIE

L'ère Millon, 1898-1972

En une quarantaine d'années, le Grand Hôtel a connu d'importants bouleversements au sein de son leadership. Les quatre principales directions qui se sont succédées à sa tête n'ont finalement régné chacune que durant une dizaine d'exercices. Les causes de ces bouleversements sont bien diverses selon les acteurs : elles sont subies dans deux cas – les Pereire et Edmond de Werbrouck –, en partie assumées dans les deux autres. Aussi, au moment où l'enseigne commence à pâtir sérieusement de la nouvelle concurrence qui s'est développée à partir de 1889, elle retrouve un nouveau souffle grâce aux hommes qui intègrent sa direction. Ils dressent un bilan sans complaisance de la situation du Grand Hôtel face à un marché en ébullition et axent leurs efforts pour inscrire plus que jamais le doyen des grands hôtels de Paris au niveau de ses nouveaux adversaires. Pour la première fois de son histoire, l'entreprise est reprise par des professionnels de l'hôtellerie qui comprennent ses lacunes tout comme ses atouts. Une gestion dynamique, faite de profondes réformes, est instaurée dans le but de retrouver une entreprise concurrentielle, rentable et pérenne. Quelles sont les principales décisions prises par ce regroupement d'hôteliers pour remettre le Grand Hôtel sur de bons rails ? Quels sont les angles d'attaque privilégiés par ces hommes pour garantir un avenir à l'entreprise ? Répondre à ces questions permet de saisir les nouvelles facettes et les transformations importantes que connaît la grande hôtellerie parisienne au début du XXe siècle ainsi que les vecteurs du développement de cette même industrie.

Une large place doit être consacrée aux parcours de ces entrepreneurs. Surtout, l'un d'entre eux mérite une longue étude tant son destin est exceptionnel et tant il marque à jamais l'histoire du Grand Hôtel. Arthur Millon, parangon du *self-made-man*, bâtit en un peu plus d'une décennie un empire dans le monde de la restauration et de la grande hôtellerie parisiennes et lègue à son fils André un héritage qu'il se fit fort d'étendre[1]. C'est pourquoi, au-delà de l'histoire d'une entreprise, c'est l'histoire d'une dynastie impliquée dans la grande hôtellerie parisienne pour plus de soixante-dix ans qui doit être relatée.

1. Pour une brève biographie, cf. Tessier A., « Arthur et André Millon » in Daumas J.-C. (dir.), *Dictionnaire historique des patrons français*, Paris, Flammarion, 2010, p. 486-487.

CHAPITRE V
Le Grand Hôtel aux mains… d'hôteliers

L'exceptionnel destin d'Arthur Millon

L'histoire générale du Grand Hôtel souffre de quelques approximations, voire de réelles inventions : influence de Napoléon III dans sa construction, et décoration et architecture du bâtiment dues à Charles Garnier figurent parmi les plus célèbres. Cela répond à une pratique ancestrale qui consiste à romancer l'histoire. Celle du Grand Hôtel ne déroge pas à la règle. Néanmoins, dans le cas d'Arthur Millon, il semble que, pour une fois, la légende, qui veut, entre autres, qu'il soit arrivé de sa Bourgogne natale à Paris en sabots, épouse dans les grandes lignes la réalité.

De Bernouil à Ledoyen

Des origines fort modestes

Arthur Millon est né le 7 mars 1852 à Bernouil, dans le nord-est du département de l'Yonne[1]. Bernouil, au début du Second Empire, n'est alors qu'un petit village de 230 habitants. Aucune industrie n'y est recensée. Il s'agit d'une bourgade typique du monde rural, qui connaît d'ailleurs un net déclin démographique entre 1836 et 1850[2].

---

1. ADYo, 5MI 148 : acte de naissance de Germain Arthur Millon, 7 mars 1852 (Bernouil).
2. ADYo, 7M2 43 : recensements de la commune de Bernouil, 1836 et 1851. En 1836, la commune compte 250 habitants ; en 1851, elle n'en compte plus que 233. Ce déclin se confirme par la suite car la commune ne possède plus que 207 habitants en 1872.

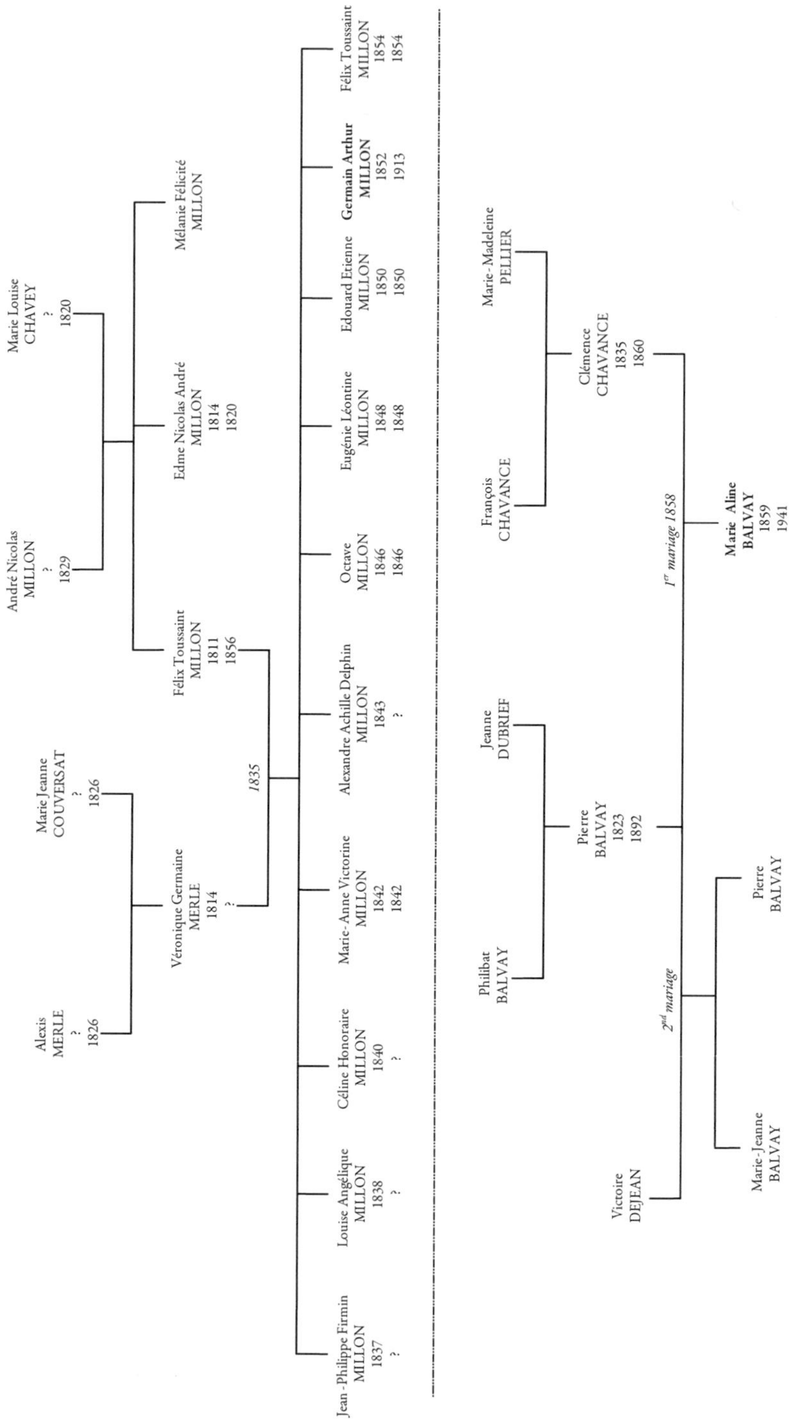

Fig. 16. Ascendance d'Arthur Millon et d'Aline Balvay.

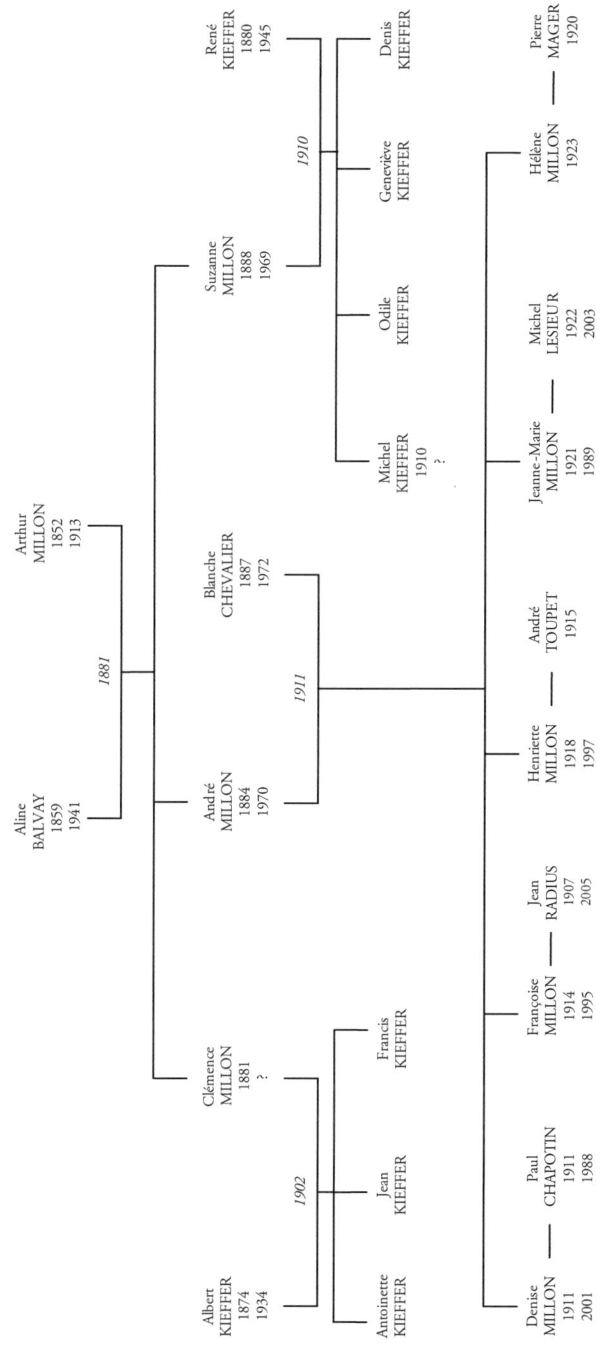

Fig. 17. Descendance d'Arthur Millon et d'Aline Balvay.

Arthur est le neuvième enfant d'une fratrie de dix. Il est le fils de Félix Toussaint Millon, né dans la même commune en 1811, et de Véronique Germaine Merle, née en 1814 à Dyé, village distant de cinq kilomètres. Une nouvelle fois, il s'agit d'un cas typique de famille rurale de la fin de la Monarchie de Juillet et du début du Second Empire. Leur mariage scelle une union entre familles géographiquement et socialement proches. Sur les dix enfants du couple, cinq décèdent avant leur première année, voire dans leurs quinze premiers jours. La mortalité infantile est alors très importante : entre 1841 et 1845, elle est de 156 ‰[3]. D'après les recensements, le père d'Arthur est, en 1836, tisserand, en 1851, tisserand-cultivateur. À l'occasion de la naissance de ses enfants, il se déclare tisserand. Son père l'est également[4]. D'après ces informations et au vu de son inventaire après décès[5], il s'agit probablement d'un paysan unissant son activité première, les travaux agricoles, à une activité d'appoint, des travaux industriels à domicile, couramment qualifiés de proto-industrie. Dans cette organisation, des entrepreneurs, des marchands-fabricants, fournissent aux paysans les matières premières et reprennent ensuite les produits finis pour les vendre directement au marché. Ainsi, ces paysans « mêlent travaux agricoles et artisanaux, selon le rythme des saisons et de la journée »[6]. À son décès, Félix possède deux métiers à tisser, estimés, avec leurs accessoires, à 40 F pour l'ensemble ; un rouet et un dévidoir complètent l'inventaire. De plus, comme l'a montré Didier Terrier bien qu'analysant l'exemple du Saint-Quentinois, on assiste lors de la première moitié du XIXe siècle au second âge proto-industriel qui voit une « rupture entre le proto-ouvrier d'une part, la propriété et l'exploitation de la terre d'autre part »[7]. Le cas de Félix Millon correspond totalement à cette description : à son décès, survenu en 1856 à l'âge de 45 ans, il ne possède que peu de terre[8].

À cette date, la situation matérielle de la famille est très difficile : la mère, avec ses cinq enfants à charge, compte vraisemblablement sur l'entraide familiale – elle-même est issue d'une famille de vignerons – pour réussir à nourrir ses enfants. Arthur n'a alors que quatre ans. Il est par la suite difficile de suivre précisément son parcours. Nous le retrouvons simplement en 1872. Il est alors âgé de vingt ans et est affecté au 2nd régiment des Dragons

3. Caron F., *La France des patriotes…*, *op. cit.*, p. 63.
4. ADYo, 5MI 379 : acte de mariage de Félix Toussaint Millon et Véronique Merle, 23 novembre 1835.
5. ADYo, 3E25 91 : inventaire après décès de Félix Toussaint Millon, 15 décembre 1856.
6. Bonin H., *Histoire économique de la France depuis 1880*, Paris, Masson, 1988, p. 11.
7. Terrier D., *Les deux âges de la proto-industrie, les tisserands du Cambrésis et du Saint-Quentinois, 1730-1880*, Paris, Éditions de l'EHESS, 1996, p. 188.
8. ADYo, 3E25 91 : inventaire après décès de Félix Toussaint Millon, 15 décembre 1856.

de Joigny, toujours dans l'Yonne[9]. Ainsi, nous savons qu'il passe l'ensemble de son enfance dans sa Bourgogne natale. Par contre, sa carrière militaire montre qu'il arrive à Paris aux alentours de 1880 : son dossier indique qu'il est passé dans la subdivision de la Seine, à sa propre demande, pour cause de changement de domicile, le 18 janvier 1881, jour de son mariage[10]. Il déclare alors le 14, boulevard Saint-Denis comme lieu de résidence. Son avenir se joue depuis quelques temps dans la capitale.

L'arrivée à Paris

À l'adresse qu'Arthur Millon déclare lors de sa mutation de domicile, se trouve à la même époque un restaurant. Il s'agit du restaurant Maire, situé au carrefour des boulevards Saint-Denis et de Strasbourg[11]. L'établissement est recensé dans les guides de la fin des années 1870 : le *Guide Joanne* le classe parmi les « bons restaurants à la carte »[12], alors que le *Baedeker* le mentionne à la rubrique des restaurants des boulevards tout en faisant l'apologie de ses « good wines »[13]. Du reste, la littérature sur les grands restaurants de Paris le mentionne, avec plus ou moins de mythologie, à de multiples reprises[14]. Aucune preuve n'atteste qu'Arthur Millon débute un jour en tant qu'apprenti ou employé au restaurant Maire. Néanmoins, un second indice fait que cette première impression est sans doute la bonne : lors de son mariage, Arthur Millon choisit comme témoin Louis Auguste Paillard, lui-même restaurateur[15]. Or, Paillard a repris les rênes du restaurant Maire[16]. Nous pouvons ainsi penser, avec un degré de certitude avancé, qu'il s'agit d'un ancien collègue ou de l'ancien patron d'Arthur Millon. Toutefois, en janvier 1881, alors qu'il est « employé », Arthur Millon œuvre déjà au pavillon Ledoyen. Sans cela, il est difficile de comprendre pourquoi il conclut une alliance matrimoniale heureuse. Arthur Millon ne reste que peu de temps boulevard Saint-Denis. Dès octobre 1881, lors de la naissance de Clémence (1881- ?), premier enfant du couple, Arthur Millon et son épouse, Aline Balvay (1859-1941), habitent avenue d'Antin – future avenue Franklin-D.-Roosevelt[17].

---

9. ADYo, 1R475 : bureau d'Auxerre, classe 1872.
10. *Ibid.*
11. ADP, 2MI3 80 : *Bottin du Commerce*, 1881.
12. Joanne A. et P., *Paris-Diamant en 1878*, Paris, Hachette, 1878, p. XXXVII.
13. Baedeker K., *Paris and its environs*, Leipzig, Karl Baedeker, 1881, p. 13.
14. Comme par exemple Bodet R., *Toques blanches et habits noirs, L'hôtellerie et la restauration autrefois et aujourd'hui*, Paris, Dorbon-Ainé, 1939, p. 70 ou Courtine R., *La vie parisienne, cafés et restaurants des boulevards*, 1814-1914, Paris, Perrin, 1984, p. 24-30.
15. ADP, V4E 3456 : acte de mariage d'Arthur Millon et d'Aline Balvay, 18 janvier 1881.
16. ADP, 2MI3 80 : *Bottin du Commerce*, 1881.
17. ADP, V4E3455 : acte de naissance de Clémence Thérèse Millon, 15 octobre 1881.

L'installation du jeune couple à proximité de la résidence paternelle n'est que temporaire. Rapidement, il est domicilié place de la Concorde, au pavillon Ledoyen. Le deuxième enfant du couple, André (1884-1970), puis la seconde fille, Suzanne (1888-1969), y naissent[18].

Ainsi, notre hypothèse est que Pierre Balvay (1823-1892), exploitant du pavillon Ledoyen, donne la main de sa fille à l'un de ses ouvriers, sans doute le plus compétent, ou tout du moins celui qu'il juge le plus apte à poursuivre l'exploitation du restaurant du bas des Champs-Élysées. Arthur Millon a vraisemblablement débuté sa carrière parisienne sur les grands boulevards, au plus bas de l'échelle, avant d'entrer chez Ledoyen. Cette embauche doit peut-être son explication aux origines de la famille Balvay. Le fait qu'à la fois Pierre Balvay et sa première femme Clémence Chavance sont bourguignons permet de le penser. Pierre Balvay est né en 1823 à Prissé, petite commune de Saône-et-Loire[19]. Ses parents sont « tisseurs en toile ». Par la suite, en 1858, il épouse Clémence Chavance, fille de marchands de chevaux, née à Beaumont, commune située au nord d'Auxerre[20]. De cette union, naît l'année suivante Aline. La naissance de cette fille unique du couple a lieu en 1859 à Appoigny, toujours à proximité d'Auxerre[21]. Quel est le parcours exact de Pierre Balvay entre Prissé, le canton d'Auxerre puis Paris ? Nous ne le connaissons pas, mais il est certain qu'il se trouve à Paris pour prendre en exploitation le pavillon Ledoyen à partir du 1er mai 1858. Clémence Balvay meurt en février 1860[22]. L'ensemble de l'inventaire après décès est réalisé au pavillon Ledoyen, ce qui tend à prouver qu'il s'agit de leur seule résidence parisienne, mais aussi que le couple avait coupé tout lien, au moins foncier, avec la Bourgogne[23]. Pierre Balvay se remarie avec Victoire Dejean, elle-même veuve en premier mariage d'Alfred Rivet. Les deux enfants du couple reconstitué, Marie-Jeanne et Pierre, semblent ne pas avoir été impliqués à la gestion de Ledoyen, même si le mari de Marie-Jeanne, Eugène Gros, est restaurateur[24]. Au début des années 1890, il prend la direction du Weber, « restaurant et comestibles anglais »[25], situé rue Royale. Concernant le pavillon Ledoyen, Pierre Balvay a déjà trouvé en la personne d'Arthur Millon son successeur idéal.

18. ADP, V4E6066 : acte de naissance d'André Millon, 10 mars 1884 et ADP, V4E6079 : acte de naissance de Suzanne Millon, 27 octobre 1888.
19. AD Saône-et-Loire, 5E360 6 : acte de naissance de Pierre Balvay, 9 août 1823 (Prissé).
20. ADYo, 5MI 137 : acte de naissance de Clémence Chavance, 31 mai 1834 (Beaumont).
21. ADYo, 5MI 70 : acte de naissance d'Aline Balvay, 8 juillet 1859 (Appoigny).
22. ADYo, 5MI 70 : acte de décès de Clémence Chavance, 5 février 1860 (Appoigny).
23. AN, ET/LXXXIX/1408 : inventaire après décès de Clémence Chavance Balvay, 19 mars 1860.
24. *Ibid.*
25. ADP, 2MI3 111 : *Bottin du Commerce*, 1895.

Devant cette brève généalogie, tout porte à croire que l'arrivée d'Arthur Millon au pavillon Ledoyen n'est pas fortuite et pourrait s'expliquer par une forme de solidarité régionale. Néanmoins, au-delà des sentiments, c'est bien le mérite d'Arthur qui tend à expliquer la confiance que lui témoigne son futur beau-père. Le mariage entre Arthur Millon et Aline Balvay a lieu le 18 janvier 1881 à la mairie du 8e arrondissement de Paris. Trois jours plus tôt, un contrat de mariage avait été conclu[26]. La future épouse apporte en dot, au-delà de ses effets personnels, les droits sur la succession de sa mère et une somme de 100 000 F donnée par son père. Plus étonnant est le fait qu'Arthur Millon apporte

> en mariage et se constitue en dot : ses habits, linges, hardes et bijoux à son usage personnel, des deniers comptants et des valeurs de bourse étant en sa possession, le tout provenant de ses gains et économies, d'une valeur de vingt mille francs or.[27]

D'où provient cette somme ? Il paraît étonnant qu'un simple employé de restaurant puisse épargner en quelques années de travail un tel montant. À l'inverse, nous inclinons à penser que cet argent est en très large partie apporté par son beau-père.

Le tremplin Ledoyen

La confiance dont jouit Arthur auprès de son beau-père se retrouve, le jour même de la signature du contrat de mariage, dans le dépôt des statuts d'une société en nom collectif, entre Pierre Balvay et Arthur Millon, pour l'exploitation du pavillon Ledoyen[28]. Le fonds social est fixé à 200 000 F. Pierre Balvay apporte à la société le fonds de commerce et le droit d'exploitation du restaurant. Il met aussi dans la balance le bail du terrain sur lequel est élevé le pavillon ainsi qu'une somme de 100 000 F, composée de marchandises et de deniers comptants. De son côté, Arthur Millon fournit à la société une somme de 100 000 F, à n'en pas douter la dot de sa femme. Le détail des statuts prouve que Balvay garde la mainmise sur la nouvelle société. En effet, malgré un apport d'apparence égalitaire, il a droit aux deux tiers des bénéfices du restaurant alors que les pertes doivent être supportées dans les mêmes proportions par les deux associés. De plus, son gendre doit consacrer

26. AN, ET/LXXXIX/1663 : contrat de mariage de Germain Arthur Millon et de Marie Aline Balvay, 15 janvier 1881.

27. *Ibid.*

28. AN, ET/LXXXIX/1663 : statuts de la société Balvay Millon pour l'exploitation du pavillon Ledoyen, 15 janvier 1881.

l'intégralité de son temps aux bons soins de la société alors que Balvay est « libre de concourir à cette administration comme bon lui semblera, sans être tenu à cet égard à aucune obligation »[29]. La tutelle du beau-père est donc omniprésente même si Arthur devient le gérant principal de l'établissement. Cela est d'autant plus vrai suite au décès de Balvay en décembre 1892[30].

Par son mariage, Arthur Millon se retrouve donc à la tête d'une enseigne de grand renom. Le pavillon Ledoyen est créé sous la Révolution. Durant la Restauration et le Second Empire, il bénéficie d'une réputation excellente : « c'est le pendant du Moulin-Rouge, de l'autre côté de l'avenue des Champs-Élysées. On déjeune et on dîne aussi bien chez Balvez [*sic*] que chez Lourdin »[31]. L'établissement jouit d'une grande renommée autant pour son service, sa cave, sa cuisine que son cadre verdoyant. Il est également célèbre du fait qu'il accueille régulièrement des artistes en vue de différentes époques[32]. Zola y fait par exemple manger certains de ses protagonistes, sortant du Palais de l'industrie, après avoir visité l'exposition du Salon[33]. Sous la Monarchie de Juillet, le pavillon Ledoyen bénéficie du large remaniement de la place de la Concorde : Jacques-Ignace Hittorff réaménage la place à partir de 1834, avec, entre autres, le positionnement en son centre de l'obélisque offert par l'Égypte[34]. Grâce à l'ensemble de ce chantier, ce sont tous les Champs-Élysées qui voient poindre un nouveau développement. Il est même probable que le pavillon Ledoyen soit redessiné durant cette période par le célèbre architecte.

Pierre Balvay reprend l'affaire en 1858 : il achète le fonds de commerce à la veuve du précédent propriétaire, pour un montant de 115 000 F, et s'acquitte toujours auprès d'elle du loyer de la concession[35]. Un arrêté de la préfecture de Paris de mars 1864 substitue le locataire des lieux : Pierre Balvay traite désormais directement avec la ville. Diverses prolongations de bail font que Balvay puis Balvay et Millon s'assurent l'usage des lieux. Ces allongements sont toujours accompagnés de multiples requêtes. Par exemple, en 1905, Arthur Millon obtient l'approbation de la préfecture quant à l'installation d'une nouvelle véranda entourant l'établissement[36]. En outre, les inondations de janvier et février 1910 donnent à nouveau à Arthur Millon l'occasion de se manifester auprès de la mairie puisqu'il réclame et obtient

---

29. *Ibid.*, article 12.
30. AD Alpes-Maritimes : acte de décès de Pierre Balvay, 18 décembre 1892.
31. Delvau A., *Les plaisirs de Paris...*, *op. cit.*, p. 113.
32. Andrieu P., *Histoire du restaurant en France...*, *op. cit.*, p. 177.
33. Zola E., *L'Œuvre*, 1886, Paris, Le Livre de poche, 2007, p. 410 et 416.
34. Carmona M., *Haussmann...*, *op. cit.*, p. 307.
35. AN, ET/LXXXIX/1408 : inventaire après décès de Clémence Chavance Balvay, 19 mars 1860.
36. ADP, DKK 26 : délibération du Conseil municipal de Paris, 7 juillet 1905.

une diminution de loyer de 2 100 F, en raison de la privation de l'utilisation du restaurant qu'il a subie[37]. Enfin, au soir de sa vie, Arthur Millon assure à ses descendants l'usage du pavillon. En juin 1913, il est autorisé à se désister, pour l'exploitation de Ledoyen, au profit de son premier gendre, Albert Kieffer (1874-1934), auquel il vend le fonds de commerce[38]. Le couple Millon reste tout de même solidaire « pendant toute la période du bail en cours, de la parfaite exécution par leur cessionnaire de toutes les clauses et conditions dudit bail et notamment du paiement du loyer annuel de 25 500 F »[39]. Tout est entrepris afin que le pavillon demeure dans le cercle dynastique.

La famille a donc un rôle majeur dans le parcours d'Arthur Millon. Lui-même met en place des alliances matrimoniales pour accroître sa mainmise sur le microcosme des cafés, restaurants et hôtels de Paris et pour assurer la pérennité de son œuvre. C'est ainsi qu'il marie ses deux filles à deux frères, Albert et René Kieffer (1881-1945). Originaires d'Alsace qu'ils fuient en 1871, les parents d'Albert et René sont limonadiers, installés rue Saint-Honoré[40]. Ils travaillent très probablement au Café de la Régence, qu'ils prennent en exploitation à la fin des années 1880[41]. Célèbre établissement fondé sous l'Ancien Régime, le Café de la Régence, installé à l'origine sur la place du Palais-Royal, déménage du fait des grands travaux de Haussmann, « au grand chagrin des joueurs d'échecs, obligés de transporter leurs pénates d'ivoire à cinquante mètres de là, rue Saint-Honoré »[42]. Il rouvre en 1855 à cette dernière adresse. La famille Kieffer gère l'établissement une vingtaine d'années puisqu'Albert le cède au début des années 1900. Ce dernier étant marié, son beau-père l'a déjà destiné à l'exploitation d'un autre établissement, le pavillon Ledoyen.

Arthur Millon procède de la même manière avec le frère d'Albert, René. Il lui donne la main de sa seconde fille, Suzanne, en 1910[43] et, lors du partage de la succession du natif de Bernouil, René Kieffer et sa femme se voient attribuer la propriété d'un appartement au 23, rue Royale et la partie servant

---

37. ADP, DKK 32 : délibérations du Conseil municipal, 14 décembre 1911.
38. Étude LXXXIX : acte de vente du fonds de commerce du pavillon Ledoyen à Albert Kieffer par Arthur Millon, 22 février 1913 (acte toujours conservé à l'étude que nous n'avons pas consulté).
39. ADP, DKK 34 : délibérations du Conseil municipal, 9 juin 1913.
40. ADP, V4E2513 : acte de naissance d'Albert Kieffer, 19 décembre 1874 (1er arrondissement).
41. ADP, 2MI3 78 : *Bottin du Commerce*, 1880.
42. Delvau A., *Les plaisirs de Paris...*, *op. cit.*, p. 88.
43. AM Paris (8e arrondissement) : acte de mariage de René Kieffer et Suzanne Millon, 11 janvier 1910.

à l'exploitation du Weber, situé à la même adresse[44]. Il ne fait guère de doute qu'ils étaient déjà aux commandes du restaurant. Une nouvelle fois, Arthur Millon « récupère » sans doute le Weber d'un héritage familial, même si nous ne savons pas la raison pour laquelle Eugène Gros le lui cède. Enfin, André Millon, l'unique fils d'Arthur, ne se trouve nullement lésé lors de la succession de son père puisqu'il prend la tête du Café de la Paix et de bien d'autres activités[45].

À la fin des années 1890, Arthur Millon se retrouve donc à la tête de trois établissements de grande réputation, fréquentés par des célébrités du monde des intellectuels et du divertissement. Vers 1908, il ouvre un quatrième restaurant au carrefour de l'avenue Niel et de l'avenue des Ternes[46]. À son décès, il possède toujours un appartement à cette même adresse, mais il n'est nullement fait mention d'autres éléments. En fait, Millon s'est rapidement séparé de cet établissement ; cependant, il l'a une nouvelle fois confié à un membre de sa famille, en l'occurrence Félix Augouvernaire, qui le gère toujours dans les années 1920[47]. Malgré toute l'occupation que ces entreprises lui procurent, ils ne suffisent pas à satisfaire l'appétit grandissant d'Arthur Millon qui se lance, notamment, à la conquête de la grande hôtellerie parisienne.

Une carrière fulgurante

L'hôtellerie et les industries liées à la restauration

Le pavillon Ledoyen sert donc de tremplin à la carrière d'Arthur Millon. Nous pensons qu'à travers cette réussite – qu'il est impossible de quantifier – il développe rapidement ses activités, dans un premier temps, dans le monde des cafés de Paris, puis, dans le secteur de l'hôtellerie de luxe. En septembre 1897, Arthur Millon reprend l'exploitation du Café de la Paix. Au vu de la redevance – 6 % de ses recettes brutes en plus du loyer – qu'il verse annuellement au Grand Hôtel, il semble que le succès soit au rendez-vous, ce qui lui permet, en 1901, de prendre part à la gestion de son illustre hôte.

L'entrée d'Arthur Millon au conseil d'administration rencontre l'adhésion de la plupart des actionnaires du Grand Hôtel. Il semble qu'il soit, du fait de sa formation sur le tas et de sa connaissance des métiers de la restauration, un membre très apprécié de la nouvelle direction. Pourtant, au

---

44. ADP, DQ7 31848 : déclaration de succession d'Arthur Millon, 27 avril 1914.
45. ADP, DQ7 31848 : déclaration de succession d'Arthur Millon, 27 avril 1914.
46. AN, F/12/6659 : dossier de Légion d'honneur d'Arthur Millon.
47. AM Neuilly-sur-Seine : acte de mariage d'André Millon, 2 février 1911. Augouvernaire est cousin d'André Millon et témoin de ce dernier à son mariage.

moment de son entrée, le nouveau conseil d'administration est toujours secoué par des vents tumultueux émanant du groupe d'actionnaires devenu minoritaires. Malgré tout, voici comment un de ses membres, qui formule de nombreuses critiques sur la nouvelle marche de l'entreprise, qualifie l'arrivée d'Arthur Millon :

> il approuve hautement le choix, comme administrateur de l'hôtel, de M. Millon, propriétaire du Café de la Paix, qui a donné toutes preuves absolues de sa compétence et à qui on devrait même voter des remerciements.[48]

Preuve de l'ambiance détestable au cours de l'assemblée voyant l'élection du natif de Bernouil, un premier vote a lieu à main levée dont le verdict est jugé contestable. Les actionnaires procèdent à un vote à bulletin secret qui plébiscite Arthur Millon : il obtient 381 suffrages, Alexandre Emery 354, Bory d'Arnex 318, Philippe Weiss 81.

Arthur Millon n'a jamais été président de la société du Grand Hôtel. Il reste, jusqu'à son décès, simple administrateur. Par contre, son poids dans l'actionnariat ne cesse de croître. En 1913, il détient 10 933 actions, soit plus de 25 % du capital de la société. Ainsi à notre sens, Arthur Millon, depuis le moment où il exploite le Café de la Paix, prend petit à petit une part incontournable du capital de l'entreprise. De plus, par son objectif de succession, il insuffle un vent de stabilité au sein de la nouvelle direction du Grand Hôtel, ce qui est par ailleurs renforcé par l'engagement d'autres administrateurs.

Le succès rencontré dans les affaires le pousse à ne pas s'arrêter au seul établissement du boulevard des Capucines et à redynamiser une ancienne enseigne hôtelière de prestige, le Meurice. Il n'est pas dans notre intention de procéder à une histoire exhaustive de l'hôtel ayant façade sur le jardin des Tuileries. Néanmoins, il est impossible de passer sous silence cet épisode important de la carrière d'Arthur Millon tant il révèle son fort esprit d'initiatives. En juin 1905, Millon et Henry Wiener constituent la Société de l'hôtel Meurice[49]. Son capital social d'origine est de 3,50 MF. Pour bâtir un hôtel de luxe, disposant de 200 chambres, ils achètent divers bâtiments, compris entre les rues de Rivoli et de Mont-Thabor. Le montant total de l'acquisition s'élève à un peu plus de 2 MF, dont 38 000 F, ce qui est très peu, de fonds de commerce. Après deux années de rénovation conduite sous

48. ADP, V12S3 : AGH, procès-verbal de l'AGO de la société du Grand Hôtel, 23 avril 1901.

49. Collection Boissel : document notarié passé devant Me Cotelle et Me Fontana, 12 juillet 1905 et Archives de la Société générale, B7101 : AGO de la Société de l'hôtel Meurice, 26 avril 1907.

la direction de Henri-Paul Nénot, célèbre architecte ayant notamment à son actif la rénovation de la Sorbonne[50], les deux associés sont en mesure de procéder à la réouverture de l'hôtel, en mai 1907, ce qui attire les éloges les plus dithyrambiques. Une description de cette inauguration encense ce « palais du luxe et du confortable », flatte l'agencement de l'hôtel, sa décoration ou encore sa terrasse fleurie « d'où le coup d'œil embrasse un merveilleux panorama »[51]. À son décès, Arthur Millon détient plus de 27 % du capital de la société de l'hôtel Meurice. Du reste, il entreprend la même démarche de succession qu'avec le Grand Hôtel.

À travers la carrière d'Arthur Millon, un second personnage majeur de l'histoire du Grand Hôtel apparaît : Henry Wiener. La parfaite collaboration entre les deux hommes est tangible au point qu'il est, à de multiples reprises, impossible d'attribuer la paternité de tel ou tel projet à l'un ou à l'autre. Leur soutien mutuel est manifeste et public, comme en atteste l'intervention d'Arthur Millon lors de la réélection, « dans un fauteuil », de Henry Wiener à la présidence du Grand Hôtel en 1905 :

> M. Millon demande la parole pour dire à l'Assemblée que M. Wiener a rempli ses fonctions avec trop de dévouement et de compétence pour que son mandat ne lui soit pas renouvelé et il est persuadé que l'Assemblée saura reconnaître les services rendus par son Président.[52]

Henry Wiener est né à Vienne en 1853. Il est probable que l'ensemble de la famille – son père, Samuel, était directeur d'un collège de garçons – de confession israélite arrive à Paris à la fin du Second Empire[53]. Le frère de Henry, de deux ans son aîné, Charles, fut consul général de France puis ministre plénipotentiaire, symbole de la réussite de la famille[54]. Henry Wiener se marie quelques jours après avoir obtenu la nationalité française, en août 1889, avec Mathilde Rosenfeld, de quinze ans sa cadette, originaire tout comme lui de l'est de l'Europe. Six enfants naissent de cette union. Le père de Mathilde, Jules Rosenfeld, réussit en outre une belle carrière en France puisqu'il fut décoré de la Légion d'honneur en tant qu'officier de l'Instruction publi-

---

50. Rivé P. (dir.), *La Sorbonne et sa reconstruction*, Lyon, La Manufacture, 1987.
51. Boissel P., *Hôtel Meurice...*, *op. cit.*, p. 31.
52. ADP, V12S3 : AGH, procès-verbal de l'AG de la société du Grand Hôtel, 25 avril 1905.
53. AN, BB/11/1843 : dossier de naturalisation de Henry Wiener. Ce même dossier indique que Wiener est arrivé à Paris en 1868. Il a alors quinze ans ; c'est pourquoi nous pensons que c'est l'ensemble de la famille qui émigre.
54. AN, LH/2756/34 : dossier de Légion d'honneur de Charles Wiener.

que[55]. De plus, son frère est juge au tribunal de la Seine. À notre regret, aucun contrat de mariage n'est établi à l'occasion des noces des deux époux[56], tant et si bien que nous ne connaissons que peu des origines de Henry Wiener, et, de ce fait, il est difficile de comprendre l'importance de ses compétences, de ses relations, de ses réseaux ou de sa fortune personnelle. Toujours est-il que Henry Wiener entre au Grand Hôtel à travers la Compagnie générale pour l'industrie en France et à l'étranger et est le seul à y rester de manière durable. Au regard de sa carrière, il peut être qualifié d'administrateur professionnel. Il siège en effet à un nombre important de conseils d'administration liés à des secteurs d'activité aussi variés que la banque, l'énergie, l'industrie d'extraction ou de transport[57]. Toutefois, à partir de 1900, Wiener semble avoir été séduit par l'industrie hôtelière. Il laisse la main de sa seconde fille, Marthe, à un hôtelier marseillais, qui dirige un établissement à proximité du Vieux-Port, où Henry Wiener décède en janvier 1922[58]. À sa mort, sur une fortune estimée à un peu plus de 3 MF, la moitié est constituée d'actions du Meurice et du Grand Hôtel. De plus, son inventaire après décès prouve qu'il a investi dans d'autres hôtels parisiens et provinciaux ; par exemple, il fut président de la Société de l'hôtel Carlton à Biarritz et administrateur-délégué du Trianon-Palace à Versailles et de l'hôtel de Savoie à Fontainebleau[59], preuve de toute l'implication du personnage dans le secteur hôtelier durant la seconde partie de sa carrière.

À titre personnel, tout comme Henry Wiener et en sa compagnie, Arthur Millon investit dans un troisième hôtel parisien : le Majestic. En 1905, Léonard Tauber, fondateur du Régina[60], acquiert le palais de Castille situé avenue Kléber pour la somme de 2 800 000 F. Peu de choses restèrent de l'ancien palais de la reine Isabelle d'Espagne, et, en trois années, Tauber, à l'aide de son architecte

55. AN, LH/2383/13 : dossier de Légion d'honneur de Jules Rosenfeld. Ce dernier obtient le grade de Chevalier par décret du ministère des affaires étrangères, le 26 décembre 1885. Il décède à Versailles en mai 1914.

56. ADP, V4E 6223 : acte de mariage entre Henri Wiener et Mathilde Rosenfeld, le 14 août 1889 (9e arrondissement).

57. Fonds Chapotin : faire-part de décès de Henry Wiener, janvier 1922. Sans être exhaustif, et en dehors de l'activité hôtelière, Henry Wiener fut administrateur de la Banque de Tunisie, de la Société française des chemins de fer de l'Indo-Chine, de la Société du port de Beyrouth, de la Société financière de transport et d'entreprises industrielles à Bruxelles, président de la Société d'exploitation minière en Serbie, administrateur de la Compagnie générale pour l'industrie en France et à l'étranger, de la société allemande d'électricité, etc.

58. ADP, DQ7 35880 : déclaration de succession de Henry Wiener, juillet 1922.

59. AN, BB/11/1843 : dossier de naturalisation de Henry Wiener.

60. Hôtel de 300 chambres ouvert le 1er mars 1900, situé place de Rivoli – place des Pyramides de nos jours.

Sibien, dévoile son nouvel « hôtel aristocratique sans rival »[61]. Après avoir fondé le Régina et le Majestic, Tauber se lance, dans l'entre-deux-guerres, dans la création du Raphaël, toujours avenue Kléber. Arthur Millon ne fut jamais administrateur de la société d'exploitation du Majestic et sa déclaration de succession prouve qu'il ne possède aucune part de fondateur. Néanmoins, il s'est intéressé de près à l'hôtel situé à proximité de l'Arc de Triomphe puisqu'il en possède à la fin de sa vie de nombreuses actions et obligations. Il est donc attentif à la concurrence. Mais, il n'est pas le seul à agir de la sorte : Léonard Tauber possède 50 actions du Grand Hôtel en 1919. Ainsi, le fait que Millon et Wiener achètent des parts du Majestic et que Tauber entre dans l'actionnariat du Grand Hôtel, même de manière marginale, tend à prouver que le microcosme de la grande hôtellerie parisienne entretient des relations étroites. De quelle nature relèvent ces liens ? Nous pouvons penser qu'à l'instar de toute autre industrie, « les relations inter-entreprises sont intenses. Le fonctionnement de l'industrie parisienne repose sur un ensemble de réseaux au sein desquels circulent les hommes, les capitaux, les connaissances et les informations[62]. » Ces diverses alliances et contributions aux affaires des concurrents mettent en lumière les relations entre les patrons de la grande hôtellerie parisienne durant la Belle Époque. En décembre 1906, ces bons rapports sont consacrés par la création de l'Union hôtelière parisienne, société fondée à l'effet de gérer les hôtels de Calais et de Vendôme. Tauber, qui est à l'initiative de l'opération, appelle Millon et Wiener au nouveau conseil d'administration[63].

La grande hôtellerie n'est pas le seul domaine qui intéresse Arthur Millon. Les activités et les réflexions sur son temps le poussent à animer un marché, qui *a priori* souffrait d'un manque évident de concurrence, celui du froid parisien. Le gérant de Ledoyen est aux premières loges pour constater ces absences. Il achète lui-même mensuellement de la glace au Grand Hôtel pour le Café de la Paix[64]. C'est pourquoi, en 1903, il crée les Glacières de l'alimentation. Avant cette date,

> le commerce de glace à Paris était sous le coup d'un monopole de fait [...] La qualité des produits, la régularité dans les livraisons, les prix de vente se ressentaient naturellement de l'absence de concurrence. Les consommateurs de glace, tout le monde à Paris en l'espèce souffrait de cet état de chose qu'à plusieurs reprises personne n'avait pu changer.[65]

61. *Hôtel Majestic*, Paris, Imp. Draeger frères, s.d.
62. Caron F., « L'embellie parisienne à la Belle Époque, l'invention d'un modèle de consommation », in *Vingtième siècle, revue d'histoire*, n° 47, juillet-septembre 1995, p. 55.
63. BnF, 4-WZ-12342 : Union hôtelière parisienne, statuts de 1906.
64. ADP, V12S24 : AGH, livre de comptes, 1902.
65. AN, F/12/6659 : dossier de Légion d'honneur d'Arthur Millon.

Au départ, la production est plutôt modeste : environ 24 000 kg par jour pour atteindre, vers 1912, 290 000 kg. En 1908 ou 1909, « toujours pour soutenir la régularité du marché », les Glacières de l'alimentation développent leurs activités en installant notamment une fabrique d'eaux gazeuses. À la même époque, la société fonde une filiale, les Frigorifiques de l'Alimentation, « société exclusivement composée de commerçants des professions de l'alimentation », qui reprend un frigorifique installé sous la Bourse du commerce depuis 1901. Tout comme pour la société mère, les Frigorifiques semblent utiliser les dernières innovations en matière de froid, à tel point que son installation devient un

> modèle du genre, que toutes les personnes qui s'intéressent à ce genre d'industrie, viennent visiter et qui rend les plus grands services aux commerçants de l'alimentation, et par suite à la population parisienne qui profite des progrès faits pour l'approvisionnement […] Un établissement de ce genre manquait à Paris, qui s'était laissé devancer dans cette industrie par plusieurs villes étrangères.[66]

Arthur Millon se penche donc sur les problèmes de son temps et de sa profession initiale. En outre, il semble qu'il réussisse à combler certains manques de l'industrie cafetière parisienne. Néanmoins, il ne s'arrête pas en si bon chemin et porte désormais ses intérêts vers un chantier considérable.

La Société de la rue Édouard VII

En 1910, Wiener et Millon se lancent dans un projet démesuré : la création d'une rue. La proximité de l'Opéra, l'attrait du quartier, l'activité du boulevard des Capucines font que certains entrepreneurs commencent à s'intéresser au secteur et à vouloir tirer meilleur parti des vieux immeubles datant de l'époque pré-haussmannienne. Un premier projet de galerie ouverte, à l'endroit où fut construite la rue Édouard VII, survient en 1888, mais il reste à l'état de projet. Surtout et selon le conseil d'administration du Grand Hôtel, des études d'implantation d'un nouvel hôtel sont multiples au cœur de la Belle Époque :

> diverses possibilités avaient essayé de créer au coin de la rue Scribe et du boulevard des Capucines un grand hôtel, absolument moderne. […] L'établissement projeté, de vastes dimensions, aurait été pour notre société un concurrent sérieux et votre Conseil a été heureux de constater que, au dernier moment, ce projet en présence de certaines difficultés, a été abandonné.[67]

---

66. *Ibid.*
67. ADP, V12S3 : AGH, procès-verbal de l'AGE de la société du Grand Hôtel, 22 avril 1911.

Pour couper court à toutes nouvelles velléités, Wiener et Millon prennent les choses en main. La création de la Société de la rue Édouard VII est donc une réaction contre une tentative de mise en concurrence du Grand Hôtel. Toutefois, les deux associés ne se contentent pas de contrecarrer ces perspectives mais s'occupent intégralement de l'ouverture de la nouvelle rue. Son percement entre le boulevard des Capucines et la rue Caumartin est confié à leur architecte fétiche, Nénot, qui crée pratiquement « une ville à l'intérieur de l'îlot, [...] une ville sur la ville »[68]. Ainsi, ils prévoient la construction de boutiques au rez-de-chaussée en façade sur le boulevard et sur la nouvelle rue, d'un hôtel de luxe dans les étages sur la partie adossée à la rue Scribe, de locaux de grande superficie, de l'autre côté de la rue, dotés des équipements les plus modernes permettant ainsi de les louer à des sociétés qui doivent y trouver « des conditions de commodités jusqu'ici inconnues en France »[69]. Dans le fond de la ruelle, sur la place intérieure où trône une statue du roi anglais décédé en 1910, est implanté un théâtre portant son nom. Pour réaliser un tel programme, est créée une société anonyme de la rue Édouard VII, au capital de 6 MF, divisé en 12 000 actions de 500 F, aux prérogatives très étendues[70]. Millon et Wiener entraînent avec eux des personnages bien connus de leur entourage, et notamment du Grand Hôtel, puisque figurent au conseil d'administration Alexandre Emery (1850-1931), Oscar Hauser, sur lesquels nous reviendrons, et Jules Dollfus. Au cours de sa carrière, Dollfus, ingénieur civil, participe à la réalisation de grands chantiers à l'étranger et dans les colonies françaises, comme le grand souterrain des Alpes bernoises, la construction d'un bassin au port de Bizerte, ou encore l'extension du port de Montevideo[71]. C'est donc un homme à la très haute expérience dans le secteur des travaux publics qui rejoint Wiener et Millon dans cette aventure.

Les travaux de la rue Édouard VII débutent le 17 janvier 1911. Du fait de quelques retards, les dirigeants de la société se montrent prudents quant à leur objectif de location. Toutefois,

> à mesure que le public pourra se rendre mieux compte du futur aspect de notre rue et de notre place et de la valeur du quartier nouveau à la fois très commerçant et très luxueux que nous ouvrions ainsi en plein boulevard, les demandes de renseignements qui nous sont

---

68. Guignard M., Pasquier C., Franc J.-C., « Un îlot parisien... », *op. cit.*, p. 99.
69. Bidault des Chaumes A., *Le percement de la rue Édouard VII*, Paris, Publications du journal *Le génie civil*, 1912, p. 8.
70. Statuts de la Société de la rue Édouard VII, article 3, 1910.
71. Voir sur l'ensemble de ces réalisations l'ouvrage de Dominique Barjot [*La Grande Entreprise Française de Travaux Publics (1883-1974)*, Paris, Economica, 2006].

> journellement adressées depuis longtemps deviendront évidemment encore plus nombreuses et aboutiront, nous avons tout lieu de le croire, à des locations avantageuses.[72]

Les pronostics de Wiener et Millon se réalisent : dès qu'ils ouvrent la location, leurs locaux, destinés à « des Industries de luxe, des Administrations, des Sociétés financières »[73], trouvent preneurs. La société compte sur des locations rapides mais surtout à prix élevés. Selon un article du *Génie Civil* de 1912, une boutique ayant 7 m de façade et une superficie totale d'environ 70 m² peut se louer entre 35 000 et 50 000 F. Les deux boutiques placées aux angles de la rue Édouard VII et du boulevard sont cotées à environ 1 000 F le m² ; et « il ne semble pas que les commerçants s'en trouvent plus mal. À chaque expiration de bail, ces loyers sont relevés et pourtant la demande reste supérieure à l'offre. »[74] Enfin, l'hôtel Édouard VII débute son exploitation courant 1913 ; à l'instar des boutiques, le constat paraît satisfaisant : « grâce à une installation bien réussie, et à une gestion compétente, l'Hôtel a su mériter, dès le début, la faveur du public, et les résultats obtenus jusqu'ici répondent complètement à nos attentes »[75]. Pour ce premier exercice, l'hôtel – qui comprend 240 chambres – accueille 7 685 voyageurs représentant 53 467 nuits. D'après Henry Wiener,

> ces bons résultats, obtenus malgré la concurrence de plus en plus ardente qui se produit de tous côtés, s'expliquent par l'emplacement de notre Hôtel en plein centre élégant de Paris et jouissant cependant d'un grand calme, en raison même de sa situation toute particulière dans une rue et sur une place peu bruyantes.[76]

Une nouvelle fois, notre but n'est pas de dresser une histoire complète de la Société de la rue Édouard VII, ni même de son hôtel mais bien de présenter ce vaste projet dans lequel Arthur Millon fut totalement engagé. Cette trop courte description a toutefois le mérite de prouver le formidable esprit d'entreprise que possédait Arthur Millon, lui le natif de Bernouil d'origine modeste, de formation inexistante, se muant en grand hôtelier puis en véritable promoteur immobilier. À son décès, Arthur possède un peu plus de 20 % du capital de cette dernière société. C'est d'ailleurs son premier gendre,

72. AGO de la Société de la rue Édouard VII, 20 avril 1912.
73. AGO de la Société de la rue Édouard VII, 25 avril 1914.
74. Bidault des Chaumes A., *Le percement de la rue Édouard VII...*, *op. cit.*, p. 10.
75. AGO de la Société de la rue Édouard VII, 25 avril 1914.
76. *Ibid.*

Albert Kieffer, qui prend sa place au conseil d'administration. Par la suite, la Société de la rue Édouard VII rencontre une période de circonstances exceptionnelles, forcément défavorables aux affaires. Pour seul exemple, l'hôtel est fermé à partir de septembre 1914, pour trois mois. Il rouvre par la suite pour accueillir à son dernier étage de nombreux réfugiés mais aussi quelques clients anglais et américains. De plus, le patriotisme des administrateurs et la vacance de nombreux locaux font qu'ils offrent, à titre philanthropique, certaines installations à des œuvres de charité et humanitaires[77]. À partir de 1914, les pourparlers quant à la location de nouveaux locaux sont rompus et les loyers commencent à ne plus être encaissés. Alors que l'armistice de Rethondes fait naître de grands espoirs et se traduit très rapidement par des reprises de locations, la direction de la compagnie immobilière doit déchanter puisque son hôtel est réquisitionné, du 1er janvier 1919 au 29 février 1920, au profit de l'ambassade d'Italie. Nouveau coup d'arrêt pour l'hôtel Édouard VII, qui dure jusqu'à la mi-1920, car, après le passage des diplomates transalpins, de nombreuses chambres doivent être remises en état[78].

En 1921, les actionnaires de la Société de la rue Édouard VII abandonnent leurs titres et cèdent la société. L'ensemble du conseil d'administration est intégralement renouvelé[79]. Pourquoi un tel bouleversement ? Nous pouvons supposer que les fondateurs de la société se dessaisissent de leurs actions à l'effet d'empocher une plus-value intéressante et préfèrent recadrer leurs actions, sur leur propre terrain, l'hôtellerie, notamment à une période où beaucoup commencent à prendre de l'âge – Millon et Dollfus sont décédés, Wiener meurt l'année suivante. En fait, la Société générale achète la société immobilière. Une des premières décisions des nouveaux dirigeants est la fermeture de l'hôtel – un autre du même nom ouvre ses portes quelques mois plus tard avenue de l'Opéra[80]. La nouvelle direction présente sans ambiguïté la nouvelle orientation donnée à la Société de la rue Édouard VII : « nos opérations se sont bornées à mettre en valeur nos immeubles, de façon à assurer le meilleur rendement »[81] ; ou encore : « la situation de votre Société échappera ainsi désormais aux fluctuations d'une exploitation commerciale pour bénéficier d'un rendement immobilier ne présentant pas les mêmes aléas »[82]. Certains banquiers n'aiment visiblement pas le risque hôtelier !

77. AGO de la Société de la rue Édouard VII, 30 avril 1915.
78. AGO de la Société de la rue Édouard VII, 29 avril 1920.
79. AGO de la Société de la rue Édouard VII, 13 avril 1921.
80. ADP, 2MI3 230 : *Bottin du Commerce*, 1925.
81. AGO de la Société de la rue Édouard VII, 27 avril 1923.
82. AGO de la Société de la rue Édouard VII, 7 avril 1922.

L'engagement syndical

Arthur Millon tente aussi de développer la représentativité et la défense des intérêts du monde des cafés, des restaurants et des hôtels parisiens. Ainsi, il devient président de la chambre syndicale des Restaurateurs et limonadiers (juin 1910), vice-président du Comité de l'union des intérêts économiques et surtout président du Comité de l'alimentation parisienne. Cette organisation, formée par 25 syndicats[83], comprend environ 30 000 membres lorsqu'Arthur Millon la dirige. Il succède à son créateur, Jean-Nicolas Marguery, autre *self-made-man*[84]. Bourguignon né en 1834, simple employé lors de son arrivée à Paris, Marguery gravit tous les échelons de la hiérarchie du restaurant dans lequel il travaille – Champeaux – pour en devenir en quelques années le propriétaire[85]. Il prend possession ensuite d'un second restaurant, Lecomte, situé boulevard Bonne-nouvelle, établissement qu'il dirige plus de cinquante ans. C'est sans doute devant la cacophonie engendrée par le nombre important de syndicats du petit commerce alimentaire parisien qu'il crée, avec succès, le Comité de l'Alimentation parisienne. Du fait de sa carrière exceptionnelle et de son assise financière, Arthur Millon succède naturellement à Marguery, notamment après avoir été vice-président de l'organisation à partir de 1899.

En tant que président du Comité, le natif de Bernouil se fait fort de défendre les intérêts de sa profession d'origine. Il essaie aussi de travailler avec l'ensemble des corporations qu'il représente. Ainsi, dès son élection (mi 1910), il regroupe chez Ledoyen les plus proches collaborateurs du comité pour un repas durant lequel il

> a prononcé un excellent discours qui a produit la meilleure impression. Il a tracé le devoir des élus vis-à-vis des représentants des cham-

83. Syndicats des beurre et œufs ; Boucherie de Paris et du département de la Seine ; Boulangerie ; Cavistes de Paris (Syndicat général) ; Charcutiers de Paris ; Commerçants titulaires du Pavillon 5 (Charcuterie) ; Corporation des marchands de vins ; Crémiers ; Dames détaillantes du Pavillon de la marée ; Débitants de vins et liqueurs ; Épiciers en détail ; Épicerie française ; Expéditeurs de Paris ; Fruits frais et primeurs ; Fruits et légumes (Détaillants des pavillons 7 et 8) ; Hôteliers de Paris ; Industrie hôtelière ; Marchands de charbon en détail ; la Parisienne (chambre syndicale des Bouillons, Restaurants de Paris et de Banlieue) ; Pâtisseries de Paris ; Restaurateurs et limonadiers ; Triperie de Paris ; Union syndicale des vins et liqueurs ; Volailles et gibiers. Arthur Millon est président d'une de ces vingt-cinq composantes lorsqu'il prend la direction du comité central.

84. Fonds Chapotin : article de *La Gazette*, sans référence (sans doute fin 1913). Cet article rédigé à l'occasion du décès d'Arthur Millon confirme d'ailleurs ses origines modestes et son arrivée à Paris « en sabots ».

85. *L'Hôtelier, organe de la chambre syndicale des hôteliers de Paris*, 1er mai-15 mai 1910.

bres syndicales de l'Alimentation défendant les intérêts des petits commerçants parisiens.[86]

À la lecture de ses discours, il est permis d'affiner son portrait. Par exemple, lors d'un banquet de la chambre syndicale des hôteliers, il divertit largement son auditoire pour mieux égratigner poliment l'Assemblée nationale qui, à son sens, prend des décisions sans consulter ceux qui sont appelés à les appliquer et souligne l'importance de l'hôtellerie dans l'économie locale : « Les hôteliers sont associés à la grandeur de Paris. »[87] D'ailleurs, Arthur Millon a constamment à l'esprit la défense de tous les commerçants, notamment en réaction aux nouvelles lois votées par les députés. Ainsi, lors d'un grand rassemblement organisé par le Comité central d'études et de défense fiscale, Arthur Millon s'insurge contre toute forme d'entraves à la liberté d'entreprendre et contre le projet d'impôt sur le revenu, « dangereux par le bouleversement qu'il apporte au fonctionnement normal de nos maisons de commerce ». De manière générale, il dénonce l'impôt et, surtout, la manière dont la nouvelle taxe doit être perçue, qui, selon lui, mettrait en péril la liberté de chacun :

> Disposé à accepter toutes les réformes fiscales dans l'ordre, la liberté et la prospérité, le commerce veut bien continuer à être une des mamelles de la France, mais se refuse à être une vache à lait (Applaudissements) ; nous voulons la liberté de travailler, indispensable au fonctionnement normal de nos maisons, pouvant seule assurer la prospérité du commerce et contribuer ainsi à la grandeur du pays.[88]

Enfin et toujours devant une salle acquise à ses idées, l'actionnaire principal du Meurice et du Grand Hôtel montre son approbation face à la nouvelle loi sur le repos hebdomadaire, mais se révolte une nouvelle fois devant son application systématique et un peu rigide. Ainsi, Arthur Millon participe aux combats de son temps et de sa corporation et regrette que les requêtes des patrons du petit commerce ne reçoivent que « de belles paroles », sans lendemain. Parallèlement, Arthur Millon est membre du comité de direction du Syndicat des grands hôtels de Paris, qui devient, en 1909, le Syndicat

86. *L'Hôtelier, organe de la chambre syndicale des hôteliers de Paris*, 1er novembre-15 novembre 1910. Dans cet article, la table du pavillon Ledoyen est largement louée : « on dînait chez Ledoyen, cela devrait suffire, menu savamment composé, exécuté à la perfection : vins exquis, tables somptueusement dressées ».

87. *L'Hôtelier, organe de la chambre syndicale des hôteliers de Paris*, 1er janvier 1912.

88. Fonds Chapotin : Comité central d'études et de défenses fiscales, réunion du 28 novembre 1910.

général de l'industrie hôtelière et des grands hôtels de Paris[89]. Le Meurice et le Grand Hôtel sont adhérents de ce dernier, tout comme l'ensemble des grands hôtels de la capitale.

L'engagement d'Arthur Millon est donc certain. De plus, le caractère de ce personnage premier du monde du commerce alimentaire et hôtelier de Paris se révèle. D'apparence modeste, il se présente lui-même comme un contestataire de tout ce qui est contraire à la justice ; il est en un sens libéral, songeant avant tout aux intérêts de sa corporation. De surcroît, une notice de la Préfecture de police de Paris précise que ses sympathies sont toutes « acquises aux institutions républicaines »[90]. Toutes ces activités sont couronnées de nombreux prix : outre sa Légion d'honneur, il est chevalier du Mérite agricole et reçoit un grand prix lors de l'Exposition franco-britannique de Londres de 1908[91].

Maire d'Evecquemont

Comme tout entrepreneur ayant réussi dans ses affaires, Arthur Millon se tourne vers une carrière politique qui tend plus vers l'évergétisme que vers de réelles ambitions gouvernementales. En effet, il est élu maire en mai 1908 d'une petite commune, Evecquemont, située en bordure de Seine, dans le nord des Yvelines actuelles. Arthur Millon y avait trouvé refuge et y avait acheté un château, entouré de quatre hectares de bois et d'une maison[92]. N'ayant aucune racine dans la commune, Arthur Millon choisit sans doute cet endroit pour son calme, lui rappelant peut-être les tranquillités de sa Bourgogne natale. Il meurt d'ailleurs dans son château. Evecquemont présente l'avantage de se trouver à proximité de Paris, quarante-cinq kilomètres, distance qu'Arthur Millon devait parcourir fréquemment au volant de sa Panhard. Néanmoins, il ne souhaite pas être le châtelain d'Evecquemont et se présente aux suffrages des administrés de la commune. Son élection est une formalité[93]. Les cinq années durant lesquelles il est maire de la commune de Seine-et-Oise sont marquées par une politique de grands travaux. À son initiative, des opérations de voirie sont entreprises, des travaux de restauration de l'église et de la mairie sont réalisés... Surtout deux grands projets sont mis en exécution. Dans un premier temps, l'école mixte est rénovée. Les besoins sont vraisemblablement criants : « l'ancienne très vieille [école] était défec-

89. *Bulletin du syndicat des grands hôtels de Paris*, février 1909.

90. AN, F/12/6659 : dossier de Légion d'honneur d'Arthur Millon.

91. *Ibid.*

92. Liquidation et partage de la communauté de M. et Mme Millon, passé devant Me Ploix les 5 et 7 janvier 1914, acte non déposé aux AN.

93. ADYv, 5Edépôt 39 : tableaux du conseil municipal d'Evecquemont.

tueuse sous tous les rapports trop petite, trop humide, mal éclairée ; les enfants s'y trouvaient dans des conditions hygiéniques désastreuses »[94]. Outre cette rénovation, Arthur Millon décide de créer une nouvelle classe en achetant une maison et un terrain jouxtant les anciens bâtiments de l'école[95]. Le projet est déclaré d'utilité publique. Néanmoins la subvention de l'État ainsi que les ressources de la commune ne sont pas suffisantes pour permettre la création de la nouvelle classe. De ce fait, le patron du Grand Hôtel ajoute 8 000 F sur ses propres deniers pour mener à bien le projet. Est-ce une revanche de l'enfant Arthur dont on ne sait pas s'il a fréquenté un jour les bancs de l'école publique ? Toujours est-il que l'éducation de ses jeunes administrés constitue une préoccupation importante : il fait rénover le logement de l'instituteur et contribue chaque année aux livrets d'épargne remis aux enfants de l'école. Là encore, l'existence de ces gratifications dépend de la donation d'Arthur[96]. En plus de l'école, un meilleur approvisionnement en eau est la seconde grande préoccupation du maire hôtelier. Chaque année, Evecquemont manque d'eau. Pour y remédier, est décidé le forage d'un grand puits. Ainsi, Arthur Millon fait entreprendre des études de captage d'eau potable et ajoute une nouvelle fois une somme personnelle pour doter Evecquemont de machines élévatoires, de réservoirs, de canalisations, de bornes fontaines, etc., une fois le forage réalisé[97].

Le village d'Evecquemont semble fier de posséder un maire de la prestance et de la notoriété d'Arthur Millon. Ainsi, quand celui-ci obtient le grade de chevalier de la Légion d'honneur – décret du 25 juillet 1912 –, les conseillers municipaux saluent chaleureusement cette nomination et expriment leurs félicitations face à cette décoration

> si bien méritée grâce aux qualités de travail et d'activités inlassables déployées dans ses diverses et absorbantes fonctions. Les membres du conseil profitent en outre de cette heureuse circonstance et se faisant les interprètes de la population d'Evecquemont, expriment à Monsieur Millon la reconnaissance et les remerciements qui lui sont dus pour le dévouement dont il fait preuve comme maire et pour les bienfaits qu'il répand dans cette commune au grand profit de l'intérêt général, avec la simplicité modeste qui est également appréciée.[98]

94. AN, F/12/6659 : dossier de Légion d'honneur d'Arthur Millon.
95. ADYv 2O83 : activités du conseil municipal d'Evecquemont, 1912.
96. ADYv, 5Edépôt 7 : tableaux du conseil municipal d'Evecquemont, 1912.
97. AN, F/12/6659 : dossier de Légion d'honneur d'Arthur Millon.
98. ADYv, 5Edépôt 7 : tableaux du conseil municipal d'Evecquemont, séance du 1er août 1912.

Le préfet de Seine-et-Oise ajoute qu'Arthur Millon « jouit de la considération publique de sa commune »[99] et appuie ainsi sincèrement sa nomination. L'hommage est tout aussi vibrant à son décès :

> la commune perd en Monsieur Millon un administrateur actif, capable et tout dévoué aux intérêts généraux et un bienfaiteur désintéressé, généreux et serviable, créant ou essayant de créer des œuvres d'inappréciable utilité. [La population d'Evecquemont] gardera longtemps le souvenir de cet homme de bien, trop tôt disparu, dont les qualités d'esprit et de cœur attiraient et retenaient les sympathies de tous ceux qui le connaissaient et l'appréciaient.[100]

Evecquemont vient de perdre son mécène.

La trajectoire d'Arthur Millon est donc exceptionnelle à plus d'un titre. Véritable « fils de ses œuvres », il arrive à la fin d'une vie pleinement remplie – il meurt à 61 ans de l'avis de tous du fait d'une activité incessante – à la tête d'une fortune considérable. Il est incontestablement la figure centrale du monde des cafés et des hôtels de la première décennie du XXe siècle parisien. Arthur Millon a plus que dépassé les limites de l'ascension sociale vertigineuse, de la réussite complète. Sa fortune à la fin de sa vie est estimée à 20 MF : sur cette somme, environ 5 MF équivalent à des valeurs immobilières et mobilières[101], 1,50 MF est constitué d'actions et d'obligations de valeurs en tout genre auxquelles il ne prit jamais part – actions de chemins de fer, obligations au porteur de la Ville de Paris, emprunts russes, etc. Le solde, soit environ 13 MF, est investi dans ses hôtels, restaurants et sociétés.

Les hommages qui pleuvent à sa mort sont à la mesure du formidable destin d'Arthur Millon. Voici un extrait de celui adressé par ses pairs, les restaurateurs et limonadiers de Paris :

> Depuis dix mois M. Millon luttait, avec l'énergie qu'on lui connaissait, contre le mal qui vient de l'emporter. Il y a peu de jours encore il se croyait vainqueur dans le terrible combat qu'il avait soutenu et il nous disait sa joie. Il élaborait de vastes et puissants projets, il envisageait avec confiance un nouvel avenir d'activité utile et de réalisation. Aujourd'hui, tout est fini, et c'est avec une douleur profonde que nous

---

99. AN, F/12/6659 : dossier de Légion d'honneur d'Arthur Millon.

100. ADYv, 5Edépôt 7 : tableaux du conseil municipal d'Evecquemont, séance du 29 septembre 1913.

101. 2,50 MF pour l'appartement rue Royale, 2 MF pour l'appartement avenue Niel, 250 000 F pour les propriétés d'Evecquemont, 13 000 F pour les objets et meubles meublants l'appartement de la rue Royale, 10 000 F pour le château (ADP, DQ7 31848 : déclaration de succession d'Arthur Millon, 27 avril 1914).

> adressons à la mémoire de notre si cher et si regretté Président l'hommage d'affection bien sincère que chacun de nous avait vouée à cet homme d'incomparable énergie, de droiture et de cœur. M. Millon fut incontestablement celui dont on pouvait dire qu'il était « le meilleur à la meilleure place ».[102]

À la suite de cet hommage, plus de mille noms s'associent au deuil de la famille, alors que les témoignages de sympathie s'accumulent, preuve, s'il en était encore besoin, de l'immense réputation dont Arthur Millon jouissait.

Après ce large portrait, revenons au Grand Hôtel pour comprendre comment l'administration qui se met en place en deux temps oriente et modifie considérablement la marche de l'entreprise et pour cerner la manière dont les nouveaux dirigeants, parmi lesquels Arthur Millon, essaient de le faire redevenir une entreprise de premier plan.

La remise au goût du jour

La longue mise en place d'une nouvelle direction

Un constat accablant

La presse de la fin du XIXe siècle et du XXe siècle est toujours élogieuse au sujet du Grand Hôtel. Les témoignages vantant ses mérites sont légion. En voici un exemple :

> le Grand-Hôtel de Paris réalise à vrai dire le modèle-type des établissements où l'hospitalité française se montre sous ses aspects les plus aimables, sous ses dehors les plus séduisants. C'est le kaléidoscope puissant et suggestif des progrès accomplis dans ce siècle de confort et de luxe, pour entourer les voyageurs de tout le bien-être que l'on recherche et de toutes les jouissances que l'on ambitionne [...] c'est en effet le foyer élégant et somptueux de la vie parisienne du boulevard et du monde dans son aristocratique essence.[103]

Il semble en fait que le Grand Hôtel vive toujours sur son capital « réputation » accumulé depuis quarante ans, allant jusqu'à risquer de ne plus répondre aux aspirations de la clientèle. D'ailleurs, quelques voix s'élèvent, corroborant le point de vue des administrateurs arrivant à sa direction :

---

102. *Journal de restaurateurs et limonadiers, Organe officielle de la chambre syndicale*, 7 octobre 1913.

103. *La Revue Illustrée*, vol. 20, juin-décembre 1895, p. 261.

1. Le Grand Hôtel à son origine

1.1 Façade du Grand Hôtel.
[Collection personnelle, *Guide de l'Étranger dans Paris et ses environs*, Paris, Grand Hôtel, 1874]

1.2 Cour d'honneur.
[Collection personnelle, *Guide de l'Étranger dans Paris et ses environs*, Paris, Grand Hôtel, 1874]

1.3 Salle à manger.
[Collection personnelle, *Guide de l'Étranger dans Paris et ses environs*, Paris, Grand Hôtel, 1874]

1.4 Salon de lecture.
[Collection personnelle, *Guide de l'Étranger dans Paris et ses environs*, Paris, Grand Hôtel, 1874]

1.5 Rotonde d'angle et Hôtel Scribe.
[Collection Boissel, *Guide de l'Étranger dans Paris et ses environs*, Paris, Grand Hôtel, 1877]

2. Chantier du Grand Hôtel

[*Le Monde illustré*, 31 août 1861]

3. Vue extérieure de la boutique Violet

[*L'Illustration*, 16 octobre 1869]

4. Les magasins de l'Escalier de cristal

[*L'Illustration*, 7 décembre 1872]

5. Banquet dans la salle des Fêtes

[*L'Illustration*, 1er mai 1869]

6. Bal de bienfaisance

[*L'Illustration*, 2 mai 1874]

7. *La Gazette des étrangers*

[ADP, AGH, V12S66]

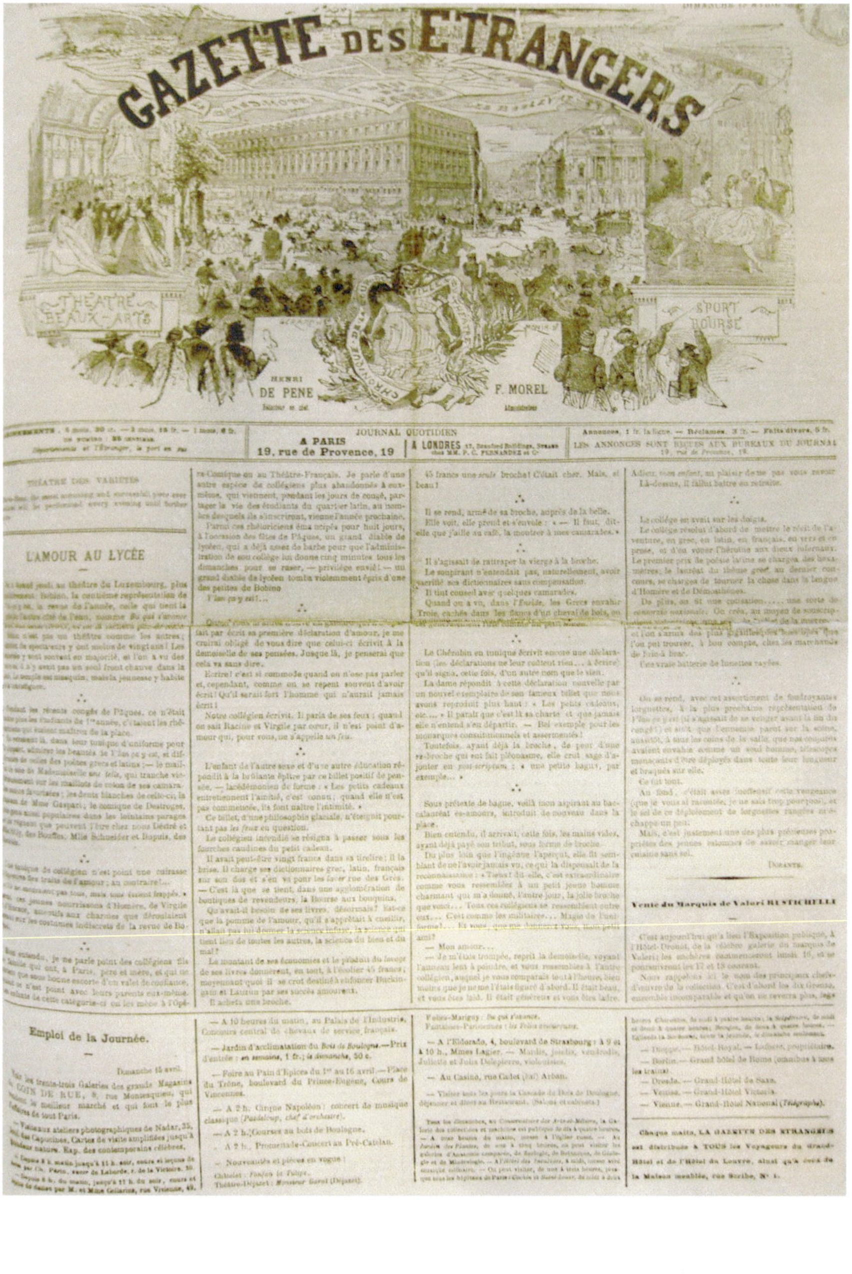

GAZETTE DES ETRANGERS

THÉATRE BEAUX-ARTS

SPORT BOURSE

HENRI DE PENE

F. MOREL

JOURNAL QUOTIDIEN

A PARIS 19, rue de Provence, 19

A LONDRES 37, Bamford Buildings, Strand chez MM. F. C. FERNANDEZ et Cie

L'AMOUR AU LYCÉE

Emploi de la Journée.

Vente du Marquis de Valori RUSTICHELLI

8. *La vie à Paris*

[ADP, AGH, V12S58]

9. Publicité vers 1890

[Collection personnelle]

10. Facture, mai 1897

[ADP, AGH, V12S88]

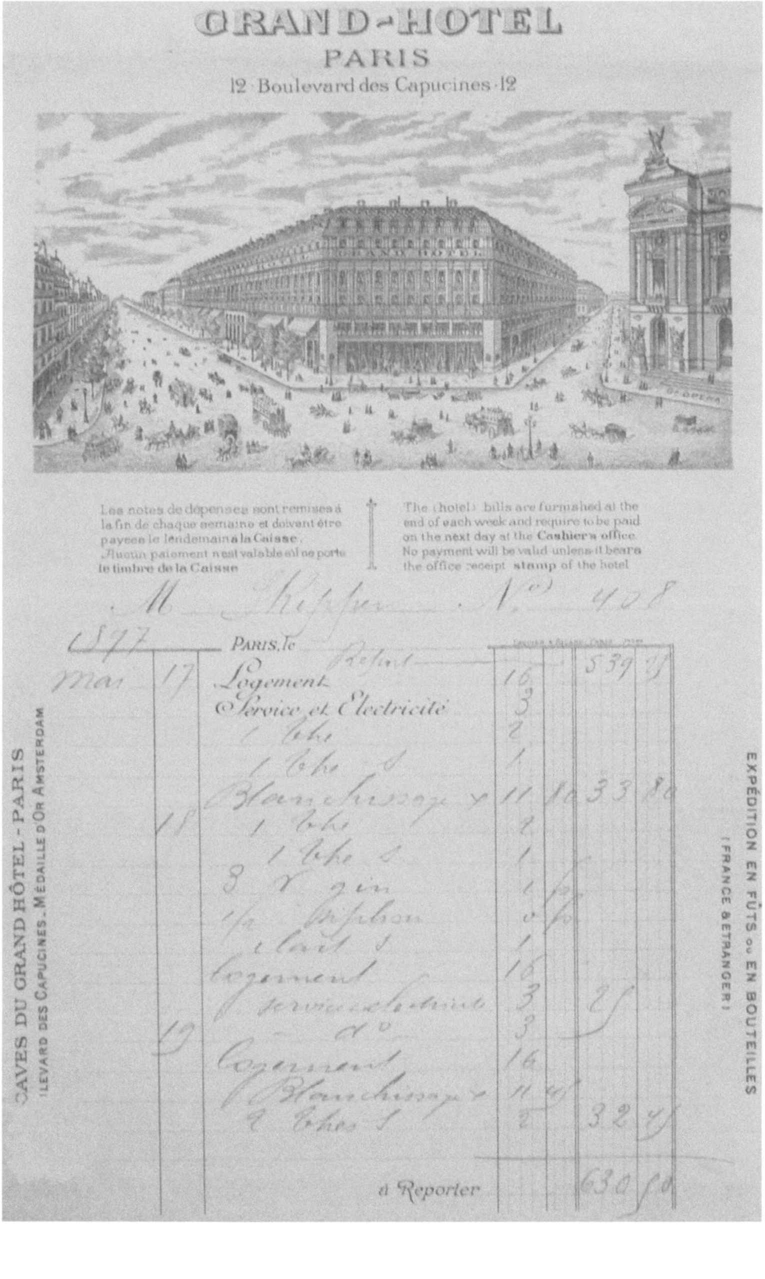

GRAND-HOTEL
PARIS
12 · Boulevard des Capucines · 12

Les notes de dépenses sont remises à la fin de chaque semaine et doivent être payées le lendemain à la Caisse.
Aucun paiement n'est valable s'il ne porte le timbre de la Caisse

The (hotel) bills are furnished at the end of each week and require to be paid on the next day at the Cashier's office.
No payment will be valid unless it bears the office receipt stamp of the hotel

M ... N° 408

1897 PARIS, le

mai 17 Logement
Service et Électricité

Blanchissage

à Reporter 630

CAVES DU GRAND HÔTEL - PARIS
[...]LEVARD DES CAPUCINES . MÉDAILLE D'OR AMSTERDAM

EXPÉDITION EN FÛTS ou EN BOUTEILLES
(FRANCE & ÉTRANGER)

11. Le Grand Hôtel vers 1895

[*La Revue illustrée*, vol. 18 et 20, juin-décembre 1894 et juin-décembre 1895]

11.1 La réception.

11.2 Le ticket-office.

11.3 Le restaurant.

11.4 Une chambre à un lit.

11.5 Les moteurs.

11.6 Les générateurs.

11.7 Tableau de distribution électrique.

12. Menus de banquet

[ADP, AGH, V12S48]

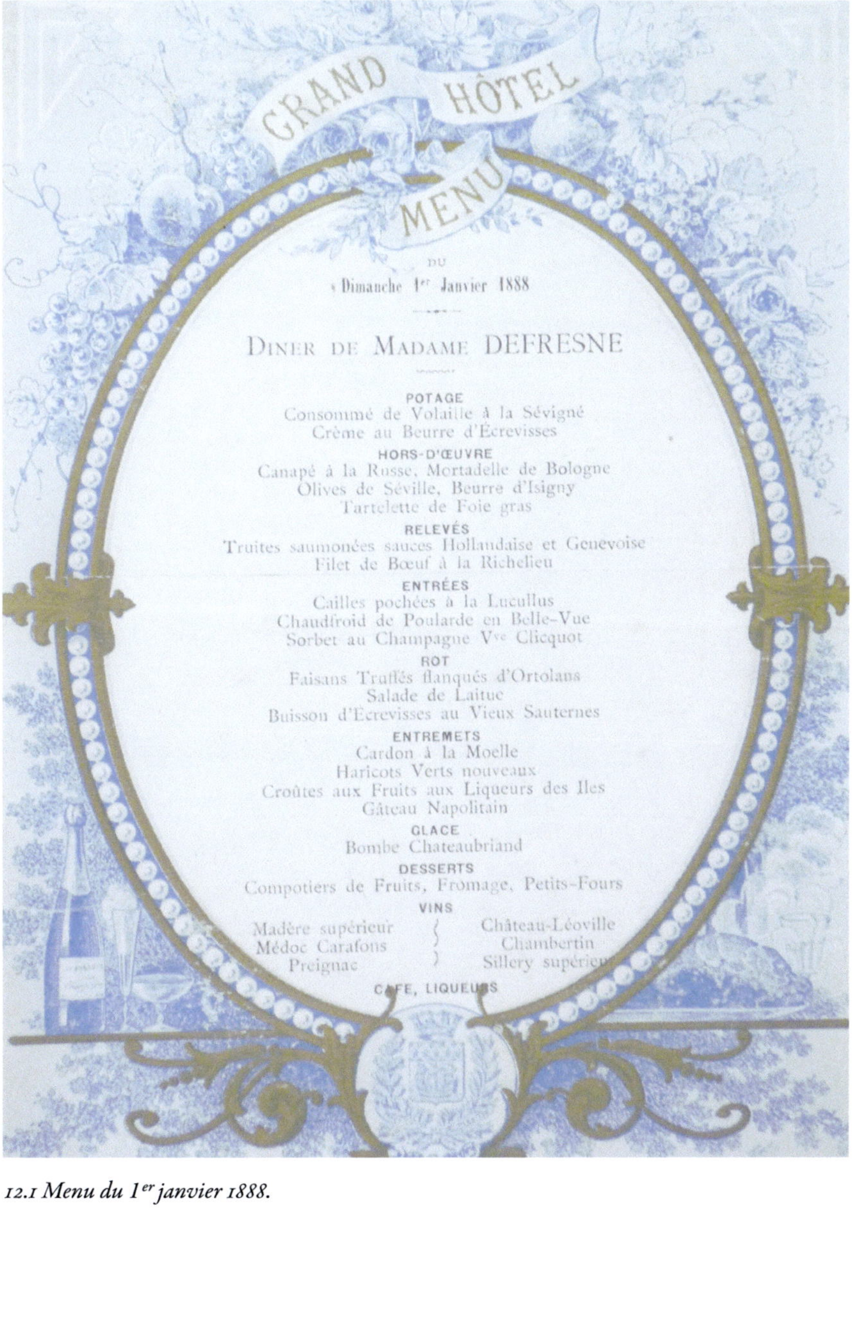
GRAND HÔTEL

MENU

DU

Dimanche 1er Janvier 1888

DINER DE MADAME DEFRESNE

POTAGE
Consommé de Volaille à la Sévigné
Crême au Beurre d'Écrevisses

HORS-D'ŒUVRE
Canapé à la Russe, Mortadelle de Bologne
Olives de Séville, Beurre d'Isigny
Tartelette de Foie gras

RELEVÉS
Truites saumonées sauces Hollandaise et Genevoise
Filet de Bœuf à la Richelieu

ENTRÉES
Cailles pochées à la Lucullus
Chaudfroid de Poularde en Belle-Vue
Sorbet au Champagne Vve Clicquot

ROT
Faisans Truffés flanqués d'Ortolans
Salade de Laitue
Buisson d'Écrevisses au Vieux Sauternes

ENTREMETS
Cardon à la Moelle
Haricots Verts nouveaux
Croûtes aux Fruits aux Liqueurs des Iles
Gâteau Napolitain

GLACE
Bombe Chateaubriand

DESSERTS
Compotiers de Fruits, Fromage, Petits-Fours

VINS
Madère supérieur — Château-Léoville
Médoc Carafons — Chambertin
Preignac — Sillery supérieur

CAFE, LIQUEURS

12.1 Menu du 1er janvier 1888.

PL. XIV

12.2 Menu du 17 mars 1890.

GRAND HOTEL
Paris

DINER DE MM. LES NOTAIRES
de l'Arrondissement de Versailles

Menu
DU
Mardi 6 Mai 1890.

POTAGES
Consommé de Volaille à la Royale
Crème au Beurre d'Ecrevisses
HORS-D'ŒUVRE VARIÉS
RELEVÉS
Petites Bouchées à la Pompadour
Truites saumonées sauce Hollandaise et Genevoise
ENTRÉES
Filet de Bœuf à la Savarin
Canetons de Duclaire aux Oranges
Homard à la Russe
Sorbets au Kirsch
ROTS
Poularde Fléchoise au Cresson
Pâté de Foie Gras Grand-Hôtel aux Truffes
SALADE
ENTREMETS
Asperges en Branches
Turbans de Fruits aux Liqueurs
Gâteaux Mille-Feuilles et Génois
GLACE
Bombe Vanille et Framboise
DESSERTS
Compotiers de Fruits. — Pâtisserie
VINS
Xérès — Léoville
Médoc en Carafes — Volnay
Clos Marathon 1882 — Champagne
Tisane de Champagne
CAFÉ, LIQUEURS

12.3 Menu du 6 mai 1890.

13. Le Grand Hôtel vers 1910

[ADP, AGH, V12S124]

13.1 Place de l'Opéra.

13.2 Rotonde d'angle, boutique Old England.

13.3 Nouvelle entrée rue Scribe.

13.4 Entrée du boulevard des Capucines et boutique des caves.

13.5 Galerie d'arrivée.

13.6 Escalier côté Opéra.

13.7 Jardin d'hiver.

13.8 Salle à manger disposée en table d'hôte.

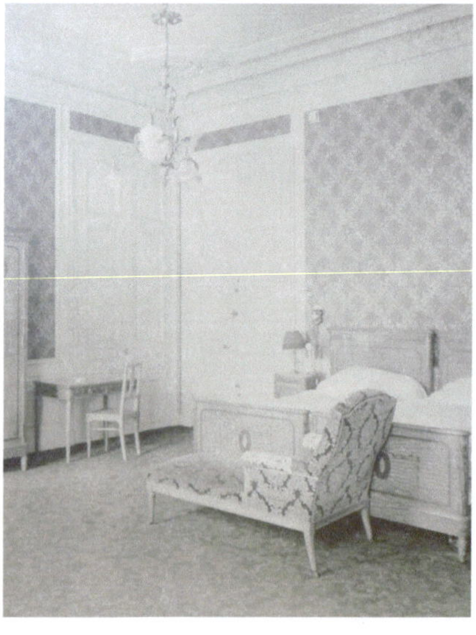

13.9 Une chambre.

13.10 Une salle de bain.

13.11 Un salon particulier.

13.12 Le bar américain.

13.13 Les grandes cuisines.

13.14 Un coin des caves.

14. Arthur Millon

[Collection Mager]

15. André Millon

[Collection Mager]

16. Trois patrons à la guerre
Pierre Laguionie, André Millon, Paul Lesieur

[Fonds Chapotin]

PL. XXIV

17. Le Grand Hôtel vers 1970

[Collection personnelle]

17.1 Entrée Scribe.

17.2 Entrée des salons, rue Auber.

17.3 Hall d'entrée.

17.4 Le nouveau patio.

> La situation du Grand-Hôtel est et restera unique, et défie toute concurrence, à condition que l'hospitalité offerte aux voyageurs soit à la hauteur de ce que ceux-ci trouvent partout ailleurs. Or, il fallait bien avouer que l'installation du Grand-Hôtel est non seulement bien vieux jeu mais encore qu'elle n'offre pas les conditions d'hygiène et de bon entretien qu'on exige aujourd'hui.[104]

L'auteur de cet article en profite pour largement égratigner les anciens dirigeants de l'entreprise :

> certains administrateurs ne songeaient guère qu'à émarger à la caisse sous diverses espèces, laissant pour le surplus l'affaire aux mains de subordonnés […] Tous les services d'ailleurs souffrent du relâchement général qui s'établit dans les affaires où la direction de tête est incompétente et inactive.

La politique des gros dividendes perpétrée entre 1880 et 1898 – avec une propension plus magistrale lors des dernières années – fait que le Grand Hôtel, le bâtiment tout comme ses équipements, est, au début du XXe siècle, dans un état indigne de son rang. C'est donc bien la politique envisagée par ses dirigeants qui est responsable d'une telle situation. Un rapport du début des années 1900, véritable état des lieux, dénonce les innombrables éléments laissés à l'abandon depuis de nombreuses années[105]. L'état des sous-sols paraît plus que préoccupant : les odeurs des cuisines ne sont pas totalement absorbées par la ventilation tant et si bien que certaines remontent dans la salle des fêtes, les monte-plats ne sont pas performants, « les Water-closets et urinoirs affectés au personnel sont en mauvais état et dégagent des odeurs incommodantes qui peuvent se répandre dans l'hôtel »[106]. De plus, les rédacteurs du rapport soulignent un manque d'optimisation des locaux : une pièce spéciale pour la laiterie et la fromagerie est absente, du matériel utile aux fêtes et banquets est disséminé en divers endroits du sous-sol, obstruant certaines issues, engendrant un risque maximum en cas d'incendie. En outre, une cave voûtée n'est plus destinée à sa fonction première du fait qu'elle est encombrée de malles et caisses laissées en souffrance par les voyageurs. Au rez-de-chaussée et dans les étages, les points faisant défaut s'accumulent : l'ensemble de l'hôtel profite des bruits de pas des chevaux entrant dans la cour d'honneur à cause de son sol jamais insonorisé, la publicité présente dans ce même

104. *Paris-Capital*, 26 janvier 1898.

105. ADP, V12S10 : rapport sur l'état du Grand Hôtel, vers 1900.

106. *Ibid.*

espace est inesthétique, l'éclairage est de manière générale inadapté, les escaliers présents à l'intérieur de la salle des fêtes qui servent de tribune lors de quelques manifestations, sont dans un état déplorable, faisant craindre une chute des interlocuteurs à tout instant, il n'y a pas de coffres-forts, etc. La défaillance générale de l'hôtel, au niveau de la sécurité, est également soulignée. Ainsi, sans aller dans les plus infimes détails, l'obsolescence du Grand Hôtel est manifeste. L'entreprise avait les moyens, tant en termes financiers qu'en termes d'adaptabilité de l'immeuble, de moderniser, de suivre le mouvement insufflé par la nouvelle génération d'hôtels afin de rester toujours sur ce podium virtuel des meilleurs hôtels de Paris. Les premiers administrateurs de la société en ont décidé autrement et, au vu des constats dressés, il est évident que le Grand Hôtel a été déchu de sa première place. Au total, le constat de reprise met en lumière les carences de l'ancienne direction : « le Grand Hôtel ne remplit pas les conditions d'un hôtel qui a, dans Paris, la première situation. Il n'est pas à la hauteur du confort. »[107] L'administration Ellissen laisse supposer que tout fut abandonné. Quelques éléments indiscutables confirment ses dires, comme le retard important pris pour l'éclairage électrique ou l'accès à l'hygiène et à l'intimité qui reste, comme le prouve le nombre restreint de salles de bains, plus que difficile. Les exemples allant en ce sens sont nombreux au point que le Grand Hôtel est toujours un logis du Second Empire au début du XXe siècle.

La constitution d'un conseil d'administration durable

Avant de s'être affranchis de tous les membres de l'ancienne administration, Ellissen et Salzédo n'hésitent pas à les accuser publiquement des torts qu'ils ont causés au Grand Hôtel et à sa notoriété. Ils entreprennent un tel bouleversement au sein de son directoire car, selon eux, l'entreprise est entre des mains qui négligent son entretien et qui nuisent aux intérêts de la société immobilière propriétaire du bâtiment et présidée par Ellissen. On peut supposer que la Rente foncière ne se satisfasse plus du bail de 1880 et désire tirer un meilleur parti de son hôtel en plaçant à sa tête certains de ses proches. Durant cette période où l'on se rend compte que l'investissement dans le logement social est un échec, « la Rente Foncière ne doit de conserver sa supériorité sur les autres sociétés qu'à la productivité de ses établissements industriels : la location du Grand Hôtel et l'exploitation de l'hôtel Scribe lui assurent respectivement un revenu net de 6,47 et 5,26 % »[108]. C'est pourquoi, Ellissen intervient par le biais

107. ADP, V12S3 : AGH, procès-verbal de l'AGO de la société du Grand Hôtel, 30 avril 1898.

108. Lescure M., *Les banques, l'État et le marché immobilier…*, *op. cit.*, p. 456.

de l'une de ses sociétés, la Compagnie générale pour l'industrie en France et à l'étranger, afin de devenir l'actionnaire majoritaire du Grand Hôtel[109].

Le fait qu'Ellissen et la majeure part des administrateurs entrant avec lui au conseil d'administration du Grand Hôtel n'y restent que trois ans peut signifier que, dès leur engagement, ils savent qu'ils ne le font qu'à court terme. Existe-t-il une volonté de mettre en place une nouvelle administration, orchestrée par Ellissen et diligentée par de nouveaux arrivants désirant entrer de manière durable au Grand Hôtel ? C'est plausible ; sans cela, il est difficile de saisir pourquoi Ellissen ne s'engage que pour si peu de temps. Une faillite n'est toutefois pas à exclure. Cependant, cette stratégie de mainmise puis de passation de pouvoirs déguisée est, à notre sens, mise au point dès qu'a lieu la participation de la Compagnie générale pour l'industrie en France et à l'étranger dans le capital du Grand Hôtel. L'apparition de nouvelles figures, de surcroît hôtelières comme Oscar Hauser, montre que l'initiative est préparée et ne constitue pas une reprise sans lendemain. D'ailleurs, l'arrivée d'un grand hôtelier suisse tire vraisemblablement son explication du fait que, parmi les administrateurs de la Compagnie générale pour l'industrie en France et à l'étranger, se retrouvent de nombreux Suisses et notamment des banques et banquiers – Union des banques de Bâle et Zurich, Jean-Jacques Schuster-Burckhardt, banquier bâlois[110] – faisant appel à leur carnet d'adresses et à leurs clientèles pour les intéresser à cette nouvelle aventure. Pour terminer, l'hommage que rend Henry Wiener à l'ancien président du Grand Hôtel est une dernière preuve qu'il n'existe pas de putsch contre Ellissen en sa faveur en 1901 :

> M. Ellissen a apporté depuis trois ans à notre société la collaboration personnelle la plus active et la plus dévouée ; nous avons à cœur de lui en exprimer, au nom de la société, nos plus vifs remerciements. Il a prêté à la réorganisation du Grand Hôtel, en vue de cette laborieuse période de l'Exposition, le concours le plus intelligent et le plus éclairé et cet exercice nous permet déjà d'en constater les heureux résultats.[111]

Le passage de témoins entre Ellissen et Wiener est une formalité. À partir de cet instant, la composition du conseil d'administration du Grand Hôtel suit une triple logique. La première réside en un désengagement progressif des anciens administrateurs de la compagnie industrielle

109. Nous ne connaissons pas le poids réel de la société d'Ellissen dans le capital du Grand Hôtel.

110. AN, ET/LIX/909 : première assemblée constitutive de la Compagnie générale pour l'Industrie en France et à l'étranger, 23 juin 1896.

111. ADP, V12S3 : AGH, procès-verbal de l'AGO de la société du Grand Hôtel, 23 avril 1901.

d'Ellissen. Il reste tout de même un nom de cette ancienne représentativité, en l'occurrence son président, Henry Wiener. Rapidement, celui-ci n'est plus perçu comme un ancien de la Compagnie générale pour l'industrie en France et à l'étranger, mais bien comme un membre actif et totalement intégré de la société. À partir de 1897, la prise de contrôle du Grand Hôtel par la société industrielle d'Ellissen avait vu l'arrivée massive d'administrateurs communs aux deux sociétés ; de manière logique, lorsque la Compagnie générale pour l'industrie en France et à l'étranger se déleste de ses titres, le processus inverse se produit[112]. La deuxième ligne directrice est la réservation tacite d'un siège pour un administrateur de la Rente foncière, et de préférence son président. Pendant des années, c'est Salzédo qui fait l'interface entre les deux sociétés. Il semble d'ailleurs que ce rôle soit particulièrement ingrat à partir du moment où la Compagnie générale pour l'industrie en France et à l'étranger n'exerce plus son contrôle sur la société immobilière[113]. Toutefois, à la suite du retrait de Salzédo et pour réinstaurer un climat apaisé entre les deux sociétés, le Grand Hôtel accepte la proposition de la Rente foncière d'élire son nouveau président, Pierre Marquès de Braga, conseiller d'État honoraire, à son conseil d'administration[114]. Il démissionne, le 17 décembre 1906[115], mais le nouveau président de la société immobilière, Georges Ardillier (1870-1915), devient administrateur de l'entreprise[116]. Enfin, la troisième règle, sans doute la plus significative, consiste en l'appel de compétences professionnelles au sein du conseil d'administration, fait quasi nouveau. L'arrivée d'Arthur Millon avait été justifiée de la sorte. Cette logique avait eu un précédent : l'élection d'Oscar Hauser en 1898. Comme nous l'avons mentionné, il est probable que l'entrée de capitaux suisses dans la Compagnie générale pour l'industrie en France et à l'étranger puisse expliquer, par un effet de dominos, l'arrivée de Hauser au conseil de l'entreprise. Lorsqu'il arrive au Grand Hôtel, Oscar Hauser est propriétaire de l'hôtel Schweizerhof

112. Par exemple, Schuster-Burckhardt démissionne dès 1899 ; Pierre Bailleux de Marisy fait de même en 1903. Vestige de l'administration Ellissen, Reuben Gubbay ne se représente pas aux suffrages de l'assemblée de 1909.

113. Du fait de la démission d'Ellissen de sa présidence et du grand chamboulement que connaît son conseil, nous pensons qu'après 1900, la Rente foncière n'est plus contrôlée par la Compagnie générale pour l'industrie en France et à l'étranger ; de ce fait, ses relations avec le Grand Hôtel deviennent tendues.

114. ADP, V12S3 : AGH, procès-verbal de l'AGO de la société du Grand Hôtel, 25 avril 1905.

115. Une nouvelle fois, le conseil d'administration de la Rente foncière est complètement bouleversé entre les exercices 1906 et 1907.

116. ADP, V12S3 : AGH, procès-verbal de l'AGO de la société du Grand Hôtel, 26 avril 1907.

de Lucerne. Bâtiment construit à partir de 1844, le Schweizerhof semble avoir été acquis par la famille Hauser en 1861[117]. Un témoignage de la fin des années 1870 place le Schweizerhof parmi les meilleurs :

> Le Schweizerhof de Lucerne, hôtel urbain et entouré d'autres établissements, prenait rang dès l'abord comme établissement de premier ordre et à ce titre se perfectionnait constamment au fur et à mesure des progrès de l'industrie hôtelière.[118]

En dehors de la gestion du Schweizerhof et du Grand Hôtel – que nous présumons active du fait qu'il est vice-président du conseil d'administration durant une trentaine d'années –, Hauser prend de grandes responsabilités sur le devant de la scène hôtelière européenne. Par exemple, il devient administrateur de la Société internationale des hôteliers en juin 1904[119]. Cette société, qui regroupe 1 400 membres, traite des grands problèmes de la profession et avance les lignes directrices devant être données à la gestion des grands hôtels partout en Europe. Par exemple, lors de la réunion qui voit l'élection de Hauser, sont présents des congressistes arrivant des quatre coins du continent. Les grands points abordés à cette occasion sont l'application de la loi sur le repos hebdomadaire ou encore le projet de création d'une école pour apprentis. En outre, Oscar Hauser fut vice-président de la Fédération universelle des sociétés d'hôteliers, fondée en 1906, « dans le but de discuter et de résoudre, au mieux des intérêts de tous, les questions nombreuses et communes qui intéressent hôteliers et voyageurs de tous les pays du monde »[120].

Un second grand hôtelier suisse vient compléter le conseil d'administration du Grand Hôtel au début du XXe siècle : Alexandre Emery. Une nouvelle fois, nous ne connaissons pas la nature des relations qu'entretient Emery avec les autres membres du conseil. Est-ce Hauser qui le fait venir au Grand Hôtel ? C'est possible d'autant plus que les deux se connaissent bien, étant conseillers nationaux et membres du Parti libéral[121]. Quoi qu'il en soit, le Grand Hôtel a à nouveau réussi à attirer une grande figure de l'hôtellerie helvétique. Né le

117. http://www.schweizerhof-luzern.ch/en/01_hotel/history.asp?navId=2 (consulté à l'été 2008).

118. Guyer E., *Les hôtels modernes..., op. cit.*, p. 36.

119. *Bulletin du syndicat des grands hôtels de Paris*, 1er juillet 1904. Même si, dans l'article étudié, le prénom de Hauser commencerait par un W, il ne fait pas de doute qu'il s'agit bien d'Oscar Hauser puisqu'il est mentionné qu'il gère le Schweizerhof de Lucerne.

120. *Bulletin du syndicat des grands hôtels de Paris*, janvier 1913.

121. Chombard-Gaudin Cécile, *Bâtisseurs de palaces, entrepreneurs et magiciens*, Bière, Cabétia, 2009, p. 140.

9 mars 1850 à Yverdon, Alexandre Emery ne se prédestine pas dans un premier temps à la carrière hôtelière bien que son père soit propriétaire d'un hôtel, l'hôtel de Londres, dans sa ville natale[122]. Après son mariage, Alexandre Emery s'installe à Montreux, qui « vit alors en pleine effervescence touristique »[123]. En 1884, il y achète l'hôtel du Cygne puis fait construire son propre hôtel, le Montreux Palace, dont l'inauguration a lieu en mars 1906. Mise à part son activité de chef d'entreprise, Alexandre Emery s'investit largement, comme nombre de professionnels de l'accueil de l'époque, dans le développement du tourisme local. Il devient président de la Société des hôteliers de Montreux et membre du comité central de la Société suisse des hôteliers. De plus, Emery est littéralement parti à la conquête d'hôtels européens et notamment français. Il est ainsi président des conseils d'administration du Golf hôtel de Hyères, des hôtels Splendid et Europe d'Aix-les-Bains, fut administrateur de la Compagnie hôtelière de Marseille et Riviera, du Majestic et du Riviera palace de Nice, tant et si bien qu'un ancien chauffeur du Montreux Palace

> évoquait l'époque lointaine où [...] il devait tôt matin conduire M. Emery en Suisse allemande, à Paris, Cannes ou Nice, où le grand patron était convoqué en séance du conseil de l'un ou l'autre des grands hôtels dont il était l'administrateur.[124]

À partir de 1901, Emery est actionnaire et administrateur du Grand Hôtel. De surcroît, tout comme Oscar Hauser, Alexandre Emery participe aux autres sociétés créées par Arthur Millon et Henry Wiener, puisqu'il est administrateur du Meurice et de la Société de la rue Édouard VII[125].

Ainsi, après quelques tergiversations et un certain laps de temps nécessaire à cette mise en place, le Grand Hôtel se dote d'une direction apte à relever le défi de son renouveau. En outre, il vient *grosso modo* de trouver sa direction pour les soixante-dix années à venir. Sitôt au pouvoir, les nouveaux administrateurs du Grand Hôtel, ces « spécialistes en matière d'hôtellerie et d'alimentation »[126], ne perdent pas de temps, étudient « sans retard et avec le plus grand soin l'organisation de tous les services de l'Hôtel » et procèdent aux premiers changements. Le chantier s'annonce colossal.

---

122. *Le Montreux Palace*, Montreux, Éditions Montreux Palace SA, 2006, p. 36.
123. *Ibid.*
124. *Ibid.*, p. 40.
125. AGO de la société de la rue Édouard VII, 1912-1922. Emery et Hauser siègent tous deux durant toute la période durant laquelle la société est présidée par Henry Wiener. Ils se retirent au même moment que ce dernier.
126. ADP, V12S3 : AGH, procès-verbal de l'AGO de la société du Grand Hôtel, 12 avril 1902.

Une renaissance en trois temps

Parer au plus pressé

Lorsque Ellissen arrive à la présidence du Grand Hôtel, est projeté un vaste plan de rénovation qui a comme premier mot d'ordre le nettoyage de l'hôtel, ce « qui est la chose la plus urgente »[127]. On s'étonne que le Grand Hôtel puisse être tombé si bas. Ceci ne reste toutefois qu'un infime préliminaire eu égard à l'ampleur que l'on veut donner à la restructuration :

> Les ascenseurs devront être modifiés, le restaurant devra être mis à même de rivaliser avec les autres. […] D'ici un an à deux ans, nous aurons un hôtel propre, convenablement meublé. Cela coûtera cher, car tout ne peut rester dans l'état actuel. Nous nous efforcerons par la propreté, par les soins donnés aux voyageurs, par l'excellence du restaurant de rappeler au Grand Hôtel tous ceux qui n'y viennent plus.[128]

Ensuite, les dirigeants de l'entreprise tentent de réorganiser profondément les services de l'établissement, en spécialisant les locaux. Ainsi, les salons du rez-de-chaussée se situant sur l'aile Auber sont désormais exclusivement destinés à l'accueil des noces et des banquets avec entrée spécifique de telle sorte que les autres services du Grand Hôtel ne soient plus dérangés par les va-et-vient des convives de ces manifestations[129]. Par ailleurs, deux importantes modifications sont esquissées : d'une part, on cherche à améliorer le fonctionnement des ascenseurs, dont la marche trop lente est de manière récurrente critiquée. D'autre part, est lancé, dès 1898, un large programme d'installations de nouvelles salles de bains. Certains appartements se voient dotés de leurs propres équipements. Ainsi, les nouveaux dirigeants du Grand Hôtel se hâtent de le moderniser. Cependant, cette perspective n'est pas sans déconvenue sur la marche quotidienne de l'entreprise. L'équipe d'Ellissen en a conscience et tient à en informer ses actionnaires :

> cet exercice, Messieurs, doit être considéré comme anormal […] Il a été traversé par les circonstances les plus défavorables et consacré à la restauration du Grand-Hôtel […] M. le président rappelle que l'entreprise traverse une période transitoire et il demande que l'on fasse crédit au conseil d'administration jusqu'à l'achèvement des travaux de réfection.[130]

---

127. ADP, V12S3 : AGH, procès-verbal de l'AGO de la société du Grand Hôtel, 30 avril 1898.
128. *Ibid.*
129. ADP, V12S3 : AGH, procès-verbal de l'AGO de la société du Grand Hôtel, 27 avril 1899.
130. *Ibid.*

Pour tenter de réduire au maximum les désagréments du programme de rénovation, tant du point de vue des résultats que pour le confort des clients, les administrateurs procèdent aux travaux, par étapes, pendant la morte-saison, sans jamais interrompre l'exploitation de l'entreprise. Il est difficile de concilier l'accueil normal des voyageurs avec les travaux de réfection d'autant plus lorsque ceux-ci affectent les chambres, appartements, couloirs et salons, comme c'est le cas durant les quelques mois précédents l'Exposition universelle de 1900[131]. En dépit de l'ensemble des précautions mises en place, de sérieux dérangements ont lieu, mais l'essentiel est assuré – réorganisation des services de restauration, nouveaux ascenseurs à marche plus rapide et moins bruyante, cour d'honneur en « état de parfaite propreté » – afin que le Grand Hôtel puisse répondre à l'affluence et aux exigences de la clientèle à l'occasion de l'Exposition universelle. D'ailleurs, cet événement marque une pause dans le programme des administrateurs du Grand Hôtel qui comptent sur le succès de la manifestation pour reprendre sa rénovation dès 1901[132].

À partir de cette date, une nouvelle étape est franchie. Les améliorations projetées reposent sur un plan en sept axes. La révision du chauffage en constitue un élément primordial. En fait, le système global de l'hôtel n'a pas été corrigé depuis sa création à tel point qu'il est toujours en vigueur de se chauffer, dans les chambres, grâce aux cheminées. Le problème est d'autant plus important qu'il porte un rude coup à l'attractivité de l'établissement. Sur ce point, le constat est édifiant :

> Tous les hôtels créés à Paris pendant les dernières années, suivant en cela l'exemple qui leur a été donné par les maisons de premier ordre des autres capitales sont chauffés à la vapeur, et ce chauffage, exigé par la clientèle étrangère comme une mesure de confort indispensable est devenu une nécessité telle que les hôtels d'origine plus ancienne, procèdent, l'un après l'autre, à son installation. C'est ainsi qu'en cours de l'hiver dernier, nous n'avons pu retenir bon nombre de nos clients qu'en leur promettant de doter l'hôtel pour l'hiver prochain du chauffage à la vapeur dans toutes les parties.[133]

Cette citation est très révélatrice de la situation du Grand Hôtel au début des années 1900. L'archaïsme des installations, qui n'ont subi aucune transformation lourde depuis le Second Empire, est une nouvelle fois mis en relief. De ce fait, le Grand Hôtel n'est plus en situation de concurrencer

---

131. ADP, V12S3 : AGH, procès-verbal de l'AGO de la société du Grand Hôtel, 28 avril 1900.
132. *Ibid.* et ADP, V12S3 : AGH, procès-verbal de l'AGO de la société du Grand Hôtel, 23 avril 1901.
133. ADP, V12S3 : AGH, procès-verbal de l'AGO de la société du Grand Hôtel, 12 avril 1902.

ses adversaires. Il ne l'a d'ailleurs jamais été puisqu'au moment où il est le leader de la scène hôtelière parisienne, il en est pratiquement le seul acteur. La situation de long déclin, si elle est appelée à se poursuivre, entraîne à coup sûr la mort de l'entreprise. Pour preuve, les clients commencent à bouder l'établissement du boulevard des Capucines du simple fait qu'il ne sut pas innover ou tout du moins suivre le mouvement innovant des différentes époques qu'il traversa. Henry Wiener, avec l'aide des autres administrateurs, en a pleinement conscience et y remédie rapidement. Se mettre au niveau des concurrents devient un *leitmotiv*. Ainsi, le chauffage à vapeur à basse pression fonctionne dans l'ensemble du Grand Hôtel à partir de 1902[134]. La distribution d'eau chaude à tous les étages accompagne ce progrès.

Les autres points sont moins ambitieux même s'ils sont absolument nécessaires et prouvent surtout la volonté des administrateurs du Grand Hôtel d'attirer à nouveau une clientèle fidèle par un embellissement complet du bâtiment et une amélioration des services proposés. En ce sens, l'exemple le plus tangible est celui des salles de bains privées. Alors que celles installées en 1899 « ont été très appréciées », on juge leur nombre insuffisant. Une trentaine sont créées. Outre les chambres, couloirs, salons et cour d'honneur, une nouvelle pièce de l'immeuble voit poindre les peintres et autres doreurs : la grande salle à manger. On profite aussi de l'occasion pour compléter et améliorer l'éclairage électrique de la salle de réception. Comme pour cette dernière, le mobilier et le matériel d'exploitation du Grand Hôtel n'ont bénéficié d'aucun investissement depuis de trop longues années. Au vu de l'ampleur des dépenses à consentir, le renouvellement complet de ce mobilier ne peut se faire que graduellement ; les appartements les plus chèrement loués en sont les premiers bénéficiaires. Suivant cette logique, pendant l'hiver 1907, est abordée la question du cinquième étage dont le mobilier est jugé vieux et démodé. Toutes les chambres, même celles de petites dimensions, sont remaniées et remeublées à neuf. Surtout, Wiener, Hauser, Millon et Emery décident de mettre fin à une pratique qui consistait à équiper les chambres du cinquième à l'aide des meubles qui n'étaient plus jugés assez bons pour les chambres des premier et deuxième étages. Du fait de la hiérarchisation et de l'asymétrie des appartements du Grand Hôtel, cette pratique faisait que ceux du cinquième niveau étaient garnis de meubles souvent usés et parfois trop encombrants[135]. Concernant les autres étages, les tapis et les rideaux sont changés, des armoires à glace de deux ou trois portes sont achetées ainsi que divers autres meubles, lustres et tableaux, l'argenterie du restaurant et de la table d'hôte est renouvelée.

---

134. ADP, V12S3 : AGH, procès-verbal de l'AGO de la société du Grand Hôtel, 17 avril 1903.
135. ADP, V12S3 : AGH, procès-verbal de l'AGO de la société du Grand Hôtel, 26 avril 1907.

Rendre plus attractif et de ce fait rentable le restaurant à la carte est le cinquième point du programme mis en action à partir de 1901. En plus d'une profonde rénovation du local, il est décidé de fortement l'agrandir. Néanmoins, ces intentions ne sont applicables qu'une fois l'accord de la Rente foncière obtenu. Dès ce feu vert acquis, les travaux ne tardent pas, tant et si bien que

> la nouvelle salle, haute, claire, aérée et fort élégante, a réuni tous les suffrages et a fait augmenter la recette du restaurant dans une proportion telle que nous pouvons considérer comme un excellent placement la dépense, fort importante à la vérité, que nous avons engagé de ce chef. La cuisine que nous avons installée au-dessous de cette salle est non moins réussie que le restaurant lui-même, et a singulièrement favorisé la qualité et la rapidité du service qui donnent actuellement entière satisfaction.[136]

Par ailleurs, balcons, balustrades et toiture sont largement nettoyés, réparés et repeints alors que la façade bénéficie d'un ravalement. La société du Grand Hôtel finance ces ouvrages bien qu'elle essaie de faire supporter à la Rente foncière le poids de ces différentes dépenses[137]. Toutefois, un certain équilibre est adopté car un arbitrage judiciaire attribue 15 000 F au crédit de la société locatrice et oblige la Rente foncière à financer elle-même les derniers travaux devant relier le Grand Hôtel au tout-à-l'égout. Une loi de 1894 oblige en effet « les propriétaires d'immeubles parisiens à se brancher sur le tout-à-l'égout »[138]. La société locatrice n'engage les premiers travaux qu'à partir de 1898 ; c'est à ce titre qu'elle est condamnée à dédommager son locataire et à achever les canalisations[139].

C'est sur ce septième et dernier point que s'achève cette première tranche de rénovation. Les grandes lignes sont tracées. Certains éléments sont réalisés sans tarder ; d'autres – comme le renouvellement du mobilier ou l'installation d'un nombre satisfaisant de salles de bains – sont progressifs, principalement du fait de l'importance des investissements à faire mais aussi parfois à cause des obstacles dressés par la Rente foncière. Une fois ces difficultés levées, la société du Grand Hôtel adopte un projet de rénovation encore plus conséquent, devant inscrire l'hôtel dans le cercle concurrentiel croissant, dans la modernité. Jamais le Grand Hôtel n'avait connu pareille évolution.

---

136. ADP, V12S3 : AGH, procès-verbal de l'AGO de la société du Grand Hôtel, 23 avril 1904.
137. ADP, V12S3 : AGH, procès-verbal de l'AGO de la société du Grand Hôtel, 12 avril 1902.
138. Goubert J.-P., *La conquête de l'eau, L'avènement de la santé à l'âge industriel*, Paris, Robert Laffont, 1986, p. 244.
139. ADP, V12S3 : AGH, procès-verbal de l'AGO de la société du Grand Hôtel, 12 avril 1902.

La grande rénovation de 1904-1905

Une nouvelle fois, c'est bien la volonté de proposer les mêmes services que les autres hôtels haut de gamme parisiens et de pouvoir ainsi mieux les concurrencer qui guide la direction du Grand Hôtel :

> nous ne cessons de nous préoccuper de toutes autres améliorations qu'il pourrait être intéressant d'apporter au Grand Hôtel et, à cet effet, nous étudions dans les plus beaux hôtels de création récente, tant en France qu'à l'étranger, les innovations et aménagements qui semblent répondre au goût du public et que le succès a consacrés.[140]

Dans cet ordre d'idée, une réflexion est élaborée autour de la transformation du rez-de-chaussée. Cette mutation comporte deux parties distinctes : la nouvelle entrée rue Scribe et la création d'un jardin d'hiver dans la cour d'honneur. Elle nécessite des travaux conséquents, d'autant plus que les administrateurs profitent de ce bouleversement pour réaménager d'autres pièces de l'hôtel, notamment au sous-sol où sont créés une salle de billard et un bar. Le rez-de-chaussée n'est pas en reste puisque, dans le salon situé au-dessus de ces deux créations, côté Auber, est ouvert un fumoir. Les nouveaux dirigeants du Grand Hôtel tentent donc de dynamiser et de multiplier les offres de services et, de ce fait, élargissent la partie d'exploitation directe de l'hôtel ; on rogne sur les espaces fonctionnels dans le but d'augmenter le chiffre d'affaires de l'entreprise.

Durant tout le temps où la Rente foncière pose son veto à la transformation du rez-de-chaussée et du restaurant à la carte, les actionnaires du Grand Hôtel fustigent son attitude qui empêche, à leur sens, l'entreprise d'« aller de l'avant »[141]. Par contre, dès que les relations entre les deux sociétés se réchauffent, les administrateurs du Grand Hôtel ne tardent pas et lancent à l'automne 1903 un concours d'architectes. Selon le conseil d'administration, celui-ci a réuni un grand nombre de concurrents. Malgré cela, il n'est pas entièrement satisfait des propositions qui lui sont faites et promulgue un second appel[142]. En définitive, ce sont les architectes L. et A. Lacau, père et fils, qui obtiennent le chantier. La nouvelle entrée sur la rue Scribe est découpée par deux larges arcades, donnant sur un porche permettant ainsi la descente des voyageurs à l'abri. Une marquise est installée sur la rue pour prémunir les piétons arrivant à l'hôtel ou les clients descendant des voitures sur le trottoir des moindres désagréments météorologiques.

140. ADP, V12S3 : AGH, procès-verbal de l'AGO de la société du Grand Hôtel, 17 avril 1903.
141. *Ibid.*
142. *L'architecture*, 6 mai 1905.

Un important désaccord s'instaure entre la direction du Grand Hôtel et la préfecture de Paris au sujet des portes revolver placées aux deux entrées de la rue Scribe. En effet, la préfecture milite pour des portes classiques, « par crainte des poussées furibondes, des entassements, des grappes humaines, qui s'y produiraient et en arrêteraient le tournoiement, en cas de panique »[143]. À l'opposé, les dirigeants de l'entreprise souhaitent adopter ce système de portes tournantes car elles évitent les courants d'air « funestes aux bronches de sa clientèle ». Une solution intermédiaire est trouvée : les portes revolver sont établies tout comme des portes supplémentaires, sur les côtés du porche. À l'intérieur, une grande galerie fournit un accès direct à l'ensemble des services proposés précédemment dans la cour d'honneur ; la réception, les renseignements, les bureaux de correspondance, la caisse, l'office des théâtres et des Wagons-lits sont ainsi déplacés. Dès lors, lorsqu'un client arrive, il est tout de suite pris en charge. Il passe forcément devant les lieux utiles à son séjour. Il est en un sens plus canalisé que lorsque l'entrée principale se faisait sur le boulevard des Capucines, dans la cour d'honneur, espace par nature plus ouvert. Les bagages subissent le même traitement car leur réception se trouve à côté de celle des voyageurs. Enfin, divers locaux fonctionnels se situent dans la grande galerie Scribe : le bureau du directeur, celui des surveillants, des lavabos et WC pour dames et messieurs, un vestiaire pouvant héberger les effets de 1 500 personnes[144].

L'idée première de l'installation de l'entrée principale rue Scribe est le dégagement de la cour d'honneur, espace jugé mal utilisé. Tous les espaces fonctionnels sont rapatriés côté Scribe. La cour d'honneur peut désormais être employée à part entière et fournit plus d'ampleur – et donc de recettes – à un service proposé dans tous les jeunes hôtels de Paris, du fait, entre autres, de l'anglophilie ambiante : le *five o'clock tea*. Pour cela, « il faut [...] exclure de la cour d'honneur les chevaux et leur crottin ; les automobiles et leur pétrole »[145] ! Bien que cet argument ne soit jamais évoqué, nous pouvons également supposer que l'arrêt de l'entrée des voitures en tout genre sur le boulevard des Capucines correspond au développement de la circulation automobile mécanique et évite de nombreuses difficultés aux sorties du Grand Hôtel. Côté Capucines, les arcades sont principalement réaménagées en boutique. Les administrateurs du Grand Hôtel ne tardent pas à l'accaparer pour y placer leur commerce des vins. De plus, un désaccord intervient entre les dirigeants de l'hôtel et les deux architectes si bien qu'il est à nouveau

143. *Ibid.*

144. ADP, V12S10 : AGH, devis descriptif et cahier des charges des travaux et gros œuvre dressé par MM. LC. et A. Lacau.

145. *L'architecture*, 6 mai 1905.

fait appel à Henri-Paul Nénot pour finaliser le projet de jardin d'hiver. Le grand dilemme de la cour d'honneur réside dans la véranda qu'on voulut y placer. Nénot, grâce à des études menées dans la grande nef du Grand Palais, opte pour une solution devant à la fois masquer la structure métallique de l'installation tout en supprimant l'étoffe du vélum[146]. La prouesse paraît d'autant plus importante que Nénot met au point un système permettant un nettoyage facile du plafond vitré. Outre ce dernier, dont l'objectif était de donner un aspect lumineux et de légèreté au jardin d'hiver, Nénot dessine lui-même le mobilier devant embellir le nouveau salon de thé.

Commencés en janvier 1905, les travaux de la cour d'honneur s'achèvent en juin de la même année. Le résultat semble une nouvelle fois heureux. De style Directoire et Louis XVI, le jardin d'hiver est « un hall vaste, gai, luxueux, qui aura, croyons-nous, un très vif succès »[147]. Peu de temps après l'inauguration de la nouvelle cour d'honneur, les espérances des dirigeants de l'entreprise se réalisent puisque les recettes du restaurant, de la table d'hôte et du thé de cinq heures sont en nette progression[148]. La grande rénovation de 1904-1905 marque donc un tournant important dans l'histoire du Grand Hôtel. Celle-ci

Fig. 18. Le nouveau jardin d'hiver.

146. *Ibid.*
147. ADP, V12S3 : AGH, procès-verbal de l'AGO de la société du Grand Hôtel, 25 avril 1905.
148. ADP, V12S3 : AGH, procès-verbal de l'AGO de la société du Grand Hôtel, 28 avril 1906.

modifie définitivement le bâtiment. De plus, outre le faisceau de détails que nous venons d'énoncer, nous aurions pu exposer toutes les modifications engendrées par une telle rénovation comme la disposition des escaliers, des monte-charges et autres ascenseurs, les systèmes de chauffage, d'éclairage... Plus intéressant est le fait de relever la démarche des administrateurs de la société. Le Grand Hôtel, vaste place ouverte, « que les jeunes et modernes concurrents traitent volontiers de "vieillot" »[149], ne correspond plus aux impératifs de l'hôtellerie moderne, aux attentes des clients qui cherchent de plus en plus l'intimité et le repos au contraire des fastes des temps impériaux. Ainsi, selon le modèle des hôtels concurrents, mais aussi de leur propre possession, les administrateurs du Grand Hôtel remettent l'institution au goût du jour. L'hôtel devient en ce sens moins un lieu de fêtes et d'exposition de l'individu. Cette rénovation a avant tout comme objet le recentrage du bâtiment sur le client, la restitution de l'hôtel au voyageur.

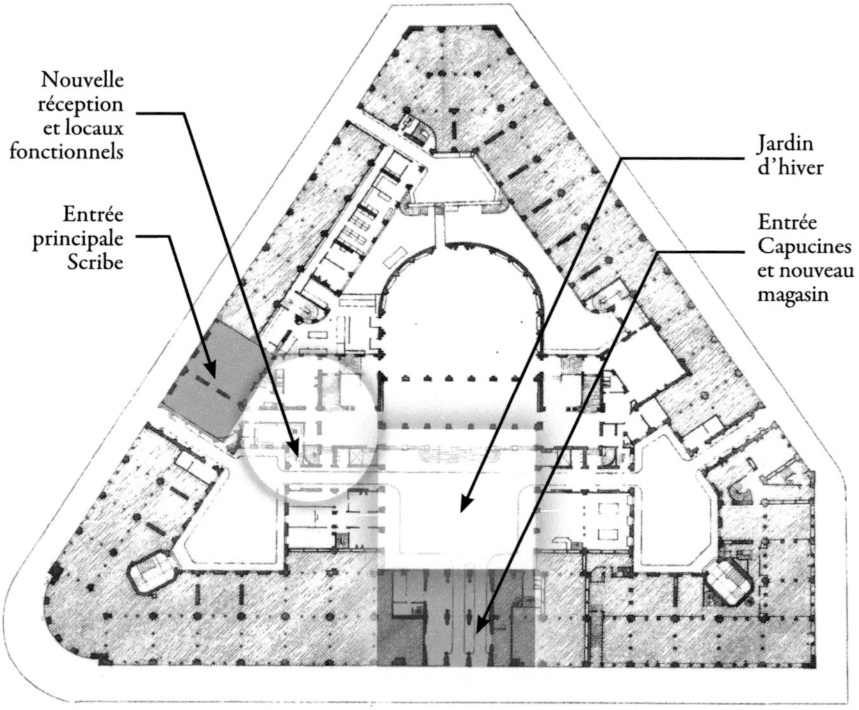

Fig. 19. Schéma des principales transformations du rez-de-chaussée.

149. *L'architecture*, 6 mai 1905.

Proposer toujours mieux

Les administrateurs du Grand Hôtel ne s'arrêtent pas là. La modernisation générale se poursuit avec une attention toute particulière donnée aux étages. De nombreuses salles de bains sont créées, pourvues d'eau chaude et d'eau froide. À la suite de ces aménagements, on procède au remplacement des canalisations d'eau chaude, dont le débit était devenu insuffisant. Ce besoin est d'autant plus important lorsqu'est mis en marche le chauffage à air chaud jusqu'au cinquième étage de l'immeuble, ce qui n'est pas le cas avant 1910[150]. Le parquet présent dans les cabinets de toilette est progressivement remplacé par du carrelage. Les murs sont faïencés de telle sorte que l'entretien des lieux se trouve facilité. L'hygiène est globalement améliorée. De plus, dans un souci d'assurer la tranquillité des voyageurs, il est décidé de carreler les couloirs[151]. Le confort des clients devient une vraie préoccupation : les murs et portes des appartements sont de plus en plus insonorisés.

Signe des temps qui changent, on décide de réduire la superficie de certaines chambres car les grands appartements ne répondent plus aux attentes de la clientèle. Les dirigeants du Grand Hôtel se rendent compte qu'ils se louent difficilement, sans doute du fait de leur prix élevé. Dès 1905, deux grands salons du premier étage sont transformés en chambres d'un nouveau type avec entrée, alcôve, cabinet de toilette et chambre. Aux dires des dirigeants, cette nouvelle disposition « a été accueillie avec beaucoup de ferveur par [les] voyageurs »[152], ce qui les encourage à poursuivre dans cette voie. La transformation du salon du Zodiaque en chambres répond à cette même attente, bien qu'elle souligne le fait que le conseil d'administration privilégie, sans ambiguïté possible, le logement et le confort des clients au détriment des banquets :

> nous estimons devoir d'une part nous attacher à tout ce qui peut contribuer au confort et au bien-être de cette clientèle fondamentale [celle du logement], et, d'autre part, éviter tout ce qui peut la déranger et l'importuner. C'est pourquoi, renonçant aux petits banquets, aux fêtes particulières, aux noces, etc., qui avaient lieu généralement dans le salon du Zodiaque et dont, non sans raison, les voyageurs se plaignaient souvent, nous comptons à l'avenir ne plus admettre dans l'hôtel que certains grands bals et banquets importants, composés d'un public d'élite, qu'il y a un intérêt réel à conserver et qui ne sont pas assez fréquents pour occasionner des perturbations justifiant des plaintes de la part de notre clientèle de voyageurs.[153]

---

150. AGO de la société du Grand Hôtel, 22 avril 1911.
151. AGO de la société du Grand Hôtel, 25 avril 1908.
152. AGO de la société du Grand Hôtel, 20 avril 1912.
153. ADP, V12S3 : AGH, procès-verbal de l'AGO de la société du Grand Hôtel, 28 avril 1906.

La ligne entrepreneuriale est clairement dictée. L'ancien salon de réception est divisé en quatre chambres, deux salles de bains et un couloir transversal devant servir à faciliter la liaison entre les quartiers Opéra et Scribe. Le même effort se prolonge par la suite.

Au-delà de ces nombreuses rénovations, les dirigeants de l'entreprise cherchent à optimiser le fonctionnement de différentes machines. Dès 1907, ils n'hésitent pas à revoir le système de ventilation du jardin d'hiver. Par la suite, sont installés dans toutes les chambres et salons des appareils téléphoniques, « aux désirs même des clients, [...] permettant, au moyen d'un standard central de communiquer directement avec la Ville, la Province et l'Étranger »[154]. En outre, des chaudières à basse pression sont installées au détriment d'anciennes, dites timbrées à douze atmosphères, car le rendement des premières est bien plus économique. Toujours dans le but de réaliser de substantielles économies, c'est l'ensemble des ascenseurs et monte-charges qui est rectifié. Alors que les anciens appareils, au fonctionnement extrêmement coûteux, nécessitaient le maintien de chaudières à haute pression et obligeaient un arrêt nocturne du service, il est décidé de les supprimer au profit de quatre nouveaux appareils électriques[155]. La nouvelle batterie d'ascenseurs permet une notable économie en termes énergétiques. Surtout, cela améliore grandement le service : l'attente des clients se trouve résorbée, un ascenseur peut désormais être en fonction toute la nuit, sans que soit requise l'installation de nouvelles machines ou l'emploi d'un personnel plus conséquent. La mise en place de ce grand progrès n'est pas sans inconvénient mais le conseil d'administration félicite largement le personnel de l'hôtel pour avoir minimisé l'impact des travaux : « nous tenons à rendre hommage à la bonne volonté et au dévouement du personnel dont tout le monde a fait preuve en ne ménageant ni son temps, ni sa peine »[156].

En 1912, le premier programme de rénovations importantes arrive à son terme, soit une dizaine d'années après sa mise en œuvre. Toutefois, les dirigeants de la société démontrent que, même si le plan est achevé, les investissements et les embellissements doivent être suivis. Ainsi, en 1912 et 1913, trente-six nouvelles salles de bains et quatre cabinets de toilette sont inaugurés, on songe à installer des baignoires dans certaines d'entre elles, le cinquième étage est toujours le fruit d'amples réflexions pour accroître son rendement, des couloirs sont repeints[157]... signe que le chantier est perpétuel ou que tout du moins, toutes ces dépenses ne sont efficaces sur le long terme qu'à la condition qu'elles soient régulièrement renouvelées. « À la suite de la longue période de défaut

154. AGO de la société du Grand Hôtel, 20 avril 1912.

155. ADP, V12S3 : AGH, procès-verbal de l'AGO de la société du Grand Hôtel, 22 avril 1911.

156. *Ibid.*

157. AGO de la société du Grand Hôtel, 25 avril 1914.

d'entretien qui avait précédé »[158], les administrateurs relèvent largement le défi, édictent une nouvelle ligne et ancrent le Grand Hôtel dans le nouveau marché hôtelier parisien. Pour cela, le bâtiment doit être irréprochable à tous les niveaux. Une grande attention aux exigences et aux aspirations de la clientèle est accordée ainsi qu'aux évolutions techniques permettant de maintenir le Grand Hôtel au zénith de la modernité. En un sens, il se rapproche de ce qu'il était quarante ans auparavant. Au surplus, une évolution majeure émerge : l'hôtel se tourne principalement vers la fonction d'accueil des voyageurs. Faut-il y voir une évolution de la société, moins friande de grands banquets, ou tout simplement une impulsion donnée par les administrateurs du Grand Hôtel qui voient dans le logement un secteur à la rentabilité plus intéressante ? Notre opinion tend vers la seconde explication. Le Grand Hôtel bénéficie donc d'une seconde jeunesse. Il nous appartient désormais de comprendre comment les dirigeants de l'entreprise financent sa remise au goût du jour et quels résultats ont ces divers chamboulements sur sa marche en avant.

Stratégies d'investissement et de gestion

Une conjoncture des plus propices

En ce qui concerne le Grand Hôtel, la Belle Époque ne porte pas son nom en vain. L'euphorie économique qui débute sitôt la fin de la Grande Dépression est très palpable sur ses résultats. Elle est surtout constante, au contraire

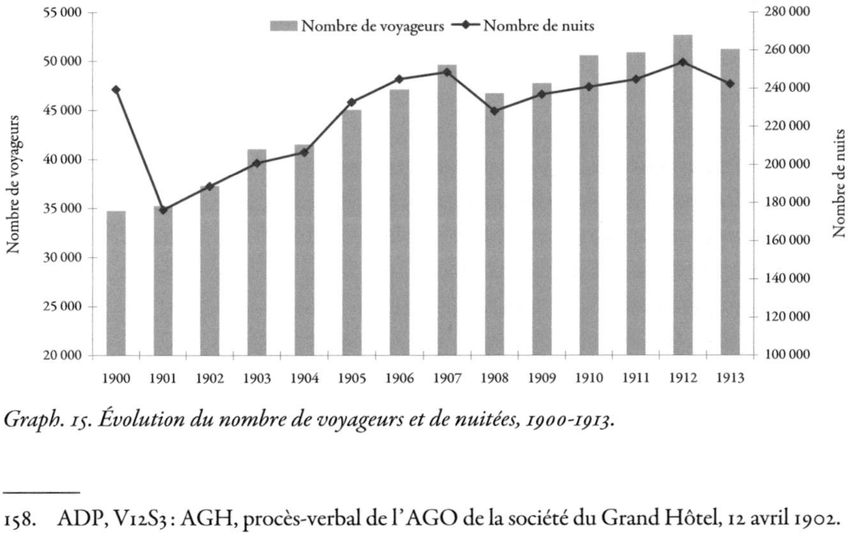

Graph. 15. Évolution du nombre de voyageurs et de nuitées, 1900-1913.

158. ADP, V12S3 : AGH, procès-verbal de l'AGO de la société du Grand Hôtel, 12 avril 1902.

d'autres industries qui doivent attendre 1904, après « une courte période d'intense activité, qui précède l'exposition de 1900 »[159], pour connaître un vrai regain de croissance. Alors que pour la dernière décennie du XIXe siècle, la moyenne annuelle des clients ayant séjourné est de 35 470 et celle des nuits vendues de 184 853, les dix premières années du XXe siècle balayent ces chiffres dont certains étaient déjà des records. En effet, la moyenne des voyageurs arrivés à l'hôtel entre 1900 et 1909 s'élève à 42 615 par an, le nombre de nuitées atteint 220 344. Ce développement de l'activité se poursuit jusqu'à la veille de la Première Guerre mondiale.

Lors de cette première décennie du XXe siècle, le phénomène d'Exposition universelle perd son caractère exceptionnel. Certes, il reste, comme en 1900, le moteur d'un exercice. Toutefois, l'événement de 1900 est tout sauf hors norme en terme de fréquentation puisqu'il n'atteint pas les résultats de 1889. Pourtant, une Exposition universelle n'a jamais attiré autant de visiteurs – environ cinquante millions. L'entreprise paie les frais de son obsolescence et de la concurrence qui s'est développée à Paris depuis 1889. Par ailleurs, le phénomène d'exposition se dissipe peu à peu. Alors que cela n'était encore jamais arrivé, les résultats d'exercices « normaux » comme 1910, 1911 et 1912, deviennent supérieurs en terme de fréquentation à ceux d'un exercice d'Exposition universelle. L'événement se marginalise sans doute au profit d'un développement plus régulier du tourisme. L'hôtelier ne peut que s'en réjouir. Autre indice de l'accroissement de clientèle, le Grand Hôtel accueille de plus en plus de monde. Le nombre de nuitées suit, mais dans une proportion moindre. Les progrès des transports permettent aux touristes d'écourter leurs séjours. De plus, le périple devenant de moins en moins aventureux, la pratique même du tourisme s'en trouve transformée : on ne se sent plus obligé de rester pour un long séjour en un point donné car l'on sait que l'on peut y retourner dans des conditions s'améliorant au fil des progrès que connaissent les transports. Le temps de séjour à l'hôtel décline progressivement.

Les résultats du Grand Hôtel s'accroissent donc de manière importante entre 1900 et 1914. Cependant, cette décennie est, comme les précédentes, marquée par certains éléments conjoncturels qui entraînent de manière sporadique des pauses dans cet essor. Par exemple, en 1901, la clientèle anglaise fait défaut[160]. Le conseil n'invoque plus la raison des exercices post-exposition pour expliquer ces mauvais chiffres. La conjoncture internationale a remplacé des phénomènes structurels. Ainsi, l'absence de la clientèle anglaise en 1901 s'explique par le climat tendu existant entre les

159. Caron F., *La France des patriotes...*, *op. cit.*, p. 541.

160. AGO de la société du Grand Hôtel, 12 avril 1902.

	Nombre de clients	Nombre de nuitées	Ratio de temps de séjour moyen (en jours)
1887	33 549	196 594	5,86
1892	33 563	175 979	5,24
1897	36 606	183 407	5,01
1902	37 289	188 752	5,06
1907	49 616	248 524	5
1912	52 677	253 559	4,81

Tab. 16. Temps de séjour moyen des clients, 1887-1912.

Fig. 20. Le carrosse du Lord-maire de Londres devant l'entrée Scribe.

gouvernements français et anglais, résultant autant de l'accord, quasi antibritannique, conclu entre la France et la Russie en 1900 que des souvenirs de l'affaire de Fachoda (1898). Cependant, les dissentiments cessent assez rapidement et aboutissent à l'Entente cordiale de 1904. Le Grand Hôtel, ainsi que tous les hôtels parisiens, retrouve son flot habituel de clientèle britannique. D'ailleurs, le Grand Hôtel a l'honneur de recevoir le maire de Londres, en visite officielle en octobre 1906, ce qui peut représenter un indice important de son renouveau. D'autres événements politiques ou internationaux viennent par intermittence freiner la courbe de fréquentation. L'écueil de 1908 s'explique par « un concours de circonstances défavorables, et notamment de la crise américaine, de l'élection présidentielle des États-Unis et de l'Exposition franco-anglaise de Londres »[161]. Une nouvelle fois, c'est toute la profession qui semble en avoir subi les conséquences. Enfin, quelques freins viennent mettre en danger la rentabilité de l'entreprise. Ainsi, à la suite de la loi sur le repos hebdomadaire obligatoire votée en juillet 1906, le nombre d'employés augmente, entraînant forcément des charges supplémentaires[162]. De surcroît, la hausse des prix de matières premières, surtout pour l'alimentation, qualifiée de syndrome de la « vie chère »[163], accroît irrémédiablement les frais généraux. De ce point de vue, la relative flambée des cours est très nette pour les exercices 1906 et 1907. Tous ces éléments restent tout de même bien minimes en comparaison de l'accroissement de l'activité.

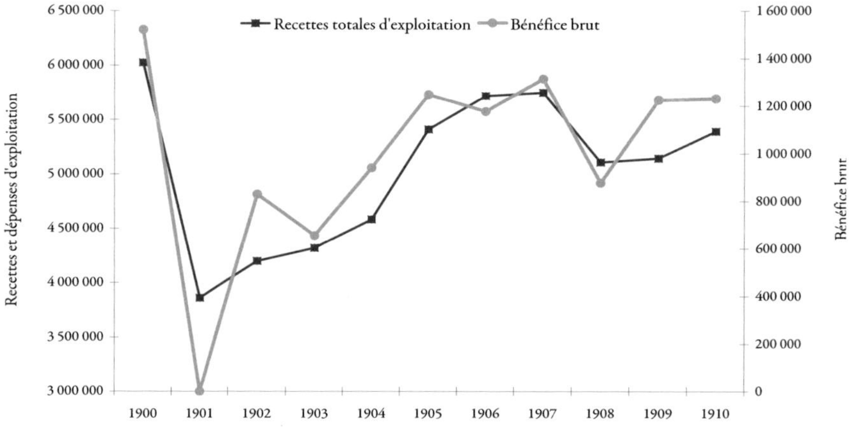

Graph. 17. Recettes et bénéfices bruts, 1900-1910 (en F).

Durant la Belle Époque, il est remarquable que, malgré les travaux continuels, l'attractivité du Grand Hôtel n'en pâtisse pas, ce qu'expriment ses chiffres de fréquentation et la croissance de ses résultats d'exploitation. En dépit des travaux et des investissements réalisés, le Grand Hôtel reste, sur la période, globalement rentable. De plus, l'orientation entrepreneuriale voulant spécialiser l'entreprise au profit du logement est clairement lisible sur ses résultats puisque cette branche d'exploitation représente 53,32 % des recettes en 1901, 57,22 % en 1905 et 59,15 % en 1910, 57 % sur la décennie. La tendance est claire et confirme les décisions des entrepreneurs.

161. AGO de la société du Grand Hôtel, 24 avril 1909.

162. AGO de la société du Grand Hôtel, 25 avril 1908.

163. Caron F., *La France des patriotes…*, *op. cit.*, p. 535.

Ainsi, les revenus des bals et banquets, « qui étaient une gène pour les voyageurs habitant l'hôtel »[164], baissent régulièrement. Ils n'atteignent plus que 90 000 F en 1908. De manière générale, la rapidité avec laquelle ces différents résultats augmentent est remarquable. Henry Wiener en a parfaitement conscience :

> Cette prospérité s'affirme [...] Il ne faut pas perdre de vue que les circonstances ont été particulièrement favorables, l'affluence des voyageurs s'étant constamment développée depuis quelques années. [...] le Grand Hôtel, grâce à ses dispositions et à sa situation exceptionnelle peut, à juste titre, envisager l'avenir avec confiance.[165]

En définitive, à l'exception de 1901, les hausses des prix et la concurrence de plus en plus acerbe n'empêchent en rien le Grand Hôtel d'être lucratif. En revanche, la rentabilité à tout prix ne constitue pas être un objectif majeur. Faire du Grand Hôtel une entreprise pérenne est un but nettement plus affiché. Ainsi, en 1900, alors que le conseil d'administration est encore en pleine mutation, on profite de l'exercice exceptionnel pour assainir les comptes de l'entreprise. Il est en ce sens remarquable qu'une politique de dividendes raisonnés et d'autofinancement soit mise en place très tôt :

> étant donnés les résultats exceptionnels d'une année d'Exposition universelle, nous vous demandons, par mesure de sage et prévoyante administration, de doter largement nos comptes de réserves et d'amortissements.[166]

Par la suite, l'amortissement paraît l'instrument exclusif de l'autofinancement. On compte sur les bons résultats de l'entreprise pour financer les grands travaux. Le programme de rénovation du Grand Hôtel se faisant par paliers, la prudence est toujours de mise. Néanmoins, dès que les caisses le permettent, aucun frein n'est donné à l'effort de modernisation. De plus, au-delà du poste « travaux », forcément privilégié, les administrateurs du Grand Hôtel tentent d'amortir au plus vite d'autres comptes. Avant 1901, le compte « Mobilier », contrebalancé au passif par « les obligations Grand Hôtel », correspondant à l'achat du mobilier de l'entreprise en 1897 à la Rente foncière, n'avait connu aucune variation. Les commissaires aux comptes s'en émeuvent et les administrateurs agissent en débutant son remboursement :

---

164. ADP, V12S3 : AGH, procès-verbal de l'AGO de la société du Grand Hôtel, 25 avril 1908.
165. ADP, V12S3 : AGH, procès-verbal de l'AGO de la société du Grand Hôtel, 28 avril 1906.
166. AGO de la société du Grand Hôtel, 23 avril 1901.

entre 1900 et 1913, il est réduit d'environ 1,5 % par an. L'amortissement devient un vrai cheval de bataille, il est perçu comme un outil de prospérité. Enfin, la volonté de pérennisation de l'entreprise et d'amortissement relativement hâtif des investissements n'interdit pas les administrateurs du Grand Hôtel de rétribuer correctement les actions de la société.

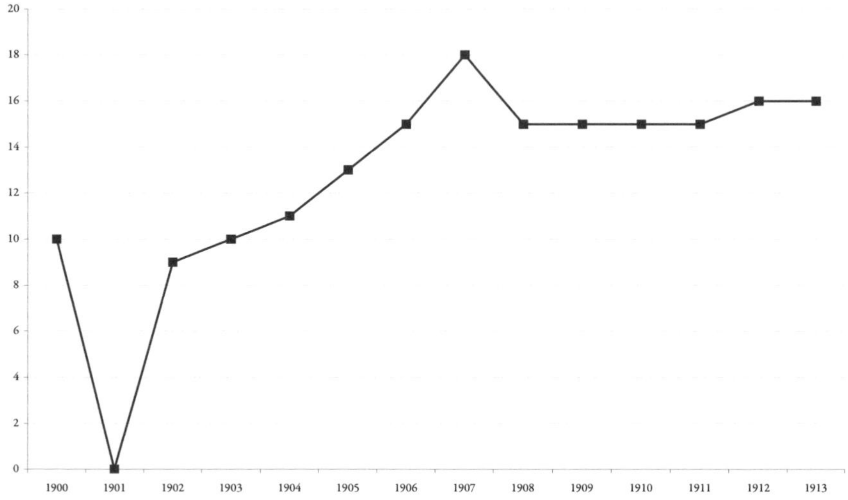

Graph. 18. Dividendes, 1900-1913 (en F).

Logiques de gestion

À chaque reprise en main du Grand Hôtel, l'administration se mettant en place fustige ouvertement la manière dont était gérée l'entreprise. L'administration Wiener ne déroge pas à la règle mais, comme démontré plus haut, elle franchit le cap de la simple critique. L'ensemble de l'hôtel est bouleversé tout comme la manière dont est entrevue la conduite de l'entreprise. Les réformes s'enchaînent. En plus de l'ensemble des éléments déjà évoqués, le personnel est une préoccupation majeure des nouveaux dirigeants de l'hôtel. Tout laisse penser que divers ajustements sont réalisés afin de préparer au mieux l'afflux de clientèle lors de l'Exposition universelle de 1900 : « Le personnel, tel qu'il est composé aujourd'hui, répond à toutes les exigences de bonne tenue, d'empressement envers les voyageurs et de dévouement aux intérêts de votre société. »[167] Deux ans plus tard, le son de cloche est radicalement opposé. Les nouveaux administrateurs du Grand Hôtel ne se satisfont plus du personnel en place et opèrent une importante refonte : « après

167. ADP, V12S3 : AGH, procès-verbal de l'AGO de la société du Grand Hôtel, 28 avril 1900.

avoir essayé, mais en vain, d'obtenir des améliorations radicales avec les éléments dont nous disposions, nous avons reconnu la nécessité d'opérer de notables changements dans le personnel »[168]. La pauvreté des archives rend caduque toute tentative de mesure de l'ampleur des changements annoncés. Néanmoins, une figure majeure de l'organisation de la société est remplacée : le directeur. Les mauvais résultats de 1901 sont clairement attribués à son incompétence : « le conseil avait transmis ses pouvoirs à un directeur ; [...] ce directeur étant mauvais, la gestion ne pouvait être que mauvaise »[169]. L'avis est plutôt sec. Le directeur remercié, Louis Casenave, part avec une indemnité, sans doute contractuelle, de 21 166,65 F. Aussi, dès que le nouveau directeur, Jacques Régli, est en fonction, en août 1901, sa compétence et son expérience donnent très rapidement satisfaction à ses nouveaux patrons. Avec l'appui de certains membres du conseil, Régli réorganise les différents services de l'entreprise. Grâce à cela, le Grand Hôtel retrouve un pan essentiel de sa clientèle, des voyageurs fidèles :

> nous avons eu la satisfaction de constater que beaucoup de nos clients que l'attrait des maisons de création récente avait séduits momentanément, nous reviennent peu à peu, ramenés au Grand Hôtel par la bonne tenue de notre maison et par l'excellente qualité de la cuisine et des caves.[170]

Le rôle de Prosper Montagné n'est pas à minorer dans ce renouveau. Une fois le nouveau directeur installé, les administrateurs du Grand Hôtel ne s'expriment plus sur le personnel que pour en louer les mérites. Jacques Régli est directeur de l'entreprise jusqu'en 1913 et nous ignorons les raisons de l'arrêt de cette collaboration, même si nous aurons l'occasion de voir qu'il eut quelques conséquences inattendues. Il est surtout intéressant de saisir toute l'importance du directeur dans la réussite d'une entreprise hôtelière : on lui attribue directement les torts ou les mérites de l'exploitation. De plus, se pose à nouveau la question fondamentale de son recrutement. Malheureusement, nous ne savons rien de Régli ; son patronyme peut laisser supposer qu'il est d'origine suisse et que de ce fait c'est l'un des deux administrateurs helvétiques, Oscar Hauser ou Alexandre Emery, qui l'a fait venir à Paris. La perle rare ne se trouvait peut-être pas dans la capitale française ou était déjà occupée dans un autre établissement. Dans ces conditions, cela sous-entend une

---

168. ADP, V12S3 : AGH, procès-verbal de l'AGO de la société du Grand Hôtel, 12 avril 1902.
169. *Ibid.*
170. ADP, V12S3 : AGH, procès-verbal de l'AGO de la société du Grand Hôtel, 23 avril 1904.

certaine pénurie des grands professionnels de l'hôtellerie à Paris durant la Belle Époque, comme le laisse présager l'absence de formation hôtelière.

Une fois les bons hommes placés aux bons postes, la direction songe à changer et à améliorer perpétuellement la rentabilité de tous les services proposés par l'entreprise. Par manque de résultats suffisants, elle décide de sous-louer les deux boutiques qu'elle occupe rue Auber ; la première, sous-louée dès 1902, était dédiée à l'un des deux magasins des caves, la seconde à la pâtisserie du Grand Hôtel[171]. En outre, le conseil d'administration n'hésite pas à se déjuger afin d'optimiser son exploitation. Dès 1909, le *five o'clock tea* du jardin d'hiver est purement et simplement supprimé au prétexte que son produit annuel est trop faible, mais surtout à cause des inconvénients qu'il présente « en terme de tranquillité et de bonne tenue de l'hôtel »[172]. La volonté de spécialisation de l'offre hôtelière en faveur du logement s'affirme. Le Grand Hôtel se prédestinant à l'accueil des voyageurs, tout doit être entrepris pour parfaire cette branche de l'exploitation, même si cela entraîne l'arrêt de certains services. De toute façon, les chiffres de hausse perpétuelle de fréquentation sont là pour conforter les administrateurs dans cette voie.

Le portefeuille-titres est aussi géré de manière plus consciencieuse. Lors de l'entrée en fonction de Henry Wiener, il est principalement composé d'obligations 2,5 et 3 % des grandes compagnies de chemins de fer et de rentes françaises. Ce portefeuille donne alternativement de petites plus-values ou moins-value, sans réelle conséquence sur le bénéfice de la société. C'est pourquoi, Wiener propose à l'assemblée un investissement d'un type nouveau, qui doit à la fois profiter aux finances du Grand Hôtel mais aussi aux engagements de certains de ses actionnaires. Ce placement, « plus avantageux tout en offrant une sécurité parfaite »[173], n'est rien d'autre qu'une avance faite à la Société de l'hôtel Meurice, ne pouvant dépasser 1,50 MF, moyennant un taux net de 5 %. Le Grand Hôtel se comporte donc en véritable établissement bancaire en ouvrant un compte-courant sur ses propres fonds au Meurice. L'avantage paraît double : le Grand Hôtel voit son capital mieux rémunéré, le Meurice trouve de l'argent facilement et peut moduler à l'envi son emprunt. L'hôtel de la rue de Rivoli utilise largement cette facilité suivant ses besoins : en mai 1910, ce compte a quasiment atteint son maximum. La même année, un système identique est instauré avec la Société de la rue Édouard VII, mais cette dernière en fit moins usage que le Meurice, dont le compte est soldé au 31 décembre 1913 ;

171. AGO de la société du Grand Hôtel, 12 avril 1902.

172. ADP, V12S3 : AGH, procès-verbal de l'AGO de la société du Grand Hôtel, 23 avril 1910.

173. AGO de la société du Grand Hôtel, 25 avril 1908.

celui avec la société immobilière doit l'être un an plus tard[174]. Le Grand Hôtel sert donc réellement de base à l'empire Millon-Wiener.

En une dizaine d'années, le redressement est donc spectaculaire surtout dans un contexte voyant un développement sans précédent de la concurrence. D'ailleurs, en dépit des relations pouvant lier certains dirigeants de la grande hôtellerie parisienne, il semble que cette concurrence devienne, par moments, farouche. Par exemple, les dirigeants du Grand Hôtel s'allient à ceux du Continental à l'effet d'attaquer en justice la Compagnie d'Orléans, qui avait établi en façade de la gare d'Orsay un hôtel, exploité par la Compagnie des grands magasins du Louvre[175]. Les deux entreprises reprochent à l'hôtel d'Orsay de bénéficier de conditions d'exploitation exceptionnelles dues à son statut. Après divers rebondissements, Grand Hôtel et Continental sont déboutés. Un second élément confirme cette entente parfois inamicale. À la fin des années 1900, une rumeur persistante monte sur la vente prochaine du Grand Hôtel afin de lui donner une autre destination. La direction de l'entreprise s'empresse de démentir l'information. Malgré de multiples rectifications, la fausse nouvelle réapparaît à plusieurs reprises dans la presse. Les administrateurs du Grand Hôtel n'ont pas connaissance des origines de ce mensonge. Quoi qu'il en soit, on peut présumer que cette action est entreprise par des gens mal intentionnés, pourquoi pas par des concurrents du Grand Hôtel, agissant de la sorte pour effrayer les clients de l'établissement du boulevard des Capucines. La direction de l'entreprise a conscience du danger en gestation et réagit :

> nous continuerons à lui opposer les démentis les plus catégoriques, de manière à faire savoir à notre clientèle qu'elle trouvera toujours notre maison ouverte et plus disposée que jamais à faire les plus persévérants efforts dans le but de donner satisfaction à ses fidèles habitués, et d'une manière plus générale, au public qui voyage.[176]

Malgré ces contre-attaques, la rumeur a trouvé un certain écho auprès des fidèles du Grand Hôtel. Un nombre important de lettres d'habitués arrive sur le bureau de Régli. En réponse, une circulaire de démenti est envoyée et on profite de la correspondance pour détailler les travaux qui viennent d'être réalisés, pour montrer que le Grand Hôtel peut désormais largement souffrir la comparaison avec les autres hôtels de création récente. Wiener se réjouit presque de cette campagne en indiquant que cela fait parler du Grand Hôtel

---

174. AGO de la société du Grand Hôtel, 25 avril 1914.
175. AGO de la société du Grand Hôtel, 12 avril 1902. Voir : Vajda J., « Grands hôtels de gare parisiens... », *op. cit.*
176. AGO de la société du Grand Hôtel, 23 avril 1910.

et de sa rénovation[177]. Néanmoins, cette anecdote met en évidence le climat tendu dans lequel s'exerce la concurrence entre grands hôtels parisiens pendant la Belle Époque.

Pour lutter contre les effets de cette concurrence, Arthur Millon et Henry Wiener utilisent un autre levier : diversifier l'offre. Par cette stratégie, bâtie sur la gestion des Grand Hôtel, Meurice et Édouard VII, les deux hôteliers proposent une large palette d'installations, de services et de tarifs. Les liens plus qu'étroits existants entre les trois hôtels favorisent à coup sûr leur exploitation, chacun se spécialisant vers un type plus défini de clientèle. Le Grand Hôtel, par ses larges dimensions, reste l'établissement le plus « ouvert », le plus flexible de l'empire Millon. Par exemple, l'édition allemande du *Baedeker* de 1912 indique que les chambres les moins chères du Meurice se louent 12 F la nuit – 25 pour celles dotées de salle de bains – contre 8 au Grand Hôtel ; le petit-déjeuner coûte 2,50 F rue de Rivoli, 1,75 F boulevard des Capucines[178]. À la veille de la Grande Guerre, le Grand Hôtel reste parmi les hôtels de grand standing les moins chers de Paris.

	Nombre de chambres	Nombre de salles de bains	Prix de base d'une chambre	Petit-déjeuner	Déjeuner (tout compris)	Dîner (tout compris)	Pension complète
Grand Hôtel	800		8	1,75	5	8	20
Ritz	93	61	15	2,5	Carte	Carte	
Meurice	200	175	12	2,5	Carte	Carte	
Crillon	250	120	10	1,5	6	8	
Majestic	400	200	10	2	4	6	18
Astoria	230	100	8	2	Carte	Carte	
Vendôme	70		10	2	5	8	
Régina	400	100	6	2	4	6	12
Continental	600	300	8	1,5	5	8	20
Carlton	125		15	2	Carte	Carte	
Élysée Palace	300		8	2	6	10	20

Tab. 19. Indices des tarifs de quelques grands hôtels de Paris, 1912 (en F).

177. ADP, V12S3 : AGH, procès-verbal de l'AGO de la société du Grand Hôtel, 23 avril 1910.
178. Baedeker, *Paris nebst einigen routen durch das nördliche Frankreich*, Leipzig, Karl Baedeker, 1912, p. 3-4.

La Belle Époque est une phase cruciale de l'histoire du Grand Hôtel. Elle marque l'arrivée à sa tête de nouveaux dirigeants, de professionnels de l'hôtellerie qui l'inscrivent, en une dizaine d'années, dans un marché en plein essor. Bien qu'il ne soit pas de notre ressort de nous substituer à une diseuse de bonne aventure, nous percevons mal comment le Grand Hôtel se serait sorti de la situation qui était la sienne à l'aube du XXe siècle si aucune réforme, aucun changement profond n'avait été institué dans la gestion de l'entreprise. Du fait d'une concurrence de plus en plus intense, il semble peu probable que le Grand Hôtel aurait pu rester une société économiquement viable ; ses anciens administrateurs n'ont sans doute pas perçu le retard grandissant qu'il prenait face à cette nouvelle concurrence. En ce sens, Wiener, Millon, Emery et Hauser jettent les bases d'une nouvelle réussite. Le passage dans le XXe siècle, si périlleux et incertain qu'il soit, est accompli avec succès. Ce virage est d'ailleurs incarné par la nouvelle orientation donnée à l'exploitation de l'entreprise, à savoir la prédestination du logement au dépens des bals et banquets. Par cette seule preuve, il est manifeste que le Grand Hôtel se tourne vers le futur, cherche à satisfaire les nouvelles aspirations de la clientèle et suit ainsi cette évolution majeure de l'industrie hôtelière.

Un des grands artisans de cette rénovation, Arthur Millon, décède au moment où celle-ci est sur le point de s'achever. Ce drame n'affecte en rien l'avenir de l'entreprise. De façon très naturelle, son fils accède au conseil d'administration pour le remplacer[179]. Il n'y a donc aucune crise de succession. Aussi, la répartition du capital fait que la stabilité l'emporte et que la nomination d'André Millon s'impose d'elle-même. Du fait de la permanence des principaux cadres du conseil, qui, à n'en pas douter, facilite le passage de témoin entre ancienne et nouvelle génération, le poids des héritages triomphe dans le mode de gouvernance de la société. La continuité managériale est manifeste et ce sont bien des circonstances exceptionnelles, telles que celles de la Première Guerre mondiale, qui vont bouleverser la marche en avant de l'entreprise, non le décès de son principal actionnaire.

179. AGO de la société du Grand Hôtel, 25 avril 1913.

CHAPITRE VI

Le temps de l'héritier

Le Grand Hôtel à l'épreuve de la Grande Guerre

Le déclenchement de la Première Guerre mondiale est, comme pour bien d'autres sociétés, une épreuve pour le Grand Hôtel. Tout semblait lui réussir lors des dernières années : recettes et bénéfices sont largement sur une pente ascendante, le nombre de clients reçus annuellement ne cesse de croître, les administrateurs de l'entreprise entreprennent de larges investissements pour lutter efficacement contre la concurrence et maintenir le Grand Hôtel au niveau de ses jeunes adversaires. C'est pourquoi, dès que la guerre est engagée, l'euphorie laisse rapidement place à la circonspection, puis à l'inquiétude, du fait notamment de l'enlisement du conflit.

L'avenir s'assombrit

Le choc imprévu

La rupture entre la Belle Époque et la Première Guerre mondiale est vécue de manière brutale. Ce n'est seulement qu'à partir de juillet 1914 que les tensions internationales commencent à se répercuter sur l'activité du Grand Hôtel. Ainsi, même si le premier semestre de 1914 présente des résultats inférieurs en comparaison de ceux de 1913, rien ne semble réellement alarmant. Toutefois, dès que les bruits de guerre imminente se propagent, l'entreprise commence à tourner au ralenti. Durant les premiers mois, les administrateurs du Grand Hôtel partagent l'état d'esprit général selon lequel le conflit sera violent mais prompt : « nous pensions, comme tout le monde au début des hostilités, que la guerre durerait quatre ou cinq mois au plus »[1]. Néanmoins, cet espoir s'estompe rapidement. De ce fait, la question de la fermeture temporaire du Grand Hôtel se pose immanquablement, surtout lorsque les quelques produits d'exploitation ne suffisent plus à couvrir les frais généraux. Néanmoins, ses administrateurs décident de ne pas se résoudre à cette dernière éventualité :

> nous avons cru devoir continuer l'exploitation parce qu'il nous a paru qu'un hôtel aussi ancien, aussi connu et aussi bien achalandé que le Grand-Hôtel devait rester ouvert quoi qu'il arrive [...] Nous avons estimé que le voyageur Français ou étranger devait être sûr d'être accueilli au Grand Hôtel.[2]

Les raisons faisant que l'entreprise reste ouverte sont donc plus liées à une vraie idéologie qu'à un pari entrepreneurial. Le Grand Hôtel doit être plus fort que les circonstances et suffisamment solide pour pouvoir traverser cette épreuve. Son passé atteste de sa robustesse. De plus, cette stratégie s'inscrit dans un climat où l'on pense toujours que la guerre sera de courte durée, permettant au Grand Hôtel de pouvoir « repartir de plus belle » une fois la paix de retour, du fait notamment que l'entreprise ait conservé un personnel actif et que sa production n'ait jamais été au point mort. Ce choix n'est pas partagé par tous, loin de là. Le conseil du Grand Hôtel avance que la plupart des hôtels de Paris ont rapidement fermé leurs portes. C'est par exemple l'optique prise par le Ritz qui est fermé pendant quelques mois, lors de l'hiver 1914-1915[3]. Nous avons déjà vu que l'hôtel Édouard VII reste clos durant le dernier trimestre 1914.

La mobilisation est l'un des premiers effets du début des hostilités sur la marche normale de l'entreprise. Au 31 juillet 1914, le Grand Hôtel salarie 427 employés ; au 31 décembre, la main-d'œuvre ne se compose plus que de 123 hommes et femmes. On peut d'ailleurs penser que ce sont majoritairement les femmes et les travailleurs les plus âgés qui ont pu rester en poste. La ventilation de ces agents donne 87 Français, 19 Suisses, 10 Italiens et 8 employés de nationalités diverses. Une grande partie du personnel français a été appelée sous les drapeaux, de nombreux Suisses ont été mobilisés. Outre l'obligation patriotique, la forte réduction du personnel est sans doute décidée par les dirigeants du Grand Hôtel. De manière évidente, le volume du personnel est ajusté aux variations de l'activité. Procédant de la sorte,

1. AGO de la société du Grand Hôtel, 10 mai 1915.
2. *Ibid.*
3. Ritz M.-L., *César Ritz...*, *op. cit.*, p. 192 et 282.

le nombre de salariés de l'entreprise augmente quelque peu début 1915 du fait d'un léger regain de fréquentation. Ainsi, la réduction importante de la main-d'œuvre n'entrave en rien le service normal de la maison car, plus que le personnel, ce sont bien les clients qui ont fui le Grand Hôtel et plus généralement tous les hôtels de Paris. Le nombre de clients est descendu à trente au 14 septembre 1914, seuil sous lequel ce même nombre n'était jamais tombé de toute l'histoire de l'entreprise. Sur l'année complète, 33 262 voyageurs, représentant 151 240 nuits, ont séjourné à l'hôtel. Par rapport à 1913, la baisse est de 35 % pour le nombre de voyageurs, de 38 % pour celui des nuitées. Nul doute que le premier semestre compense l'effritement de la fréquentation.

Le conseil d'administration est lui aussi touché par la mobilisation. Deux de ses membres partent à la guerre dès ses premières heures : il s'agit de Georges Ardillier et d'André Millon. Au début de la guerre, Ardillier se trouve à Madagascar où il exécute son service. Du fait de son éloignement et du prolongement de la guerre, il ne se représente pas aux suffrages de l'assemblée générale de mai 1915 alors que son mandat arrive à expiration. Du reste, il en fait de même pour la Rente foncière puisqu'il n'en assure plus la présidence. À sa place, est logiquement élu le nouveau président de la société immobilière, le comte de Férol. De retour sur le front occidental, le capitaine Ardillier meurt au combat, « à la tête de sa Compagnie »[4], en septembre 1915 dans le Pas-de-Calais, devant Brétencourt[5]. De son côté, André Millon est mobilisé dès le commencement des hostilités et est envoyé sur le front. Il intègre l'état-major d'Édouard de Castelnau, où il se prend de sympathie avec Pierre Laguionie, directeur des magasins du Printemps, qui est lui-même le chauffeur de Castelnau[6]. Ainsi, il semble qu'André Millon suive de près les diverses actions que le général dirige, comme par exemple la défense de Nancy en août-septembre 1914. Du reste, c'est Castelnau en personne qui parraine André Millon pour sa nomination au grade de chevalier de la Légion d'honneur en octobre 1923[7]. André Millon resta fasciné par cet épisode de sa vie[8]. De plus, de telles circonstances créent ou renforcent de solides attachements. Ainsi en est-il entre André Millon,

---

4. AGO de la société du Grand Hôtel, 29 avril 1916.
5. http://www.memoiredeshommes.sga.defense.gouv.fr/lib_memh/php/fiche_popup.php?_Base=MPF1418&_ Lg=fr&_Fiche=fixCVDhQVgMocvUWjmCoEQ==&_C=3948953585 (consulté en juillet 2009).
6. Gras Y., *Castelnau ou l'art de commander*, Paris, Denoël, 1990, p. 145.
7. AN (site de Fontainebleau), LH/19800035/831 : dossier de Légion d'honneur d'André Millon.
8. Il fit par exemple faire une tapisserie relatant les épisodes de la Grande Guerre (Fonds Chapotin).

Pierre Laguionie et Paul Lesieur[9]. Après guerre, leur très forte amitié donne lieu à de nombreuses collaborations dans le domaine des affaires – André Millon participe au conseil de surveillance du Printemps – mais surtout à des alliances matrimoniales : ainsi, Pierre Laguionie épouse Germaine Lesieur, la sœur de Paul. Plus tard, André Millon accorde la main de sa fille Jeanne-Marie au fils de Paul Lesieur, Michel.

Pendant toute la durée de la guerre, les administrateurs du Grand Hôtel apportent leur soutien à leur collègue bloqué au front ainsi qu'à tous leurs salariés partis à la guerre. À mesure qu'elle se prolonge, la direction du Grand Hôtel rappelle le souvenir de ses anciens salariés tombés au champ d'honneur. La proximité entre patrons et salariés semble réelle en ces temps d'horreur : les permissionnaires rendent visite à leurs anciens chefs lorsqu'ils le peuvent ; quelques lettres de poilus arrivent au Café de la Paix ou au Grand Hôtel[10]. De plus, les dirigeants de l'hôtel affirment qu'ils feront tout pour réintégrer leurs salariés, même si ces derniers ont eu à souffrir de graves blessures[11]. L'entreprise accorde également une indemnité exceptionnelle aux mobilisés à l'occasion de leur retour à l'hôtel[12]. 119 salariés bénéficient de cette gratification qui oscille entre 51 et 400 F. Néanmoins, avant ce retour, le Grand Hôtel traverse de nombreuses péripéties.

La guerre acceptée

L'expression de François Caron montre bien l'état d'esprit de la population française après qu'elle ait compris que la guerre se prolongerait[13]. Cette sorte de résignation s'installe auprès de la direction du Grand Hôtel. Toutefois, on essaie tant bien que mal de s'adapter à la crise. Dès l'hiver 1914, les dirigeants du Grand Hôtel consentent à une baisse globale des tarifs. Cependant, rien ne peut y faire et toutes les prévisions vont dans le même sens :

> même pendant les premiers mois de la présente année, le nombre de voyageurs était inférieur à la moitié du nombre habituel, et la recette n'atteignait pas le tiers de la recette normale. Dans la bonne saison, cette proportion, par rapport à une année moyenne, deviendra encore plus défavorable.[14]

---

9. Sur la famille Lesieur, voir : Gaston-Breton T., « Famille Lesieur », in Daumas J.-C., *Dictionnaire des patrons…*, *op. cit.*, p. 427-429.
10. ADP, V12S37 : AGH, lettres de salariés du Café de la Paix mobilisés.
11. AGO de la société du Grand Hôtel, 28 avril 1917.
12. ADP, V12S37 : AGH, gratification exceptionnelle de guerre aux démobilisés.
13. Caron F., *La France des patriotes…*, *op. cit.*, p. 614.
14. AGO de la société du Grand Hôtel, 10 mai 1915.

Les causes de ce ralentissement reposent sur les conséquences directes du conflit : les flux touristiques se sont brutalement arrêtés, le fléchissement de la production nationale et les réquisitions militaires entraînent une hausse importante du prix des matières premières. Par exemple, aux débuts des hostilités, la direction du Grand Hôtel achète la tonne de combustible 40 F ; dès mai 1915, ce même prix passe à 95 F. L'inflation est donc galopante – « De 1913 à 1918, la hausse se chiffre à 240 % (prix de gros) et 107 % (prix de détail) »[15] – et ne touche pas que l'énergie : l'alimentation mais aussi tous les éléments destinés à l'entretien et l'ameublement de l'hôtel subissent les mêmes effets collatéraux. Dès lors, les charges explosent alors que le chiffre d'affaires se réduit de manière vertigineuse. En dépit de toutes les mesures adoptées, de toutes les économies pouvant être réalisées, l'exploitation du Grand Hôtel en temps de guerre ne peut être que déficitaire. De manière générale, ce sont tous les hôtels parisiens qui souffrent de ces circonstances : l'hôtel Terminus ne couvre pas ses frais généraux, les recettes du Ritz auraient baissé de plus de 40 %, la fréquentation du Régina aurait chuté des trois quarts en comparaison de 1913, le Continental perdrait annuellement plus d'un million de francs et le nombre de locataires serait passé de 500 à 150 par jour, l'Hôtel du Louvre serait passé de 300 à 80 clients quotidiens[16]. Les grands restaurants parisiens connaissent les mêmes difficultés : les plus grandes maisons des Champs-Élysées subissent une chute de 50 à 70 % de leur chiffre d'affaires.

Même ralenties et laborieuses, les affaires se poursuivent tant bien que mal. En 1915, le Grand Hôtel enregistre l'arrivée de 18 271 voyageurs, soit 97 290 nuits. Cela reste inférieur d'environ 2,5 fois par rapport à la moyenne des entrées de la Belle Époque. Les militaires entrent dans une part croissante de cette clientèle[17]. Il est en de même pour l'hôtel Édouard VII qui bénéficie de l'afflux d'officiers, qu'ils soient de nationalité anglaise, belge ou française, de retour du front ou prêts à y partir[18]. De plus, le Grand Hôtel accueille un nouveau type d'hôtes, dont l'arrivée à Paris est imputable aux malheurs de la guerre : les réfugiés belges et du Nord de la France. Ces populations ne sont sans doute pas comptabilisées dans les chiffres de fréquentation de l'entreprise. À partir de 1915, le Grand Hôtel met gratuitement à disposition de ces réfugiés, privés « de leurs moyens habituels d'existence »[19], la partie Opéra du cinquième étage, soit près de 80 chambres. Combien sont-ils ? Quelles formalités doivent-ils remplir pour pouvoir être accueillis au Grand Hôtel ?

---

15. Bonin H., *Histoire économique de la France depuis 1880…*, *op. cit.*, p. 53.
16. APPP, B/A 1614 : rapport du 23 juin 1918.
17. AGO de la société du Grand Hôtel, 26 avril 1918.
18. AGO de la Société de la rue Édouard VII, 30 avril 1915.
19. AGO de la société du Grand Hôtel, 29 avril 1916.

Nous ne le savons pas. En revanche, il est certain que cette occupation dure plusieurs années, puisque le cinquième étage du Grand Hôtel sert toujours d'asile à quelques réfugiés en avril 1919. Par l'intermédiaire d'une lettre de septembre 1917 adressée à Blanche Millon, deux familles belges la remercient largement ainsi que la direction du Grand Hôtel de l'accueil dont ils ont pu bénéficier durant trois années[20]. Outre l'expression de leur reconnaissance, ce message a surtout pour objectif de convaincre l'entreprise de maintenir le don qu'elle faisait aux réfugiés consistant à leur servir gratuitement un repas par jour. Enfin, Grand Hôtel et Café de la Paix manifestent leur solidarité en offrant des bouteilles de vin à la mairie du 9e arrondissement à l'occasion du Noël 1915. Ces bouteilles, sans doute envoyées au front, doivent servir à apporter « un peu de réconfort et de douceur à [...] nos chers absents »[21].

Par la suite, la fréquentation du Grand Hôtel s'élève quelque peu. Ce sont majoritairement les officiers alliés qui permettent cette progression. Ainsi, le Grand Hôtel accueille 22 706 clients en 1916, 32 382 en 1917 et 40 126 en 1918. Bien que ces derniers chiffres se rapprochent de ceux de l'avant-guerre, le nombre de nuits fait largement ressortir une réduction de la durée des séjours et donc une baisse de production. Les produits du magasin des caves suivent les mêmes tendances. Ainsi, l'obligation de prix bas et la cherté soudaine du coût de la vie entraînent fatalement les résultats de la société vers le bas. Une seule solution est trouvée : faire le dos rond et laisser passer tant bien que mal l'orage. Ainsi, très tôt, les administrateurs du Grand Hôtel adoptent une stratégie défensive destinée à ne pas mettre en péril l'avenir de la société : « afin de traverser sans encombre la crise qui s'est déclarée [...] nous avons besoin de toutes nos liquidités »[22]. Cet objectif est d'autant plus difficile à tenir que l'incertitude de la situation empêche le pronostic de toute date de reprise économique. Dès 1914, la direction de l'hôtel décide de prendre plusieurs mesures exceptionnelles afin de ne pas amaigrir de manière dangereuse sa trésorerie : arrêt du programme de modernisation, amortissement du compte « travaux » différé, limitation des frais d'entretien, non-distribution de dividende. Les réserves sont également sollicitées pour pallier l'effondrement de certains comptes. Un autre levier consiste à ne pas payer en totalité le loyer dû à la Rente foncière. Plusieurs décrets autorisent les sociétés locatrices ayant à souffrir des circonstances de la guerre à ne pas verser l'intégralité de leurs loyers. Le conseil le justifie simplement en montrant que, du fait d'un

20. ADP, V12S37 : AGH, lettre de réfugiés belges à l'attention de Mme Millon, septembre 1917.

21. ADP, V12S37 : AGH, lettre de Mme Millon à la mairie du 9e arrondissement, 20 décembre 1915.

22. AGO de la société du Grand Hôtel, 10 mai 1915.

encaissement plus que restreint, l'entreprise est dans l'impossibilité de régler totalement son loyer sous peine de mettre en péril sa survie. Elle transforme dès lors ces arriérés en dette à moyen terme, ce qui entraîne de vives tensions entre propriétaire et locataire[23]. Ainsi, à partir de l'été 1914 et ce durant toute la durée de la guerre, l'administration du Grand Hôtel cherche à multiplier les parades pour maintenir les comptes de la société au-dessus de la ligne de flottaison. Néanmoins, les résultats d'exercice sont indéfectiblement négatifs, même si les pertes restent, au vu des circonstances, relativement encadrées : en tenant compte des fluctuations du portefeuille, le déficit total d'exploitation s'élève à 1 468 420,53 F au 31 décembre 1918[24]. Toutefois, ce compte doit être réévalué d'un peu moins de 800 000 F, car, en 1917, les administrateurs décident d'amortir une partie des pertes en utilisant le reliquat des bénéfices des exercices antérieurs[25]. Au total, le Grand Hôtel perd environ 2,30 MF lors de la Première Guerre mondiale. Ses dirigeants ont donc réussi à limiter considérablement les dégâts, ce qui permet à l'entreprise de redémarrer sans trop d'obstacles – si ce n'est les arriérés de loyers – lorsque la paix est de retour. Les choix entrepris par les patrons de la société ont été d'autant plus judicieux que cela ne leur a pas interdit d'accomplir une action patriotique à laquelle ils ont tout de suite adhéré.

La transformation en hôpital militaire

Un devoir patriotique

Outre un ralentissement spectaculaire de l'activité, les hôtels connaissent un bouleversement d'un genre nouveau puisque beaucoup furent transformés en hôpital militaire, destiné à accueillir les blessés de retour du front. Dès les premiers jours, « l'expression d'un magnifique entraînement patriotique »[26] se manifeste, ce qui fait que les autorités en charge de créer de toutes pièces des hôpitaux complémentaires ou auxiliaires n'auraient eu que l'embarras du choix. En août 1914, une commission chargée de visiter les diverses installations proposées sillonne Paris pour répondre aux nombreuses sollicitations. Il semble que le moindre recoin d'immeuble ait été proposé, même si les hôtels offrent des installations de premier choix. Ainsi, le Grand Hôtel répond à l'appel des autorités militaires. Henry Wiener insiste sur le fait que

23. AGO de la société du Grand Hôtel, 29 avril 1916.
24. AGO de la société du Grand Hôtel, 26 avril 1919.
25. AGO de la société du Grand Hôtel, 28 avril 1917.
26. Lejars F., *Un hôpital militaire pendant la guerre, Villemin, 1914-1919*, Paris, Masson & Cie, 1923, p. 97.

c'est l'entreprise qui se déclare volontaire : « Nous avons, dès le début des hostilités, mis à la disposition du Ministère de la Guerre, une importante partie de deux étages du Grand-Hôtel pour y installer une ambulance. »[27] Il n'est pas le seul hôtel parisien à avoir été converti :

> dès le début de la guerre, l'Hôtel Ritz de Paris mit à la disposition du gouvernement tout le premier étage de l'immeuble de la place Vendôme pour servir d'ambulance aux officiers blessés. Ces salles s'emplirent si rapidement qu'on dut transformer en hôpital l'annexe rue Cambon tout entière [...] La présence du colonel Repington au Ritz excitait bien plus d'intérêt que celle de l'ex-roi Manoel [...] Il n'était plus question de bals, mais les ventes de charité organisées au profit de l'armée recevaient l'appui enthousiaste du Tout-Paris.[28]

Malgré cet élan de solidarité, le professeur Lejars, médecin en chef de l'hôpital militaire de Villemin et chargé de l'organisation des nouvelles structures, critique certains établissements, notamment ceux qui insisteraient pour recevoir des officiers supérieurs, ce que confirme l'aveu de la veuve Ritz. Quoi qu'il en soit, il se crée une réelle effervescence autour des hôpitaux militaires de la part du public resté à l'arrière. Les grands officiers prennent la place des aristocrates, « Les blouses des infirmières remplacèrent les riches toilettes »[29]. Paris n'est pas la seule ville où les hôtels se transforment en hôpital militaire. Par exemple, à Nice, le Negresco, le Winter palace ou encore le Grand Hôtel l'ont également été[30].

Quelques mois après que les dirigeants du Grand Hôtel aient manifesté leur solidarité vis-à-vis de l'effort de guerre, son hôpital militaire est inauguré. Durant toute son existence, il est placé sous l'autorité de l'hôpital militaire de Villemin, situé à proximité des gares du Nord et de l'Est. Les autorités militaires font principalement de Villemin « un hôpital d'accueil, de triage et de traitement de première importance »[31]. De nombreuses structures d'accueil lui sont rattachées : en 1916, dix-neuf hôpitaux complémentaires et vingt-quatre hôpitaux auxiliaires en dépendent directement[32], parmi lesquels se trouvent le lycée Chaptal, le lycée Voltaire, une caserne, un asile...

---

27. AGO de la société du Grand Hôtel, 10 mai 1915.
28. Ritz M.-L., *César Ritz...*, *op. cit.*, p. 282.
29. *Ibid.*
30. Archives du service de santé des Armées (Limoges).
31. Cristau P., Wey R. (dir.), *Les hôpitaux militaires au XXe siècle*, Paris, Le Cherche midi, 2006, p. 59.
32. Lejars F., *Un hôpital militaire...*, *op. cit.*, p. 115.

et le Grand Hôtel[33]. L'hôpital installé au Grand Hôtel fut un hôpital à part entière. Placé sous l'autorité d'un médecin-chef, « un des grands chirurgiens de Paris », de médecins militaires et d'un gestionnaire, l'hôpital complémentaire n° 33 est totalement séparé du reste de l'hôtel, de telle sorte que les clients ne peuvent avoir aucun contact avec la nouvelle infrastructure[34]. Du reste, elle possède sa propre entrée, sur la rue Auber. Les administrateurs du Grand Hôtel fournissent environ 120 chambres, réparties aux deuxième et troisième étages, côté Opéra, disposant au total de 180 lits. Des salles où sont aménagés des réfectoires, une pharmacie et une salle d'opérations sont aussi mises à disposition.

Du 15 janvier 1915 au 10 octobre 1917, le Grand Hôtel accueille 2 503 soldats[35]. Vingt-six y sont morts. De manière générale, ces derniers n'y ont été admis que peu de temps. Par exemple, un soldat de 2e classe entre au Grand Hôtel le 11 mai 1915 et décède le lendemain d'une plaie par balles au poumon. Beaucoup de soldats ont donc transité par le Grand Hôtel. Il s'agit dans une très large proportion de non gradés. Tout type de blessures y est soigné, allant des plus terribles, engendrant la mort ou l'amputation, jusqu'aux morsures du froid. Démontrant parfaitement que le Grand Hôtel est réellement utilisé comme une antenne chirurgicale, de nombreux soldats sont dans l'incapacité de signer le registre d'entrée. À la suite de leur hospitalisation, dans la plupart des cas, les soldats sortants du Grand Hôtel sont transférés, soit dans un autre hôpital parisien, comme Vaugirard ou Clignancourt, soit vers un hôpital de leur région d'origine. En outre, beaucoup se trouvent réformés. On peut donc penser que l'hôpital du Grand Hôtel rend de grands services à l'administration militaire, même si cette collaboration s'achève à l'automne 1917.

Un poids de plus en plus insurmontable

Lorsque l'entreprise transforme deux de ses étages en hôpital, ses dirigeants consentent à prendre en charge le coût de l'électricité et du chauffage. Très rapidement, les instances militaires se font plus pressantes et demandent au Grand Hôtel que soit également fournie la nourriture des blessés, moyennant un prix qui, selon les dirigeants de l'entreprise, « en raison du renchérissement de certaines denrées, ne couvre pas entièrement nos débours »[36]. Ils se plient tout de même aux exigences du ministère de la Guerre. De plus, bien qu'ils n'aient que peu le choix, ils tiennent à montrer qu'ils accomplissent

33. AHSSA (Val-de-Grâce) : Direction du service de santé du gouvernement militaire de Paris, *Établissements hospitaliers situés sur le territoire du gouvernement militaire de Paris*, s.d.
34. AGO de la société du Grand Hôtel, 10 mai 1915.
35. AHSSA (Limoges) : registres des entrées de l'hôpital complémentaire n° 33 de Villemin.
36. AGO de la société du Grand Hôtel, 10 mai 1915.

parfaitement leur devoir : « En agissant ainsi nous avons rempli un devoir patriotique et nous sommes certains que vous approuverez notre attitude. »[37] Cette ligne de conduite ne diffère pas durant tout le temps où le Grand Hôtel est occupé. Toutefois, à mesure que le conflit perdure et que l'inflation grandit, les administrateurs s'inquiètent du coût représenté par un tel sacrifice, coût qu'ils n'ont assurément pas estimé à sa juste valeur lorsque l'ambulance s'installe. La hausse du prix des matières premières engendre de fortes dépenses que les traités passés avec l'autorité militaire ne suffisent pas à couvrir. Cette situation pousse la direction à faire part de ses craintes auprès du ministère de la Guerre. Cette démarche a sans doute pour but de réévaluer l'accord relatif aux dédommagements des frais de nourriture ou d'obtenir certains allégements[38]. Cette tentative constitue la seconde grande critique faite par le professeur Lejars à l'encontre des structures ayant accueilli des hôpitaux, qui s'en servent « comme ressource de temps de guerre »[39]. D'ailleurs, au cœur du conflit, de nombreux hôteliers se plaignent des réquisitions militaires et expriment leur mécontentement face à la modicité des indemnités perçues[40]. Surtout, ils tentent de montrer que leur industrie doit être épargnée car, une fois la paix de retour, elle doit être « une arme essentielle dans la reconstruction du pays »[41]. Cet argumentaire est loin de trouver un écho favorable. Il en est de même de la requête du Grand Hôtel. En effet, « malgré la grande modération de nos propositions »[42], aucune entente n'est trouvée entre les deux parties et les autorités militaires décident de démonter l'ambulance. Au 31 octobre 1917, le transfert est achevé. L'hôpital du Grand Hôtel n'est pas le seul à avoir fermé ses portes avant la fin du conflit ; à mesure que la guerre se prolonge, les services de secours aux blessés concentrent les structures, afin de ne pas éparpiller les moyens mis en œuvre tout en disposant d'un nombre suffisant de lits[43]. Bien que l'arrêt du fonctionnement de l'hôpital militaire soit synonyme d'un important soulagement, Wiener laisse supposer qu'il regrette qu'aucune solution amiable n'ait été trouvée et tient à souligner son désintéressement durant tout le temps où l'hôpital est installé :

---

37. *Ibid.*
38. AGO de la société du Grand Hôtel, 28 avril 1917.
39. Lejars F., *Un hôpital militaire…*, *op. cit.*, p. 102.
40. Lequime F., *La réquisition des hôtels par le Service de santé militaire*, Clermont-Ferrand, Imprimeries typographique et lithographique G. Mont-Louis, 1915.
41. Larique B., « Les débuts et déboires de l'organisation officielle du tourisme en France : l'expérience malheureuse de l'Office National du Tourisme (1910-1935) », in *Entreprises et Histoire*, *Le tourisme…*, *op. cit.*, p. 79.
42. AGO de la société du Grand Hôtel, 26 avril 1918.
43. Lejars F., *Un hôpital militaire…*, *op. cit.*, p. 102.

> notre Société a fourni gratuitement les locaux avec toutes leurs installations, le mobilier, la literie, les couvertures, le chauffage, l'éclairage, l'eau chaude et l'eau froide et le gaz. Elle n'a reçu de ses divers chefs aucun paiement et elle a, de plus, assuré la nourriture des blessés moyennant une indemnité qui, au début, couvrait à peine ses frais et qui, dans la suite, est restée très sensiblement inférieure à nos dépenses réelles.[44]

Toujours dans un souci de se dédouaner vis-à-vis d'une possible accusation de non-collaboration à l'effort national, les administrateurs du Grand Hôtel placent leurs actionnaires juges de leur action : « Vous constaterez, Messieurs [...] que notre Société a rempli, comme elle le devait, son devoir vis-à-vis de nos chers blessés. » Du reste, la direction du Service de santé des armées les conforte dans leur opinion puisqu'elle exprime tous ses remerciements à l'entreprise lors de la fermeture de l'hôpital[45].

Suivant les estimations du Grand Hôtel, les frais de fourniture aux blessés, en tenant compte de la différence entre l'indemnisation de la nourriture et son coût réel, s'élèvent à 634 000 F. De plus, les installations mises à la disposition de l'hôpital souffrent d'importantes dégradations. Sitôt l'hôpital transféré, les dirigeants décident de procéder à une réfection « radicale et complète » de toutes les parties utilisées par l'ambulance. Une dépense de 300 000 F est réalisée afin de remettre complètement à neuf les parties occupées et de pouvoir immédiatement les remettre à la disposition du public. En dépit du discours de Henry Wiener, on peut s'étonner de la promptitude avec laquelle ces travaux sont réalisés. En effet, le président du Grand Hôtel indique aux actionnaires que l'entreprise ne dispose plus des moyens suffisants pour supporter l'effort de guerre et qu'ainsi l'hôpital militaire, avec toutes les dépenses qu'il engendre, pourrait mettre en péril sa sécurité économique. Malgré tout, l'entreprise est en mesure d'effectuer ce fort investissement alors que la guerre n'est toujours pas achevée et que le bilan d'exploitation reste négatif. La situation du Grand Hôtel n'est pas forcément si critique que ses administrateurs ont bien voulu la présenter... Par contre, la réhabilitation des espaces occupés par l'ambulance militaire est obligatoire et nécessite de tels investissements. En outre, les conséquences de la présence de l'hôpital sont persistantes, comme l'indique Marie-Louise Ritz : « quand nous revîmes à Paris, l'annexe Cambon sentait les désinfectants et les anesthésiques »[46].

---

44. AGO de la société du Grand Hôtel, 26 avril 1918.
45. *Ibid.*
46. Ritz M.-L., *César Ritz...*, *op. cit.*, p. 284.

L'accusation suprême dirigée contre Henry Wiener

C'est avec le sentiment du devoir accompli que s'achève cette page insolite de l'histoire du Grand Hôtel. Néanmoins, cette action n'empêche pas Henry Wiener d'être victime d'une tentative de dénaturalisation[47]. Cette démarche est une réelle accusation à charge dirigée contre le président du Grand Hôtel et du Meurice. À l'heure où la germanophobie est plus que jamais exacerbée, le passé de Wiener remonte à la surface : ses origines, tant personnelles que professionnelles, constituent la pierre d'angle de cette procédure faisant appel à de nombreux témoignages. Henry Wiener aurait conservé d'importants intérêts en Autriche et serait resté très proche des anciennes sociétés qu'il administra[48]. Par exemple, connaissant en bon espion l'imminence de la guerre, il aurait transféré une partie de sa richesse à la Banque impériale d'Autriche. Heureusement pour Wiener, qui vit en France depuis plus de quarante ans, les avis sur sa personnalité divergent du tout au tout. Pour beaucoup, sa sincérité ne souffre d'aucun doute. Jules Dollfus, entre autres, témoigne en sa faveur. Surtout, de nombreuses actions menées par Wiener ainsi que l'implication de ses proches dans la guerre devraient suffire à assurer sa quiétude : le Meurice et le Grand Hôtel sont transformés en ambulance militaire, des locaux de la rue Édouard VII ont été concédés à des œuvres patriotiques ; trois de ses fils, son gendre et deux de ses neveux servent dans les rangs français. Malgré ce lourd sacrifice, ce sont les activités de Wiener dans le monde de l'hôtellerie parisienne que ses détracteurs essaient d'utiliser à ses dépens. Afin de garantir l'espionnage allemand dans les grands hôtels de Paris, Wiener se serait farouchement opposé au projet de création d'école hôtelière. Comme pour mieux appuyer cette tendance, un ancien directeur du Grand Hôtel – vraisemblablement Régli – affirme qu'il aurait continuellement favorisé l'emploi des Allemands au détriment des Français. Il aurait toujours introduit « la camelote allemande » dans ses hôtels ;

> à une assemblée de 1915, Wiener défend ses collaborateurs germanophiles et fait voter contre la motion d'admission de deux administrateurs français ; affiche des sentiments francophiles contredits par ses actes.[49]

Nous n'avons trouvé trace d'une telle manœuvre ni au Grand Hôtel, ni au Meurice, ni à l'Édouard VII.

Henry Wiener n'est pas le seul dirigeant hôtelier à subir les foudres germanophobes. De manière générale, tous les patrons hôteliers allemands,

---

47. AN, BB/11/1843 : dossier de naturalisation de Henry Wiener.
48. *Ibid.*, rapport du parquet de la cour d'appel de Paris, 16 avril 1918.
49. *Ibid.*

autrichiens voire suisses, sont catalogués au rang d'ennemis de la nation. Ces différents entrepreneurs formeraient une association suspecte, qui prit le contrôle de grands hôtels parisiens durant l'avant-guerre pour mieux servir leur pays. Ainsi, les accusations de « mauvais Français » sont portées contre Léonard Tauber et Arthur Geissler. Ce dernier, directeur de l'Astoria, hôtel créé sur les Champs-Élysées en 1907, propriété du fondateur de la marque automobile Mercédès, Emil Jellinek, avait déjà eu vent du nationalisme français à l'approche de la guerre, notamment pour des raisons architecturales[50]. Du reste, l'hôtel est mis sous séquestre et transformé en hôpital militaire dès le début des hostilités. Au total, Wiener, Tauber et Geissler seraient les leaders d'un cartel de conspirateurs, auraient généré et facilité l'infiltration allemande de la société civile française. Ils sont donc en premier lieu victimes de cette chasse aux sorcières. Pour ce qui est du cas Wiener, il paraît tout de même ardu, au vu de ses activités et de son engagement personnel, de pouvoir l'accuser de crime de haute trahison. Du reste, la procédure est classée sans suite, même si, à coup sûr, elle marque l'homme à vie.

Il est toujours intéressant d'essayer de comprendre d'où de tels bruits peuvent venir. Il semble en fait que certains tentent de profiter des circonstances exceptionnelles de la Grande Guerre pour se débarrasser d'imposants concurrents. C'est en tout cas le sentiment que l'on peut avoir lorsque l'on étudie la procédure de dénaturalisation. En effet, hormis Régli, qui semble avoir agi plus par vengeance que par réelle ambition, l'accusateur principal du dossier n'est autre qu'un directeur d'un grand hôtel de Paris. Arsène Gerber (1861-1925), directeur de l'Hôtel d'Orsay, président de la Mutuelle hôtelière, mène campagne contre Wiener, Tauber et Geissler. Il atteste qu'il est en possession « des documents établissant que le Sr Wiener et ses amis étaient de mauvais Français »[51]. De plus, concernant toujours le président du Grand Hôtel et du Meurice, il aurait déclaré que « Bien qu'il passe pour l'ami de la France, ses sympathies [sont] acquises à l'Allemagne et l'Autriche. » Que ses idées soient sincères ou non, il est certain que l'accusation est grave, et, du fait de la personnalité du procureur, ne peut être désintéressée. Quoi qu'il en soit, Henry Wiener sort indemne de cette entreprise qui caractérise bien l'état d'esprit d'une bonne partie de l'opinion publique.

---

50. Lesur J.-M., *Les hôtels de Paris...*, *op. cit.*, p. 187.

51. AN, BB/11/1843 : dossier de naturalisation de Henry Wiener.

Un dur retour à la normalité

Un haut lieu de surveillance

De tout temps, l'hôtel est un lieu qui fait l'objet d'une surveillance accrue de la part des instances policières. Du fait qu'il regroupe en un même lieu un grand nombre d'individus éloignés de leur habitation régulière dans un but bien précis, la police a toujours vu dans l'hôtel l'espace de tous les périls, où se concentre une partie notable des personnes dangereuses d'une cité. De plus, comme nous l'avons déjà démontré, l'hôtel est en quelque sorte le moteur d'une société, ou tout du moins un miroir relativement fidèle de ses mœurs. Ainsi, au moment où l'État cherche à jauger l'état d'esprit des Parisiens et à contrôler leurs attitudes devant les efforts répétés de la guerre, il se tourne presque naturellement vers les hôtels. Cela est d'autant plus vrai lorsque l'un d'entre eux accueille un personnage potentiellement nuisible à la sécurité de la nation, en l'occurrence Mata-Hari, qui séjourne au Grand Hôtel de décembre 1915 à janvier 1916 et en juin 1916, ce qui donne lieu à de véritables opérations d'espionnage[52].

Moins anecdotique et tout aussi essentiel pour les autorités est la surveillance quotidienne exercée par les agents de la préfecture de police dans les cafés et hôtels de Paris. Du fait que ces lieux sont de grande fréquentation et qu'ils ont toujours représenté des espaces de sociabilité par excellence, là où les langues se délient et où les discussions à haute voix permettent à toutes les oreilles attentives de les entendre, la police a rapidement fréquenté les terrasses des cafés et les arrière-salles des bars à l'effet de comprendre le moral et les préoccupations des Parisiens. La technique n'est pas nouvelle et montre bien l'importance que les dirigeants de l'État ont accordée au soutien du peuple. La victoire finale dépend aussi de cette facette. Le Grand Hôtel et le Café de la Paix entrent ainsi dans les lieux de surveillance favoris de la police parisienne. Le contenu des conversations est l'un des objets principaux auxquels les policiers sont attentifs. Tout ce qui touche, de près ou de loin, à la guerre est irrémédiablement consigné. Ainsi, un rapport de décembre 1917 fait état de violentes critiques, faites par un soldat, à l'égard des fils de bonne famille qui choisissent principalement l'aviation « pour se mettre à l'abri des balles »[53]. De plus, ce militaire, qui revient sans doute du front, fustige ces mêmes gens de bonne condition en affirmant qu'ils vont à l'école militaire au simple effet de retarder leur envoi au combat. Tous les épisodes et les détails liés au champ de bataille sont commentés aux terrasses des cafés. Par exemple, un soldat fait l'éloge des formations militaires dirigées par les religieuses :

---

52. Schirmann L., *Mata-Hari, autopsie d'une machination*, Paris, Éditions Italiques, 2001.
53. APPP, B/A 1587 : « physionomie de Paris », rapport de décembre 1917.

> dans ces établissements, les soins les plus éclairés sont donnés aux malades. Les sœurs font preuve d'un courage et d'une abnégation sans bornes. Rien ne rebute ces femmes : ni les blessures les plus affreuses, ni les tâches les plus ingrates.[54]

Par contre, il est beaucoup plus critique à l'égard de certains hôpitaux, provisoires ou non, où des infirmières dispenseraient les soins trop fardées et « dans des tenues d'un déshabillé parfois choquant ». L'intérêt des policiers se porte massivement sur le moral des soldats revenus du front ; ainsi, le témoignage de ce brigadier discutant avec un civil au Café de la Paix ne peut que rassurer les politiques : « je puis vous assurer que le moral des troupes est bien remonté suite à la confiance accordée à M. Clemenceau. Pour ma part, on me donnerait 500 F pour me démobiliser que je refuserais »[55]. Les opinions, liées aux grandes affaires de l'époque comme l'arrestation de Joseph Caillaux, le bannissement de Jean Malvy ou l'affaire Bolo Pacha, sont également au cœur des conversations et, par extension, des rapports de police.

Plus que les sujets de discussion, ce sont la fréquentation des cafés et l'attitude des consommateurs qui sont l'objet de la surveillance policière. À l'heure où les premières restrictions sont mises en place, une observation rigoureuse s'opère auprès des tenanciers des débits de boisson et d'alimentation pour contrôler leurs applications. Un décret du 10 février 1918 interdit par exemple aux hôtels et restaurants de servir ou de consommer du beurre, du sucre, du lait caillé ou aigri, du lait frais ou condensé, de la crème, quelle que soit sa forme, du fromage et des petits-déjeuners après 9 heures du matin, des repas entre 14 h 30 et 18 h 30, de donner plus d'un petit pain de 75 grammes ou plus de 100 grammes de pain de consommation courante par repas[56]. Une dizaine de jours plus tard, la préfecture de police de Paris constate sa bonne application au Café de la Paix, même si cela n'est pas toujours du goût des clients :

> cet établissement, complètement démuni de sucre, sert une saccharine dans de petites bouteilles, ce qui n'est pas sans soulever quelques protestations de clients qui délaissent complètement toutes consommations sucrées. Des chocolats à l'eau sont servis avec de petits pains blancs fort appétissants, avec du beurre.[57]

---

54. *Ibid.*, rapport du 26 décembre 1917.
55. *Ibid.*, rapport du 7 janvier 1918.
56. BHVP : série 77.
57. APPP, B/A 1587 : « physionomie de Paris », rapport du 20 février 1918.

Par contre, les infractions constatées au bar américain du Grand Hôtel sont légion : le barman vend des paquets de cigarettes le double du prix indiqué, des frites froides sont servies avant 18 h 30, l'alcool semble couler à flots avant 19 h 30, horaire minimal à partir duquel est autorisée sa vente. Les garçons refusent parfois de servir des cocktails avant cette heure mais le barman intervient toujours en faveur des consommateurs pour leur donner gain de cause[58]. De plus, le bar ne rechigne pas à servir des femmes seules, bien que cela soit formellement interdit. Le bar américain du Grand Hôtel est loin d'être le seul établissement à passer outre les restrictions imposées. Par exemple, le Wilson, rue Scribe, subit l'ire des policiers en faction : des cocktails d'une forte teneur en alcool sont régulièrement servis, la tenue de l'établissement est qualifiée « d'assez relâchée », des femmes se laissent embrasser en pleine salle et en profitent pour faire les poches de leurs compagnons[59]. La fréquentation des bars et le comportement de leurs consommateurs sont perpétuellement montrés du doigt, notamment au bar américain du Grand Hôtel. Les militaires, de toutes nationalités, semblent y avoir élu domicile. Voici par exemple le rapport rédigé le 24 avril 1918 qui lui est dédié :

> très grosse affluence. Cet établissement, l'un des mieux achalandés de Paris, était littéralement bondé ; à 19 h 20, aucune table n'était disponible. On y comptait une soixante de consommateurs, parmi lesquels une vingtaine d'officiers de tous grades et de toutes armes. Quelques jeunes gens aux allures d'éphèbes et de très grandes femmes complétaient la clientèle. La salle de bar et l'arrière-salle étaient occupées par des petits groupes de demi-mondaines, attablés par deux ou par trois. Debout, au bar, une quinzaine de militaires : officiers anglais et américains, aviateurs français, un ambulancier portugais buvaient force « Martini-Cocktails », avant l'heure réglementaire.[60]

De manière générale, le bar du Grand Hôtel est caractérisé par sa mauvaise fréquentation. La présence de nombreuses filles de mœurs légères, leur tenue incorrecte, l'accès facile par une porte à l'arrière du bar à l'hôtel sont perpétuellement mentionnés. De ce fait, les sujets de conversation attirent moins l'attention que le comportement et les consommations. La mauvaise image de l'établissement est sans cesse renforcée ; par exemple, la tenancière des toilettes se chargerait de procurer des filles aux officiers alliés. Le rédacteur de ce rapport note perfidement que « cette employée, du reste, est couverte de bagues, broches, etc. ce qui dénote qu'elle doit tirer des bénéfices

58. *Ibid.*, rapport du 8 juillet 1918.

59. *Ibid.*, rapport du 21 août 1918.

60. APPP, B/A 1587 : « physionomie de Paris », rapport du 24 avril 1918.

autres que ceux que peut lui procurer son emploi »[61]. Les cas de soirées au bar du Grand Hôtel se finissant fort tard, avec des militaires éméchés et se battant, sont récurrents. Cet état de fait dure tant que les militaires étrangers sont sur le sol parisien.

Les rapports de police sont également très utiles pour corroborer les dires des dirigeants du Grand Hôtel. Ainsi, ils notifient sans ambiguïté la présence importante de militaires parmi sa clientèle. Après le terme des hostilités, le Grand Hôtel continue d'être le lieu de résidence de nombreux officiers étrangers et son hall le lieu de chasse de bon nombre de femmes galantes, même si, dès février 1919, il est noté que l'établissement commence à reprendre sa physionomie d'avant-guerre[62] ; un mois plus tard, le bar du Grand Hôtel est décrit beaucoup plus calme[63]. À la lecture des rapports quotidiens, on se rend compte que la prostitution est un des effets corollaires à la présence d'un grand nombre de militaires éloignés de leur domicile. Leur départ est synonyme de l'arrêt d'un business fructueux, comme en atteste cette parole, recueillie dans la salle de l'entresol du Café de la Paix, d'une prostituée au cynisme assuré : « je ne fréquente jamais de Français, ce sont tous des vaches, il est regrettable que la guerre soit terminée car cela va éloigner la clientèle d'Américains et d'Anglais »[64].

Hormis la disparition d'une clientèle captive pour certaines activités, le retour de la paix signifie la fin de spectacles atypiques : l'affluence des uniformes militaires sur les boulevards. Le Café de la Paix n'échappe évidemment pas au phénomène. Les commentaires mentionnant que l'établissement de la place de l'Opéra est bondé d'uniformes sont très nombreux. Sa terrasse est d'ailleurs prise pour modèle par le dessinateur de *L'Illustration* pour décrire l'ambiance des boulevards fin 1917[65]. Par conséquent, les militaires ont largement pris la place des touristes et constituent une bouffée d'oxygène pour le Grand Hôtel et le Café de la Paix. Il en est encore ainsi pendant quelques semaines et la société doit désormais penser à retrouver son activité régulière.

Le redémarrage rapide de l'activité

De 1915 à 1918, les officiers, notamment anglais et américains, ont largement soutenu l'activité du Grand Hôtel. La prépondérance des militaires est plus que jamais d'actualité en 1918 puis s'atténue considérablement dès l'année suivante. En 1919, le nombre de voyageurs au Grand Hôtel est de 42 509

61. *Ibid.*, rapport du 18 septembre 1918.
62. *Ibid.*, rapport du 12 février 1919.
63. *Ibid.*, rapport du 11 mars 1919.
64. *Ibid.*, rapport du 27 mars 1919.
65. *L'Illustration*, 26 janvier 1918, p. 93.

représentant 267 619 nuits. La hausse de fréquentation est donc manifeste : le nombre de clients a progressé d'environ 6 % alors que le nombre de nuits s'est étoffé de près de 75 %. Ce bond considérable s'explique par le changement de nature de la clientèle, qui redevient celle de la période d'avant-guerre, au grand bonheur des dirigeants de l'entreprise :

> Le genre de la clientèle, bien entendu, s'est modifié d'une façon très sensible en ce sens que l'élément militaire, prépondérant depuis août 1914, a fait place à des voyageurs venus pour leurs affaires ou leur agrément, et, ce que nous avons constaté avec plaisir, à des familles en grand nombre.[66]

Il est donc frappant que les affaires soient reparties aussi rapidement. En outre, l'après-guerre parisien semble coïncider avec un retour de l'allégresse que la ville-capitale n'avait peut-être pas connu depuis les grandes expositions : « Invités officiels, membres des missions alliés venus pour les conférences de paix, permissionnaires français forment une armée d'invasion bien sympathique. »[67] Le Grand Hôtel ne passe pas à côté du phénomène et ses résultats en forment la digne preuve. Fin 1918, les administrateurs du Grand Hôtel parlent « d'effets favorables » qu'a eu la paix sur les affaires alors que, en 1919, l'euphorie semble réellement avoir pris le dessus à tel point que les « recettes ont atteint un chiffre exceptionnellement élevé »[68]. Ainsi, les produits d'exploitation de l'entreprise sont de 2,5 MF en 1918, 7 MF en 1919, 10 MF en 1920. Cependant, les effets de l'inflation sont au cœur du rapport à l'assemblée générale de l'exercice 1919. Les dirigeants du Grand Hôtel constatent le renchérissement du prix des denrées alimentaires et également de toutes les matières premières utiles à la réfection de l'hôtel. Aussi, ils contre-attaquent en augmentant l'ensemble de leurs tarifs mais, selon eux, « Les majorations [...] n'ont compensé qu'en partie la hausse énorme de nos prix de revient. »[69] Pour pallier ce rude contrecoup, les administrateurs du Grand Hôtel continuent leurs achats en commun avec le Meurice et la Société de la rue Édouard VII et adhérent à la Société d'approvisionnement général, constituée début 1919, groupement réunissant trois hôtels et sept restaurants, c'est-à-dire toutes les sociétés issues de l'héritage d'Arthur Millon. Cette société a pour but l'achat de matières premières en très grand nombre permettant ainsi la réalisation d'importantes économies. De plus, de

66. AGO de la société du Grand Hôtel, 30 avril 1920.
67. Darmon P., *Vivre à Paris pendant la Grande Guerre...*, *op. cit.*, p. 432.
68. AGO de la société du Grand Hôtel, 30 avril 1920.
69. *Ibid.*

nouvelles charges viennent assombrir le bilan de cet exercice de reprise. Ainsi, l'impôt sur les bénéfices de guerre est largement contesté par les administrateurs de la société, du simple fait que la société n'en fit pas entre 1914 et 1918. Néanmoins, et suivant les dispositions de la loi, la société est imposable du fait qu'elle a dégagé, en 1919, un bénéfice supérieur à la moyenne des produits des trois années précédent le conflit. C'est cette différence qui tombe sous le coup de la loi du 1er juillet 1916.

En dépit de ces obstacles, le Grand Hôtel réussit en 1919 à tenir un bilan d'exploitation positif. Toutefois, du fait de l'inflation, « l'augmentation des bénéfices n'a pas été proportionnelle à l'augmentation du chiffre d'affaires »[70]. Le compte de profits et pertes accuse tout de même un bénéfice net – en incluant la redevance du Café de la Paix – de 1 993 893,78 F. Comment les utiliser ? D'une part, à l'instar de la gestion de la Belle Époque, une large portion, environ 700 000 F, est ponctionnée pour amortir le compte « travaux ». De plus, ce premier bénéfice sert à solder les deux tiers du déficit enregistré lors des quatre derniers exercices. Ainsi, alors que fin décembre 1918, le passif du compte de profits et pertes s'élève à 1,2 MF, il est ramené à 449 500 F une année plus tard, somme que l'on pense amortir totalement grâce aux bénéfices de 1920. Ensuite, une réserve pour « impôt sur bénéfices supplémentaires de guerre » est constituée, ce qui ne donne plus au final un bénéfice net disponible ne s'élevant qu'à 226 139,98 F. Aussi, désireux de montrer que la période de troubles est achevée et que le Grand Hôtel redevient une affaire solide, les administrateurs décident de consentir à un large effort en faveur des actionnaires. Ils soumettent à l'assemblée générale l'emploi de la réserve extraordinaire pour distribuer un dividende de 11 %, le seul versement statutaire de 5 % absorbant tout le solde disponible. C'est donc une partie des bénéfices des années d'avant-guerre qui permet ce versement, signal fort de la reprise économique.

La plaie ouverte par la Première Guerre mondiale semble donc rapidement se cicatriser. La clientèle ordinaire du Grand Hôtel est de retour quelques semaines après la fin du conflit, et même si les charges, autant du fait de l'inflation que de la loi, enflent de manière importante, l'activité du Grand Hôtel n'en demeure pas moins croissante. Ainsi, les signes de reprise sont éloquents et ne peuvent que pousser les dirigeants à aller de l'avant.

---

70. *Ibid.*

L'empire s'affirme

Le conseil d'administration : une évolution empreinte de continuité

André Millon, président naturel

Au début du XXe siècle, une administration pérenne s'installe à la tête du Grand Hôtel. Les hommes reprenant en main la société, après que celle-ci ait été perçue comme un investissement rapide et prospère allant jusqu'au risque de la rendre exsangue, s'inscrivent assurément sur le long terme. La répartition des actions reflète la mainmise des administrateurs sur l'entreprise puisque, en 1919, le clan Millon possède 11 091 actions, Wiener 568, Hauser 2 155, Emery 2 700, soit au total 41,3 % de son capital[71]. Bien que ce chiffre ne dépasse pas la moitié nécessaire à une direction ayant les coudées franches, il est permis d'avancer que la gestion de l'entreprise se fait sans difficulté. Plusieurs éléments confirment cette hypothèse : les résolutions émises par le conseil sont systématiquement adoptées à l'unanimité. De plus, un grand nombre de petits actionnaires absents de l'assemblée de 1919 mandate Albert Kieffer pour représenter leurs voix ce qui indique la confiance de ces petits porteurs dans les dirigeants de l'entreprise. Le deuxième grand mandataire de l'assemblée d'avril 1919 n'est autre que Léonard Tauber, sans que ce dernier puisse exercer un contre-pouvoir solide, si tant est qu'il le veuille. Ainsi, environ la moitié du capital de la société est détenue par une foule de petits actionnaires, aux pouvoirs de contestation inexistants, sauf dans le cas très improbable d'une parfaite alliance entre tous. Leur participation est individuellement minime ; cela dénote un relatif éparpillement de la moitié du capital de la société sans qu'il soit permis de déceler un trait commun entre ces divers boursiers. La majorité reste parisienne. Le seul investissement réellement intéressant en dehors de celui des administrateurs est celui de la Banque de Saint-Maurice, domiciliée en Suisse, même si aucune coopération, aucun lien direct n'a été trouvé entre l'établissement bancaire et le Grand Hôtel. Enfin, il est impossible de connaître l'identité des porteurs non inscrits à l'assemblée de 1919 ; même s'il ne s'agit que d'une supposition basée sur un fondement fragile, nous pensons que la plupart détiennent moins de cinquante actions, ce qui ne leur permet pas d'exprimer leurs voix lors de l'assemblée générale de l'entreprise. On peut également penser que les autres sociétés Millon possèdent une part non négligeable du capital du Grand Hôtel, même s'il est surprenant de ne pas les voir représentées.

---

71. ADP, V12S5 : AGH, liste de présence à l'assemblée générale ordinaire des actionnaires du Grand Hôtel, 26 avril 1919.

Bory d'Arnex (Paris)	850
Boisseau Émile (Paris)	72
Blet Émile (Paris)	50
Banque de Saint Maurice (Saint-Maurice en Suisse)	653
Banque de Montreux (Suisse)	50
Campagne (Paris)	50
Clémot A (Angers)	59
Couvreux Abel (Paris)	440
Dalloz (Paris)	70
Emery Alexandre (Montreux)	2 700
Evrard Jules (Vosges)	75
Comte Jean de Férol (Paris)	125
Gunsburg Robert (Paris)	160
Gavarry Fernand (Paris)	125
Gavare Paul (Paris)	250
Gravet Maxime (Grostreuil)	50
Hasselmann Aloïse (Le Havre)	100
Hauser Oscar (Lucerne)	2 155
Kieffer Albert (Paris)	673
Larotte Charles (Paris)	150
Lévy Raphaël (Paris)	225
Millon Veuve (Paris)	10 239
Millon André (Paris)	179
Moutier Victor (Lille)	100
Méry Maurice (Saint-Germain-en-Laye)	100
Moquet Émile (Paris)	165
Mercier J (Lausanne)	200
Marquis Eugène (Paris)	150
Perreau Henri (Paris)	50
Souable Bérroni (Oise)	50
Schwenter Frédéric (Paris)	52
Tauber Léonard (Neuilly)	50
Tiphaine Léon (Paris)	50
Voisin Veuve Albert (Angers)	50
Vacher Veuve Michel (Paris)	50
Wiener Madame (Paris)	50
Wiener Henry (Paris)	518
Yost (Lausanne)	150
TOTAL	21 285

Fig. 21. Actions inscrites à l'assemblée générale du 26 avril 1919.

De 1901 à 1918, la direction de l'entreprise est d'une stabilité souveraine, si l'on excepte la nomination nécessaire du comte de Férol durant la guerre. Toutefois, l'assemblée d'avril 1918 voit l'élection de Fernand Gavarry (1856-1931)[72]. Selon les administrateurs, le sous-nombre chronique dont souffre le conseil explique directement cette entrée. Wiener se félicite d'accueillir un homme du prestige de Gavarry, ancien ministre plénipotentiaire, ancien directeur au ministère des Affaires étrangères, « qui a bien voulu nous prêter son concours et mettre à notre disposition sa grande expérience des affaires »[73]. Son investissement dans l'hôtel reste restreint, puisqu'il se traduit par l'achat de 125 actions. Toujours est-il que l'entrée de Gavarry au conseil du Grand Hôtel met en lumière l'importance des relations des dirigeants de l'entreprise, voire l'existence d'un « réseau échec » au sein de la grande hôtellerie parisienne. Gavarry est lui-même un grand joueur de l'après-guerre et président de la Fédération française d'échecs. De son côté, Léonard Tauber est passionné par ce sport : il organise des tournois et crée un club au sixième étage du Raphaël[74]. Au total, cette passion pourrait expliquer une part des relations existant entre certains acteurs de la grande hôtellerie parisienne de l'entre-deux-guerres.

En dehors de cette admission, l'accession au conseil d'administration du Grand Hôtel est régie par une règle simple, celle de la succession. Ce changement de génération permet à André Millon d'accéder à la présidence de la société. Cette nomination se fait, à notre sens, naturellement car, au vu de la répartition du capital, il est logique qu'André Millon devienne le président de l'entreprise. Lorsqu'une page importante de l'histoire du Grand Hôtel se tourne, à la mort de Henry Wiener en 1922, André Millon est le mieux placé pour présider l'entreprise. Il en est l'administrateur parisien le plus ancien ; surtout, il détient plus de 10 000 des 40 000 actions de la société. Il n'est pas à douter non plus qu'il fût l'un si ce n'est l'administrateur le plus impliqué dans la conduite de l'hôtel. Il exerce du reste la charge d'administrateur-délégué depuis son retour du front, en lieu et place d'Alexandre Emery, devenu secrétaire du conseil.

Il faut dire qu'André Millon a largement été préparé à cette reprise, presque prédestiné par son père, qui le baigne dans le secteur de la restauration dès son plus jeune âge. Formé au métier de cuisinier-pâtissier, il grandit dans l'univers du pavillon Ledoyen. D'après la tradition familiale, il semble que, jeune adulte, il découvre largement les joies de la vie parisienne et du jeu. Pour y remédier et en faire son digne héritier, Arthur Millon l'associe à ses activités

72. AGO de la société du Grand Hôtel, 26 avril 1918.

73. *Ibid.*

74. Étienne B., Gaillard M., *Palaces et grands hôtels…*, *op. cit.*, p. 146.

puis l'oblige à se marier, ce qu'il fait avec Blanche Chevalier (1887-1972), le 2 février 1911[75]. Née le 11 août 1887 à Paris, Blanche Chevalier est la fille de Georges Édouard Chevalier (1845-1911), diplômé de l'École centrale des Arts et Manufactures (promotion 1868), ingénieur d'études et de construction de différentes lignes de chemins de fer, ayant probablement participé à la conception du métropolitain parisien, officier de la Légion d'honneur[76], et de Marie Rousseau, décédée lorsque sa fille se marie. En novembre 1911, une première fille, Denise (1911-2001), naît de l'union du jeune couple, qui eut quatre autres filles : Françoise (1914-1995), Henriette (1918-1997), Jeanne-Marie (1921-1989) et Hélène (1923). Ainsi, et avant le décès d'Arthur Millon, son fils est prêt à reprendre le flambeau familial et c'est uniquement le déclenchement de la guerre de 1914 qui l'empêche de prendre directement la suite de la gestion des sociétés créées ou revitalisées par son père. Néanmoins, la Grande Guerre ne forme qu'une parenthèse ; dès le retour à une conjoncture normale, André Millon accomplit ce à quoi il fut voué.

Le renouvellement des générations

Entre 1920 et 1940, le conseil d'administration du Grand Hôtel voit l'arrivée de nouvelles personnalités qui sont, principalement, soit les héritiers directs des hommes ayant pris les rênes de la société au début du siècle, soit certains de leurs proches. Cette logique est appliquée avec l'entrée, en 1922, de Raymond Wiener (1890-1963) et d'Albert Kieffer. Raymond Wiener est appelé à siéger à l'effet de terminer le mandat de son père, même s'il semble qu'il était déjà impliqué dans la gestion de l'entreprise. Il occupe, dès son entrée, le poste d'administrateur-délégué. La même assemblée générale ratifie l'accession au conseil d'Albert Kieffer, invité à siéger au lendemain du décès d'Henry Wiener. À cet instant, il est toujours propriétaire de Ledoyen[77]. À l'occasion de cet important remaniement, le conseil du Grand Hôtel s'étoffe ; il est désormais composé de sept membres. Sa limite numérique n'est nullement approchée puisque fixée à douze, nombre jamais atteint. Par la suite, quelques changements s'opèrent, sans que ceux-ci soient sujets à modifier la conduite de la société. En avril 1925, les administrateurs du Grand Hôtel invitent leur directeur, Henri Grisard (1869-1942), à venir siéger auprès d'eux tout en gardant sa charge de cadre salarié[78]. Engagé au lendemain de la

75. AM Neuilly-sur-Seine : acte de mariage d'André Millon et de Blanche Chevalier, 2 février 1911.

76. AN, LH/521/53 : dossier de Légion d'honneur de Georges Édouard Chevalier, décret du 30 décembre 1903 du ministre des Travaux Publics.

77. AGO de la société du Grand Hôtel, 29 avril 1922.

78. Nous ne connaissons que peu du parcours de Grisard. Pendant la Première Guerre mondiale, il est directeur d'une maison de convalescence pour militaires à Monte-Carlo.

Première Guerre mondiale, Henri Grisard s'attire sans cesse les louanges de ses patrons. À l'instar de ce que nous montrions pour les exercices de la Belle Époque, une partie des raisons faisant que l'entreprise présente des résultats excellents lui est directement attribuée, comme par exemple en 1920 :

> Nous tenons à mentionner d'une manière toute spéciale l'activité, la compétence et le dévouement aux intérêts sociaux dont notre Directeur a fait preuve dans l'accomplissement de sa tâche, ce qui a permis de tirer la meilleur part des circonstances favorables qui ont marqué l'année.[79]

Par la suite, le son de cloche est rigoureusement identique et le travail de Grisard est unanimement reconnu. Henri Grisard reste administrateur-directeur du Grand Hôtel jusqu'en 1937, date à laquelle il disparaît de la direction de la société. Ce retrait peut s'expliquer par un départ à la retraite.

Durant la deuxième moitié des années 1920, la composition du conseil d'administration reste très stable. Elle est simplement marquée par l'entrée d'Alexandre Palliez (1871-1938), industriel, « dont la grande compétence, notamment en matières financières, ne peut manquer d'en faire un collaborateur précieux »[80]. Ce dernier participe à la fondation de la Compagnie française des pétroles[81]. Nous ignorons les raisons faisant qu'il accède au conseil de l'entreprise même si cela tend à prouver l'ampleur des réseaux de ses dirigeants. Palliez décède en 1938, date à laquelle il est encore vice-président du Grand Hôtel. Ce n'est finalement que le vieillissement et la disparition des pères fondateurs de la nouvelle direction du Grand Hôtel qui provoquent nécessairement quelques remaniements. Ainsi, les années 1930 sont marquées par le décès de deux administrateurs historiques : Alexandre Emery et Oscar Hauser. À chaque reprise, André Millon exprime son émotion face à la mort des deux hôteliers helvètes, restés plus de trente années au conseil de l'entreprise, ainsi qu'à la direction d'autres sociétés de l'empire Millon. La femme d'Oscar Hauser, Emily, suisse par son mariage mais écossaise d'origine, prend la succession de son mari. Pour ce qui est d'Alexandre Emery, qui décède en 1931, il n'existe pas de lignée directe intégrant la direc-

---

Outre la direction du Grand Hôtel, il est administrateur de la société Les Grands Voyages. Sa nomination au grade de chevalier de la Légion d'honneur est motivée par sa collaboration « au développement du tourisme en France et à l'organisation hôtelière » (AN, LH/1203/60).

79. AGO de la société du Grand Hôtel, 23 avril 1921.

80. AGO de la société du Grand Hôtel, 28 avril 1928.

81. Sassi M., « Evolution of the Structure of the French Oil Economy between the Wars: Toward a French Holding Compagny » (consulté sur http://www.h-net.org/~business/bhcweb/publications/BEHonline/2004/Sassi.pdf, juillet 2009).

tion du Grand Hôtel. L'année du décès d'Emery, Fernand Gavarry présente sa démission pour des raisons personnelles, vraisemblablement de santé. L'année suivante, Raymond Wiener disparaît de la direction de l'entreprise sans qu'aucune raison n'y soit donnée. Il abandonne également son siège au Prince de Galles et motive sa démission par le fait qu'il est trop occupé par d'autres activités[82]. Lors de l'assemblée d'avril 1933, André Millon annonce la disparition du comte de Férol[83]. L'année suivante, c'est le beau-frère du président du Grand Hôtel, Albert Kieffer, qui décède. Il est remplacé au conseil du Meurice par sa femme, Clémence, mais pas au Grand Hôtel.

Devant un conseil d'administration vieillissant et perdant un nombre important de ses membres, le Grand Hôtel est dans l'obligation de se renouveler et de s'étendre. En dehors des proches du clan Millon, nous ne connaissons pas les raisons du recrutement de ces nouveaux administrateurs. Ainsi, Jules Philibert est appelé à siéger en mai 1931, pour terminer le mandat de Gavarry. Recruté pour ses qualités « en matières financières », officier de la Légion d'honneur, directeur central du Crédit Commercial de France, Jules Philibert ne siège que peu au Grand Hôtel, puisqu'il décède au milieu des années 1930. À la suite de la disparition d'Albert Kieffer, André Millon appelle à siéger un proche de la famille : Frédéric Schwenter (?-1947), déjà directeur du Meurice après qu'Arthur Millon en ait repris l'exploitation. Au milieu des années 1930, Schwenter est toujours administrateur-délégué du Meurice et l'est aussi au Prince de Galles. Enfin, la fin des années 1930 voit l'arrivée de deux nouveaux administrateurs : Philippe Millet (1909- ?) et René Kieffer. Nous ignorons beaucoup de Philippe Millet, de ses éventuelles relations avec André Millon ou avec d'autres administrateurs de l'entreprise et, de ce fait, des raisons faisant qu'il est appelé pour achever le mandat d'Alexandre Palliez. La mémoire familiale veut qu'il soit issu de la bonne bourgeoisie parisienne et qu'il soit devenu un ami de la famille et un proche d'André Millon. Pour ces raisons, il reste longtemps associé à ses affaires. Par contre, l'entrée de René Kieffer au conseil d'administration de la société ne constitue pas en soi une surprise, bien qu'il soit absent de la liste des actionnaires de 1919 et qu'il semble à cette même époque, et durant un long laps de temps, étranger à la direction de la société. Du reste, il semble que celui qui avait dans un premier temps pris la succession d'Arthur Millon à la tête du Weber ait essayé de largement développer ses propres affaires et de les étendre à des secteurs non liés à la restauration mais plutôt à la pharmacie[84]. Du fait

82. AGO de la société du Prince de Galles, 25 avril 1934.

83. AGO de la société du Grand Hôtel, 29 avril 1933.

84. Grande Chancellerie de la Légion d'honneur (document non coté) : dossier de Légion d'honneur de René Kieffer.

de ses diverses activités, on peut penser que René Kieffer n'entre au conseil d'administration du Grand Hôtel qu'à la demande de son beau-frère sans y développer une implication complète.

Ainsi, après deux décennies de relative stabilité, le Grand Hôtel voit un changement important de ses administrateurs dans les années 1930. Néanmoins, cette évolution ne constitue en rien une révolution. Les logiques d'entrée au conseil de l'entreprise sont inébranlables : les proches de la famille Millon entrent pratiquement de droit dès qu'un fauteuil se libère ; le recrutement des dirigeants de la société s'exerce entre connaissances étroites, qu'elles soient familiales, amicales ou professionnelles. Toutefois, le renouvellement est loin d'être total et il semble clair que l'on ne cherche pas à remplacer systématiquement le départ d'un administrateur. En 1939, le conseil de la société ne se compose plus que de cinq membres : André Millon, son président, Mme Hauser, vice-présidente, Frédéric Schwenter, administrateur-délégué, Philippe Millet et René Kieffer. Cette logique montre à notre sens que depuis une quinzaine d'années un membre a réellement pris le pouvoir de la société. Il s'agit de son président, André Millon, qui incarne à la fois les racines de la reprise en main de l'entreprise ainsi que son avenir. C'est du moins la cohérence qu'il donne à son action à partir du moment où il préside le Grand Hôtel.

La continuité entrepreneuriale

Poursuivre l'effort de modernisation

Les changements survenus au conseil d'administration ne bouleversent en rien la manière dont est gérée l'entreprise. La ligne entrepreneuriale dictée depuis 1900 ne subit guère de variation. Les objectifs restent les mêmes : continuer à faire du Grand Hôtel un hôtel de demi-luxe capable de lutter efficacement contre une concurrence qui s'intensifie et se diversifie, ce que souligne André Millon :

> nous sommes d'autant plus décidés à persévérer dans cette voie que la création de plusieurs hôtels de luxe, actuellement en cours de construction dans le quartier de l'Opéra, constituera pour nous une concurrence certaine.[85]

En fait, le dilemme est constant : poursuivre l'effort de modernisation tout en conservant l'image et le style du Grand Hôtel ce qui implique le maintien des installations à un très bon niveau sans pour autant aller vers le

---

85. AGO de la société du Grand Hôtel, 29 avril 1925.

mieux qui puisse se faire. Un des principaux écueils à éviter est de se séparer de la clientèle normale de l'entreprise, qui, loin d'être démunie, ne peut sans doute pas payer un séjour dans les établissements les plus raffinés. Le maintien jusqu'ici de la table d'hôte, contre vents et marées, ne s'explique pas autrement. S'améliorer constamment tout en conservant son âme pourrait être le credo défendu par les dirigeants du Grand Hôtel dans les années 1920.

Pour atteindre cet objectif, les dirigeants poursuivent la rénovation globale de l'établissement entamée pendant la Belle Époque et tentent parallèlement de colmater les brèches ouvertes par la Première Guerre mondiale. Ainsi, un grand renouvellement du mobilier et du matériel d'exploitation est rapidement entamé. Cette initiative est une nouvelle fois l'occasion de constater les effets de l'inflation après 1918. Pour contourner cette entrave, le Grand Hôtel trouve un moyen original pour remplacer son mobilier à petit prix : racheter le matériel d'exploitation de l'hôtel Édouard VII, après que la Société générale ait fermé ses portes. Cet investissement ne comporte que des avantages : les administrateurs de la société connaissaient nécessairement l'état de ce matériel d'exploitation et ont donc pu l'acheter à sa juste valeur. Ils se font acquéreur de cent mobiliers de chambre, qu'il juge « presque neuf et en parfait état »[86]. L'entreprise réalise de manière évidente une bonne affaire. Sur toute la décennie, la direction entreprend sans cesse diverses améliorations des chambres, autant dans leur ameublement que leur décoration, afin de les conserver dans un état digne de la notoriété du Grand Hôtel et pour veiller à ce qu'elles ne paraissent pas démodées, surtout vis-à-vis de la nouvelle concurrence que peuvent représenter, dans les années 1920, les créations du Claridge, du Bristol, du George V, du Raphaël, du Prince de Galles, ainsi qu'une pléiade d'hôtels moins connus. Même si par la suite le détail de ces réfections manque, il est certain que des dépenses sont toujours réalisées dans le but d'améliorer l'ameublement de l'hôtel.

De manière plus générale, c'est tout l'hôtel qui est l'objet de soins constants. Une réfection globale de l'immeuble voit les peintres et autres décorateurs s'activer dans toutes ses parties : salons de réception, couloirs, cours et courettes, cages d'escaliers trouvent une nouvelle jeunesse. De plus, on cherche à optimiser le fonctionnement général du Grand Hôtel et à pallier ses absences, dues essentiellement à son grand âge. Par exemple, lors de l'exercice 1922, toutes les canalisations d'égout au sous-sol, dont l'essentiel datait de l'application du procédé à l'édifice, sont refaites. Toujours dans les sous-sols, les administrateurs du Grand Hôtel, en accord avec la Compagnie parisienne de distribution d'électricité, font installer une cabine de transformation du courant biphasé à haute tension en courant à basse tension. Cet aménagement doit être source

86. AGO de la société du Grand Hôtel, 29 avril 1922.

d'économies importantes. L'amélioration constante des services de l'hôtel, autant en contact direct avec la clientèle que dans le fonctionnement général de l'entreprise, reste une préoccupation importante. Ainsi, le standard téléphonique, installé en 1912 et qui se trouvait constamment saturé, est remplacé au profit d'un standard multiple des plus perfectionnés, « comportant quatre postes d'opératrices pouvant fonctionner simultanément, et un poste de directrice destinée à surveiller le travail de ses subordonnées »[87]. Suivant la même logique, de nouvelles chambres frigorifiques, à production de froid sec, sont installées dans différents services, pour « conserver les marchandises périssables dans des conditions parfaites »[88]. Enfin, le grand et long chantier poursuivi par les dirigeants reste l'installation de nouvelles salles de bains. Chaque année voit son lot de nouveaux équipements. En 1924, les administrateurs doivent renoncer momentanément à leur projet du fait de l'affluence record dont bénéficie l'entreprise. De plus, les appartements non encore pourvus d'eau chaude et froide, notamment au cinquième étage, le sont progressivement. Ces diverses mises en place ont une conséquence importante sur le nombre de chambres dont le Grand Hôtel dispose : au milieu des années 1930, il ne possède plus que 567 chambres[89].

En 1928, les dirigeants du Grand Hôtel décident de réaménager le hall Scribe créé au milieu de la Belle Époque, dans le but de le rendre plus fonctionnel. Cette nouvelle transformation est l'occasion de rappeler l'importance qu'ont l'entretien et l'amélioration constante de l'entreprise :

> Afin de toujours maintenir le Grand-Hôtel au niveau des établissements similaires [...] Nous avons [...] achevé la transformation de notre hall d'arrivée sur la rue Scribe, et les travaux ainsi exécutés ont eu pour effet, tout en améliorant le rendement de nos services de réception, de donner à ce vestibule le caractère imposant et luxueux qui convient à une maison de l'importance de la nôtre.[90]

La volonté affichée dans les années 1920 ne diffère pas des choix réalisés lors des deux décennies précédentes. Il faut constamment améliorer le Grand Hôtel pour pouvoir s'imposer sur un marché de plus en plus concurrentiel tout en le maintenant au rang d'hôtel de tout premier ordre, non de luxe.

87. AGO de la société du Grand Hôtel, 29 avril 1922.

88. AGO de la société du Grand Hôtel, 30 avril 1924.

89. AN, F/60/932 : réponse des hôteliers parisiens au questionnaire établi par la commission d'enquête de 1937, fiche du Grand Hôtel.

90. AGO de la société du Grand Hôtel, 27 avril 1929.

Une législation de plus en plus imposante

Au début de ces mêmes années, les administrateurs du Grand Hôtel doivent se conformer à une nouvelle législation, destinée à affronter une dette flottante record, passée de 1,5 à 41,8 milliards entre 1913 et 1918[91]. L'impôt sur les bénéfices de guerre avait été une première étape pour faire face à ce gouffre. De plus, afin de supporter l'effort de guerre, une taxe sur le luxe de 10 % avait été créée en 1917. L'instauration de cet impôt, très élevé, ne provoque nullement l'émoi des administrateurs du Grand Hôtel. Il en est tout autrement en juillet 1920 lorsque la taxe est remplacée par une nouvelle, sur le chiffre d'affaires, qui ne modifie que peu sa contribution puisque l'entreprise est frappée à la même hauteur. Néanmoins, les modalités et le mode de calcul du nouvel impôt soulèvent les vives protestations des patrons du Grand Hôtel. Ils sont loin d'être les seuls à se plaindre ; voici par exemple le témoignage, presque contemporain, d'un docteur en droit tendant à prouver l'incohérence de l'imposition appliquée à l'hôtellerie :

> une fiscalité trop lourde nuit gravement au développement d'une industrie, quelle qu'elle soit, si même elle n'arrête complètement son essor et il ne serait pas admissible qu'on ruinât irrémédiablement l'une des grandes ressources de prospérité nationale [...] l'hôtellerie française a été le point de mire de toutes les visées à tendance démagogique. Elle a subi et subit toujours un régime fiscal qui lui est propre et que nous considérons comme une erreur économique.[92]

Les administrateurs du Grand Hôtel ne remettent pas en cause l'existence de l'impôt mais son mode d'application. Ils ne comprennent pas que leur hôtel soit inscrit en première catégorie et qu'il soit ainsi imposé à hauteur de 10 %. Ce classement leur apporte une maigre consolation puisque seuls les hôtels appartenant à cette catégorie peuvent se dire « de luxe ». Dès sa naissance, la classification des hôtels pose ainsi de sérieux problèmes. Elle est normalement établie par une commission composée de trois membres de l'Administration (directeurs de l'Enregistrement, des Contributions directes et des Contributions indirectes) et de deux représentants de la Chambre de commerce[93]. Leurs décisions peuvent être contestées auprès de la Commission supérieure de classement des hôtels. C'est ce que fait le Grand Hôtel. Ses principaux arguments reposent sur ses installations : le caractère de

---

91. Caron F., *Histoire économique de la France, XIXe-XXe siècle*, 2de édition, Paris, Armand Colin, 1995, p. 187.
92. Gautier M., *L'hôtellerie, étude théorique et pratique...*, *op. cit.*, p. 195-197.
93. Lacan A., *Guide de l'hôtelier et du voyageur*, Paris, Société anonyme du recueil Sirey, 1926, p. 320.

grand luxe ne peut être donné à l'ensemble de l'établissement, le cinquième étage ou encore le maintien de la table d'hôte en attestent. De plus, ils constatent, non sans amertume, que de nombreux hôtels beaucoup plus récents, « de dimensions infiniment plus restreintes – ce qui facilite la perfection du service », situés dans les quartiers les plus élégants de Paris, accueillant « la plus haute Société anglaise, nord et sud-américaine », sont classés en deuxième catégorie et ne sont donc taxés qu'à hauteur de 3 %[94]. Une troisième classe existe, pour les établissements les plus modestes, ne prévoyant qu'un impôt de 1,30 %. De manière plus générale, c'est toute la classification qui est remise en cause. Suivant Henry Wiener, elle aurait été élaborée avec peu de méthode, en hâte, et aurait suscité de nombreuses protestations.

Les réclamations du Grand Hôtel n'ont aucun effet. Loin de se laisser décourager, les administrateurs de l'entreprise maintiennent leurs plaintes et il n'est pas à douter qu'ils entretiennent une petite fronde contre l'Administration à l'aide du Syndicat des grands hôtels de Paris. Des groupes de pression se composent. Le débat arrive jusque sur les bancs de l'Assemblée nationale, même si cela n'aboutit à aucun résultat probant. Malgré tout, les dirigeants du Grand Hôtel se disent heureux d'avoir sensibilisé – ils ne sont à coup sûr pas les seuls – les pouvoirs publics aux intérêts de leur industrie. Surtout, ils tentent par la même occasion de démontrer que, en plus de leur propre compte, ils défendent le développement du tourisme en France et, par conséquent, du commerce en général. À moyen terme, les protestations hôtelières ne sont pas restées totalement vaines car une nouvelle nomenclature se met en place. Le Commissariat général au Tourisme, créé en juillet 1935, instaure un nouveau dispositif, entrant en vigueur en mars 1939, classant les hôtels homologués en quatre groupes[95] :

- 1re catégorie : hôtel de luxe, 4 étoiles,
- 2e catégorie : hôtel de grand tourisme, 3 étoiles,
- 3e catégorie : hôtel de tourisme moyen, 2 étoiles,
- 4e catégorie : hôtel de tourisme économique et familial, 1 étoile.

En plus de ce problème primitif de classement, le Grand Hôtel voit l'ensemble de ses contributions s'accroître de manière importante. Presque fatalistes, ses administrateurs font mine de comprendre la majoration qu'ils subissent et ne se montrent guère optimistes quant à l'avenir : « Nous n'avons pu que nous incliner en ce qui concerne ces charges fiscales dont l'importance est nécessitée par la situation budgétaire du pays. On annonce d'ailleurs que l'avenir nous réserve de nouvelles augmentations. »[96] Cependant, la nouvelle

94. AGO de la société du Grand Hôtel, 23 avril 1921.

95. Lesur J.-M., *Les hôtels de Paris…*, *op. cit.*, p. 196-197.

96. AGO de la société du Grand Hôtel, 23 avril 1921.

législation n'empêche en rien le Grand Hôtel de connaître une décennie de résultats extraordinaires, permettant au groupe Millon, par une politique de fort réinvestissement, de s'étendre de manière prodigieuse.

L'expansion

Le mandat d'André Millon à la tête du Grand Hôtel marque incontestablement une ère d'expansion du groupe. Déjà, son père avait su poser les fondations d'un bloc parisien bien ancré dans le secteur hôtelier et de la restauration. Du fait de la réussite des diverses composantes de l'empire, André Millon songe à asseoir un peu plus son emprise sur le monde des hôtels de Paris. Dans un premier temps, il prolonge les activités entamées par son père dans des sociétés annexes, comme le prouve sa participation au conseil d'administration de l'Union hôtelière parisienne. André Millon se rapproche également d'autres sociétés, comme la Société des hôtels de l'Étoile, qu'il préside en 1930[97]. Dans le même ordre d'idée, son accession à la présidence du Syndicat de l'alimentation parisienne ou encore le fait de devenir président d'honneur de l'Association professionnelle des hôteliers, restaurateurs et limonadiers renforce sa notoriété au sein de l'industrie hôtelière parisienne[98]. Il est plus que jamais une figure incontournable de la profession dès le milieu des années 1920, et ce pour les quatre décennies à venir.

Hormis ses engagements personnels, André Millon élargit ses investissements grâce aux sociétés qu'il dirige et qu'il possède en partie. La fondation du Prince de Galles est permise par l'assise financière dont il bénéficie grâce à ses « anciennes » entreprises. De dimension moyenne, puisque disposant de 150 chambres et de cinquante salons, la nouvelle étoile de la galaxie Millon est érigée sur l'avenue George V, artère ô combien stratégique débouchant sur les Champs-Élysées. L'hôtel George V ouvre d'ailleurs quelques mois plus tôt, à une dizaine de mètres. La société d'exploitation du Prince de Galles est constituée en mars 1927, date à laquelle les travaux de construction ont commencé; l'hôtel ouvre fin août 1929[99]. Son capital social est fixé à 8 MF. La société n'est pas propriétaire du bâtiment, mais locataire de la Caisse autonome des retraites des ouvriers mineurs. On retrouve au conseil d'administration du Prince de Galles des têtes bien connues du Grand Hôtel puisque siègent André Millon, Frédéric Schwenter, Léopold et Daniel Dreyfus – dont nous ignorons tout – et Raymond Wiener. La création de toutes pièces du Prince de Galles est une preuve, s'il en fallait une, de la confiance d'André Millon dans l'hôtellerie mais aussi de la réussite des sociétés dont il a la charge. Elle montre également un

97. AGO de la Société des hôtels de l'Étoile, 27 mai 1931.
98. *Bulletin officiel du Syndicat général pour l'industrie hôtelière de Paris*, janvier 1930.
99. AN, F/60/934: historique de la société du Prince de Galles.

trait de caractère important de l'héritier d'Arthur, à savoir l'esprit d'entreprise et la volonté de tirer profit de ce qui a été gagné.

La seconde grande affaire réalisée par André Millon au cœur des années 1920 est la prise de contrôle de la Rente foncière. Bien que les éléments le prouvant fassent défaut, il s'agit à n'en pas douter d'un coup de force, orchestré par la puissance financière du Grand Hôtel. Par un jeu de montage financier qui resterait à établir, André Millon et Raymond Wiener accèdent au conseil de la société immobilière lors de l'assemblée générale du 8 avril 1925. Alexandre Palliez a peut-être un rôle de poisson pilote dans l'opération puisqu'il est déjà administrateur de la société avant l'élection au conseil des deux administrateurs du Grand Hôtel. Les assemblées suivantes voient les nominations d'Albert Kieffer, d'Oscar Hauser puis de René Kieffer, au détriment des anciens dirigeants[100]. Les défections de ces derniers se font principalement pour des motifs de santé ou par convenances personnelles ; il est vraisemblable qu'ils furent gentiment poussés vers la sortie par l'équipe entrante. Il faut dire que les relations entre le Grand Hôtel et la Rente foncière s'étaient considérablement détériorées après l'épisode du règlement des loyers arriérés. Un procès est évité de justesse en 1922 à propos de loyers encaissés d'avance. Comme par enchantement, les litiges s'estompent après 1925. Un terrain d'entente est même trouvé quelques mois plus tard à l'effet d'augmenter le loyer du Grand Hôtel[101]. Par la suite, renouvellement de bail et augmentation de loyer se passent sans aucune difficulté. Ainsi, André Millon fait entrer dans son champ d'actions une nouvelle composante qui renforce son groupe tout en le diversifiant. Ces différentes initiatives sont permises grâce à deux éléments : l'alliance avec quelques nouveaux entrepreneurs, comme Palliez ou les Dreyfus, mais surtout les résultats du Meurice, du Café de la Paix et du Grand Hôtel. De surcroît, en plus des profits dégagés par les sociétés industrielles du groupe Millon, il est permis d'avancer que les prises de contrôle ou les créations de nouvelles sociétés sont rendues possibles par la vente d'anciennes. Ainsi, la mainmise sur la Rente foncière intervient quelques mois après le désintéressement de Wiener, Millon, Emery et Hauser de la Société de la rue Édouard VII. Nul doute que les fonds dégagés par cette opération ne restèrent que peu de temps improductifs. Ainsi, pour mieux évaluer la politique d'investissement d'André Millon, il nous appartient désormais d'étudier les performances du Grand Hôtel et d'analyser l'emploi des ressources qu'il génère.

---

100. BnF, 8-WZ-4287 : AGO de la Rente foncière, 8 avril 1925, 29 avril 1927 et 29 avril 1932.

101. AGO de la société du Grand Hôtel, 28 avril 1928.

Essai d'analyse économique

L'euphorie

De l'aveu des dirigeants du Grand Hôtel, les années 1920 sont en tout point remarquables. Chaque exercice amène son lot de bonnes nouvelles et ce ne sont pas les quelques fluctuations passagères qui assombrissent l'avenir de la société. À seul titre d'exemple, voici ce qu'annonce le président du Grand Hôtel lors de l'ouverture de l'assemblée de l'exercice 1924 : « Les produits de cet exercice [...] sont, en eux-mêmes, un indice certain de la prospérité de votre entreprise. »[102] Quelques fléchissements temporaires de l'activité ne s'en font pas moins ressentir, mais ils restent très restreints. Par exemple, la crise financière de la fin de 1921 et du début de 1922 frappe la clientèle de prédilection du Grand Hôtel, c'est-à-dire les hommes d'affaires, notamment étrangers. Bien que le nombre de clients reste stable, les durées de séjour s'amaigrissent. Le chiffre d'affaires de la société baisse à nouveau à la fin de l'exercice 1924, pour des raisons similaires. Tout ceci reste sans lendemain sur l'exploitation globale. Malgré quelques soubresauts, bien plus marqués à partir de 1927, le Grand Hôtel connaît un épisode de rare prospérité. La dépréciation du franc, lors de la première moitié des années 1920, favorise de manière évidente l'arrivée de flots touristiques ; l'amélioration des niveaux de vie et la hausse des salaires sont également des vecteurs de croissance des bénéfices de l'entreprise. Ces excellentes dispositions se transcrivent sur ses résultats.

De 1920 à 1926, tous les voyants sont au vert. Le nombre de voyageurs connaît une croissance quasi-continue, atteignant un pic en 1924. Le nombre de nuitées vendues suit *grosso modo* linéairement, ce qui permet au Grand Hôtel de voir ses clients rester, en moyenne, pour des séjours de durée stable. Surtout, après 1923, les recettes décollent. Par exemple, entre 1923 et 1925, les produits totaux de la société s'accroissent de 81 % alors que, dans le même temps, le nombre de nuits s'est abaissé de 5 %. En plus de l'inflation, qui ne multiplie tout de même pas par deux le coût de la vie en deux années, seules une hausse importante des tarifs de l'établissement et une consommation accrue des services de l'hôtel peuvent expliquer cet essor exponentiel des recettes qui atteignent un record de plus de 29 MF en 1926. Plus que les produits, ce sont ses bénéfices qui traduisent son état de santé. Entre 1923 et 1926, ils ont purement et simplement été multipliés par trois. Le Grand Hôtel dégage ainsi des profits mirobolants, preuve d'une rentabilité générale exceptionnelle. Sur toute la décennie, les bénéfices nets comptent pour 21,16 % du total du bilan, 51,7 % du compte de profits et pertes. La lente chute

102. AGO de la société du Grand Hôtel, 29 avril 1925.

Année	Voyageurs	Nuits	Ratio nuits/ voyageurs	Bénéfice brut (en F)[103]	Bénéfice net (en F)
1920	45 111	278 825	6,18	10 959 165,52	3 803 344,75
1921	45 987	245 682	5,34	10 442 947,53	4 508 574,46
1922	49 452	238 414	4,82	10 407 482,63	4 613 576,14
1923	52 062	266 322	5,11	12 981 941,28	6 883 375,44
1924	54 588	277 535	5,08	19 318 957,55	12 561 577,84
1925	51 904	252 842	4,87	23 481 140,81	14 014 879,15
1926	46 093	229 847	4,99	29 418 331,09	19 022 452,02
1927	38 046	187 555	4,93	20 403 517,97	8 672 646,97
1928	37 300	184 717	4,95	19 321 892,54	7 563 689,14
1929	33 958	172 095	5,07	17 680 001,30	7 012 554,95

Tab. 20. Résultats du Grand Hôtel, 1920-1929.

qui s'observe après 1927 et qui s'accélère en 1929 n'est, selon nous, pas due aux décisions ou à la politique d'utilisation des bénéfices de la société. Elle est bien liée à des événements sur lesquels les dirigeants de l'entreprise n'ont aucune prise. À l'inverse, ils ont su la faire repartir sitôt la guerre achevée, en investissant de manière importante, en donnant un nouveau souffle à un grand nombre d'équipements de la maison. Cette stratégie précoce récolte rapidement ses fruits, du fait qu'elle assure un retour des clients et que les investissements les plus lourds sont d'ors et déjà consentis. Après coup, il suffit de veiller en permanence à ce que l'hôtel conserve son standing, tout en engrangeant d'importants bénéfices.

Maintenir le Grand Hôtel au niveau de ses concurrents et parvenir à l'améliorer n'empêchent pas de rétribuer plus que convenablement ses actionnaires. À partir de 1920 et ce jusqu'en 1930, se met en place une politique de très haute rétribution du capital, voire de dividendes pharamineux. Henry Wiener le justifie pleinement :

103. Cet outil correspond à l'addition, aux résultats d'exploitation, de divers autres produits comme celui du Café de la Paix, des autres locations ou encore de la plus-value du portefeuille, tels qu'ils sont présentés au compte de profits et pertes. Sur la décennie, le différentiel entre le total des profits et les produits d'exploitation s'élève en moyenne à 2,3 MF par exercice, mais les écarts sont très importants suivant les années. En 1921, il n'est que de 900 000 F contre 4,2 MF en 1928.

> nous croyons équitable, lorsqu'un exercice nous a donné, par suite de circonstances spéciales, un bénéfice très élevé d'en faire profiter nos actionnaires dans une large mesure en leur répartissant, à titre exceptionnel, le dividende le plus rémunérateur qui nous paraît compatible avec les principes d'une gestion sage.[104]

Le premier dividende très rémunérateur versé en 1920 n'a rien d'exceptionnel et annonce une décennie durant laquelle les propriétaires des actions du Grand Hôtel sont forcément heureux de leur investissement.

De 1920 à 1930, le Grand Hôtel alloue en moyenne un dividende de 65 %. En valeur absolue, le poids de ces dividendes est encore plus manifeste : en 1923, le Grand Hôtel ponctionne 5 MF sur ses bénéfices, dont le montant total est de 6,8 MF, au titre de la rétribution des actions. De 1920 à 1929, le Grand Hôtel distribue 51,6 MF à ses actionnaires, sur un total de 88,66 MF de bénéfices, soit 58,2 %. Il fait donc bon être actionnaire du Grand Hôtel durant les Années folles. D'ailleurs, on peut se demander à qui profite le crime. Aux actionnaires bien évidemment, qui, comme nous l'avons déjà indiqué, sont dans une large mesure les administrateurs de la société. Si l'on s'en tient à la liste des actionnaires de 1919 et à la condition qu'il maintienne au même niveau sa participation, André Millon perçoit environ un quart de cette somme, soit 13 MF. De plus, bien qu'une part d'ombre plane sur la détention de la moitié du capital, il ne fait guère de doute qu'une partie importante est détenue par d'autres sociétés de l'empire Millon, ce qui fait que l'argent reste finalement dans le groupe. Surtout, cette rétribution record permet à André Millon d'étendre ses activités. Ainsi, ces dividendes sont vraisemblablement employés dans l'optique de

Graph. 21. Dividendes, 1919-1930 (en %).

104. AGO de la société du Grand Hôtel, 23 avril 1921.

prendre le contrôle de la Rente foncière puis pour créer le Prince de Galles. Cette hypothèse pourrait se confirmer dans la mesure où le Meurice et le Café de la Paix présenteraient des résultats aussi élogieux. Derrière la volonté de fortement récompenser les actionnaires, se trame celle de se servir de la réussite du Grand Hôtel pour mieux réinvestir les profits générés.

En outre, malgré des dividendes atteignant des sommets, le Grand Hôtel dispose encore de 37 MF à répartir. En l'occurrence, ils sont employés de manière très traditionnelle, en suivant scrupuleusement les statuts de la société. Amortissement des comptes de travaux et d'achat de mobilier, augmentation et reconstitution des réserves ordinaires et extraordinaires, provision pour impôts, création d'un fonds de réserve, d'une réserve de fluctuation du portefeuille, etc. sont réalisés. Enfin, cette embellie économique profite aussi à ses acteurs, comme le prévoient du reste les statuts de l'entreprise. De 1920 à 1929, le personnel du Grand Hôtel perçoit en moyenne, annuellement, 750 000 F au titre de l'intéressement, ce qui donne une ventilation, en prenant pour base un effectif de 350 membres et à la condition d'une répartition égalitaire, de 2 143 F par salarié par an. La société du Grand Hôtel semble donc en pleine euphorie ; il convient désormais de le vérifier à travers l'étude de ses bilans.

Une croissance sans limites ?

La structure des bilans arrêtés au 31 décembre de chaque exercice varie de manière importante tout au long de la décennie. Cela correspond parfaitement aux aspirations des dirigeants de l'entreprise. La ventilation du passif marque bien une ère de grande prospérité[105]. Cela se répercute par un taux de fonds propres équivalant à 81,51 % du total du bilan de 1927. Ce total connaît lui aussi une croissance majeure entre 1920 et 1929, +447 %. L'accroissement des réserves et les trois augmentations de capital, qui ont successivement lieu en 1924, 1925 et 1927, sanctionnent la santé économique de l'entreprise. À l'exception des créditeurs divers, dont le poids reste stable, traduisant une continuité dans son mode de fonctionnement, obligations, loyers impayés et payés d'avance décroissent de manière vertigineuse. D'ailleurs, l'importance de ce dernier poste entre 1920 et 1922 correspond aux dettes contractées envers la Rente foncière. La structure du passif met donc en lumière deux périodes distinctes : de 1920 à 1927, où les fonds propres bondissent, puis de 1928 à 1929, où un certain équilibre s'instaure entre dette et fonds propres. Néanmoins, ce revirement n'a rien d'alarmant et traduit simplement la volonté d'expansion de la direction du Grand Hôtel.

105. Nous devons une explication par rapport à la manière dont a été bâti le tableau 22 : dans un souci de clarté, nous avons choisi de reprendre le passif de la société en y excluant les résultats d'exploitation.

	1920	1921	1922	1923	1924	1925	1926	1927	1928	1929
Capital (en MF)	34,7 (4)	35,25 (4)	36,54 (4)	33,02 (4)	41,64 (8)	35,63 (10)	30,73 (10)	27,34 (12)	15,88 (12)	15,95 (12)
Réserves	8	9,99	13,43	14,42	32,25	35,54	42,65	54,17	32,62	32,22
Fonds propres	42,71	45,23	49,97	47,44	73,89	71,17	73,38	81,51	48,5	49,18
Obligations	17,09	16,96	17,15	14,88	8,68	5,48	4,43	2,92	34,65	34,13
Créditeurs divers	16,82	19,72	18,66	28,28	13,57	21,16	20,34	14,18	13,7	14,32
Loyers impayés et encaissés d'avance	23,38	18,09	14,22	9,5	3,86	2,19	1,85	1,39	3,15	3,15
Passif circulant	40,2	37,81	14,22	37,78	17,43	23,35	22,19	15,57	16,85	16,69

Tab. 22. Structure du passif, 1920-1929 (en %).

L'assemblée générale extraordinaire d'avril 1924 autorise la société à doubler son capital par création de nouvelles actions[106]. Les statuts de la société ne s'en trouvent guère modifiés. Toutefois, une distinction d'importance est apportée concernant la structure du capital : il est composé des 40 000 actions originelles, d'un montant de 100 F entièrement libérées, additionnées aux 40 000 actions nouvelles de 100 F, chacune libérées d'un quart à la souscription, ce qui tend à prouver que la société n'est pas à la recherche de liquidités. Cette première étape n'est en fait qu'un prélude au triplement du capital, qui aboutit à 12 MF en 1927. Une règle de proportionnalité et d'équilibre des pouvoirs régit l'ensemble. Les archives ne permettent pas de connaître l'identité des nouveaux actionnaires mais il ne fait guère de doute que l'ancien actionnariat en prend une part non négligeable, même si la restriction apportée par l'article 29 rend inféconde la possession de plus de 20 000 actions, si ce n'est pour percevoir des dividendes. Il paraît peu probable que ce cas extrême, correspondant à la détention d'un quart du capital de la société, se matérialise. Si le clan Millon intensifie sa participation dans le Grand Hôtel, nul doute qu'il l'éclate entre plusieurs membres pour mieux asseoir son pouvoir. De plus, nous pensons qu'une fraction importante des

106. AGO de la société du Grand Hôtel, 29 avril 1925.

nouvelles actions est souscrite par les sociétés sœurs du Grand Hôtel. Par exemple, la Rente foncière affirme qu'elle prend une large part des nouvelles actions du Grand Hôtel lors de la première augmentation de son capital[107]. Ainsi, il semble très probable que les augmentations successives du capital du Grand Hôtel engendrent un renforcement des participations des sociétés Millon entre elles. L'empire se consolide.

Outre le capital, les réserves de la société voient une augmentation considérable, tant par rapport à l'ensemble du bilan qu'en valeurs absolues. Parties de 8 % du total du bilan en 1920, elles en constituent plus de la moitié sept années plus tard. L'indépendance financière de la société est, sur la décennie, plus que manifeste : parti de 3,11, son ratio décline peu à peu pour atteindre 1,5 en 1927, son taux le plus bas, pour remonter à 2,26 en 1929, du fait de la hausse du poids de la dette. Justement, de 1920 à 1927, le poids de la dette s'estompe peu à peu. Par la suite, un réel renversement se produit. En fait, le rééquilibrage du passif n'est dû qu'à une décision du conseil d'administration. En 1927, un emprunt obligataire est décidé ; pourtant, la nécessité ne s'en fait pas ressentir. Quoi qu'il en soit, 25 MF sont empruntés, moyennant un taux de 6,5 %. S'endetter pour une telle somme alors que la société n'en éprouve pas le besoin paraît surprenant. En fait, pour trouver une explication, il faut se tourner vers l'actif du bilan. Ainsi, l'emprunt obligataire voit sa contrepartie dans le portefeuille de la société puisqu'il est lancé pour consolider la participation du Grand Hôtel dans la Rente foncière. Le Grand Hôtel est à nouveau sollicité car sa santé économique fait qu'il ne fait guère de doute qu'il puisse rembourser ces obligations sans difficulté. Une nouvelle fois, le Grand Hôtel prouve son rôle de pierre angulaire financière de l'empire Millon.

La structure de l'actif durant les années 1920 signale la croissance prodigieuse des capitaux circulants. En incluant valeurs disponibles – approvisionnement, portefeuille, cave et caisse et banque – et valeurs à recouvrer – débiteurs divers et loyers à recevoir –, on passe de 84 % du bilan en 1920 à près de 97 % en 1927. Une nouvelle fois, un rééquilibrage s'opère après cette date pour deux raisons : les frais d'émission de l'emprunt obligataire de 1927 et une reprise des travaux. De surcroît, le matériel d'exploitation du Grand Hôtel, même en y incluant le chapitre travaux neufs et achat de mobilier, ne représente que 5 % du bilan. D'ailleurs, le poids des éléments servant au fonctionnement du Grand Hôtel ne cesse de fléchir tout au long de la décennie : l'impact de « caisse et banques » est passé d'environ 20 à 1 % entre 1920 et 1929, celui des stocks de 4,64 à 0,75 %, celui des caves de 11,14 à 2,88 %. Par ailleurs, du fait de l'emprunt obligataire, la comptabilité s'affaiblit puisque le poids de la dette ne peut plus être supporté par les créances dues à l'entreprise : en 1929, le montant

107. AGO de la société de la Rente foncière, 30 avril 1926.

des valeurs à recouvrer s'élève à 2,5 MF contre 39 MF dus à des tiers. Pourtant, la santé du Grand Hôtel ne semble guère en danger. Cette situation est due à l'ampleur prise par le portefeuille. Parti de 16,78 % de l'actif en 1920, il représente 80,94 % en 1929. En valeurs brutes, les chiffres sont tout aussi éloquents : 2,6 MF en 1920, 68 MF neuf exercices plus tard. Un investissement explique cette évolution : l'achat de 80 000 actions de la Rente foncière. Il représente 98 % du total du portefeuille en 1928, en adoptant la méthode de calcul utilisée dans les années 1930, c'est-à-dire en estimant les actions à leur valeur d'achat. Ainsi, le portefeuille s'accroît de près de 25 MF entre 1927 et 1928 ; l'emprunt obligataire est donc décidé pour prendre complètement l'avantage au sein de la compagnie immobilière, sans doute à l'occasion d'une augmentation de son capital. Nul doute que les hausses successives enregistrées au cours de la décennie correspondent à une sorte de « grignotage » du capital de la Rente foncière. Le locataire maîtrise désormais son propriétaire, ce qui, selon les dirigeants du Grand Hôtel, est un gage de sécurité. Ainsi, la structure de l'actif dénote une stratégie aventureuse. Surfant sur la vague du succès, les administrateurs du Grand Hôtel investissent de manière très importante dans une seule société. Après coup, le conseil d'administration justifie cette pratique en la qualifiant de participation, et non de simple placement soumis aux cours de la Bourse[108]. C'est du moins une manière d'entériner la façon dont est inscrit au bilan ce poste restant stable durant toutes les années 1930. Cette résolution permet

Année	Valeurs immobilisées	Valeurs disponibles	Valeurs à recouvrer	Participation
1920	16,05	52,23	31,73	
1921	16,97	59,18	23,85	
1922	15,96	60,9	19,09	4,05
1923	12,47	73,72	13,81	
1924	7,07	78,93	14	
1925	4,89	79,47	15,55	
1926	3,85	79,18	16,97	
1927	3,37	88,42	8,21	
1928	10,53	85,15	4,32	
1929	11,22	85,74	3,04	

Tab. 23. Structure de l'actif, 1920-1929 (en %).

108. AGO de la société du Grand Hôtel, 30 avril 1932.

surtout de mettre à l'abri la société des fluctuations boursières : par exemple, au 31 décembre 1931, le cours d'une action de la Rente foncière n'est plus que de 512 F alors que la société les avait achetées au prix de 838,36 F.

Il est certain qu'en cas de conjoncture optimale, comme c'est le cas de 1920 à 1927, cette tactique est globalement payante. Néanmoins, elle peut s'avérer très fragile, surtout en cas d'effondrement boursier. D'ailleurs, une des grandes limites de cette stratégie demeure le fait que le portefeuille n'a qu'une valeur fictive et reste difficilement réalisable en l'état où il est présenté. Même s'il reste certain que l'historien détient l'avantage de savoir ce qui se passe par la suite, la détention d'un portefeuille si important n'est pas sans risque, ce que les dirigeants du Grand Hôtel vont découvrir. Toutefois, selon eux, une participation aussi massive dans une seule société émancipe l'entreprise des vicissitudes économiques : contrôlant totalement la Rente foncière, le vendeur serait en droit de demander le prix de son choix en cas de cession, qui serait indépendant des cours de la Bourse. Le schéma exposé est peut-être vérifiable, mais les limites de cet argumentaire sont tangibles au moment où la crise économique a déjà éclaté.

La tourmente des années trente

De l'euphorie à l'inquiétude

À partir de 1927, deux éléments infléchissent le chiffre d'affaires des sociétés hôtelières. D'une part, le développement sans précédent, si ce n'est durant la Belle Époque, des hôtels de tout rang à Paris dans la seconde moitié des années 1920 tiraille nécessairement, au moins dans un premier temps, une clientèle voulant découvrir la nouveauté. Les administrateurs du Grand Hôtel, qui sont pourtant acteurs de ce développement, constatent que « l'offre [est] actuellement très supérieure à la demande »[109]. D'autre part, la stabilisation du franc, entrave, selon les administrateurs du Grand Hôtel, l'essor de ce même tourisme. Toutefois, il faut relativiser les effets du « poincarisme ». En effet, le franc, même redressé, reste sous-évalué, notamment pour favoriser la balance commerciale de la France, et, par extension, la production nationale. Le change reste avantageux pour le tourisme, même s'il l'est un peu moins que durant les années précédentes. Par contre, l'effondrement enregistré à partir de la fin 1929 n'est sans aucune mesure comparable à la décroissance initiée en 1927.

La plupart des industries françaises ne commencent à percevoir les effets de la crise, débutée aux États-Unis en octobre 1929, qu'à partir du second

109. AGO de la société du Grand Hôtel, 28 avril 1928.

semestre 1931. Le « retard » de l'économie française y est pour beaucoup[110]. Par contre, l'industrie hôtelière est tout de suite sensible aux conséquences élargies du Jeudi noir. La grande hôtellerie parisienne, dont la clientèle est majoritairement étrangère, ne peut que souffrir de ce type d'événement. Si l'on s'en tient aux chiffres fournis par l'Observatoire national du tourisme, l'anémie rencontrée par les flux touristiques est immédiate, en plus d'être très critique[111]. Sans entrer dans le détail, la France compte moitié moins de touristes étrangers sur son territoire en 1932 par rapport à 1929. Entre ces deux dates, certains pôles géographiques se sont irrésistiblement fermés. Les voyageurs américains sont trois fois moins nombreux en 1933 qu'en 1929, le nombre d'Espagnols a fléchi de 73 %, les Américains du Sud ont littéralement disparu du territoire français. À l'inverse, les flux européens résistent globalement à cette récession : le nombre d'Anglais ne chute que de 33 %, le nombre de touristes belges s'est accru. Eu égard à ces seules données, les hôteliers ne peuvent que traverser avec une certaine appréhension la première moitié des années 1930.

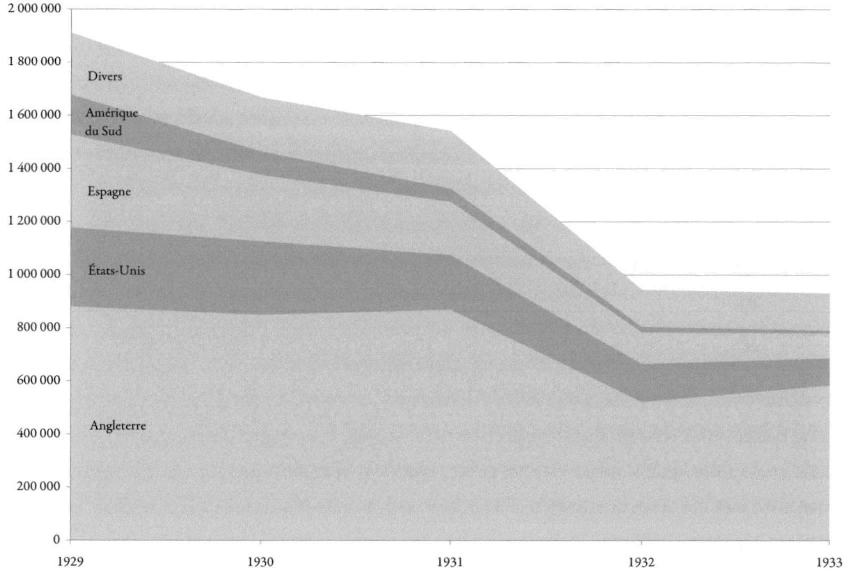

Graph. 24. Entrées touristiques en France, 1929-1933.

---

110. Rémond R., *Le XXe siècle*, Paris, Le Livre de poche Références, 2005, p. 124.

111. AN, F/60/330 : rapport présenté par le Conseil national économique sous le titre « Le tourisme, le thermalisme et le climatisme », avril 1935, p. 26.

Le Grand Hôtel est forcément sensible à cette décroissance. Ses produits totaux s'affaissent de 8,5 % entre 1928 et 1929. Selon André Millon, les causes sont à la fois simples et claires :

> Le solde bénéficiaire de cet exercice se présente en diminution sur le précédent sans qu'il faille, à notre avis, chercher la cause de ce fléchissement ailleurs que dans les circonstances dont nous vous avons entretenus à plusieurs reprises au cours de ces dernières années, circonstances aggravées, vers la fin de 1929, par la crise financière mondiale dont notre industrie s'est forcément ressentie.[112]

Comme souvent, du fait d'une faible emprise sur la demande, le premier réflexe consiste à baisser les frais généraux de la société. En l'occurrence, le Grand Hôtel se déleste de locaux du bâtiment qu'il utilise mais dont « le rendement ne correspond en rien à leur valeur locative réelle »[113]. Par la suite, réduire les frais généraux demeure une constante et le personnel de l'établissement en fait largement les frais. Il est composé de 340 membres en 1932, il n'est plus que de 296 en 1936[114]. Adapter le personnel aux variations de la demande est une démarche logique d'entrepreneurs, quelles qu'en soient les conséquences sociales. Malgré ces mesures, le Grand Hôtel ne réussit pas à enrayer la chute de ses bénéfices, même si, sans être comparables aux chiffres de la décennie précédente, ses résultats ne sont pas si catastrophiques que cela. Des pertes sont enregistrées pendant cinq années consécutives mais restent jugulées. Au total, le Grand Hôtel ne perd « que » 1,7 MF. Malgré la marée agitée, les capitaines du vaisseau ont réussi à maintenir la barre, ce que d'autres ne parviennent pas à faire.

De 1930 à 1937, le Grand Hôtel voit un réel tassement de sa fréquentation et de ses résultats. 1934 est de ce point de vue l'année la plus critique. En comparaison d'une moyenne calculée sur les années 1920, le nombre de clients a chuté de 38,5 %, le nombre de nuits de 47,6 %, les recettes d'exploitation de 69 %. Placé sous cet angle, le bilan n'est guère reluisant, mais doit être atténué. D'une part, nous n'aurons jamais assez insisté sur l'euphorie des années 1920. D'autre part, les décisions du conseil d'administration semblent avoir été efficaces car, au vu de ces données brutes en nette déliquescence, les pertes de l'entreprise ne sont pas si abyssales qu'elles auraient pu l'être.

---

112. AGO de la société du Grand Hôtel, 30 avril 1930.

113. *Ibid.*

114. AN, F/60/932 : réponse des hôteliers parisiens au questionnaire établi par la commission d'enquête de 1937, fiche du Grand Hôtel.

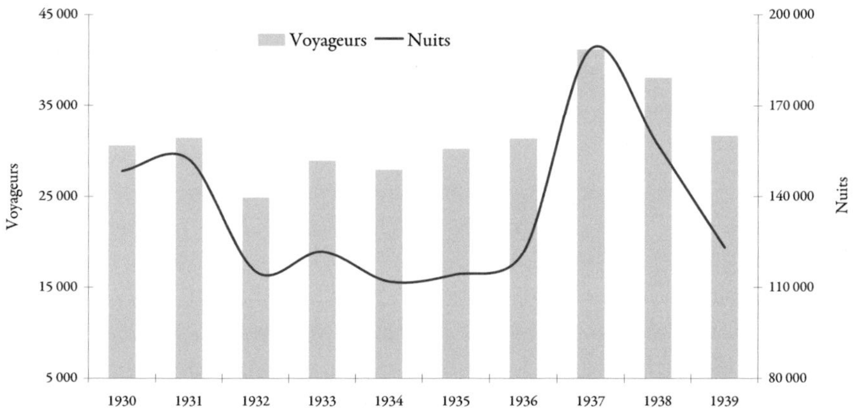

Graph. 25. Fréquentation, 1930-1939.

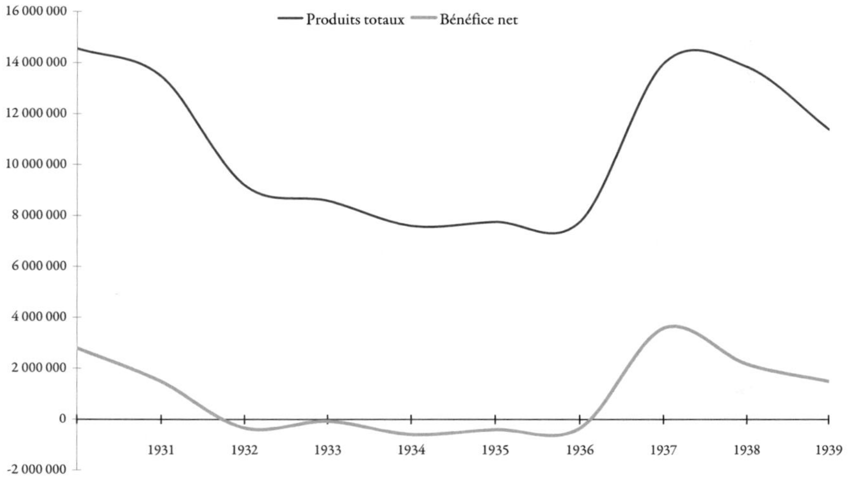

Graph. 26. Résultats d'exploitation, 1930-1939.

En pleine crise, quelques signaux vont même conforter les dirigeants de la société dans la voie qu'ils lui font prendre. Certains ne leur sont pas propres, comme par exemple l'Exposition coloniale de 1931. Les dirigeants du Grand Hôtel n'attribuent d'ailleurs pas le regain de fréquentation à l'événement, mais plutôt au fait d'avoir baissé les prix des prestations de l'hôtel. Du reste, les réductions tarifaires semblent directement expliquer le maintien au-dessus de la ligne de flottaison du nombre de voyageurs, qui redevient croissant après 1932. André Millon s'en félicite ouvertement, bien que ceci n'empêche pas l'entreprise d'essuyer ses premières pertes :

> nous sommes heureux de constater que le Grand Hôtel a conservé son ancienne réputation, car le nombre de clients a augmenté. Mais, pour lutter contre la concurrence particulièrement active dans notre industrie, nous avons dû consentir de gros sacrifices sur nos tarifs.[115]

Le pari de casse des prix s'inscrit à moyen terme, afin de retrouver cette clientèle lorsque la conjoncture se sera améliorée. Cette dernière tarde à s'inverser et les mesures protectionnistes pratiquées par divers gouvernements – restrictions des déplacements et limitation des sommes sortant du territoire – constituent un nouvel obstacle. Pour traverser l'orage, les dirigeants du Grand Hôtel trouvent un levier qui consiste à alourdir la dette à long terme et renflouer la trésorerie de l'entreprise, qui commence à émettre des signaux alarmants dès 1930. Du fait de la déficience des recettes, la situation est critique, d'autant plus que certaines valeurs dont dispose la société ne sont guère réalisables. En ce qui concerne le portefeuille, la conjoncture interdit une quelconque réalisation sous peine de fortes pertes. Ainsi, pour pallier le manque de recettes, le Grand Hôtel décide, en 1931, de convertir son emprunt obligataire de 25 MF de 1927 en nouvel emprunt dont le montant est porté à 45 MF[116]. Le taux d'intérêt passe de 6,5 % à 5 %. Le surplus dégagé par l'opération est utilisé pour effectuer certains travaux, que les recettes interdisent, et pour consolider la trésorerie de l'entreprise. L'endettement de la société voit un accroissement conséquent bien qu'il reste maîtrisé : le passif circulant passe de 47,57 à 53,26 %. Sur toute la décennie, fonds propres et dettes s'équilibrent constamment. Toutefois, trouver de l'argent frais ne résout pas les problèmes de la société, d'autant qu'il faut entamer le remboursement de ces mêmes obligations. Ainsi, les administrateurs du Grand Hôtel demandent, toujours dans le but de ménager sa trésorerie, aux nouveaux obligataires l'autorisation d'effectuer une pause, de cinq années au maximum, dans le remboursement de l'emprunt[117]. L'assemblée générale des obligataires donne son aval, ce qui constitue une nouvelle preuve de la liberté des administrateurs dans la gestion du Grand Hôtel.

Les exercices 1934 et 1935 sont incontestablement les plus difficiles à traverser. Bien que les chiffres de fréquentation s'élèvent pour 1936, cela ne permet toujours pas à la société de redevenir profitable. Les derniers effets de la crise en sont toujours responsables, mais un nouvel élément vient perturber la reprise. Les grèves générales de mai et juin 1936 effraient un bon

115. AGO de la société du Grand Hôtel, 27 avril 1934.
116. AGO de la société du Grand Hôtel, 30 avril 1932.
117. AGO de la société du Grand Hôtel, 25 avril 1936.

nombre de touristes, comme l'annonce André Millon à l'assemblée générale des actionnaires du Meurice :

> Le mouvement des voyageurs qui, au début de la saison, était en augmentation sur celui de l'année précédente à pareille époque, a subi une très sensible régression par suite des différents mouvements de grève qui se sont manifestés avec acuité, en Juin, puis en Octobre [...] le malaise qui a résulté des désordres qui se sont perpétrés tout l'été a bénéficié au tourisme étranger, au détriment de l'industrie nationale.[118]

Le Grand Hôtel aurait vu 200 clients partir du fait des perturbations et aurait enregistré 150 annulations de réservation[119]. Par ailleurs, les réformes sociales instaurées par le gouvernement Blum augmentent les frais généraux des entreprises. Difficile dans ces conditions de solder l'exercice par un résultat positif. Par contre, 1937 incarne le retour des beaux jours, en dépit de mouvements de grèves concernant l'application de la nouvelle législation. L'Exposition universelle, malgré les retards pris dans la réalisation de nombreux pavillons, est plus que bénéfique pour le Grand Hôtel. D'une année à l'autre, le nombre de nuits s'accroît de 55 %, le nombre de clients de 31 %. Signe encourageant pour la société, les résultats d'exploitation connaissent une plus large expansion, 134 %. Les effets bénéfiques de l'Exposition universelle constituent une réelle accalmie face aux temps ombrageux des années 1930. Toutefois, cette reprise reste isolée puisque les résultats des deux exercices suivants sont en très net déclin par rapport aux meilleures fréquentations que le Grand Hôtel a pu enregistrer dans les années 1920. Même s'ils sont toujours marqués du sceau du bénéfice, les exercices 1938 et 1939 sont globalement très décevants et ne peuvent qu'inspirer prudence. Au total, la situation de l'hôtellerie parisienne ne s'est éclaircie que pour très peu de temps. Du reste, les tensions internationales commencent à se faire ressentir sur l'activité de tous les grands hôtels de Paris. Fin 1939, le Grand Hôtel voit une partie de son matériel d'exploitation réquisitionné, notamment sa literie[120]. L'avenir vient à nouveau de s'assombrir.

118. AGO de la société du Meurice, 24 avril 1937.

119. AN, F/60/330 : Syndicat général de l'industrie hôtelière de Paris : nombre de touristes ayant du fait de la grève quitté les hôtels de Paris ou ayant annulé leur réservation depuis le 9 juillet 1937.

120. AGO de la société du Grand Hôtel, 26 octobre 1940.

Études comparatives

Une commission d'enquête, directement attachée à la présidence du Conseil, est établie par arrêté du 29 juillet 1937. Ses conclusions doivent servir à imposer au mieux la nouvelle législation sociale dans le monde de la restauration et de l'hôtellerie. Pour l'historien, ces archives sont une mine d'or. Elles permettent, entre autres, de saisir comment les grands hôtels de la capitale ont traversé la crise des années 1930. Ainsi, selon la commission d'enquête, ces entreprises passent plus difficilement la crise que leurs petits confrères du fait de charges d'exploitation considérables, qui restent malaisées à contracter[121]. Loyers, charges d'emprunt, entretien du matériel, achats de denrées et une main-d'œuvre généreuse en nombre ne peuvent être reniés rigidement, sans quoi l'hôtel risque de perdre sa clientèle et, à moyen terme, de fermer ses portes. Pourtant, rogner sur les frais généraux reste un réflexe logique en temps de crise. Et comme le fait le Grand Hôtel, des coupes dans le personnel sont massivement organisées dans tous les hôtels de Paris.

	Ritz	**Meurice**	**Crillon**	**Lutetia**	**Prince de Galles**	**Grand Hôtel**	**Royal-Monceau**
1932	429	185	207	335	123	340	160
1933	404	157	174	302	118	304	115
1934	374	156	228	290	123	298	115
1935	372	154	225	267	125	299	115
1936	382	164	nc	274	131	296	135

Tab. 27. Effectifs de quelques grands hôtels de Paris, 1932-1936.

Sans ambiguïté, la variable personnel est ajustée pour répondre aux besoins de l'activité. L'état global des effectifs hôteliers de Paris démontre bien la période maussade que traverse l'industrie. Les chiffres sont encore plus éloquents si l'on s'en tient aux informations données par le Ritz qui aurait employé 600 personnes en 1927, au plus fort de la croissance économique du secteur[122].

121. AN, F/60/929 : commission d'enquête sur la situation de l'hôtellerie, séance du 27 septembre 1937.

122. AN, F/60/932 : réponse au questionnaire établi par la commission d'enquête de 1937, fiche du Ritz.

Le Grand Hôtel n'est donc pas le seul grand hôtel parisien à connaître de grosses difficultés au cœur des années 1930. Tous les hôtels se trouvent irrémédiablement touchés. Cela se traduit par leurs résultats d'exploitation.

Année	Recettes	Frais d'exploitation	Année	Recettes	Frais d'exploitation
Ritz			Royal-Monceau		
1932	18 200 735	17 679 315	1932	6 535 651	8 490 652
1934	11 907 849	13 508 009	1934	4 806 117	7 048 505
1936	13 144 588	15 650 772	1936	4 779 689	7 258 529
Raphaël			Lutetia		
1932	4 006 200	3 997 800	1932	13 804 436	13 227 290
1934	2 916 400	3 254 100	1934	11 005 372	10 870 790
1936	3 191 500	3 340 800	1936	10 268 921	11 244 990
Meurice			Crillon		
1932	7 712 958	8 044 142	1932	5 765 848	7 810 454
1934	5 390 215	6 759 322	1934	7 078 781	9 202 704
1936	5 366 922	6 410 630	1936	nc	nc

Tab. 28. Résultats d'exploitation de six grands hôtels de Paris, 1932-1936 (en F).

À partir de 1932, aucun de ces six hôtels, à l'exception du Lutetia même si son bénéfice reste mince, ne détient une exploitation se soldant sur un résultat positif. Nous pouvons ajouter à ce peloton guère glorieux le Grand Hôtel, le Prince de Galles, ainsi que probablement une multitude, si ce n'est l'ensemble, des grands hôtels de Paris. Les chutes d'activité sont parfois considérables : le Meurice perd 5 700 nuits entre 1932 et 1933. De 1932 à 1936, le Ritz concède 28 % sur son chiffre d'affaires alors que dans le même temps ses frais d'exploitation ne s'affaissent que de 11 %. Pour les mêmes dates, les recettes totales du Lutetia s'effondrent de plus d'un quart. Les statistiques seraient faciles à multiplier. Cependant, quelques entreprises semblent traverser avec plus de difficultés la crise économique des années 1930. Au regard de ces seules données, le Crillon et le Royal-Monceau paraissent sur la corde raide dès 1932. En quatre exercices, l'hôtel de la place de la Concorde a perdu, rien que du fait de son exploitation, près de 9 MF ; en cinq exercices, le Royal-Monceau se retrouve à la tête d'un trou de 11 MF. Sur la même période, le Ritz connaît un déficit d'exploitation de 6 MF, le Raphaël de 600 000 F, le Meurice de 4,6 MF. Si l'on s'en tient aux chiffres fournis par les bilans de l'entreprise, le Grand Hôtel, à la tête de ses 1,7 MF de pertes entre 1932 et 1936, traverse relativement bien l'orage. Toutefois, la partie hôtelière de l'entreprise semble avoir autant souffert que celle de ses illustres concurrents. En effet, à la lecture des comptes de profits et pertes, on comprend que les produits de l'exploitation fléchissent de manière très importante par rapport à ceux des années 1920 au contraire des produits liés aux participations immobilières et à la détention d'un portefeuille conséquent. Par exemple, en 1934, sur un total de 8,2 MF, les produits d'exploitation ne représentent que 4,7 MF, soit 57,3 % du compte de profits et pertes, contre 2,5 MF – 30,5 % – pour les participations immobilières et revenus du portefeuille[123]. Les proportions sont similaires pour tous les exercices de crise. Dix ans plus tôt, les produits d'exploitation représentaient 94 % du compte de profits et pertes. Le Grand Hôtel réussit donc à passer sans trop de dommages la crise des années 1930 grâce à sa participation dans la Rente foncière.

De nombreuses sociétés se retrouvent largement affaiblies par le coup de frein donné aux flux touristiques par la crise économique. Certains hôtels vivent des heures noires. Le seul profil du Majestic suffit à le prouver. Un genre de testament moral présenté lors de la dernière assemblée générale de la société, en octobre 1936, met en lumière certains éléments ayant précipité la chute du joyau de Léonard Tauber et expose les vicissitudes rencontrées par les hôteliers durant les années 1930. Tauber accuse l'État d'avoir étranglé les entreprises par une imposition majeure qui s'accentue après 1936. De plus, il pointe du doigt l'attitude de ses clients et critique, par la même occasion, l'extraordinaire développement qu'a connu l'industrie hôtelière parisienne :

> Il y a lieu de remarquer aussi que nous n'avons trouvé ni soutien, ni encouragement auprès de la Clientèle. Au Majestic, comme partout ailleurs, les Clients, même les plus fidèles, ont profité largement de la concurrence effrénée des hôtels pour provoquer par de véritables sous-enchères l'effondrement de nos tarifs.[124]

Après avoir égratigné l'intransigeance des salariés du Majestic qui procèdent à une grève d'occupation en juin et octobre 1936, le conseil d'administration présente le projet de location, avec promesse de vente, du bâtiment à l'État. Le cas du Majestic, même s'il reste emblématique, est loin d'être unique et prouve les immenses difficultés rencontrées par de nombreuses entreprises. Par exemple, le Royal-Monceau doit réaliser une réduction conséquente de son capital, de 10 à 2 MF, afin de procéder aux amortissements d'importantes

123. AGO de la société du Grand Hôtel, 27 avril 1935.

124. AN, F/60/934 : AGOE du Majestic, 27 octobre 1936.

immobilisations[125]. Le chiffre d'affaires de la société domiciliée à proximité de l'Arc de Triomphe a fortement régressé depuis la fin des années 1920 : en 1928, ses recettes d'exploitation s'élèvent à 15 MF ; en 1935, elles deviennent faméliques puisqu'elles ne s'élèvent plus qu'à 4,4 MF. La chute est en tout point spectaculaire.

L'empire Millon ne peut passer à travers les gouttes, et c'est logiquement le dernier né du groupe qui rencontre les plus graves désillusions. En avril 1932, du propre aveu des administrateurs du Prince de Galles, les facteurs généraux touchant à l'industrie hôtelière « n'autorisent pas à envisager l'avenir en cours sans une certaine appréhension »[126]. Pour épurer certaines dettes, on procède à un « coup d'accordéon » du capital durant lequel André Millon perd le contrôle de son dernier né puisque les nouvelles actions sont achetées par la Société des hôtels de l'Étoile, société qui exploite différents établissements à Paris et en province ; en 1932, elle gère l'Astoria, le Beau Site et le Campbell à Paris et les Roches noires de Trouville. Néanmoins, la société ressent elle-même les effets de la crise ce qui la force à résilier le bail qui la lie avec le Campbell et le Beau Site[127]. Par contre, elle voit dans les difficultés du Prince de Galles une bonne affaire et en prend le contrôle : « nous avions jugé intéressant pour votre société d'acquérir la majorité des actions de l'Hôtel Prince de Galles, le plus neuf et le plus moderne des Hôtels du quartier de l'Étoile »[128]. André Millon est très mécontent de l'opération et démissionne dans la foulée de son poste d'administrateur. Le bon coup réalisé par la Société des hôtels de l'Étoile a nécessairement de fortes répercussions sur l'administration du Prince de Galles : Léopold Dreyfus en devient président, le major Frank Goldsmith accède au conseil. Son entrée sanctionne la prise de position de la Société des hôtels de l'Étoile puisqu'il en est lui-même administrateur. Avec le comte Jean Pastré et Henry Ruhl, tous deux dirigeants de la société précitée, il est également administrateur de la Société des hôtels réunis, autre société d'exploitation, qui gère, à Paris, le Scribe et, à Cannes, le Carlton[129]. Cette situation prouve une nouvelle fois la forte concentration de la grande industrie hôtelière parisienne, voire française ou mondiale, puisque Goldsmith est aussi administrateur d'une société hôtelière anglaise[130].

En définitive, les difficultés engendrées par la crise de 1929 n'épargnent pas les entreprises Millon. L'arrivée sur le marché au plus mauvais moment du

125. AN, F/60/932 : fiche du Royal-Monceau.
126. AGO de la société du Prince de Galles, 22 mars 1933.
127. AGO de la Société des hôtels de l'Étoile, 25 juin 1932.
128. AGO de la Société des hôtels de l'Étoile, 20 mars 1933.
129. AGO de la société des Hôtels réunis, 29 avril 1937.
130. AGO du Prince de Galles, 22 mars 1933.

Prince de Galles aurait pu entraîner la déchéance de l'empire. À cela, André Millon a préféré perdre momentanément son nouveau joyau pour mieux renaître de ses cendres lorsque la conjoncture économique s'améliore. Ainsi, le retour d'André Millon au conseil d'administration de la Société des hôtels de l'Étoile en 1937, quatre années après sa démission, et l'entrée d'Alexandre Palliez et de Frédéric Schwenter signifient probablement la nouvelle prise de contrôle du Prince de Galles[131]. Faute d'archives, il est impossible de détailler les étapes de cette reprise en main, mais il est certain que la manœuvre d'André Millon constitue une charge pour reprendre le contrôle du Prince de Galles. À l'aube de la Seconde Guerre mondiale, ce retour en force est déjà confirmé. Frédéric Schwenter est devenu président directeur-général du Prince de Galles, André Millon vice-président, directeur-général adjoint[132]. En mai 1940, Goldsmith démissionne ; Léopold Dreyfus en fait de même en avril 1941, peut-être victime des mesures antisémites. Toutefois, le retour aux premières loges d'André Millon au Prince de Galles n'a aucun lien avec le contexte général, si terrible qu'il soit. En effet, l'affirmation de sa souveraineté au sein de l'hôtel qu'il a créé en 1929 est amorcée bien avant le début de l'Occupation nazie.

En comparaison des années 1920, les années 1930 sont donc en tout point des années sombres pour l'industrie hôtelière parisienne.

> Saisie par la crise, alors que la prospérité antérieure avait précipité son développement, l'industrie hôtelière a été atteinte avec une sévérité particulière par les difficultés de ces dernières années qui, n'épargnant aucune de ses branches, les ont cependant frappées avec une intensité variable selon la faculté de chacune d'elles de s'adapter à une situation nouvelle.[133]

Certains dirigeants auront un peu trop facilement et un peu trop rapidement attribué aux grandes grèves de 1936 et à la nouvelle législation sociale les raisons de leur échec. Cette décennie marque incontestablement les limites du fantastique développement que l'industrie de l'accueil à Paris avait connu après la Première Guerre mondiale. Les patrons parisiens se sont lancés dans une fuite en avant magistrale, en multipliant les avènements de nouveaux établissements, tous plus modernes et fastueux les uns que les autres, allant jusqu'à

131. AGO de la Société des hôtels de l'Étoile, 28 avril 1937.
132. ADP, V12S1 : AGH, inscription au registre du commerce.
133. AN, F/60/930 : rapport présenté au Président du conseil par la commission d'enquête chargée d'examiner les disponibilités de main-d'œuvre et la situation économique de l'Industrie hôtelière, arrêté du 28 juillet 1937.

saturer le marché et à fragiliser cette embellie[134]. Beaucoup de réalisations se sont probablement faites de manière aventureuse sans base financière solide. L'électrochoc de 1929 marque un très sérieux rappel à l'ordre tout en épurant le marché. Les spécimens les plus fragiles, les plus endettés, ont irrémédiablement disparu. Concernant la capitale, sur les 20 986 hôtels recensés en 1931, il n'en reste que 13 367 six années plus tard[135]. Cet état de fait n'est pas propre à Paris puisque, sur l'ensemble du territoire, on dénombre 4 115 faillites et liquidations judiciaires d'hôtels et de restaurants entre 1931 et 1936, 5 321 débits de boissons sont dans la même situation, beaucoup auraient été en faillite virtuelle sans que le couperet ne soit tombé[136].

Les premiers mois de 1936 constituent une sorte de reprise, immédiatement enrayée par les mouvements sociaux qui sévissent, à plusieurs reprises, dans l'hôtellerie. Paris est sous cet angle plus durement touché que les autres villes françaises. L'Exposition universelle de 1937 marque symboliquement le retour des jours féconds même s'il semble que les professionnels n'ont qu'à moitié retenu les leçons de la situation passée : d'après les administrateurs de la Société des hôtels réunis, la corporation semble enfin s'être disciplinée, notamment au niveau des tarifs pour lesquels des accords d'harmonisation sont conclus[137]. De telles ententes étaient visiblement en vigueur dans de nombreux pays, exception faite de la France et de Paris où la concurrence s'est faite de manière impitoyable. On peut se remémorer ici les dires de Léonard Tauber lors de la cérémonie d'enterrement du Majestic. Néanmoins, le problème de concurrence n'est qu'à moitié résolu puisque, avec l'inauguration de la nouvelle Exposition universelle, a lieu la réouverture d'établissements fermés pendant la crise : c'est par exemple l'optique prise par le Claridge, présentant portes closes entre 1934 et 1937[138]. Devant ces circonstances, le cycle de récession hôtelière est appelé à se répéter.

Après 1937, les affaires hôtelières commencent à repartir même si le redressement n'est que peu accentué. Le lourd contexte international y est sans doute pour beaucoup. Au demeurant, le déclenchement du second conflit mondial et l'occupation de Paris par les troupes allemandes anéantissent pour de longues années tout espoir de croissance.

---

134. *L'Hôtelier, organe de la chambre syndicale des hôteliers de Paris et de sa banlieue*, 15 avril 1935.
135. Lesur J.-M., *Les hôtels de Paris…*, *op. cit.*, p. 193.
136. AN, F/60/930 : rapport présenté au Président du conseil par la commission d'enquête chargée d'examiner les disponibilités de main-d'œuvre et la situation économique de l'Industrie hôtelière, arrêté du 28 juillet 1937.
137. AGO de la Société des hôtels réunis, 28 avril 1937.
138. Talon F., « Les palaces », in Leborgne D., *Les Champs-Élysées et leur quartier*, Paris, Délégation à l'Action artistique de la Ville de Paris, 1988, p. 88.

CHAPITRE VII
La perte de contrôle familial

Une gestion de plus en plus familiale

Les occupations

Alors que nous regrettions la pauvreté de la documentation propre au Grand Hôtel à partir de 1914, les choses s'enveniment, notamment au moment où il faut traiter l'épisode de l'Occupation. Au sein des archives de l'entreprise, ne subsistent que les cinq rapports annuels d'activité. De plus, leur contenu est devenu des plus concis. Malgré tout, les Archives nationales conservent les archives allemandes de l'Occupation de la France et de la Belgique, fonds très intéressant. Concernant l'hôtellerie, un carton enferme un corpus relativement épars[1]. Ces documents ont déjà été largement exploités, donnant lieu à des conclusions sévères à l'égard des patrons hôteliers profitant des circonstances pour « prospér[er] »[2]. Ce corpus ne conserve aucun document en lien direct avec le Grand Hôtel ; toutefois, il permet d'en comprendre plus sur la situation de certaines grandes enseignes ainsi que sur les velléités, parfois discutables, de leurs dirigeants. Par ailleurs, les archives de Paris détiennent un fonds conséquent permettant de cerner au mieux l'utilisation qui est faite du Grand Hôtel par l'occupant et de comprendre une partie non négligeable du mode de calcul des indemnités reçues par les entreprises hôtelières[3]. Hormis

1. AN, AJ40/785.
2. Lacroix-Riz A., *Industriels et banquiers sous l'Occupation*, Paris, Armand Colin, 1999, p. 105-106.
3. ADP, Perotin 901/61/1/46 à 53 et Perotin 6096/70/1/981.

cela, la riche bibliographie existant sur le sujet de l'occupation allemande à Paris liste, sans être exhaustive, les grands hôtels réquisitionnés ainsi que les différents services nazis s'y installant. Elle reste toutefois globalement superficielle. Seuls les épisodes marquants, comme les combats s'étant produits au Meurice lors la libération de Paris, ont attiré l'attention des historiens et autres observateurs.

En raison de la débâcle de l'armée française lors de la bataille de France, le gouvernement quitte la capitale en direction de Tours le 10 juin 1940. Deux jours plus tard, Paris est déclaré « ville ouverte » ; le 14, les troupes allemandes entrent dans la cité « qui devient la capitale allemande de la France »[4]. Les vainqueurs investissent rapidement les lieux. Les signes de cette présence sont très visibles : les panneaux en langue allemande germent à tous les coins de rue, les oriflammes à croix gammée ont remplacé les drapeaux tricolores. De plus, « peu à peu, tous les ministères allemands ont leurs propres services à Paris »[5] ; les Allemands élisent domicile dans les bâtiments officiels et les hôtels prestigieux de la capitale. Ces installations font très officiellement l'objet de réquisitions, donnant droit à des indemnités d'occupation pour les entreprises les subissant.

À partir du 14 juin 1940, Paris vit à l'heure allemande. L'Occupation débute immédiatement. Le *Militärbefelshaber in Frankreich* (MBF) s'installe au Majestic. Le patron des affaires économiques, le « Doktor » Elmar Michel, réside également au sein de l'ancien hôtel de Tauber[6]. L'état-major administratif s'établit au Claridge sur les Champs-Élysées, alors que le Crillon devient le « nid d'aigle » du gouverneur militaire de Paris[7]. Pour sa part, le Meurice

> est réquisitionné le 14 juin 1940 par les autorités allemandes pour y installer le siège de l'état-major du « Gross Paris » (Commandement militaire de Paris et de la région parisienne) [...] Pendant l'occupation, tous les services continuent à fonctionner avec le personnel de l'hôtel non mobilisé, à l'exception de la réception et du standard, tenus par les Allemands.[8]

Le haut commandement de la marine allemande, la *Kriegsmarine*, occupe le ministère de la Marine, le haut commandement de l'aviation est au palais

---

4. Levisse-Touzé C., « Paris », in Cointet M. et Cointet J.-P. (dir.), *Dictionnaire historique de la France sous l'Occupation*, Paris, Tallandier, 2000, p. 538.
5. *Ibid.*, p. 539.
6. Rochebrune R. de, Hazéra J.-C., *Les patrons sous l'Occupation*, Paris, Odile Jacob, 1995, p. 107.
7. Michel H., *Paris allemand*, Paris, Albin Michel, 1981, p. 34.
8. Lesur J.-M., *Les hôtels de Paris...*, *op. cit.*, p. 198.

du Luxembourg alors que le contre-espionnage, l'*Abwehr*, prend ses quartiers au Lutetia. Otto Abetz, nommé ambassadeur à Paris en août 1940, s'établit à l'hôtel de Beauharnais, sur la rive gauche[9]. De nombreuses autres installations sont réquisitionnées, au premier rang desquelles se place le Ritz. Il a l'honneur – si l'on peut dire – d'accueillir Göring et Goebbels à deux reprises, en juin et juillet 1940, et est plus généralement utilisé pour recevoir les hauts dignitaires du régime hitlérien de passage à Paris. Le Royal-Monceau sert tout d'abord de lieu de résidence au Doktor Gerhardt, *Oberkriegsverwaltungsrat*, avant que celui-ci n'émigre au Majestic. De nombreux autres établissements, de renommée plus ou moins importante, sont confisqués à l'usage industriel de leurs propriétaires comme les hôtels Ambassador, Vernet et d'Orsay, accueillant des succursales du « Gross Paris ».

Les témoignages sont contradictoires au sujet de l'usage qui est fait du Grand Hôtel. Henri Michel avance qu'il a été réquisitionné par la *Luftwaffe*, devenant ainsi une annexe du Luxembourg[10]. Cette thèse est difficile à valider, car, sur tous les *Quartierscheinen* conservés – les billets de logement –, il est noté que les résidents sont rattachés au commandement de la ville de Paris[11]. Or, lorsque les soldats logés dans les hôtels réquisitionnés dépendent d'un service spécifique, leur instance de rattachement est clairement annotée, comme cela est par exemple le cas au Grand Condé où la *Luftwaffe* a, en l'occurrence, logé une partie de sa troupe[12]. Selon toute évidence, et étant donné les quelques éléments concordants, comme les souvenirs de la famille Millon, le Grand Hôtel n'accueille pas de services majeurs de l'organisation nazie sur le sol français mais sert plutôt… d'hôtel, pour des militaires allemands. Les fiches de logement conservées, où peu de gradés ont été relevés, le confirment. Toujours est-il que le Grand Hôtel est officiellement réquisitionné le 17 juin 1940[13].

Durant toute l'Occupation, le ton monocorde d'André Millon reste le même face à la réalité de sa société : « Notre hôtel a été exploité, au cours de cet exercice, dans les mêmes conditions de réquisition que pendant les derniers mois de l'année 1940. »[14] Cette réquisition donne droit à des indemnités d'occupation. Elles sont présentées comme étant réglées par l'occupant mais c'est en fait la France qui paie l'ensemble de ces sommes, comme les

9. Levisse-Touzé C., « Paris »…, *op. cit.*, p. 539.
10. Michel H., *Paris allemand…*, *op. cit.*, p. 34.
11. ADP, Perotin 901/61/1/46 à 53 : *Quartierscheinen* du Grand Hôtel, juin 1940-août 1944.
12. ADP, Perotin 901/61/1/46 : *Quartierscheinen* du Grand Condé.
13. AGO de la société du Grand Hôtel, 15 mai 1941.
14. AGO de la société du Grand Hôtel, 28 mai 1942.

conditions de l'armistice du 22 juin le prévoient. Ces indemnités sont fixées en prenant pour base les derniers prix homologués des hôtels et sont donc attribuées en fonction de leur catégorie. Aussi, les frais d'occupation donnent lieu à de fortes tractations quant à la modification de ce classement. Certains hôtels de 1re catégorie mais qui ne sont pas classés « luxe » cherchent à obtenir le *Graal*. Les établissements ayant déjà été reconnus « de luxe », comme le Ritz, le Meurice, le Raphaël, le George V ou le Plaza-Athénée, ne sont donc pas concernés. En janvier 1941, le Royal-Monceau est l'un des premiers à réclamer son « surclassement ». Selon lui, cette promotion serait en tout point logique puisque, dès l'avant-guerre, il aurait mérité d'atteindre cette catégorie. Les dirigeants de l'hôtel du quartier de l'Étoile renchérissent en essayant de prouver que leur établissement possède les mêmes installations et un confort identique aux maisons que le Commissariat général au Tourisme a choisi de hisser au niveau supérieur :

> Lorsque les Autorités Allemandes se sont installées dans notre Maison, elles ont constaté que l'Hôtel Royal-Monceau était véritablement un hôtel de luxe et non pas un hôtel de la 1re catégorie A. Elles y ont trouvé les installations, le service et le luxe qui correspondent aux maisons de cette classe, raison pour laquelle ces Autorités y ont dirigé d'importantes personnalités qui y séjournent d'une façon permanente.[15]

Toutefois, ce n'est plus le Commissariat général au Tourisme qui classe les hôtels mais bien les autorités allemandes. Du reste, la requête du Royal-Monceau obtient un avis favorable[16]. Cette démarche s'apparente-t-elle à de l'opportunisme ? Vraisemblablement et il serait intéressant de connaître l'attitude des administrateurs de la société face à cette question avant et après-guerre. Pour être équitable, il faut notifier que le Royal-Monceau n'est pas le seul à entreprendre une telle démarche. En juillet 1941, le Crillon tente d'acquérir son surclassement[17]. L'aval des occupants est loin d'être automatique pour que trois mois après cette première demande, Jean Gommy, président du Comité d'organisation professionnelle de l'industrie hôtelière, réitère la doléance[18]. La qualité des archives ne permet pas de savoir si le Crillon a obtenu gain de cause. Par contre, le Prince de Galles a formulé cette même requête et a, pour sa part, eu satisfaction. Bien qu'André Millon ait demandé le surclassement de l'un de ses hôtels, il est exclu qu'il en fût de même pour

15. AN, AJ40/781 : lettre du Royal-Monceau au Président de la Seine, 3 janvier 1941.
16. *Ibid.* Réponse allemande.
17. AN, AJ40/781 : lettre de J. Guillaume, chef du service des réquisitions et de Lucien Serre adressée au Doktor Gerhardt, 30 juillet 1940.
18. AN, AJ40/781 : lettre de Jean Gommy au Doktor Gerhardt, 31 octobre 1941.

le Grand Hôtel : d'une part, aucun document ne l'atteste ; d'autre part, même si la situation a totalement modifié le rapport de force, les installations du Grand Hôtel ne peuvent décemment pas être hissées au rang de luxe. L'absence d'administration spécifique allemande s'installant au Grand Hôtel suffit presque à le prouver.

Les appartements ne sont pas les seuls éléments des grands hôtels à avoir été mis sous séquestre. Les prix et la tenue des restaurants deviennent également très réglementés. Les descentes de police sont régulières pour vérifier si les divers arrêtés sont bien appliqués. Une nouvelle fois, les restaurants sont rigoureusement classifiés, en cinq catégories : exceptionnelle, A, B, C et D, les prix des repas étant fixés en fonction de l'appartenance à une caste de cette nomenclature. Par exemple, pour la catégorie exceptionnelle, les additions doivent être comprises entre 50,10 et 100 F. Des suppléments peuvent être demandés en certaines circonstances, lorsque par exemple du caviar, du homard, du foie gras, des truffes, entrent dans la composition d'un plat, à la condition que ces mets en constituent l'essentiel. De plus, une multitude d'arrêtés fleurit à l'effet de codifier divers aspects des repas comme la quantité de vin pouvant être servie, la composition des menus, l'interdiction de servir certains aliments. Le non-respect des nouvelles ordonnances entraîne des sanctions dont la gravité dépend de l'importance des délits constatés : cela peut aller de la simple amende – entre 250 et 1 000 F – à la fermeture de l'établissement pour plusieurs semaines, voire plusieurs mois[19]. *Le cri du peuple* fustige largement l'attitude des restaurateurs contrevenants et la chasse aux abus semble s'intensifier à mesure que l'Occupation s'éternise. Un contrôle opéré à la mi-1941 épingle la Tour d'Argent, Maxim's, le Fouquet's, Lapérouse. Malgré un passage des services de répression au Café de la Paix, aucune infraction n'y est relevée[20]. Par contre, Ledoyen, toujours aux mains de la famille Kieffer, est largement entré dans l'œil du cyclone de la police parisienne. Par arrêté du 5 novembre 1941, il est fermé trois mois pour infractions graves : vente de viande un jour interdit, plats supplémentaires aux repas, plats servis sans être inscrits sur le menu, beurre à la libre disposition du client, repas au-dessus du prix maximum autorisé. Après une réouverture succincte, le restaurant du bas des Champs-Élysées est à nouveau condamné, pour huit nouveaux mois. En dépit de cet arrêt, Kieffer réussit à continuer d'exploiter le cabaret attenant à l'établissement, dénommé « Sa Majesté », possédant une organisation distincte. Il semble qu'il ait eu le soutien de quelques Allemands, ayant peut-être eu peur de perdre leur lieu

19. AN, AJ40/784 : dossier 4.
20. AN, AJ40/784 : *Nachprüfungsergebnis der am 1. und 2. Juli 1941 erfolgten Kontrolle in Pariser Restaurants & Nachtlokalen.*

de divertissement nocturne favori ! Malgré ce sursis, « le scandale des prix continue à l'exploitation Le Doyen »[21]. Ces légèretés vis-à-vis des arrêtés de rationnement freinent à n'en pas douter la demande de l'établissement afin d'être classé dans la catégorie exceptionnelle. Du reste, cette réclamation reçut un avis défavorable. Il faut dire que le cahier des charges pour entrer en hors catégorie semble des plus rigoureux. En août 1941, vingt-six restaurants de Paris ont obtenu le classement ultime[22]. Nous retrouvons, entre autres, le pavillon d'Armenonville, le Fouquet's, Lapérouse, la Tour d'Argent, Maxim's, le Café de la Paix... À cette date, seul le Ritz a vu, parmi tous les hôtels de Paris, son restaurant classé « exceptionnel ». Toutefois, la situation peut lentement évoluer puisque, par exemple, le Royal-Monceau et le Lancaster obtiennent le meilleur classement pour leurs établissements de restauration en janvier 1942.

Cet aparté sur la grande restauration nous éloigne du Grand Hôtel. Cependant, faute de documentation propre à l'entreprise, cette digression paraît enrichissante du fait qu'elle saisit une partie du poids de l'Occupation sur les restaurants de Paris, et, par extension, sur les restaurants des grands hôtels. Il est évident que ces faits ne traitent que d'établissements toujours ouverts à une clientèle extérieure, et non des lieux de restauration réservés à l'occupant qui ne souffrirent pas des mêmes contraintes.

Malgré l'Occupation, les propriétaires des hôtels réquisitionnés semblent toujours avoir eu leur place au sein de leur établissement. L'intérêt des troupes occupantes est évident en conservant les hôtels organisés de manière pratiquement classique. Ainsi, durant ces temps exceptionnels, André Millon partage sa vie entre ses entreprises parisiennes et le château de Régennes, dans l'Yonne, bâtisse majestueuse qu'il fit reconstruire dans l'entre-deux-guerres. Ce même château est également occupé par les Allemands qui n'en laissent qu'une mince jouissance à son propriétaire. En ce qui concerne la vie du Grand Hôtel, le compte de profits et pertes donne l'impression trompeuse d'exercices ordinaires. Les produits d'exploitation, qui cachent principalement les indemnités d'occupation, sont d'ailleurs très variables. Il est regrettable que les archives de l'entreprise ne fournissent pas le détail de ces oscillations. Par contre, la documentation de la préfecture de la Seine ainsi que les fiches de logement, vraisemblablement toutes conservées, sont beaucoup plus informatives. Deux éléments, au minimum, interviennent dans la constitution des produits d'exploitation : les indemnités de réquisition et les notes d'hébergement des soldats allemands. Dès leur arrivée, les Allemands dressent un

---

21. AN, AJ40/784 : lettre adressée à la Direction de la distribution et de la consommation du ministère de l'Agriculture et du Ravitaillement.

22. AN, AJ40/784 : dossier 7.

inventaire du potentiel locatif du Grand Hôtel ; les chiffres tombent : l'hôtel dispose de 358 chambres avec salle de bains et de 218 équipées uniquement d'eau courante[23]. Le 14 juin, alors que le Grand Hôtel n'est officiellement réquisitionné que trois jours plus tard, 76 Allemands élisent domicile à l'hôtel, ils sont 127 le lendemain, 218 le 18 juin. En fait, la fréquentation du Grand Hôtel est très fluctuante en cette période de mise en place de la nouvelle organisation de la France : le 6 juillet 1940, seules quatre chambres sont occupées. Au départ, tout porte à croire que l'indemnité dont bénéficie l'entreprise est calculée en fonction du nombre de chambres utilisées[24]. Par la suite, le système de calcul évolue puisqu'il semble que tous les appartements bénéficient d'une indemnité même s'ils restent inoccupés. Toutefois, chambres équipées de salle de bains ou non subissent un sort différent. Les premières sont payées 73,50 F la nuit, les secondes 51 F. Dès lors, le Grand Hôtel reçoit une indemnité quotidienne de 39 415,50 F. À cela s'ajoutent des dépenses de blanchissage puis un supplément correspondant au service. Enfin, quelques inflexions viennent légèrement modifier ce calcul : le prix unitaire des chambres augmente quelque peu à mesure que l'Occupation se prolonge. De plus, des dédommagements sont envisagés pour faire face à l'inactivité d'une partie importante du dispositif industriel de la société : son rez-de-chaussée et ses installations destinées, entre autres, à la restauration. Les administrateurs du Grand Hôtel cherchent à rendre productives les installations du bâtiment qui complètent en temps normal le chiffre d'affaires de l'entreprise mais qui, du fait des circonstances, restent inutilisées. En définitive, les requêtes du Grand Hôtel trouvent une issue favorable, bien que l'administration se montre des plus pointilleuses dans le calcul de la nouvelle indemnité :

> le Grand Hôtel est dans une situation tout à fait spéciale. Il dispose en effet d'une superficie très importante de locaux annexes correspondant à l'importance de l'établissement qui comporte 600 chambres. Le Grand Hôtel étant réquisitionné en totalité ne peut être exploité ; les salles de banquets et le bar sont fermés. Cependant, quelques occupants prennent des repas comme des clients ordinaires. Le Directeur de l'établissement déclare qu'il n'a jamais été servi plus de 25 repas par jour. Il est évident que ce nombre de clients est sans aucun rapport avec l'importance des locaux, par conséquent il y a lieu d'attribuer l'indemnité prévue par les instructions en vigueur. Toutefois, j'estime que pour tenir compte du léger bénéfice que peuvent laisser à l'établissement les quelques repas servis ainsi chaque jour, il conviendrait de

23. ADP, Perotin 6096/70/1/981 : liste des chambres du Grand Hôtel.

24. ADP, Perotin 6096/70/1/981 : récapitulatif de juin et juillet 1940.

> ne pas payer la salle de restaurant qui est d'une superficie de 189 m² 50 et l'économat 72 m² 60 qui sert à divers usages.[25]

Par la suite, des inspections régulières viennent vérifier si l'occupé est bien privé de la jouissance de son outil de travail.

Un second poste accroît les produits d'exploitation de la société entre juin 1940 et août 1944 : les notes d'hébergement des soldats allemands. Aussi surprenant que cela puisse paraître, les soldats – auxquels il faut peut-être ajouter quelques civils – sont dans l'obligation de régler, en partie, leurs dépenses de logement. Les facilités et le pouvoir d'achat accordés aux soldats, ce qui leur assure le sobriquet de « doryphore » du fait de leur attitude devant les étalages des grands magasins, n'engendrent aucune difficulté pour faire face à cette dépense. Toutefois, le directeur du Grand Hôtel ne se prive pas de dénoncer les soldats partis sans payer[26]. Par ailleurs, grâce aux *Quartierschein* conservés, on se rend compte que la fréquentation est très instable : en mars 1941, 64 « clients » doivent payer leurs notes ; ils sont 167 en juin de la même année[27]. L'usage du Grand Hôtel semble s'être intensifié à mesure que l'Occupation se prolonge. En 1943, l'hôtel accueille en moyenne 423 soldats par mois.[28]. Certains Allemands semblent y avoir élu domicile. Du reste, les soldats ne sont pas logés à la même enseigne et la même hiérarchie qu'en temps de paix, par rapport aux installations et donc aux tarifs, s'opère. Ainsi, la ventilation des tarifs des chambres va de 70 à 450 F. Par la suite, le nombre d'Allemands résidant au Grand Hôtel va en déclinant même si les mois du printemps 1944 présentent toujours des taux d'occupation honorables. Environ 320 soldats résident au Grand Hôtel en juin 1944. Les chiffres d'août annoncent en revanche le départ imminent des troupes occupantes ; la dernière arrivée est enregistrée le 19 août et son titulaire en est reparti dès le lendemain[29].

Du fait des lacunes des sources, il est bien difficile de cerner la situation économique de l'entreprise à la fin de l'Occupation. Remettons-nous en aux comptes de pertes et profits. Sur les cinq exercices de guerre, la différence entre les produits et les charges se solde sur un déficit de 1,8 MF. Cependant, au vu de la manière dont les bilans sont bâtis, on peut largement remettre en cause leur crédibilité. Par exemple, le compte de pertes et profits de 1944 se

---

25. ADP, Perotin 6096/70/1/981 : lettre de l'architecte chargé du service de réquisition des hôtels.
26. ADP, Perotin 6096/70/1/981 : lettre du directeur du Grand Hôtel, 5 novembre 1942.
27. ADP, Perotin 901/61/1/47.
28. ADP, Perotin 901/61/1/50 à 52.
29. ADP, Perotin 901/61/1/53.

solde sur un équilibre parfait. Malgré les apparences, cet exercice sert à amortir une partie des pertes des exercices antérieurs. Au total, sur l'ensemble de l'Occupation, les comptes de la société semblent s'équilibrer, voire bénéficient d'une provision de 3,2 MF en vue de travaux de réfection, constituée grâce à l'exercice 1944.

Le 25 août 1944, Paris est libéré. Pourtant, cela ne signifie pas un retour immédiat aux affaires courantes pour les grands hôtels de la capitale. Il est évident que les flux touristiques ne peuvent reprendre du jour au lendemain. La France est toujours en guerre, et ce pour de longs mois. De plus, les séquelles de la Seconde Guerre mondiale sont durables, ce qui freine un retour instantané des touristes et des affaires. Surtout, certains grands hôtels se trouvent confrontés à une seconde réquisition : le Continental accueille des troupes françaises jusqu'en octobre 1947, le Louvre ne retrouve une liberté d'exploitation qu'en mai de la même année, le Moderne reçoit un bataillon de la *Military Police* américaine, le Scribe, le service de presse de l'état-major américain[30]. Le Lutetia est dévolu à un rôle très particulier puisqu'il accueille les déportés de retour des camps. De son côté, le Grand Hôtel est réquisitionné, dans son ensemble, par l'*Allied Expeditionary Forces Club n°1*. Les dirigeants du Grand Hôtel ont tout de suite eu à se plaindre de cette nouvelle installation qui « n'a pas été, en raison de l'affluence excessive des hôtes invités à fréquenter le club, sans occasionner une fatigue anormale et une usure prématurée du matériel et de l'installation », à tel point que les dirigeants du Grand Hôtel n'hésitent pas à demander « réparation de ces dommages »[31]. La découverte de la cave secrète de l'établissement, qui resta inconnue des Allemands, est peut-être restée en travers de la gorge des administrateurs de la société. Quoi qu'il en soit, il est certain que le Grand Hôtel est très largement fréquenté entre fin 1944 et fin 1945, date de départ des Américains.

Un nouvel âge d'or

Tout comme lors de la Première Guerre mondiale, la reprise économique, après conflit, ne tarde pas à produire ses effets positifs. De ce point de vue, il est remarquable que l'industrie hôtelière récolte très rapidement les fruits de l'arrêt des hostilités et de la fin des occupations. Pour des raisons idéologiques – volonté d'oubli des terribles années récemment traversées et envie de découvrir de nouvelles cultures et de nouveaux territoires –, ou plus pragmatiques – besoin de se déplacer pour jeter les bases d'un nouveau monde –, le voyage reprend tous ses

30. Lesur J.-M., *Les hôtels de Paris...*, *op. cit.*, p. 199.
31. AGO de la société du Grand Hôtel, 24 novembre 1945.

droits dans le paysage économique mondial. L'importance des chiffres de touristes étrangers accueillis sur le sol français traduit cette reprise précoce : de 950 000 visiteurs en 1947, on passe à 2 millions l'année suivante, 3 millions en 1949[32]. Ainsi, les entreprises hôtelières, après avoir relancé une activité en berne pendant de longues années, retrouvent rapidement une production digne des résultats de l'avant-guerre. En ce qui concerne le Grand Hôtel, l'activité repart de manière croissante sitôt l'entreprise totalement libre de ses faits et gestes. Aussi, le mode de fonctionnement de l'entreprise retrouve une réelle continuité avec tout de même deux légères inflexions : le renforcement du rôle d'André Millon et l'arrivée aux positions décisionnelles des maris de ses filles.

L'intégration progressive des gendres

L'après-guerre est marqué par l'arrivée des gendres d'André Millon aux responsabilités. La démarche n'est en soi pas nouvelle puisqu'André Millon s'entoure très tôt des membres de sa famille ou de certains proches pour conduire efficacement ses sociétés. Une étape dans cette association, donnant un caractère encore plus familial à l'empire, est franchie avec l'entrée au conseil d'administration du Grand Hôtel de Paul Chapotin (1911-1988) en août 1947, en lieu et place de Frédéric Schwenter, démissionnaire[33]. Le retrait de Schwenter ne s'explique nullement par des divergences de vue de celui qui était déjà proche d'Arthur Millon mais plutôt par son âge avancé. Du reste, il décède à la fin de la même année. Au vu des titres de chacun, il semble que la guerre ait renforcé le pouvoir d'André Millon et de Frédéric Schwenter : le premier est président directeur général dès 1941, le second devient peu de temps plus tard directeur général adjoint. La vice-présidente, Emily Hauser, d'autant plus si, comme nous le pensons, elle vit principalement à Lucerne, ne semble que peu impliquée dans la gestion quotidienne du Grand Hôtel, tout comme les deux autres administrateurs de la société. Au surplus, René Kieffer décède en 1945 ; son premier fils, Michel, est appelé pour remplacer son père, même s'il reste cantonné à un rôle d'administrateur[34].

Dès son entrée au conseil d'administration, Paul Chapotin prend physiquement la place de Schwenter, en occupant les mêmes fonctions, celles de directeur général adjoint. Il devient en quelque sorte le bras droit de son beau-père. Petit-fils de viticulteur bourguignon, plus précisément d'Augy, commune située à quelques encablures d'Auxerre, fils unique d'un chirurgien-dentiste parisien, Edmond Chapotin, Paul Chapotin hérite, vers ses 25 ans, du côté de sa mère, Jeanne-Marie Rigal, de deux hôtels parisiens de moyenne dimension,

32. Lesur J.-M., *Les hôtels de Paris…*, *op. cit.*, p. 204.
33. AGO de la société du Grand Hôtel, 29 mai 1948.
34. AGO de la société du Grand Hôtel, 25 mai 1946.

l'hôtel de Fécamp et de Grandville[35]. Ses grands parents maternels incarnent l'archétype des Auvergnats montés à Paris pour y tenir un « café, bois et charbon ». Ils se tournèrent visiblement plus volontiers vers l'hôtellerie à part entière. Paul Chapotin garde du reste longtemps ces deux établissements, même si ses études le mènent dans un premier temps vers la philosophie puis vers des études de commerce. Toutefois, son union, le 29 mai 1936, avec Denise Millon, fille aînée d'André et de Blanche, réoriente totalement sa carrière. Une fois marié, Paul Chapotin effectue plusieurs stages, notamment au Plaza-Athénée, à la demande pressante de son beau-père. Une fois cette démarche accomplie, André Millon le pense prêt à intégrer ses affaires, ce qu'il fait, avant la guerre, au Café de la Paix. L'après-guerre marque l'entrée par la grande porte de Paul Chapotin aux responsabilités. En effet, son engagement ne s'effectue pas qu'au Grand Hôtel puisqu'il intègre également la direction du Prince de Galles[36]. À l'occasion du décès de Frédéric Schwenter, une petite refonte de la direction de la société a lieu : André Millon prend la place de Schwenter, en temps que président directeur général. Paul Chapotin devient administrateur alors que Jean Radius (1907-2005), deuxième gendre d'André Millon, entre au conseil d'administration de l'hôtel de l'avenue George V en tant que directeur général adjoint[37]. Issue de la bourgeoisie parisienne, ayant notamment des liens de parenté avec les joailliers Boucheron, la famille Radius travaille principalement dans le textile d'ameublement haut de gamme. À la Libération et à la suite de la vente de l'entreprise familiale, Jean Radius devient largement intéressé aux activités du groupe Millon. En 1960, il intègre le conseil d'administration du Grand Hôtel. Après la démission d'André Millon de la présidence de l'entreprise le 31 décembre 1966, à l'âge de 82 ans, il devient président directeur général du Grand Hôtel[38]. André Millon reste président d'honneur, jusqu'à son décès survenu le 5 novembre 1970.

La continuité du conseil d'administration du Grand Hôtel est remarquable jusqu'à la fin des années 1960 : Elsa Schaufelberger-Hauser intègre la direction de la société après le décès de sa mère ; Pierre Mager (né en 1920), dernier gendre d'André Millon et héritier de l'entreprise paternelle installée rue de la Roquette à Paris spécialisée dans les métaux non ferreux, vient siéger à partir de 1964. La direction de l'entreprise et, par extension, de toutes les sociétés du groupe, se fait donc de manière de plus en plus familiale. Les deux autres beaux-fils d'André, Michel Lesieur et André Toupet, chirurgien des Hôpitaux de Paris, occupent également diverses responsabilités au sein des sociétés de la

35. Entretiens avec Rémi Chapotin.
36. ADP, V12S1 : AGH, inscription au registre du commerce, 17 décembre 1947.
37. ADP, V12S1 : AGH, inscription au registre du commerce, 21 janvier 1948.
38. AGO de la société du Grand Hôtel, 22 juin 1967.

famille. Par exemple, Michel Lesieur remplace Jean Radius au conseil d'administration du Café de la Paix en 1965[39]. Il est lui-même président du conseil d'administration de l'entreprise Lesieur de 1966 à 1982[40]. Il reste toutefois évident que les deux premiers gendres d'André Millon, Paul Chapotin et Jean Radius, sont les plus impliqués dans la gestion de son groupe. Du reste, cette organisation de plus en plus dynastique va avoir la chance de connaître une conjoncture économique favorable, permettant ainsi de faire constamment progresser l'entreprise.

Une fréquentation vite retrouvée

Dès 1946, le Grand Hôtel retrouve une exploitation normale. Les premiers indicateurs montrent que l'image et la réputation de la maison ne sont nullement entamées. Pourquoi en serait-il autrement alors que tous les hôtels ont eu à pâtir des mêmes méfaits pendant l'Occupation ? Qui plus est, le Grand Hôtel a la chance d'être libéré relativement tôt en comparaison d'autres enseignes. Par contre, le chantier urgent auquel les dirigeants de l'entreprise s'attellent est sa remise en état. Au regard des comptes d'exploitation, tout porte à croire que ce rétablissement s'opère promptement : dès l'année 1946, 1,5 MF est investi au titre du « Matériel et mobilier ». De plus, les bouchées doubles sont mises l'année suivante dans le cadre de la réhabilitation des installations, à tel point que le compte de profits et pertes enregistre un déficit de 12 MF[41]. Le conseil d'administration ne fournit pas le détail de ces dépenses. Malgré cet effort, un dividende est accordé, par ponction sur la réserve extraordinaire. D'ailleurs, comme ce fut déjà le cas en 1919, les dirigeants du Grand Hôtel cherchent à distribuer rapidement un dividende après une période difficile pour l'entreprise, symbole de la reprise de l'activité et de sa solidité à traverser les épreuves. Le dividende de 73 % dès 1946, le premier d'importance depuis 1929, atteste sans équivoque de cette volonté[42]. En outre, d'autres investissements importants sont réalisés afin de permettre à l'entreprise de reprendre une activité industrielle normale et croissante. La cave fait partie des postes à avoir été largement reconstitués.

---

39. ADP, V12S1 : AGH, AGO du Café de la Paix, 25 mai 1965.
40. Gaston-Breton T., *Lesieur, une marque dans l'histoire, 1908-1998*, Paris, Perrin, 1998, p. 416.
41. AGO de la société du Grand Hôtel, 29 mai 1948
42. AGO de la société du Grand Hôtel, 26 avril 1947.

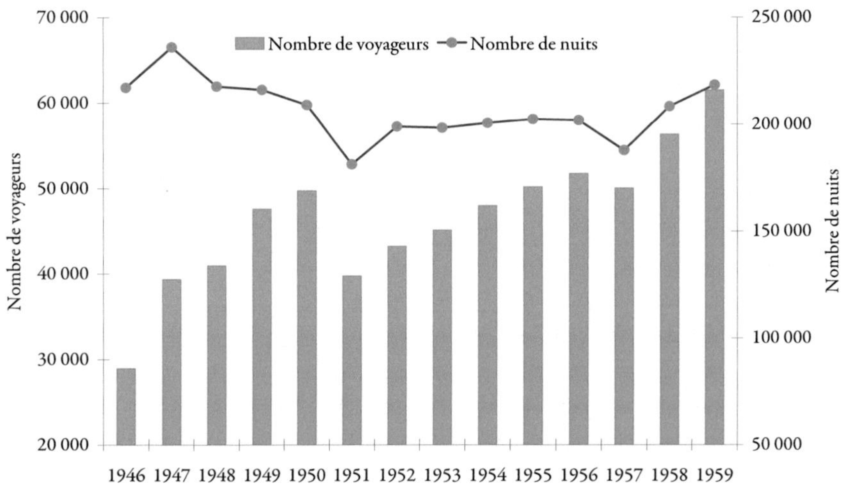

Graph. 29. Fréquentation, 1946-1959.

Comme le suggère le graphique ci-dessus, la propension à redresser la barre est magistrale. Sitôt libéré, le Grand Hôtel redevient rentable et attire une clientèle qui retrouve, dès 1949, un niveau digne des années 1920. Toutefois, alors que le nombre de clients croît fortement, celui des nuits vendues ne suit pas dans les mêmes proportions. Cela constitue un premier indice d'une lente évolution des habitudes touristiques, tendant vers une accélération du voyage et un raccourcissement des séjours. Les progrès constants des modes de transport, incarnés dans l'après Seconde Guerre mondiale par le développement exponentiel du trafic aérien commercial, expliquent une grande part de cet important changement. La suite de la décennie 1950 ne contrarie pas les perspectives suscitées dès 1946 et, à plus fortes raisons, après 1948. Malgré un léger creux en 1951 et 1957, les données de fréquentation du Grand Hôtel sont, sur la fin de la décennie, croissantes. Un record est franchi en 1959 avec plus de 60 000 clients accueillis en une seule année. On assiste à une intensification de l'utilisation des installations de l'hôtel. Les voyages se raccourcissent, les va-et-vient deviennent incessants. Au total, en dépit d'un nombre de nuitées demeurant aux alentours des 205 000, les résultats d'exploitation prouvent l'évolution positive de l'entreprise. Ainsi, à partir de 1948, ils augmentent de manière très importante. Ils sont multipliés par 4,25 en seulement une année ; l'inflation joue encore un rôle majeur avec une hausse des prix de près de 50 % par an en cette période d'après-guerre. Par la suite, après avoir consenti aux investissements nécessaires pour remettre le Grand Hôtel en ordre de marche, l'entreprise peut reprendre son rythme de sénateur vers un chiffre d'affaires et des bénéfices croissants, offrant ainsi le visage d'une société, voire d'une industrie, très lucrative.

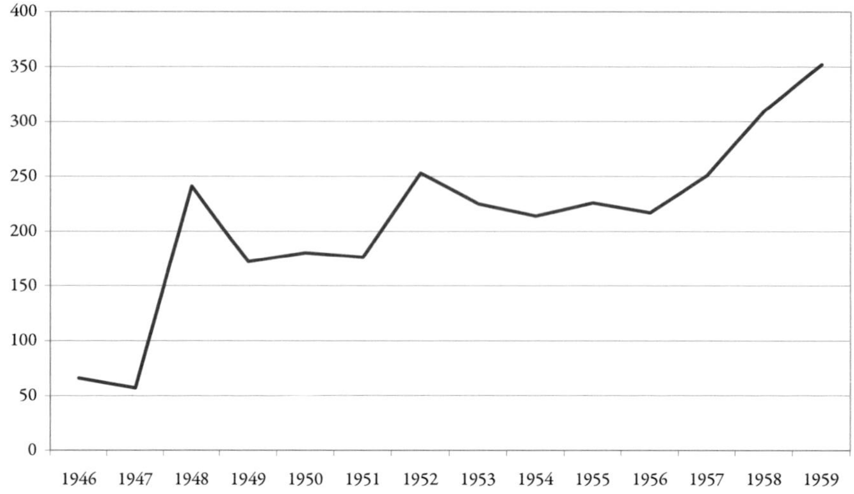

Graph. 30. Produit brut d'exploitation, 1946-1959 (en MF).

Produits d'exploitation et bénéfices constituent autant d'indices de la bonne passe que traverse l'entreprise : par exemple, entre 1953 et 1959, les bénéfices bruts d'exploitation augmentent de 56,4 %, les bénéfices bruts totaux de 55,6 %, les bénéfices nets de 47,7 % alors que le nombre de voyageurs ne s'accentue « que » de 36,2 %, le nombre de nuits de 10,1 %. En dehors de 1958, l'inflation n'assombrit pas ces résultats.

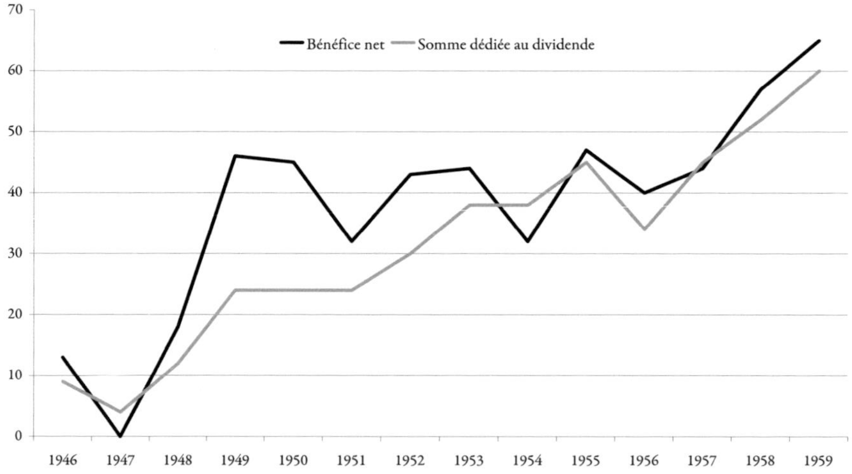

Graph. 31. Bénéfice net et somme distribuée, 1946-1959 (en MF).

Les dividendes suivent ce très bon rythme. Ils deviennent particulièrement rémunérateurs avec un taux de redistribution des bénéfices pratiquement complet : sur les 513 MF de bénéfices nets dégagés entre 1948 et 1959, 426 ont été redistribués aux actions, soit environ 83 %. Ce taux s'élève à 95 % entre 1953 et 1959. On remarque aussi qu'en 1957, année que l'on pourrait presque considérer moyenne en terme de rentabilité, on redistribue plus de bénéfices que l'on en a dégagés[43]. Pour maintenir un dividende identique aux autres années, le conseil d'administration décide d'utiliser le report à nouveau des exercices antérieurs. Ce sont donc les bénéfices des années précédentes qui sont employés pour mieux satisfaire les actionnaires. La stratégie n'est pas nouvelle puisqu'elle est déjà mise en place en 1947 et en 1954. Tout au long des années 1950, les dividendes présentent donc bien bonne figure. En définitive, il ne faut que trois augmentations successives du capital, en une dizaine d'années, pour que le pourcentage de rétribution des actions n'atteigne pas des sommets. Malgré tout, les actions Grand Hôtel restent largement intéressantes et l'élévation de la valeur du capital de l'entreprise s'avère nécessaire.

Au lendemain de la guerre, le bilan de l'entreprise voit son solde augmenter de manière prodigieuse. Il double entre 1945 et 1946, passant de 128 à 308 MF. Cette situation provient essentiellement de la révision des bilans telle que la loi l'exige par ordonnance du 15 août 1945. De ce fait, certains comptes apparaissent, gonflant artificiellement ce même total. Par exemple, un chapitre « Amortissements » s'inscrit au bilan de l'exercice 1946 à hauteur de 64 MF. En cette même année, une réserve spéciale de réévaluation, de plus de 81 MF, vient aussi accroître le total du bilan. En fait, a lieu une reprise complète des bilans, ce qui permet de s'interroger sur le degré de sincérité des comptes de guerre[44]. Toujours est-il que ce vaste travail dégage une plus-value de plus de 80 MF au passif. Sa contrepartie à l'actif se rencontre notamment dans le matériel industriel de l'entreprise, dont la valeur passe de 10 à 139 MF en seulement une année. La nécessité de lourds investissements, une meilleure évaluation et l'inflation expliquent cette très large différence. La constitution de cette réserve spéciale résulte donc des écritures comptables, et nullement de l'exploitation de l'entreprise. On utilise les facilités accordées par la loi pour hisser rapidement le capital de l'entreprise. Il est porté à 60 MF en 1947, 75 MF en 1949, 450 MF en 1956. Les trois fois, la démarche est identique : incorporation d'une réserve spéciale, augmentation de la valeur nominale des actions. En cette période largement inflationniste, les différentes opérations n'ont rien d'exceptionnel et les augmentations suc-

43. AGO de la société du Grand Hôtel, 24 mai 1958.

44. AGO de la société du Grand Hôtel, 26 avril 1947.

cessives du capital de l'entreprise ne se font que par réévaluation de l'actif de l'entreprise, et notamment des actions de la Rente foncière[45].

La refonte des bilans orchestrée par les lois d'après-guerre engendre de fortes différences par rapport aux structures d'avant-guerre. Concernant l'actif, les immobilisations d'exploitation – les agencements, les installations, le mobilier et le matériel – et les marchandises redeviennent des postes prédominants : ils représentent plus de 47 % du bilan de 1947. Par contre, leur poids décline peu à peu – à peine 23 % en 1958 –, prouvant une nouvelle fois que de nombreux actifs de la société sont employés en dehors du Grand Hôtel. Les anciens postes privilégiés retrouvent leur piédestal. La participation financière pèse plus que jamais de tout son poids sur l'actif de l'entreprise. De 1946 à 1954, les actions Rente foncière sont toujours inscrites au bilan de la même manière que dans les années trente. Par contre, à compter de 1955, il est assez logiquement décidé de les réévaluer : de 67 MF, elles passent à 320 MF. D'autres titres de participation – que nous aurons l'occasion de détailler – additionnés à l'achat de nouveaux titres de placement, comme des actions du Prince de Galles, viennent accroître le poids des investissements de l'entreprise dans d'autres sociétés, qui sont majoritairement très proches du Grand Hôtel. En 1947, valeurs engagées – les 80 000 actions de la Rente foncière – et valeurs réalisables à court terme représentent 35 % du total de l'actif, environ 70 % en 1958. On retrouve plus ou moins les mêmes chiffres qu'au plus fort de la participation extérieure du Grand Hôtel dans d'autres sociétés.

L'aventure africaine

La réussite dégagée par l'entreprise parisienne – « les », serions-nous tentés d'écrire – fait forcément réfléchir ses dirigeants quant à la possibilité de développer leurs activités. Or, il est déjà apparu risqué de s'étendre à Paris. L'avènement difficile du Prince de Galles est là pour le confirmer et les administrateurs du Grand Hôtel ne veulent pas commettre la même erreur que vingt-cinq ans auparavant. Le marché parisien de la grande industrie hôtelière semble s'être équilibré naturellement et, de ce fait, il ne paraît guère judicieux de proposer une nouvelle offre. L'absence de création de grands hôtels à Paris durant toutes les années 1950 montre que l'on a su tirer les conséquences des échecs passés. Trouver de nouveaux horizons est donc obligatoire pour réussir ce nouveau pari et pour ne pas compromettre le succès des anciennes maisons. Aussi, après la Seconde Guerre mondiale, le sol africain paraît être un nouvel eldorado pour l'industrie hôtelière.

---

45. AGO de la société du Grand Hôtel, 14 mai 1956.

Le choix du point de chute du nouvel établissement de l'empire Millon est cornélien. Deux destinations retiennent l'attention : Dakar et Conakry[46]. La capitale sénégalaise paraît posséder le plus d'atouts. Toutefois, la cité possède déjà une industrie hôtelière conséquente. De plus, les améliorations du transport aérien font qu'il ne devient plus obligatoire de transiter par Dakar pour poursuivre un voyage africain. La ville serait ainsi de moins en moins une ville-étape, d'où une réduction, ou tout du moins une stagnation de la demande en hébergements temporaires. Tenant compte de ces évolutions, la sélection de Conakry s'impose. En 1951, les titres de placement de l'entreprise passent de 63 à 11 MF alors que, dans le même temps, est créé un nouveau chapitre s'intitulant « autres titres de participation », les premiers titres de participation étant constitués des actions de la Rente foncière[47]. La modification ne concerne que les écritures comptables et ne change que peu les totaux du bilan. Par contre, le glissement de rubriques prouve que l'investissement s'inscrit désormais à long terme, avec une réelle volonté de s'impliquer dans la société sur laquelle le dévolu des administrateurs du Grand Hôtel est jeté. En 1952, leurs plans sont dévoilés : ils ont pris une participation importante et se sont largement investis personnellement dans la Société africaine foncière et d'industrie hôtelière (SAFIH)[48]. Un compte de dépôt à plus d'un an d'échéance est accordé à la société africaine. Ce compte, qui ne produit aucun intérêt, se solde sur un total de 19,5 MF au 31 décembre 1952, somme devant servir à augmenter le capital de la SAFIH. C'est le début de l'aventure africaine du Grand Hôtel.

En 1953, un nouveau compte-courant est inauguré avec la Société commerciale et industrielle d'expansion (SCIE), société devant exploiter le futur hôtel de France. Une fusion s'opère rapidement entre la SCIE et la SAFIH[49]. En 1954, compte-courant et compte de dépôt atteignent la somme de 60 MF, 89 MF l'année suivante[50]. Ces montants colossaux servent à ériger l'hôtel, d'environ quatre-vingts chambres, et à lancer son exploitation. Par la suite, le fort engagement du Grand Hôtel se confirme avec l'intérêt porté par ses dirigeants pour la Société foncière de Camayenne, propriétaire de villas et de terrains mitoyens de l'Hôtel de France. Le Grand Hôtel détient dès lors 20 % de son capital et voit son portefeuille retrouver des valeurs importantes : au 31 décembre 1956, l'addition des dépôts à plus d'un an d'échéance, de la parti-

46. Entretiens avec Rémi Chapotin.
47. AGO de la société du Grand Hôtel, 24 mai 1952.
48. AGO de la société du Grand Hôtel, 30 mai 1953.
49. AGO de la société du Grand Hôtel, 24 mai 1958.
50. AGO de la société du Grand Hôtel, 14 mai 1956.

cipation financière, des titres de participation, des autres débiteurs et des titres de placement s'élève à 558 MF, soit 69,45 % de l'actif de l'entreprise[51].

Les événements politiques contrecarrent les plans d'André Millon. En 1958, la Guinée, menée par Sékou Touré, est le seul pays d'Afrique à exprimer son refus, face à la proposition du Général de Gaulle d'entrer dans la Communauté française[52]. Ce vote entraîne un arrêt immédiat des relations entre la métropole et l'ancienne colonie. La Guinée accède à l'indépendance le 2 octobre 1958, tout en entrant dans « une société socialiste »[53] selon les propres termes de son chef de l'état. Ainsi, il est un peu près certain que l'hôtel va être nationalisé. Or, grâce à certaines relations locales plus ou moins obscures, il n'en est rien. Au milieu des années 1960, la société du Grand Hôtel garde toujours le contrôle de l'Hôtel de France, malgré des « difficultés croissantes »[54]; il est vendu par la suite pour une somme dérisoire, à un cousin de la famille, Jean Terninck, fortement implanté en Afrique occidentale, notamment dans l'industrie textile.

Au total, la société du Grand Hôtel perd une partie de son investissement; toutefois, les dommages auraient pu être bien plus conséquents. En effet, la promptitude avec laquelle les différentes avances à la SCIE ont été remboursées permet au Grand Hôtel de limiter les dégâts. Cependant, à l'heure où la Guinée retrouve son indépendance, l'entreprise est toujours engagée, soit sous la forme de ces avances, soit sous celle de participation dans les diverses sociétés présentes sur le terrain. La présentation des comptes tendrait pourtant à prouver que, malgré l'indépendance, les remboursements continuent[55]. Toutefois, il est impossible que le Grand Hôtel sorte totalement indemne de ce périple: dès 1960, il est décidé de dévaluer les valeurs possédées en Afrique. Sont ainsi rabaissées de 50 % la valeur des actions de la SCIE et de 80 % celles de la Société foncière de Camayenne. Tous les actifs de cette dernière ont été nationalisés. L'année suivante, ce sont les crédits accordés à la SCIE qui sont réduits, sans remboursement, de plus de 80 %[56]. D'autres montants sont passés par pertes et profits; jusqu'à la fin des années 1960, différentes provisions sont adoptées chaque année pour éponger les pertes. L'aventure africaine du Grand Hôtel s'achève ainsi sur cette mauvaise note. C'est pourquoi, l'entreprise concentre désormais toutes ses participations à Paris, auprès de ses sociétés sœurs.

---

51. AGO de la société du Grand Hôtel, 25 mai 1957.
52. Droz B., *Histoire de la décolonisation au XXe siècle*, Paris, Seuil, 2006, p. 260.
53. Devey M., *La Guinée*, Paris, Karthala, 1997, p. 137.
54. AGO de la société du Grand Hôtel, 22 juin 1967.
55. AGO de la société du Grand Hôtel, 25 mai 1961.
56. AGO de la société du Grand Hôtel, 19 mai 1962.

La vente de l'empire

L'ambivalence des années 1960

L'inquiétante stagnation

Alors que le Grand Hôtel présente de bons résultats pour toutes les années 1950, il n'en est pas de même pour la décennie suivante. Même si la société ne connaît pas d'exercice déficitaire, la production de la société stagne de manière dangereuse. En fait, la décennie connaît deux phases distinctes. Jusqu'en 1964, le Grand Hôtel maintient une production croissante, avec une ligne de flottaison perpétuellement maintenue au-dessus des 220 000 nuits vendues annuellement. C'est d'ailleurs un record pour l'entreprise, jamais elle n'avait atteint de tels résultats. Par la suite, on assiste à un réel tassement de cette progression. Passé le pic des années 1963 et 1964, le Grand Hôtel semble avoir touché un seuil qui lui est impossible de dépasser. C'est en tout cas l'impression laissée par les exercices de la deuxième moitié des années 1960, exception faite de celui, exceptionnel, de 1968. Ce dernier illustre à nouveau la sensibilité de l'industrie hôtelière face à tout événement politique ou économique, à tout soubresaut conjoncturel. Au plus fort de la crise, le Grand Hôtel ferme ses portes pendant quatorze jours[57]. Du point de vue de la fréquentation, les conséquences du vaste mouvement sont très palpables : base 100 pour les mois de mai, juin, juillet et août 1967, l'indice

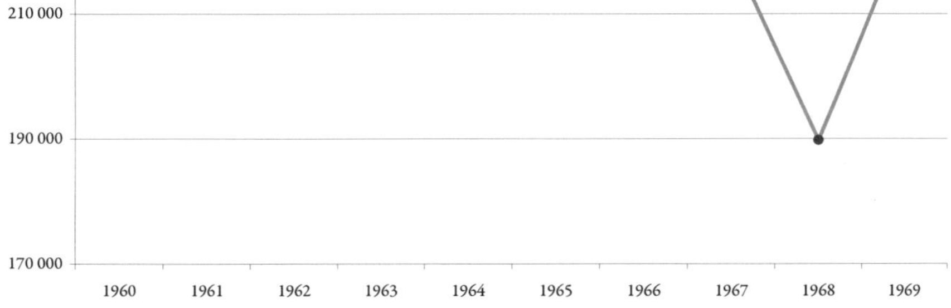

Graph. 32. Nombre de nuitées, 1960-1969.

57. AGO de la société du Grand Hôtel, 25 juin 1969.

du nombre de voyageurs passe à 72,35 en 1968. De plus, les effets corollaires du mouvement se font ressentir de manière différente selon les nationalités. Les Américains paraissent plus sensibles à ce type d'événement : leur indice de fréquentation est descendu à 42,6 pour juin 1968 en comparaison de juin 1967, à 60,7 par rapport aux quatre mois précités. Les retombées ne s'arrêtent pas à l'été de 1968 et s'observent jusqu'à la fin de l'année. L'incertitude engendrée par les troubles sociaux et leur prolongation ont dévié de Paris de nombreux circuits touristiques.

Même en dehors de ces effets fâcheux, tout porte à croire que le Grand Hôtel a atteint un cap qui lui est difficile de dépasser. Il semble qu'il se soit en quelque sorte endormi sur ses lauriers et ne se soit que très peu renouvelé du point de vue de ses offres et installations. En un sens, l'entreprise, peut-être aveuglée par le succès, n'a pas innové et propose toujours le même visage depuis de trop longues décennies. La commande d'un audit, délivré en 1969, semble confirmer que les dirigeants du Grand Hôtel ont conscience de leurs lacunes et cherchent des remèdes à cette stagnation, tant au niveau de la rentabilité globale que du point de vue des services proposés[58]. Un autre but de cette opération, dévoilé plus tard, est de connaître l'état financier de toutes les composantes de l'empire Millon... Aucun catastrophisme n'émane de la longue et précise étude du cabinet d'experts, qui s'intéresse également au Prince de Galles, au Meurice et au Café de la Paix. Aux dires des spécialistes, la situation financière – fonds de roulement, endettement net, coefficient de liquidité de trésorerie égal à 1,3 en 1968 – du Grand Hôtel est très saine[59]. En valeurs brutes, et malgré une production stagnante, le chiffre d'affaires net augmente. De 1962 à 1967, il croît de plus de 30 %, ce qui constitue une belle performance, eu égard à une production stable, ce qui s'explique par la hausse des tarifs de l'établissement. Sans cela, la progression de l'entreprise aurait été nulle, pour ne pas dire pire. Toutefois, ces augmentations sont maîtrisées et laissent une marge de manœuvre importante aux dirigeants.

La gestion de l'entreprise évolue au fur et à mesure de la période. Alors qu'elle commence sur le même rythme que lors de la décennie précédente, une certaine prudence s'instaure dès que l'on se rend compte que ses performances souffrent d'une certaine léthargie. Aux dires des administrateurs, la nouvelle concurrence développée lors de la seconde moitié des années 1960, notamment celle constituée par les grands hôtels périphériques, y est pour beaucoup. Ce n'est pas le point de vue des auditeurs des sociétés Millon.

58. Fonds Chapotin : rapport Sadoc, diagnostic sur la situation actuelle de la société du Grand Hôtel et étude de perspective d'amélioration.

59. *Ibid.*, p. 6.

	Chiffre d'affaires net (en F)	Bénéfice net (en F)	Dividende (en %)
1960	nc	908 827,79	14,63
1961	nc	956 748,81	15,11
1962	14 700 000	1 030 395,87	16,4
1963	16 200 000	1 029 101,81	16,53
1964	16 850 000	919 637,27	15,44
1965	17 350 000	673 504,73	12,36
1966	18 370 000	1 132 570,98	8,3
1967	19 210 000	1 705 472,57	8,3
1968	16 840 000	942 682,60	8,3
1969	nc	1 936 311,77	9,81

Tab. 33. Résultats du Grand Hôtel, 1960-1969.

Selon eux, les nouveaux hôtels de grande capacité, comme le Hilton Suffren ouvert en 1964 sur la rive gauche de la capitale, malgré une classification similaire à celle du Grand Hôtel – quatre étoiles – présentent une image et des tarifs dignes des établissements quatre étoiles « luxe ». En conclusion, « l'évolution des nuitées apparaît supérieure à l'évolution du parc hôtelier et met en évidence une tendance favorable à la montée des taux d'occupation en hôtels de luxe ou quatre étoiles »[60]. Au 1er janvier 1968, le cabinet d'experts estime à 7 296 chambres quatre étoiles présentes sur le sol parisien, 2 740 pour les quatre étoiles « luxe ». En dépit de toutes les prévisions d'inauguration de nouveaux établissements à partir de 1970, le nombre de chambres pour la catégorie quatre étoiles devrait rester stable. Ainsi, le Grand Hôtel n'a rien à craindre de ces nouvelles fondations. Il lui reste donc d'innombrables cartes à jouer et si ses résultats s'affaiblissent, c'est que l'entreprise n'a pas su se renouveler et est en phase de régression face à la concurrence. Un guide de l'époque confirme qu'une rénovation de l'entreprise est urgente : « On doit redécorer l'hôtel, étage par étage. Personne ne s'en plaindra »[61].

60. *Ibid.*, p. 30.

61. *Guide Julliard de Paris, Les bonnes et nouvelles adresses d'Henri Gault et Christian Millau*, Paris, Julliard, 1965, p. 352.

Les déboires africains additionnés aux performances moyennes de l'entreprise laissent une assez faible marge de manœuvre aux dirigeants du Grand Hôtel. Du reste, l'augmentation de capital votée au cœur des années 1960 reprend la formule déjà employée et ne correspond en rien à une bonne période traversée. La réévaluation des actifs de la société dégage une réserve spéciale dont une partie est incorporée au capital en mai 1966, le portant à 7 950 000 F[62]. Cette opération a pour effet d'accroître la part des fonds propres au passif de la société : en 1966, capital et réserves composent environ 72 % du total du bilan, à peine 43 % en 1970. Entre-temps, le poids de la dette a considérablement augmenté. Cette évolution constitue une réponse aux errements du passé pointés du doigt par le cabinet d'audit. Elle doit déboucher sur une amélioration des performances du Grand Hôtel, en passant par une profonde restructuration affectant de nombreux aspects.

Une modernisation tardive

Les dirigeants de l'entreprise n'ont pas attendu le rapport de 1969 pour se rendre compte de la fragilité de leur situation. Dans un premier temps, ils expliquent cette stagnation par des motifs sur lesquels ils n'ont aucune emprise. Ainsi, durant l'été 1966, des grèves intervenues au sein des transports aériens et maritimes auraient eu des conséquences négatives sur les résultats de l'entreprise. De plus, la clientèle américaine « marque [...] une réticence à choisir la France comme but de leur voyage »[63]. Jean Radius se garde de donner toute explication au phénomène. Faut-il y voir un refroidissement des relations entre la France et les États-Unis, synonyme, entre autres, du retrait de la France des commandements intégrés de l'OTAN ? Probablement. Quoi qu'il en soit, cet état de fait est d'autant plus préjudiciable que l'entreprise a depuis le milieu des années 1950 axé sa communication et ses efforts publicitaires vers l'outre-Atlantique. Ainsi, la communication de l'entreprise, vraisemblablement trop spécialisée vers certains destinataires, montre ses limites. Au cœur des années 1960, l'absence de la clientèle américaine est de plus en plus palpable. Alors que les Américains représentent 40 % de la clientèle totale du Grand Hôtel en temps normal, leur nombre baisse de 10 % entre 1966 et 1967. Le risque est donc majeur et oblige l'entreprise à aller conquérir de nouveaux marchés. Des accords de représentation sont conclus de manière à atteindre une clientèle en provenance du Japon, de l'Australie, de la Nouvelle-Zélande et de l'Amérique du Sud. Toujours dans cette tentative de prospection commerciale, le Grand Hôtel participe à la création d'un groupement d'une soixantaine d'hôtels

62. AGO de la société du Grand Hôtel, 22 juin 1967.

63. *Ibid.*

européens constituant une chaîne de réservation et de publicité. Allant bien au-delà, un programme de rénovation de l'hôtel est établi en 1968. Une première tranche concerne la remise à neuf d'une centaine de chambres et de salles de bains ainsi que la réfection du système de chauffage central et de distribution d'eau. Les événements de mai et juin 1968 obligent la direction à ajourner ses plans. Ainsi, elle reste convaincue de l'utilité de maintenir le Grand Hôtel dans un état digne de sa réputation : de 1962 à 1968, 12,7 MF ont été dépensés au titre des travaux d'entretien courant[64]. Ces investissements ont été financés par les ressources propres à l'entreprise qui pratique au surplus des amortissements *maxima*. Néanmoins, tout ceci reste insuffisant face aux nouveaux défis que doit relever l'industrie hôtelière.

En 1969, le conseil d'administration concède qu'il lui est apparu que la politique d'investissements devait être « intensifiée et accélérée »[65]. Il donne à cela plusieurs raisons : les mutations des goûts de la clientèle, leurs nouvelles aspirations en matière de confort, le développement du tourisme de congrès... Le rapport du cabinet d'audit avait clairement mis en lumière que le tourisme d'affaires était la branche offrant le plus de perspectives de croissance[66]. En 1969, le tourisme d'affaires compose 44 % de la clientèle hébergement. Cette clientèle est principalement européenne, à hauteur de 72,7 %. Concernant la clientèle « tourisme », le rapport de force s'inverse puisque les Nord-Américains comptent pour 59 % de ce type de clients. De plus, la saisonnalité de l'activité est différente selon les deux groupes. En dehors de juillet et août, la clientèle « affaires » est répartie de manière très égale tout au long de l'année, assurant une activité continue à l'hôtelier, à l'inverse de la clientèle « tourisme » qui se concentre principalement entre avril et octobre avec des pics pour juillet et août. Ainsi, clientèle « affaires » et « tourisme » se complètent et tendent à offrir à l'hôtelier une activité équilibrée. De plus, la recommandation de développer le tourisme « affaires » vient peut-être du constat qu'il s'agit pour le moment d'une clientèle majoritairement européenne, semblant moins volatile ou moins sensible aux fluctuations de la conjoncture, sous toutes ses formes, que la clientèle américaine.

64. AGO de la société du Grand Hôtel, 25 juin 1969.

65. AGO de la société du Grand Hôtel, 30 juin 1970.

66. Fonds Chapotin : rapport Sadoc, diagnostic sur la situation actuelle de la société du Grand Hôtel et étude de perspective d'amélioration, p. 41-43.

Affaires 44 %	Groupes 12 %	France	4
		Europe	5
		Amérique du Nord	1,5
		Divers	1,5
	Individuels 32 %	France	13
		Europe	10
		Amérique du Nord	6
		Divers	3
Tourisme 56 %	Groupes 37 %	France	0
		Europe	1
		Amérique du Nord	26
		Divers	10
	Individuels 19 %	France	2
		Europe	6
		Amérique du Nord	7
		Divers	4

Tab. 34. Segmentation de la clientèle du Grand Hôtel, 1969 (en %).

Selon les experts, le Grand Hôtel doit donc miser sur la clientèle « affaires ». Ils ont probablement estimé que la clientèle « tourisme » est arrivée à un goulot d'étranglement ne lui permettant plus de s'accroître. Les groupes de touristes privilégient peut-être dès cette époque les hôtels de moindre catégorie, offrant des tarifs plus attractifs alors que, à l'inverse, les touristes les plus fortunés optent pour les établissements de plus grand standing que le Grand Hôtel. Ainsi, la grande modernisation lancée à partir de 1969 tente de répondre à cette mutation et tend au développement de la clientèle « affaires ».

Programmé sur quatre ans, le projet de rénovation comporte quatre points majeurs. Même s'ils ne sont pas spécifiques à la nouvelle affectation que l'on veut donner au Grand Hôtel, les chantiers techniques composent une part essentielle de cette métamorphose : ils prévoient la réfection complète de la centrale de chauffage et de distribution d'eau, la création d'une nouvelle batterie de trois ascenseurs, le réaménagement de certains locaux de service, comme l'économat, la cave, les vestiaires du personnel ou les ateliers d'entretien, le remplacement du standard téléphonique et enfin la réfection de la cuisine[67]. En deuxième lieu, les dirigeants du Grand Hôtel choisissent de moderniser – le mot est très à la mode – les locaux de réception et les espaces publics de l'établissement. Ainsi, le bar, le jardin d'hiver, le hall de réception et les entrées sur la rue Scribe et le boulevard des Capucines sont profondément revus et réaménagés. Le style choisi tranche singulièrement avec la précédente grande rénovation qu'avait connue l'hôtel en 1904-1905. Le Grand Hôtel devient résolument moderne au risque d'y perdre son âme : le jardin d'hiver est transformé en patio avec un faux plafond bas, très géométrique laissant une place importante aux couleurs vives, le hall de réception est également devenu géométrique, le plastique semble avoir remplacé le stuc. Après s'être occupé des espaces fonctionnels puis publics, le troisième point concentre son attention sur les chambres. Une nouvelle fois, la modernisation est à l'honneur : les anciens grands appartements sont démantelés pour augmenter le potentiel locatif du Grand Hôtel. De 558, l'édifice passe à 660 chambres. Surtout, toutes sont désormais pourvues de salle de bains ; jusqu'à cette période, certaines chambres ne disposaient que d'un cabinet de toilette. Enfin, la dernière tranche concerne l'objectif de développement de la clientèle « affaires ». Avant cette importante réforme, le Grand Hôtel ne dispose que de la grande salle à manger et de deux autres salles, pouvant accueillir entre 150 et 250 personnes. De plus, ces trois espaces ne sont pas adaptés à l'organisation de grandes réunions de travail. Une fois le programme achevé, le Grand Hôtel offre à sa clientèle spécifique une salle de conférence de 700 personnes équipée pour la traduction simultanée et pour l'audiovisuel, la grande salle des fêtes pouvant recevoir plus de 1 000 personnes en cocktail et 600 en banquet, quatre autres salles de banquet, conférence ou cocktail de 150 à 300 personnes et diverses salles de dimensions plus réduites mais pouvant accueillir des réunions de 20 à 50 personnes. Au total, le Grand Hôtel propose à sa clientèle dix-sept salles de séminaires. Selon Jean Radius, l'objectif est double :

> le développement de ce genre d'activité, outre qu'il est une source de profit appréciable en ce qui concerne la restauration, devrait nous permettre d'améliorer de façon sensible nos pourcentages d'occupation en chambres pendant la période de morte-saison.[68]

La communication du Grand Hôtel chante dès lors les louanges de cet important virage pris par l'entreprise. La modernité est placée au cœur de cette stratégie tout comme le développement de l'activité conférence.

---

67. AGO de la société du Grand Hôtel, 30 juin 1970.
68. *Ibid.*

Le Grand Hôtel cherche à montrer qu'il est un pionnier dans le secteur par rapport au marché parisien *intra-muros* :

> la place de l'Opéra, centre de la capitale, n'a jusqu'à présent jamais été considérée comme un rendez-vous idéal pour les hommes d'affaires, industriels et techniciens, désireux de se réunir dans des conditions matérielles exceptionnelles. L'impensable est devenu réalité. La mise en place par le Grand Hôtel de dix-sept salles de conférences [...] correspond à une véritable révolution vers l'avenir. Ces salles ultramodernes sont équipées de tableaux magnétiques, d'écrans escamotables, de sonorisations et de toute la gamme des appareils audiovisuels les plus cotés, y compris ceux permettant la traduction simultanée.[69]

Côté chambres, le son de cloche est rigoureusement identique puisque l'on insiste sur la modernité de leurs installations et de leurs équipements :

> Toutes les chambres du Grand Hôtel possèdent des salles de bain, un bar à facturation automatique, une radio et une télévision. Elles sont six cent cinquante à la disposition des touristes et hommes d'affaires de passage qui apprécient leur luxe et leur confort.

Cette profonde mutation est couronnée par la remise, par le secrétariat d'État au Tourisme, de la Coupe d'or en avril 1972.

Le financement de cet audacieux programme, dont le coût prévisionnel est estimé à 24 MF, est envisagé grâce à trois sources : l'autofinancement à hauteur de 9 MF, un emprunt de 8 MF contracté conjointement auprès du Crédit hôtelier et du Crédit national, dans le cadre du Fonds de développement économique et social. Enfin, l'entreprise participe à concurrence de 7 MF à un emprunt obligataire émis par le Groupement des industries du transport et du tourisme (GITT). Le Grand Hôtel profite ainsi des facilités accordées par l'État, notamment grâce au Crédit hôtelier, dans le cadre de la modernisation des hôtels. L'exécution des travaux ne peut pas être sans répercussion sur la vie de l'entreprise. Pourtant, sa fréquentation et son chiffre d'affaires prouvent que leur incidence reste jugulée tout en confortant ses dirigeants dans la voie qu'ils viennent de lui faire prendre. Bien que le nombre de nuitées ait diminué en 1971, les résultats de l'entreprise augmentent, ce qui traduit, selon ses dirigeants, « la nouvelle orientation de notre politique commerciale »[70]. Par ailleurs, la condamnation temporaire des installations du bâtiment ainsi que les travaux de construction du Réseau express régional

69. BnF, FOL-WZ-1630 : document publicitaire pour le Grand Hôtel, vers 1972.
70. AGO de la société du Grand Hôtel, 15 juin 1972.

(RER), place de l'Opéra, dont le chantier fonctionne de jour comme de nuit, font forcément perdre à l'entreprise un grand nombre de locations. Malgré cela, le Grand Hôtel affiche des résultats satisfaisants, signe que le pari entrepreneurial est peut-être le bon.

Dans ce vaste mouvement de restructuration, les dirigeants cherchent à optimiser certaines branches de leur exploitation. En premier lieu, celui-ci frappe de plein fouet le personnel de l'hôtel : parti de 369 en 1967, le nombre de salariés n'est plus que de 277 en 1971[71]. Par ailleurs, la restauration devient un sujet de préoccupation du fait d'une évolution négative de ce secteur. La difficulté à conserver la clientèle de l'hôtel et à attirer une clientèle extérieure et l'instabilité de la fréquentation du restaurant à la carte engendrent un déficit constant de ce service. Selon les dirigeants de l'entreprise, cela n'est pas propre au Grand Hôtel et se vérifie dans de nombreux hôtels de Paris. Or, la tenue permanente d'une salle, d'une cuisine, d'un personnel trop ou pas assez nombreux selon les circonstances, l'obligation d'un approvisionnement permanent et de qualité sans savoir s'il va être écoulé entraînent des coûts d'exploitation importants et, du fait d'une fréquentation insuffisante, un résultat déficitaire. Devant ce constat, les dirigeants du Grand Hôtel cherchent des solutions. Or, il est impossible de supprimer purement et simplement le restaurant à la carte, pour des raisons commerciales évidentes mais aussi du fait de la réglementation concernant les premières catégories hôtelières. Toutefois, le Grand Hôtel possède un atout majeur : le Café de la Paix. Ainsi, il est décidé de créer une issue entre les deux enseignes. L'intérêt est double : les clients trouvent au Café de la Paix une offre de restauration diverse, alternant entre une carte de bon restaurant gastronomique et des formules type *snack-bar* ; la direction de l'hôtel peut fermer son restaurant. Par cette réforme, le Grand Hôtel ne conserve que le *room-service* et la restauration collective type banquets comme mode de restauration propre. En outre, le Café de la Paix peut espérer un regain d'activité grâce à la clientèle de l'hôtel ; c'est pourquoi, une convention est passée entre les deux sociétés sœurs, qui octroie une redevance annuelle au Grand Hôtel.

En fait, la disparition du restaurant à la carte du Grand Hôtel se cadre parfaitement avec les déboires de la restauration des grands hôtels français durant cette période. De manière générale, les grands hôtels furent des lieux d'excellence culinaire jusque dans l'entre-deux-guerres[72]. Par la suite, le

71. *Ibid.*
72. En l'état actuel de la recherche, il est difficile d'être plus précis. Le célèbre critique de l'entre-deux-guerres, Curnonsky, ne nous aide pas à affiner notre analyse puisqu'il exclut volontairement les hôtels de son Paris gastronomique (Curnonsky et Rouff M., *La France gastronomique, Guide des merveilles culinaires et des bonnes auberges françaises, Paris*, Paris, Rouff, 1925, 2 volumes ; voir t. 1, p. 108). Cette volonté révèle peut-être

schéma s'inverse totalement et les restaurants des palaces ne sont plus cités en exemple. Ainsi, à Paris, dans les années 1950, quatre restaurants tiennent le haut du pavé : Lasserre, la Tour d'Argent, le Grand Véfour et Maxim's[73]. De plus, les grands hôtels ont totalement raté la marche de la Nouvelle Cuisine. Aucun de ses apôtres n'officie dans leurs cuisines ; beaucoup sont provinciaux et les quelques parisiens travaillent dans les restaurants précités comme Raymond Oliver au Véfour ou Alex Humbert chez Maxim's[74]. Les instigateurs de cette nouvelle philosophie, Henri Gault et Christian Millau, confirment ce jugement : « Contrairement aux New-Yorkais ou aux Londoniens, les Parisiens boudent les restaurants d'hôtel. Ils les trouvent fades et lugubres. La plupart du temps, ils n'ont pas tort. Sauf dans le cas de L'Espadon »[75]. Ainsi, seul le restaurant du Ritz semble avoir réussi à tenir son rang. Aucun autre hôtel ne voit son évaluation, au sein du célèbre guide, dépasser la note de 13 sur 20 au contraire du Grand Véfour qui obtient un 17, de Drouant (16), de La Tour d'Argent (17), du Lucas-Carton (18), de Maxim's (17), de Lasserre (18). En outre, aucun établissement géré par le clan Millon n'est mentionné dans le guide des deux critiques, mettant une nouvelle fois en relief la stratégie entrepreneuriale d'André Millon, tendant à faire de ses hôtels, pour des raisons de rentabilité, des entreprises tournées avant toute chose vers l'hébergement, non vers la restauration. Au total, les difficultés du restaurant à la carte du Grand Hôtel ne sont nullement uniques et traduisent un vaste déclin qui perdure jusque dans les années 1980.

La fin des années 1960 et le début des années 1970 sont donc synonymes de bouleversements importants pour la vie de l'entreprise. Une nouvelle ligne managériale est insufflée, l'hôtel a été profondément modernisé. Par ces investissements conséquents et ces décisions importantes, le Grand Hôtel tourne une page de son histoire et aborde la contemporanéité

---

implicitement que le passage de témoin entre grands hôtels et grands restaurants est déjà en action au cours de la première moitié des années 1920. D'ailleurs, Curnonsky ne porte pas, loin s'en faut, les grands hôtels en odeur de sainteté. Voici par exemple ce qu'il écrit à leur propos dans l'ouvrage de la série dédié à la Touraine : « ce mal qui répand la terreur : le Palace, puisqu'il faut l'appeler par son nom, le Palace avec son mercantilisme odieux, son clinquant, son architecture de bazar, ses colonnes au sixième étage, le Palace où l'imitation de simili margarine cherche à remplacer le beurre, où les sauces anonymes attendent, dans des flacons multicolores, le moment d'être répandues sur des ratatouilles sans gloire » (p. 7-8).

73. Quelin J.-P., « Confidentiel Véfour », in *Le Monde*, 4 mars 1998.

74. Drouard A., « La Nouvelle Cuisine en France dans le dernier tiers du XXe siècle », in Drouard A., Williot J.-P. (dir.), *Histoire des innovations alimentaire...*, *op. cit.*, p. 207-216.

75. *Guide Julliard de Paris...*, *op. cit.*, p. 15.

de manière offensive. Toutefois, il va connaître une évolution bien plus décisive, concernant ses propriétaires et sa direction.

Le non-respect du pacte familial

Après l'aventure africaine, le Grand Hôtel recentre la plupart de ses actifs à Paris, et plus précisément auprès des filiales de l'empire Millon. Son portefeuille, composé de valeurs bien diverses, suit tout au long des années 1960 une longue évolution, aboutissant à un affaiblissement des titres de placement et un renforcement des participations financières. À partir de 1963, il est décidé de resserrer les investissements du Grand Hôtel vers les sociétés présidées par André Millon. Ainsi, au 31 décembre 1963, le Grand Hôtel possède 25 670 actions de la Rente foncière, 941 parts de cette même société, 533 actions de la Réunion foncière, une filiale de la Rente foncière, 1 999 actions du Meurice, 214 actions de la Société pour l'industrie hôtelière (SIH), société qui exploite le Prince de Galles et 10 010 actions de la Société financière de gestion et d'investissements immobiliers et hôteliers (SOFITEL)[76]. Seul l'investissement dans cette dernière société, qui vient d'être créée à l'effet de gérer de grands hôtels, constitue une entorse à la stratégie venant d'être mise en place. Ces investissements sont d'importance puisqu'ils représentent plus de 50 % des actifs de l'entreprise durant toute la décennie. Seule la modernisation du Grand Hôtel de 1969 fait fléchir, en pourcentage et non en valeurs brutes, l'impact des participations financières dans le total du bilan.

Le système d'imbrication des sociétés familiales, de participations réciproques des entreprises les unes dans les autres aboutit à un pacte familial signé le 31 décembre 1961[77]. Cette opération est sans doute le fruit de la volonté d'André Millon soucieux de l'avenir de ses entreprises et désirant une division raisonnée de son héritage. Chaque membre de la famille jure sur l'honneur de ne pas se dessaisir de ses titres sans donner un droit d'option aux autres porteurs figurant sur une liste ajoutée à l'accord. En outre, « cet engagement est également pris pour chacun d'eux en ce qui concerne leurs héritiers et ayants droit respectifs »[78]. Enfin, les porteurs s'engagent à faire valoir leur droit de préférence dans les augmentations éventuelles de capital des dites sociétés. Parmi toutes les sociétés sœurs, seule la SIT (Société d'industrie touristique, c'est-à-dire le Café de la Paix) n'est pas

76. AGO de la société du Grand Hôtel, 30 mai 1964.
77. Fonds Chapotin : pacte familial, 31 décembre 1961.
78. *Ibid.*

concernée car détenue à 100 % par la famille. Au total, le jeu de participation des sociétés Millon peut se résumer à l'aide de l'organigramme ajouté au rapport Sadoc.

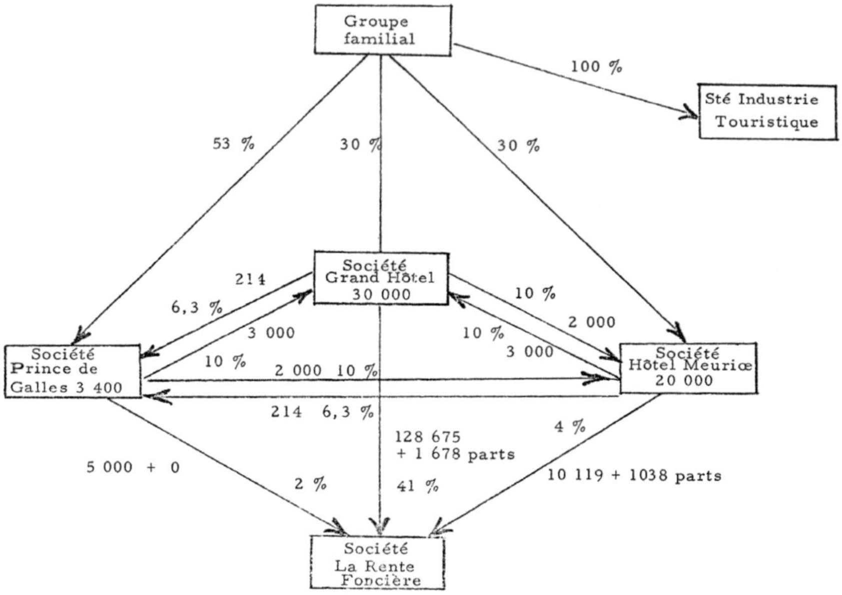

Fig. 22. Participation des diverses composantes de l'empire Millon, décembre 1961.

L'ensemble semble bien ficelé. Par exemple, dans le cas de l'hôtel de la place de l'Opéra, les signataires – le Meurice détenant 1 499 actions, la SIH (1 499), André Millon (500), Paul Chapotin (306), Jean Radius (306), André Toupet (306), Michel Lesieur (306), Pierre Mager (306), la société PHI (1 650), la Société Pallas (896), Elsa Schaufelberger-Hauser (20), Philippe Millet (20), Michel Kieffer (20), Mme Schwenter (26) et Mme Grandval (26) – représentent 7 686 actions sur les 15 000 composant le capital social de la société. Les participations ont légèrement évolué à la fin des années 1960 sans pour autant détruire cet accord de principe liant la dynastie Millon à toutes ses sociétés pour de nombreuses années.

Avant son décès, André Millon avait donc mis en place un système complexe devant assurer la quiétude de ses héritiers et la pérennité des sociétés qu'il a présidées. Tout paraît parfaitement organisé de sorte que le Grand Hôtel, le Meurice, le Prince de Galles, le Café de la Paix et la Rente foncière soient à l'abri du moindre coup de force financier. Des garde-fous sont installés à tous les étages : autocontrôle des sociétés entre-elles, limitation des cessions d'actions, mise en place d'un droit de vote double, « arme anti-OPA extrêmement puissante [...] sérieux obstacle pour l'acquéreur qui devra attendre au moins deux ans que les actions qu'il achète disposent d'un droit de vote double »[79]. L'empire est inaccessible à tout investisseur extérieur voulant en prendre le contrôle. Toutefois, moins de quinze mois après sa mort, l'inimaginable se déroule. L'empire est perdu par ses héritiers. Ce n'est finalement que la « trahison » de deux signataires du pacte, ou tout du moins le manquement à cet engagement, qui entraîne cette déchéance.

Des dissensions au sein de la famille se sont déjà manifestées au moment de la succession d'André Millon, même si Jean Radius, malgré quelques divergences de vue avec son beau-frère aîné, avait repris en main le Meurice et le Grand Hôtel. Paul Chapotin garde de son côté la direction effective du Café de la Paix, la présidence du Prince de Galles, tout en étant largement actif au sein des administrations des deux autres hôtels. Au début des années 1970, c'est le problème de l'intégration de la quatrième génération Millon aux affaires de la famille qui porte son lot de différends. Est-ce une raison à la rupture d'avril 1972 ? Assurément pas même si cela tend à prouver que les premières difficultés sont apparues. Du reste, l'existence du pacte familial, qui n'a en soi aucune valeur légale, prouve peut-être qu'André Millon avait perçu de probables désaccords parmi ses héritiers. Afin de les fédérer, il avait ressenti le besoin de créer cet accord moral.

En janvier 1972, alors qu'ils étaient jusqu'à présent d'une stabilité souveraine, du fait d'une absence de transaction, les cours du Meurice et du Grand Hôtel « se mettent à flamber. Le 17 janvier, l'action Meurice cote 857 F. Le 15 mars (15 % du capital change de main ce jour-là), elle atteint 1 500 F ! »[80] Les actions du Grand Hôtel connaissent les mêmes fluctuations puisqu'elles passent de 864 à 1 930 F. Pour le moment, seuls les acteurs de ce coup de théâtre sont initiés ; en ce qui concerne l'autre camp, on peut encore penser que ces mouvements s'effectuent auprès des actions non concernées par le pacte familial. Or, il n'en est rien et Paul Chapotin l'apprend à ses dépens le 28 avril 1972 à la veille de l'assemblée générale de la SIH[81]. En fait, la Paternelle, société d'assurances ayant très probablement repris les actifs de la Caisse autonome des retraites des ouvriers mineurs et à ce titre l'immeuble du Prince de Galles, possède 29,4 % de la SIH ; le complément est entière propriété du groupement familial. Pour des raisons que nous ignorons, elle vend ses parts lors du premier trimestre 1972. Elle est

79. Fleuriet M., *Les O.P.A. en France*, Paris, Dalloz Gestion, 1991, p. 111 et 113.

80. *Le Nouvel Économiste*, 10 juillet 1978.

81. *Les Informations*, 12 mars 1973.

suivie de deux membres de la famille : Jean Radius et Michel Lesieur. Quelles sont les raisons qui ont poussé les deux gendres d'André Millon à agir de la sorte ? Difficile à dire. Les premiers dissentiments, les problèmes de succession des cadres de l'empire ou encore les problèmes économiques de la célèbre entreprise d'huile peuvent être envisagés[82]. Quoi qu'il en soit, la perte de contrôle de la SIH par ses dirigeants entraîne irrémédiablement leur chute, car les nouveaux arrivants possèdent plus de 50 % de la SIH. Surtout, qui contrôle la SIH contrôle le reste des sociétés du fait du verrouillage organisé par André Millon. Paul Chapotin et André Toupet se retrouvent dès lors en position de faiblesse et n'ont d'autre choix que de démissionner et de céder leurs titres. Les démissions du conseil d'administration du Grand Hôtel de Paul Chapotin, Michel Kieffer et Elsa Schaufelberger-Hauser interviennent en juillet 1972. Seuls Jean Radius et Jacques Bellanger, un proche du président du Grand Hôtel entré au conseil le 26 novembre 1970 pour remplacer André Millon, restent, pour peu de temps, à la barre du bateau que l'on s'apprête à aliéner.

Dans quelles mains sont tombés les 29,4 % du Prince de Galles vendus par la Paternelle et les 22 % cédés par Jean Radius et Michel Lesieur ? Évidemment, dans les mêmes. Il s'agit d'une holding financière italienne, dans laquelle Paribas a de gros intérêts, Sviluppo, qui contrôle 43 % de la Compagnia italiana dei grandi albergi (CIGA), puissante compagnie italienne hôtelière qui gère à cette époque seize grands hôtels en Italie. Après cette première prise de contrôle, la CIGA lance diverses offres publiques d'achat (OPA) pour étendre son emprise[83]. La première concerne le Grand Hôtel, qui, du fait de son actif et notamment de sa participation dans la Rente foncière, va être utilisé pour compléter l'offensive. Le communiqué de presse du Grand Hôtel informe de l'OPA lancée par la CIGA, et plus exactement par sa filiale luxembourgeoise, la CIGA hôtels SA, et annonce les futures opérations destinées à prendre totalement le contrôle du Meurice et du Prince de Galles. Le prix d'offre pour le Grand Hôtel est de 2 200 F, « formule avantageuse pour les actionnaires »[84] ; il est de 3 000 F pour le Meurice, dont l'OPA est lancée en novembre 1972. Elles aboutissent en janvier de l'année suivante tant et si bien qu'au premier exercice du Grand Hôtel sous tutelle italienne, le nouveau président du groupe, Ariberto Cesa Bianchi – Jean Radius est devenu président d'honneur et disparaît de la direction l'année

---

82. Gaston-Breton T., *Lesieur, une marque dans l'histoire…*, *op. cit.*, p. 346-355.

83. Tous les détails de ces OPA se retrouvent dans Fleuriet M., *Pouvoir et finance d'entreprise, droits et pratiques*, Paris, Dalloz Gestion, 1977, p. 86-91.

84. *La Vie Française*, 19 octobre 1972.

suivante – annonce que le Grand Hôtel détient 72,86 % du Meurice et 96 % du Prince de Galles[85] ;

> Pour la CIGA, l'opération est magnifique : avec la plus-value enregistrée sur [la capitalisation boursière de] la Rente Foncière, elle peut s'offrir les trois grands hôtels parisiens tombés dans son escarcelle sans qu'il lui en coûte une lire ![86]

Claude Baroux, qui a largement couvert l'évènement, rajoute que

> La nature de l'opération sautait évidemment aux yeux à la seule lecture des bilans. Mais elle restait théorique et impossible à mener à bien aussi longtemps que le bloc familial qui détenait la majorité de la SIH-Prince de Galles n'était pas désagrégé.[87]

Voici un beau résumé de la chute de l'empire Millon. Cet effondrement entraîne d'irrémédiables dissentiments au sein de la famille. Outre le non-respect du pacte de décembre 1961, le prix de cession des actions est source de graves conflits. Alors que le prix d'achat des actions du Meurice est fixé à 3 000 F à l'occasion de l'OPA et celui du Grand Hôtel à 2 200, les familles Chapotin, Mager et Toupet cèdent leurs titres à 900 F pour le Meurice, 1 130 pour le Grand Hôtel. Elles intentent un procès aux deux autres membres de la famille pour ne pas les avoir informées des actions en gestation. Bien qu'inscrit au tribunal de grande instance de Paris, le procès n'a pas lieu et un accord est trouvé entre les cinq beaux-frères. Toutefois, leur divorce reste plus que jamais effectif.

C'est donc sur cet épisode sombre que s'achève le contrôle de la famille Millon sur le Grand Hôtel, le Meurice, le Prince de Galles, la Rente foncière et le Café de la Paix. Même si ce dernier est en dehors de toutes tractations, il est également vendu. Il aurait de toute façon été difficile de pouvoir le conserver avec un propriétaire devenu inhospitalier. À cette époque, le groupe Millon n'est pas le seul à tomber sous bannières étrangères. Le début des années 1970 coïncide avec l'arrivée de grands groupes internationaux fondant de nouveaux établissements ou achetant d'anciennes enseignes. Sans être complet, nous pouvons citer la création, en 1964, de l'Hilton, propriété

85. AGO de la société du Grand Hôtel, 27 juin 1974.
86. *Les Informations*, 12 mars 1973.
87. *Ibid.*

américaine, l'achat du George V, de la Trémoille et du Plaza-Athénée par la chaîne anglo-saxonne Trust House Forte en 1971, la vente du Bristol à Rudolf Oetker en 1978 ou encore, la même année, l'acquisition du Ritz par les frères Al Fayed. De manière générale, les trois décennies qui suivent sont marquées par une « valse » des grands hôtels parisiens. Le Grand Hôtel n'échappe pas au phénomène alors que celui qui reste à sa tête pendant près de quarante-cinq années a tout mis en œuvre pour qu'il en soit autrement.

Après soixante-dix années de permanence, de développement, de réussite voire, par instants, de réelle prospérité, le groupe Millon passe en mains étrangères et va dorénavant alimenter régulièrement les colonnes des faits divers, pour diverses affaires financières obscures. En une dizaine d'années, le Grand Hôtel va en effet voir tour à tour, au sein de sa direction, « l'entrée en scène de notables balzaciens, de personnages de la *commedia dell'arte* et enfin des détenteurs de capitaux arabes en quête de placement »[88]. L'instabilité gagne tous les échelons de l'entreprise, mais là n'est plus notre histoire.

À l'inverse, le Grand Hôtel a connu, lors des deux premiers tiers du XXe siècle, une rare stabilité permettant d'envisager une politique de gestion à long terme. Dès la prise de contrôle du début de siècle, des réformes de fond sont apportées dans le but de ne pas voir disparaître l'entreprise dans le tourbillon concurrentiel qui se développe à la Belle Époque puis dans les années 1920. Aussi, les deux présidents historiques de l'hôtel, Henry Wiener puis André Millon, ont réussi où beaucoup ont échoué. Ils ont su garantir l'attractivité de l'établissement, lui donner les investissements et les orientations nécessaires qui lui ont pratiquement sans cesse permis d'être rentable. Cependant, un certain sommeil s'empare de l'entreprise à la fin des années 1960 – faut-il y voir l'âge avancé du patriarche ou un manque de dynamisme des nouveaux cadres ? – qui sut tout de même s'en rendre compte et œuvrer à sa modernisation. Toutefois, il nous est interdit d'en mesurer les effets car, en 1972, la rénovation vient à peine de s'achever et différents paramètres font que la gestion de l'entreprise n'est plus guidée par ses seules performances. On se rend surtout compte que le Grand Hôtel, grâce aux fonds qu'il a dégagés, sert de pierre angulaire à l'empire Millon. Déjà, lors de la Belle Époque, Arthur Millon l'utilise comme point d'appui financier des sociétés qu'il crée. La stratégie est par la suite poursuivie avec le Prince de Galles et les sociétés africaines. Surtout, André Millon n'hésite pas à endetter sa société pour renforcer sa position au sein de la Rente foncière. En ce sens, et au vu de l'emploi des actifs de l'entreprise majoritairement tournés vers son extérieur, le succès du Grand Hôtel a totalement participé à l'extension et à l'apogée du groupe.

88. *Le Nouvel Économiste*, 10 juillet 1978.

CONCLUSION

Trois phases

De 1862 à 1972, l'histoire du Grand Hôtel est faite de profondes transformations à tel point que l'on peut mettre en évidence trois temps forts durant lesquels au moins une variable, « dont la combinaison constitue une entreprise : le capital, le marché, l'outil de production et le travail »[1], a connu de grandes mutations : l'ère Pereire, l'ère des financiers et enfin l'ère Millon.

En dépit de quelques éléments empiriques et au contraire de nombreuses autres entreprises connaissant des débuts hésitants voire artisanaux, le Grand Hôtel bénéficie d'un lancement exceptionnel. C'est une des clés de sa réussite première. De ce point de vue, et peut-être uniquement sous cet angle, les aspirations de ses créateurs sont pleinement satisfaites : l'hôtel émerveille, surprend, apporte son lot d'innovations et s'intègre parfaitement à la nouvelle politique de la ville dont il est l'un des plus illustres modèles. Son avènement est d'autant plus remarquable qu'il symbolise le triomphe de la société bourgeoise qui s'impose définitivement sous le règne de Napoléon III. D'ailleurs, l'étroitesse des liens entre les frères Pereire et le pouvoir impérial et l'autorité préfectorale est indéniable même si le Grand Hôtel répond bien à une initiative privée. En effet, les Pereire sont parmi les premiers à Paris à vouloir pleinement exploiter un phénomène en plein

1. Daumas J.-C., *L'amour du drap...*, *op. cit.*, p. 605.

développement, dans un premier temps grâce aux formidables impulsions données par les Expositions universelles puis avec un rythme plus continu et s'intensifiant : le tourisme. Ayant eu conscience des carences de l'industrie d'accueil à Paris, ils décident d'y implanter deux grands hôtels devant répondre aux attentes de clients fortunés. Le Grand Hôtel du Louvre et le Grand Hôtel sont donc les premiers d'une filiation qui n'a eu de cesse de s'étendre. Le pari est en tout point osé et il est encore difficile de parler de demi-succès ou de demi-échec car la concurrence engendrée par la deuxième composante hôtelière de la Compagnie immobilière est tangible sur l'aînée des deux entreprises. En définitive, l'opération séduction, malgré de nombreuses fausses notes, qui ne sont ni dévoilées par leurs dirigeants ni relayées par la presse, est sans équivoque réussie. En ce qui concerne l'aspect économique, qui reste primordial, nos conclusions sont nettement moins tranchées et forment une nouvelle preuve du caractère ambitieux, voire téméraire, des entrepreneurs Pereire.

Du fait de la faillite de la Compagnie immobilière, le Grand Hôtel change de mains. À la suite d'une longue transition, l'entreprise est vendue en août 1879 à la Rente foncière, nouvellement fondée, qui en cède rapidement l'exploitation à une société fermière créée par l'un de ses administrateurs, Edmond de Werbrouck. Celui-ci, banquier de profession, tente, à l'aide d'une administration regroupant des compétences bien diverses, de redynamiser l'enseigne. Cependant, cette reprise reste insuffisamment aboutie et peu ambitieuse : elle s'est heurtée à une conjoncture difficile mais surtout à une méconnaissance importante de la grande hôtellerie. De ce fait, le Grand Hôtel n'innove que peu et offre un aspect rigoureusement identique à celui qu'il présentait à ses débuts. Du reste, la seconde administration de financiers se mettant en place après l'éviction de Werbrouck commet les mêmes erreurs et semble s'être uniquement intéressée à l'industrie hôtelière du fait de la forte rentabilité qu'elle présentait. La presse de l'époque se satisfait pourtant du visage offert par le Grand Hôtel car il demeure un haut lieu du Paris mondain. Cependant, ce qui fait vivre l'entreprise, c'est-à-dire l'hôtellerie et plus particulièrement sa branche logement, commence à vaciller, à émettre des signaux alarmants démontrant qu'elle se fait largement dépasser par une concurrence redoutable.

Au tournant des XIXe et XXe siècles, l'arrivée d'une nouvelle équipe d'administrateurs, qui regroupe pour la première fois des professionnels de l'hôtellerie, est vitale pour le devenir du Grand Hôtel. En tant que spécialistes, ils comprennent les errements du passé, envisagent le retard qu'il est en train de prendre face à ses nouveaux adversaires et réagissent pour contrer ce progressif déclin. De plus, la constitution de cette direction énergique met en lumière d'importants réseaux existant au sein de la grande hôtellerie européenne. Au total, la démarche est parfaitement réussie et aboutit à la plus longue administration que connaît la société jusqu'à ce jour. Leurs héritiers, et plus particulièrement André Millon, prolongent la stratégie offensive appliquée dès la Belle Époque et garantissent ainsi le développement de l'entreprise puis du groupe.

Une famille au centre de l'histoire d'entreprise

L'histoire du Grand Hôtel est aussi, au moins pour soixante-dix années, intimement liée à celle d'une dynastie : les Millon. À l'instar de sa création, les hommes ont un rôle primordial dans la pérennité du Grand Hôtel. Devant une concurrence connaissant un essor sans précédent, un homme au destin extraordinaire, parangon de l'hôtelier parti de rien et ayant réussi sans formation, Arthur Millon, sut réveiller une enseigne commençant à prendre de l'âge et sut lui insuffler une nouvelle ligne entrepreneuriale. Grâce à un courage certain et avec l'aide de collaborateurs efficaces, il comprend les nouveaux défis que la grande hôtellerie contemporaine doit relever et réforme profondément l'entreprise dans le but de la rendre apte à répondre aux nouvelles attentes des voyageurs. André Millon est le digne successeur de son père en maintenant sans cesse le Grand Hôtel au rang qui était le sien, en l'inscrivant sur le nouveau créneau sur lequel son père le porta : la grande hôtellerie de deuxième degré, le premier étant occupé par les établissements de plus petite taille ayant accédé aux quatre étoiles « luxe » dès qu'une classification officielle se met en place. D'ailleurs, la restructuration ou tout du moins la variation de la manière d'envisager le prestige de l'hôtel, de le reléguer sciemment à un niveau inférieur à celui qu'il occupait à son origine, est une des bases de la réussite Millon. Vouloir faire constamment du Grand Hôtel un établissement de luxe, bâtiment aux dimensions considérables qui aurait forcément souffert la comparaison avec ses jeunes concurrents, aurait à n'en pas douter été une erreur qu'il aurait été difficile de surmonter. En ce sens, la reprise par des professionnels, qui comprennent les réalités et les évolutions du métier, est déterminante. L'accession à la présidence de l'entreprise d'André Millon l'est tout autant. Il garantit au Grand Hôtel les nouvelles racines qui viennent de lui être données, reste fidèle à la ligne de conduite novatrice et profite de la prospérité éclatante pour étendre son emprise sur le marché de la grande hôtellerie parisienne voire mondiale, comme le montre l'aventure africaine. En somme, les sept décennies durant lesquelles la famille Millon est aux commandes du Grand Hôtel, malgré deux guerres mondiales, composent presque une histoire trop lisse, trop belle où seules quelques taches, qui proviennent massivement de paris expansionnistes risqués ou de phénomènes conjoncturels, viennent assombrir ponctuellement sa marche en avant. Jamais l'entreprise, continuellement faiblement endettée et privilégiant une croissance interne, ne semble en danger. Du reste, cette situation garantit largement la prospérité des membres de la dynastie. Sous cet angle, la rupture de 1972 est lourde de sens. Pourtant, André Millon avait tout mis en œuvre pour garantir la quiétude de son héritage. Or, il n'en est rien et la crise ouverte quelques mois après sa mort laisse toujours des cicatrices sensibles au cœur de la famille. Au total, l'histoire du Grand Hôtel constitue un nouveau bel exemple de capitalisme familial dans ses meilleurs côtés même si elle ne résiste pas, comme bien d'autres, au « fatalisme des trois générations »[2]. Surtout, l'aspect très familial de la direction du Grand Hôtel et de tous les satellites de la planète Millon tend à prouver un certain retard de l'hôtellerie vis-à-vis de ses modes de gouvernance. Le passage d'une direction patrimoniale à une direction *managériale* est très tardif, ce qui est loin d'être propre au Grand Hôtel et à ses sociétés sœurs. Dans ce cas précis, cette mutation s'effectue par la force des choses. Pendant de longues années, le cercle familial et amical pourvoit tous les administrateurs de la société ; certains n'ont qu'un rôle mineur et servent à « assurer le nombre ». Le pouvoir du président, de son ou ses bras droits et du directeur de l'entreprise suffit à la gérer. Sous le « quarantennat » d'André Milon, le renforcement important du poids du président est patent, bien que celui-ci s'efforce de placer auprès de lui des personnages compétents et dignes de sa confiance, telles que Frédéric Schwenter puis ses gendres Paul Chapotin et Jean Radius. Cependant, les accidents de la biologie, qui font qu'André Millon n'eut aucun fils, empêchent peut-être l'émergence d'une figure capable de maintenir sous son autorité l'unité de l'empire.

Une industrie spécifique

Au-delà de l'histoire d'une entreprise, l'étude du Grand Hôtel découvre ou consolide certaines lignes de force et permanences de l'histoire de la grande hôtellerie. Tout d'abord, il est clair que l'industrie hôtellerie façonne l'espace où elle est implantée. Le cas du Grand Hôtel est de ce point de vue d'autant plus exemplaire qu'il est créé en même temps que le quartier qui l'a vu naître. En ce sens, son rôle joué dans l'affirmation du quartier de l'Opéra, qui allait devenir l'un des plus réputés de Paris, est manifeste et s'exerce continuellement :

---

2. Le capitalisme familial est un objet historique bien connu. Se référer en premier lieu à l'article de Jean-Claude Daumas, « Famille et entreprise », in Daumas J.-C. (dir.), *Dictionnaire historique…*, *op. cit.*, p. 829-836 et aux travaux d'Andrea Colli (notamment : *The history of family business, 1850-2000*, Cambridge, Cambridge University Press, 2003).

> Le Grand-Hôtel [...] apporte dans ce quartier de l'Opéra une animation avant lui tout à fait inconnue. À son exemple, à son contact, le quartier de l'Opéra s'est aristocratisé, si l'on peut ainsi s'exprimer ! Des magasins nouveaux qui répondent aux besoins d'une clientèle mondaine se sont créés ; et c'est au Grand-Hôtel nul n'en saurait douter que l'on doit cette transformation brillante autant que féconde pour le commerce parisien.[3]

Il draine autour de lui des populations spécifiques, attire un grand nombre d'activités ayant un lien fort au moins économique entre-elles et attise les curiosités dans une société où les paillettes n'ont de cesse de faire rêver. Le Grand Hôtel et le Café de la Paix bénéficient au surplus de l'attrait de la place de l'Opéra, l'un des théâtres de la vie parisienne, l'un des plus importants points de passage de la cité. La localisation d'un hôtel reste un facteur déterminant de sa réussite. Grande hôtellerie et contexte géographique œuvrent mutuellement à leur notoriété.

Notre monographie marque également trois évolutions importantes qu'a connues l'industrie de la grande hôtellerie. Ces trois transformations ne sont nullement révolues, peuvent coexister dans le temps selon les établissements, voire cohabiter au sein d'une même entreprise. En définitive, tout dépend de la volonté des dirigeants et de la spécialisation que l'on veut donner à son enseigne. Ainsi, le premier temps fort que l'on peut percevoir à travers le prisme Grand Hôtel est l'image du grand hôtel comme espace mondain par excellence. L'aspect locatif semble relégué au second plan au contraire des grands banquets et autres réceptions ; cela se cadre parfaitement avec la société du paraître du Second Empire qui voit la naissance de la grande hôtellerie. Le grand hôtel devient un nouveau théâtre des fastes de la « Fête impériale ». Toutefois, cette image perdure et le grand hôtel reste avant toute chose le lieu de résidence ou de représentation de personnes célèbres à tel point qu'on en oublie presque qu'il vit essentiellement des recettes du logement dégagées grâce à une clientèle ordinaire. Il doit, en plus, jouer le rôle de précurseur et d'adaptateur des innovations de son temps. Son image de marque dépend de sa capacité à surprendre sa clientèle en lui offrant l'ostentatoire, pouvant devenir l'essentiel. Dès sa naissance, la grande hôtellerie est un lieu d'élection du transfert de technologies. Les exemples d'inventions ayant été appliquées à l'hôtellerie puis importées dans l'habitat ou la vie quotidienne se retrouvent avec l'ascenseur, l'accès à l'eau courante, l'éclairage électrique... La télévision ou le WIFI peuvent former des exemples

3. *La France Industrielle* (supplément au journal *Le Gil-Blas*), 4 avril 1896.

plus contemporains. Cette facette doit renforcer la part de rêve suscitée par les établissement les plus luxueux.

Décidée, entre autres, par Arthur Millon et Henry Wiener, la spécialisation au profit du logement constitue la deuxième grande étape que connaît l'entreprise dans sa démarche entrepreneuriale. Diverses raisons guident ce choix : les mutations de la société, les nouvelles aspirations de la clientèle recherchant confort et intimité en voyage, l'inadaptation des anciennes installations. Surtout, dans le cas du Grand Hôtel, en plus de ces diverses raisons, l'objectif d'une meilleure rentabilité est clairement dévoilé : les grands appartements ou salles de réception mal utilisés sont démantelés au profit de chambres de dimension moyenne. Le potentiel de l'entreprise est dès lors accru et répond à une demande grandissante. Cette initiative offre aussi l'avantage de proposer une palette de tarifs plus étendue permettant d'accueillir des touristes aux fortunes diverses, traduisant une nouvelle fois la nouvelle politique des dirigeants de l'établissement quant au reflet voulant lui être donné. Enfin, la troisième grande mutation commerciale réside dans la tentative de développement du tourisme d'affaires. Au cœur des années 1960, alors que la production de l'entreprise stagne, les dirigeants du Grand Hôtel se tournent vers cette nouvelle forme de tourisme pour espérer faire à nouveau croître leur chiffre d'affaires. L'entreprise n'anticipe nullement l'arrivée de cette nouvelle forme de clientèle, possédant un rythme et des attentes différents de la clientèle traditionnelle des grands hôtels, mais imite ce que d'autres ont déjà compris[4]. Toujours est-il que ce virage est très important pour l'histoire du Grand Hôtel qui est même prêt à perdre une part de son identité, notamment en matière de style, pour répondre à cette nouvelle spécialisation.

En fin de compte, la grande hôtellerie possède ses propres spécificités. Ce qui est le plus remarquable est le fait que c'est une industrie extrêmement sensible à la conjoncture, touchée plus rapidement que de nombreux autres secteurs. Elle est en ce sens très fragile. En effet, les moindres vicissitudes lui sont préjudiciables. Il est évident que les grandes crises peuvent lui être fatales, mais cela ne lui est pas particulier. Par contre, ce qui pourrait passer à première vue comme futile pour bon nombre d'entreprises peut jouer un mauvais tour à l'industrie hôtelière : le refroidissement des relations entre deux gouvernements, un grave accident de transport, une grève de la main-d'œuvre de l'industrie du voyage ou du tourisme, un taux de change défavorable… ou plus simplement une mauvaise météorologie peuvent rapidement entraîner vers le bas le chiffre d'affaires d'une entreprise hôtelière. À l'inverse, l'exemple du Grand Hôtel montre que l'hôtellerie peut très précocement se remettre d'épisodes conjoncturels négatifs et profiter pleinement

4. Tissot L., « Le Beau-Rivage Palace… », *op. cit.*, p. 73.

de toute période d'essor. C'est donc une industrie qui a ses propres cycles de croissance ou de récession, pouvant s'avérer, en cas de contexte favorable, très prospère. Enfin, comme tout secteur, l'innovation perpétuelle demeure un impératif. C'est l'une des principales clés de son succès et de sa pérennité. L'accroissement de la concurrence joue en outre un rôle moteur : il est à l'origine de nombreuses évolutions commerciales, du développement du confort, d'améliorations à tous les niveaux. En fait, faire constamment évoluer son entreprise est une obligation pour l'hôtelier désirant s'inscrire sur le créneau de la grande hôtellerie. Dans cette optique, le Grand Hôtel a connu deux périodes distinctes : à sa naissance, il est le modèle innovant, leader et rare acteur de la scène hôtelière parisienne de luxe. Moins de trente années plus tard, il est déjà relégué au second plan et ne fait que suivre les évolutions imposées par le marché et dictées par des établissements plus récents.

Du fait de la richesse d'une entreprise hôtelière et de l'ampleur des services qu'elle offre, l'étude du Grand Hôtel permet de saisir certaines histoires et évolutions de la cuisine française. À son origine, à l'instar des équipements dont il est doté, le Grand Hôtel se doit d'être un lieu proposant ce qui se fait de mieux en matière gastronomique. La table d'hôte et les grands banquets assurent un succès certain à l'entreprise. Du reste, la grande hôtellerie réussit le tour de force de moderniser et redonner ses lettres de noblesse au système de restauration collective que certains observateurs et gastronomes de l'Ancien Régime ou de la Restauration avaient totalement rejeté. Toutefois, les créateurs du Grand Hôtel ont conscience de ces vives critiques et c'est pourquoi ils couplent la table d'hôte avec un restaurant à la carte offrant des pratiques tout autres : la cuisine y est d'égale qualité mais le cadre garantit une réelle tranquillité. La troisième grande offre, le service dans les étages, n'existe qu'à l'effet d'épargner aux clients de descendre au rez-de-chaussée et assure une intimité à tous ceux la recherchant. Schématiquement, cette organisation perdure pendant de longues décennies et prouve un indéniable succès. Les caves, au catalogue conséquent, concourent plus que jamais à cette réussite. En outre, les grands hôtels parviennent à attirer derrière leurs fourneaux des grands noms de la cuisine française. Des plats, s'imposant au panthéon de la gastronomie nationale, sont élaborés dans leurs laboratoires. Ce long âge d'or s'achève dans l'entre-deux-guerres. Quels en sont les motifs ? Complexe à dire. La volonté express de spécialisation au profit du logement, la difficulté de garder à manger les clients attirés par une offre extérieure abondante ou les déboires économiques rencontrés par bon nombre d'établissements à partir de 1929, entraînant une sorte de « retour à l'essentiel », peuvent être parmi les raisons avancées. De plus et de manière évidente, le goût de l'authentique, incarné dans les années 1920 par l'essor des cuisines régionales, les a rattrapé, à leur détriment. Au Grand Hôtel, ce long déclin se traduit par l'arrêt de la table d'hôte avant la Seconde Guerre mondiale et par la fermeture du restaurant à la carte à la fin des années 1960. En outre, les grands hôtels ont totalement raté le virage imposé par la Nouvelle Cuisine. Ils offrent peut-être toujours l'image d'établissements où les sauces lourdes, mijotées pendant de longues heures avec force farine, beurre ou vin, restent d'actualité. Au total, et en dépassant légèrement les bornes chronologiques de notre étude, il est manifeste que cette pause s'achève durant les années 1980 avec l'ouverture ou l'affirmation de restaurants gastronomiques au cœur des palaces parisiens. Les exemples des Ambassadeurs du Crillon, du Cinq du George V, de L'Espadon du Ritz, des restaurants du Meurice, du Bristol, du Plaza-Athénée marquent autant de preuves de ce retour en grâce. Suivant le mouvement, le Grand Hôtel rouvre son restaurant gastronomique, dans la cour d'honneur qui a pour l'occasion retrouvé un style se rapprochant de celui qu'elle possédait à la Belle Époque. La notoriété des chefs suit linéairement celle de leurs cuisines. La grande hôtellerie est redevenue le creuset de la grande cuisine française, est redevenue ce qu'elle était une centaine d'années auparavant.

> Et maintenant, un souhait pour le Grand-Hôtel. Puisse le ciel de Paris, de nouveau bleu et limpide, le voyageur étranger venir s'asseoir bientôt au banquet de la somptueuse demeure qui a su conquérir une réputation de pur aloi, par sa fidélité à son nom : le Grand-Hôtel ![5]

Alors que le doyen des grands hôtels de Paris s'apprête à souffler sa 150e bougie, il est certain que la prophétie s'est bel et bien accomplie. Souhaitons-lui simplement qu'il en soit de même pour les 150 années à venir.

---

5. BnF, G-1572 (bis) : *Les grands hôtels du monde...*, *op. cit.*, p. 8.

ANNEXES

Annexe 1. Le quartier de l'Opéra avant l'Opéra

Le triangle correspond à l'emplacement projeté du Grand Hôtel.

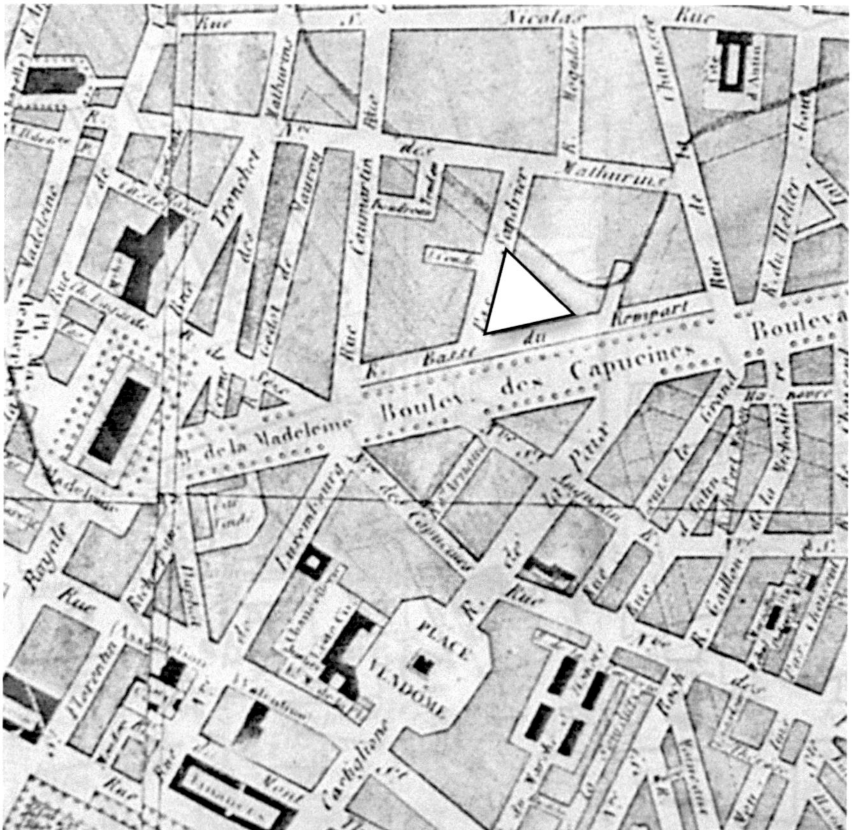

[BHVP, Plan de Paris, 1860]

Annexe 2. Le quartier de l'Opéra vers 1870

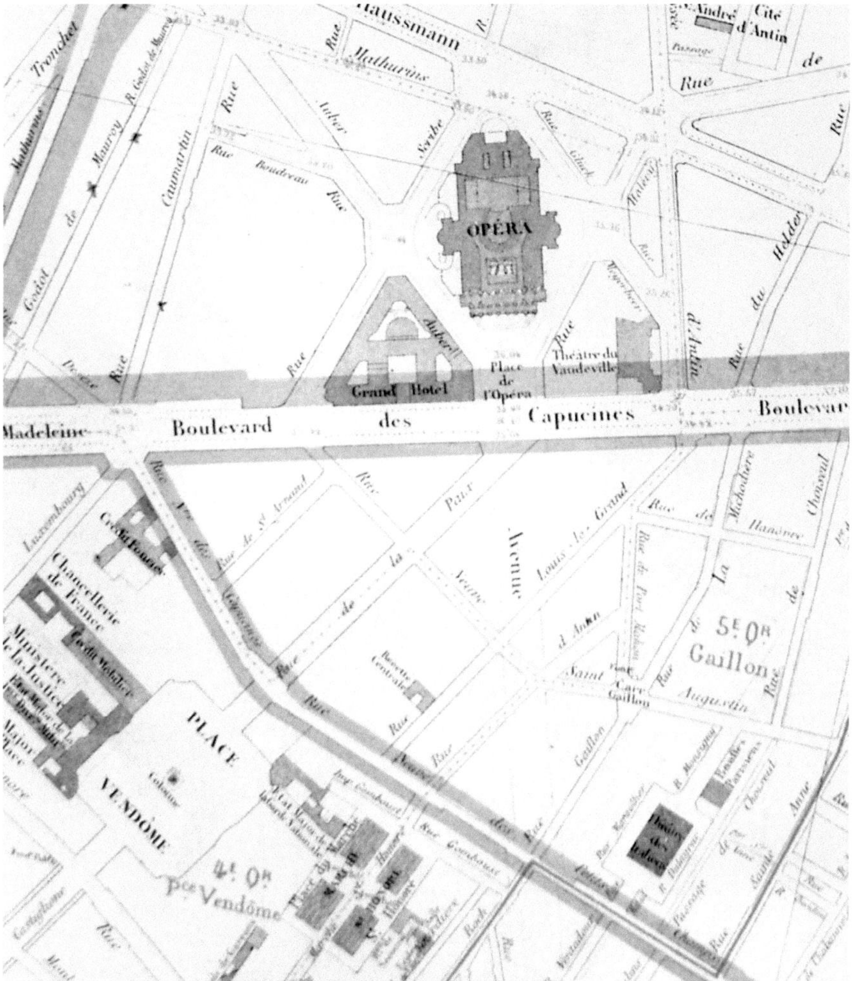

[ADP, Atlas administratif des vingt arrondissements de la ville de Paris, 1870]

Annexe 3. Repères chronologiques

☐ Chronologie du Grand Hôtel ☐ Chronologie de Paris et de son hôtellerie

7 mars 1852 :
naissance d'Arthur Millon

15 octobre 1855 :
ouverture du Grand Hôtel du Louvre

29 septembre 1860 :
décret déclarant d'utilité publique de la construction du Nouvel-Opéra

5 avril 1861 :
pose de la première pierre du Grand Hôtel

5 mai 1862 :
inauguration du Grand Hôtel par l'impératrice Eugénie

30 juin 1862 :
fin des travaux

15 juillet 1862 :
ouverture du Grand Hôtel au public

21 juillet 1862 :
pose de la première pierre du Nouvel-Opéra

6 février 1865 :
banquet « hippophagique »

1er avril 1867 :
ouverture par l'empereur de l'Exposition universelle au Champs-de-Mars

25 septembre 1867 :
démission d'Émile Pereire de la présidence de la Compagnie immobilière

Noël 1870 :
menu « spécial Commune » au Grand Hôtel

5 janvier 1875 :
inauguration de l'Opéra

6 juin 1878 :
ouverture du Continental

20 août 1879 :
vente par adjudication du Grand Hôtel

5 septembre 1879 :
fondation officielle de la Rente foncière

1er juillet 1880 :
accord entre la Banque parisienne et la Rente foncière pour la location du Grand Hôtel

25 septembre 1880 :
premier dépôt de statuts d'une société fermière du Grand Hôtel

1er septembre 1897 :
prise d'exploitation du Café de la Paix par Arthur Millon

5 juin 1898 :
inauguration du Ritz

23 avril 1901 :
entrée au conseil d'administration de la société du Grand Hôtel d'Arthur Millon

Juin 1905 :
inauguration du jardin d'hiver de la cour d'honneur

Mai 1907 :
réouverture du Meurice

Fin janvier 1910 :
crue exceptionnelle de la Seine

29 septembre 1913 :
décès d'Arthur Millon

14 septembre 1914 :
trente voyageurs au Grand Hôtel

18 janvier 1922 :
décès de Henry Wiener

1922 :
accession d'André Millon à la présidence du Grand Hôtel

1926 :
l'entreprise réalise 19 MF de bénéfices

1er août 1929 :
inauguration du Prince de Galles

1937 :
faillite du Majestic

12 juin 1940 :
Paris déclarée « ville ouverte »

17 juin 1940 :
réquisition totale du Grand Hôtel

25 août 1944 :
« Paris libéré »

1946 :
présence de l'*Allied Expeditionary Forces Club n°1* au Grand Hôtel

1959 :
pour la première fois, le Grand Hôtel passe le cap des 60 000 clients

1964 :
inauguration de l'Hilton Suffren

1969-1973 :
grande modernisation du Grand Hôtel

5 novembre 1970 :
décès d'André Millon

Avril 1972 :
rupture du pacte familial et déchéance de l'empire Millon

Annexe 4. Les grands hôtels de Paris avant 1939

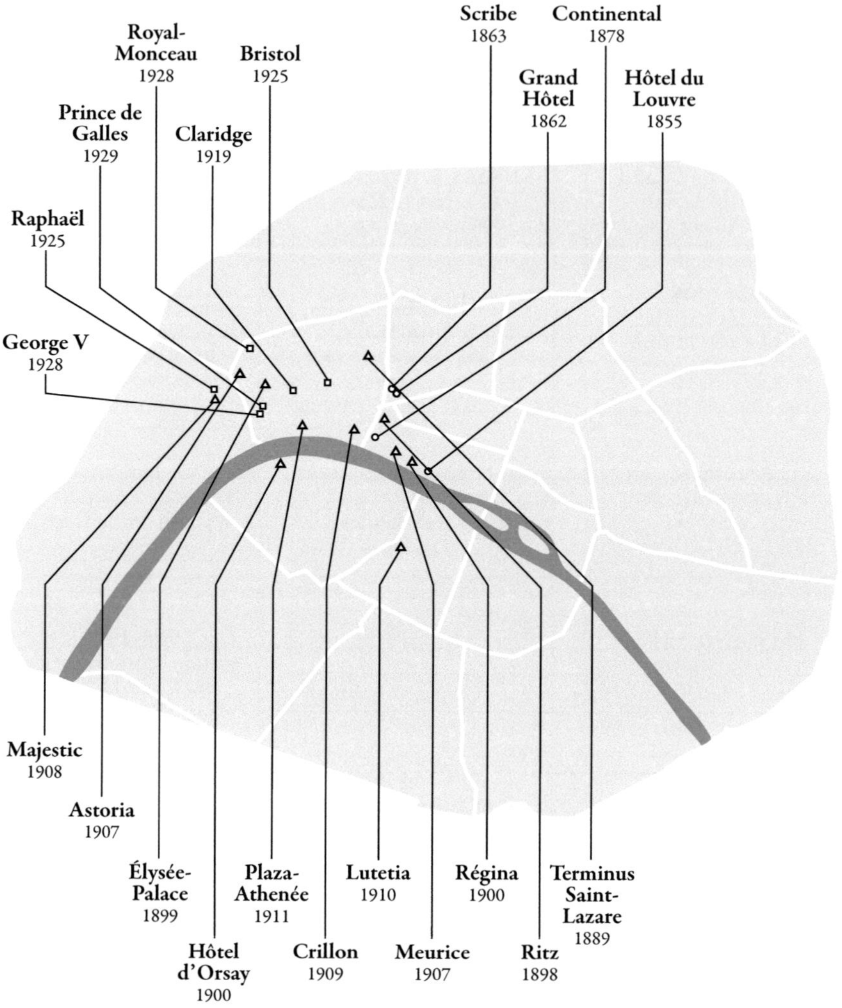

- ○ Hôtels Second Empire et début Troisième République
- △ Hôtels Belle-Époque
- □ Hôtels entre-deux-guerres

Sont notées les dates d'ouverture.

ıd Hôtel

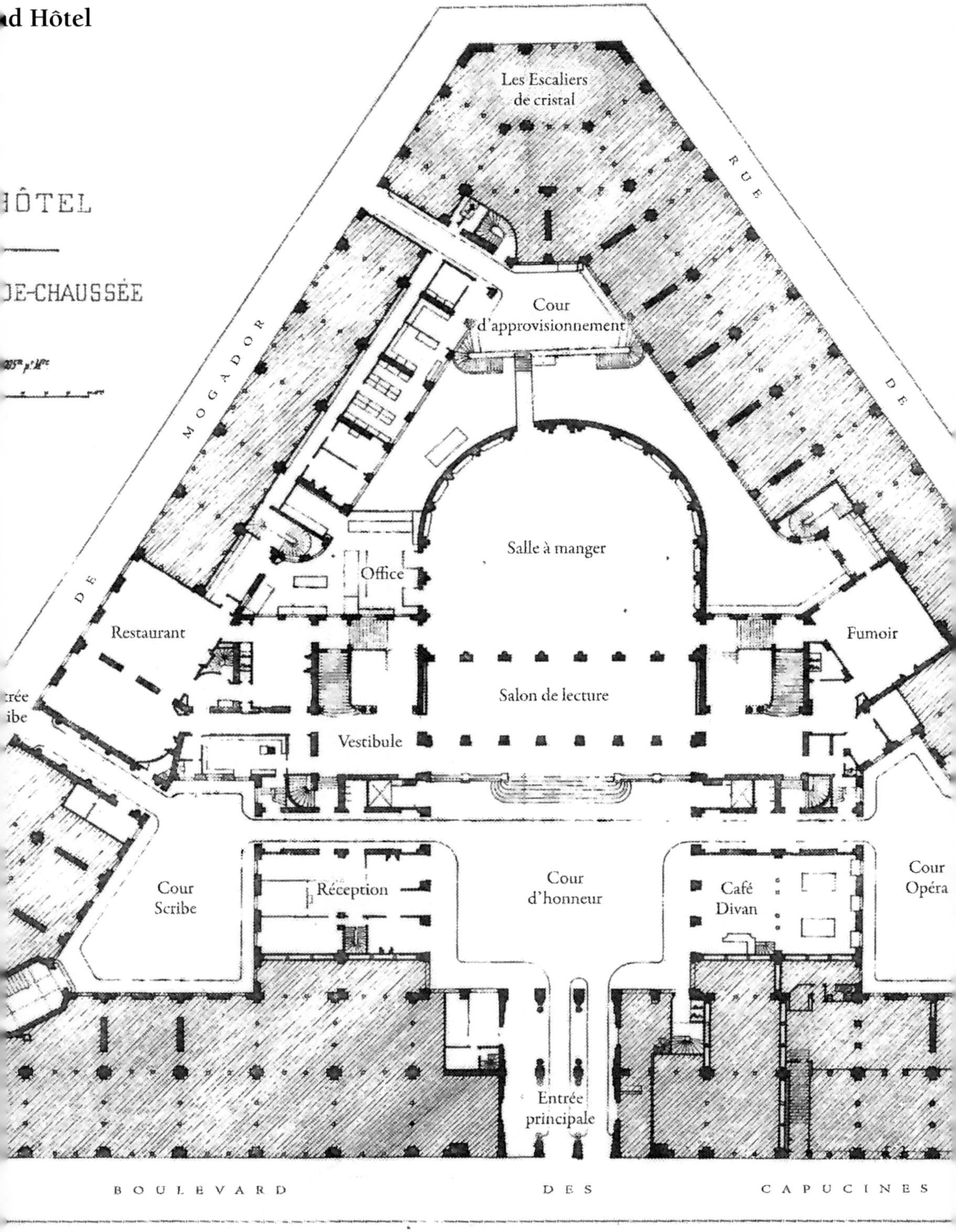
HÔTEL
DE-CHAUSSÉE
Les Escaliers de cristal
RUE DE
MOGADOR
DE
Cour d'approvisionnement
Salle à manger
Office
Restaurant
Fumoir
Salon de lecture
Vestibule
trée
ibe
Cour Scribe
Réception
Cour d'honneur
Café Divan
Cour Opéra
Entrée principale
BOULEVARD DES CAPUCINES

Annexe 6. Fréquentation du Grand Hôtel, 1887-1972

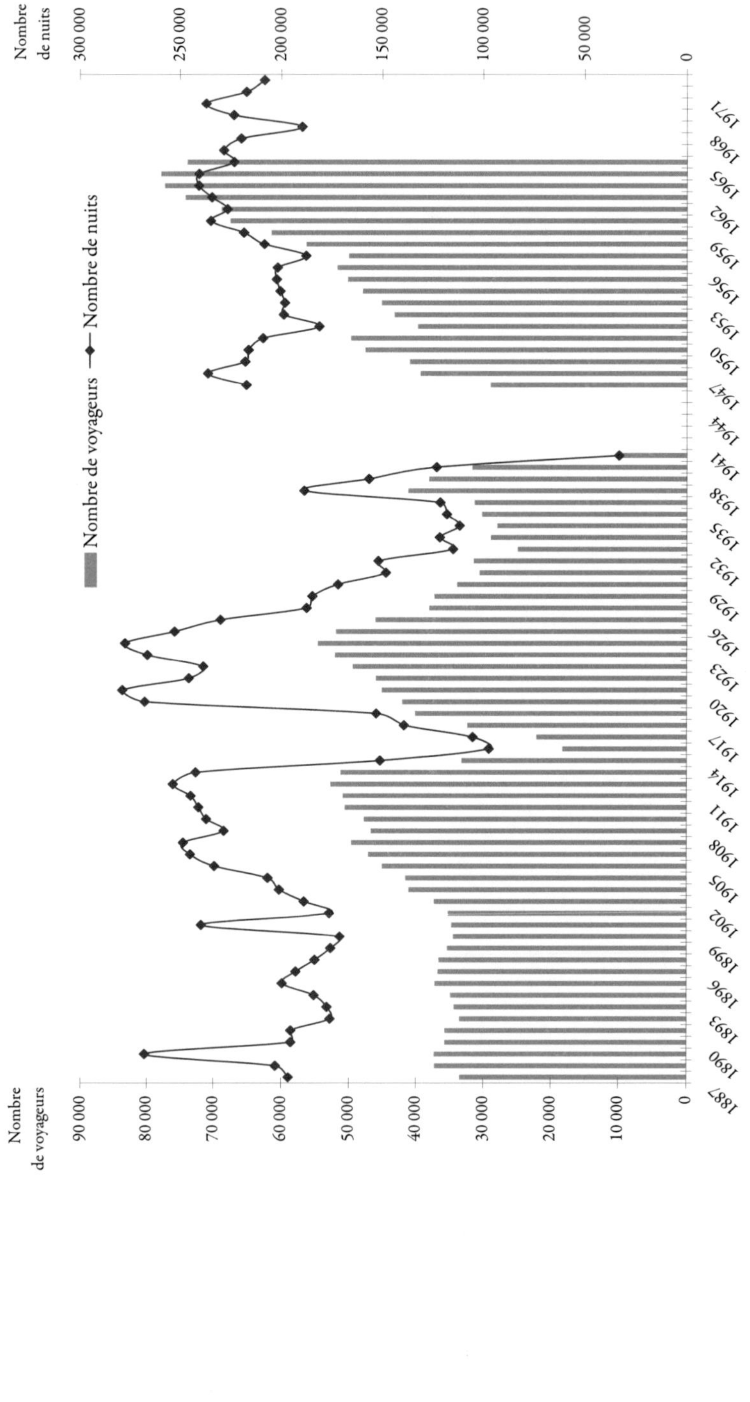

Les données « nombre de nuits » sont estimées pour 1891 et 1899.
De plus, nous ne sommes pas en possession du nombre de voyageurs à partir de 1966.

SOURCES

Liste des abréviations

ADP : Archives départementales de Paris
ADYo : Archives départementales de l'Yonne
ADYv : Archives départementales des Yvelines
AGH : Archives du Grand Hôtel
AHCA : Archives historiques du groupe Crédit Agricole SA
AHSSA : Archives historiques du service de santé des Armées
AM : Archives municipales
AN : Archives nationales
APPP : Archives de la préfecture de police de Paris
BHVP : Bibliothèque historique de la ville de Paris
BnF : Bibliothèque nationale de France
AG : Assemblée générale
AGO : Assemblée générale ordinaire
AGE : Assemblée générale extraordinaire
AGOE : Assemblée générale ordinaire et extraordinaire
MF : Million de francs

Archives nationales

Série F

F/12/6780 : Compagnie de l'hôtel et des immeubles de la rue de Rivoli
F/12/6781/A et B : Compagnie immobilière de Paris
F/12/6782 : Compagnie immobilière de Paris
F/12/6659 : dossier de Légion d'honneur d'Arthur Millon
F/12/7585-7587 : réclamations d'exposants, demandes de récompenses (1906-1910)
F/60/330 : industries touristiques, commissions d'enquête sur la situation de l'hôtellerie, 1937
F/60/331 : situation et réclamations de l'hôtellerie, réglementation des débits de boissons
F/60/929 : commission d'enquête sur la situation de l'hôtellerie, 1937
F/60/930 : rapport présenté au président du conseil par la commission d'enquête
F/60/931 : industrie hôtelière : état des offres et demandes d'emplois ; produit de la taxe de séjour ; situation de l'hôtellerie à l'étranger
F/60/932 : réponses des hôteliers parisiens au questionnaire établi par la commission d'enquête
F/60/934 : hôtels à Paris, bilans, rapports, documents divers, 1931-1936
F/60/619 : application des lois sociales dans diverses industries dont l'hôtellerie
F/60/1544 : réquisitions d'hôtels, 1940-1942

Série AJ40 (archives allemandes durant l'Occupation)

AJ40/781 : affaires diverses : aryanisation économique, hôtellerie réquisitionnée, etc.
AJ40/784 : commerce-restaurant : mesures allemandes de répression des infractions, classement de certains restaurants en catégorie spéciale, etc.
AJ40/785 : restaurants (suite)

Minutier central

Nous avons systématiquement dépouillé les études, sur des périodes ciblées, des entreprises ayant eu un rôle actif dans l'environnement du Grand Hôtel, comme par exemple l'étude VIII sous le Second Empire. De plus, les statuts de la Société fermière du Grand Hôtel se retrouvent dans l'étude CVIII

(ET/CVIII/1328) pour leur premier dépôt, dans l'étude LXXVI (ET/LXXVI/1015) pour leurs modifications. Nous nous sommes également attaché à exploiter intégralement l'étude LXXXIX, qui fut l'étude notariale de Pierre Balvay et d'Arthur Millon. Nous sommes allé au-delà du versement actuel, qui s'achève en 1891.

Dossiers de Légion d'honneur et de naturalisation

De nombreux dossiers de Légion d'honneur ont été consultés. Leur contenu fut, dans la plupart des cas, décevant, à l'inverse du dossier de naturalisation de Henry Wiener (BB/11/1843).

Archives départementales de Paris

Série D1P4

D1P4 76 : calepin des propriétés bâties, rue Basse-du-Rempart, 1852 et 1862
D1P4 184 et 185 : calepin des propriétés bâties, boulevard des Capucines, 1852-1900
D1P4 1083 : calepin des propriétés bâties, rue Scribe, 1862, 1876 et 1900

Série D4K2 et D4K3

D4K2 83 : arrêtés de la préfecture du département de la Seine, mai 1872
D4K3 8 : délibérations du Conseil municipal de Paris, 1887
D4K3 23 : délibérations du Conseil municipal de Paris, 1902
D4K3 26 : délibérations du Conseil municipal de Paris, 1905
D4K3 32 : délibération du Conseil municipal de Paris, 1911
D4K3 34 : délibérations du Conseil municipal de Paris, 1913

Série D10U3 et D12U3

D10U3 44 : registre d'inscriptions des faillites, 1872
D12U3 31 : fichier des faillites, 1800-1900

Série D31U3 et D32U3

D31U3 476 : actes de société, 2-11 avril 1881
D32U3 61 : enregistrement des sociétés, janvier-octobre 1881

Série DQ7
DQ7 12250 : déclaration de succession de Pierre Balvay, juin 1893
DQ7 22088 : adjudications du 1er bureau du Tribunal civil, août 1879-octobre 1879
DQ7 31848 : déclaration de succession d'Arthur Millon, avril 1914
DQ7 35 880 : déclaration de succession de Henry Wiener, juillet 1922

Série DQ18
DQ18 5 : sommier foncier, boulevard des Capucines
DQ18 6 : sommier foncier, rue Basse-du-Rempart

Perotin
Perotin 901/61/1/46 à 53 : hôtels réquisitionnés, Grand Hôtel
Perotin 6096/70/1/981 : hôtels réquisitionnés, 9e arrondissement
Perotin 10653/202 : travaux d'aménagement des abords du Grand Hôtel

Divers
Atlas 65 : atlas administratif des vingt arrondissements de la ville de Paris, 1870
Atlas 124 : plans des propriétés de la Compagnie immobilière, 1861
DU5 4731 : audience des saisies immobilières et des criées, mars 1878-décembre 1880
VO11 1086 : percement de la rue Édouard VII
2MI3 : *Bottin du Commerce*

Archives départementales de l'Yonne

5 MI 1110 : tables décennales de l'État Civil de la commune de Bernouil, 1792-1892
5 MI 148 : actes de naissance d'une partie de la famille Millon
5 MI 70 : acte de naissance de Marie Aline Balvay
3E25 91 : inventaire après décès de Félix Toussaint Millon

Archives départementales des Yvelines

2O81 1 à 5 : dossiers d'administration communale pour Evecquemont, 1802-1937
5E-dépôt 7 : registre des délibérations du conseil municipal d'Evecquemont, 1897-1920
5E-dépôt 39 : tableaux du conseil municipal d'Evecquemont, 1908 et 1912

Archives de la préfecture de police de Paris

B/A 338-343 : personnages notables descendus dans les hôtels de Paris, 1878-1889
B/A 500 : personnages notables descendus dans les hôtels de Paris en 1894
B/A 900 : personnages notables descendus dans les hôtels de Paris en 1920
B/A 1522 : meeting place de l'Opéra, 9 septembre 1885
B/A 1528 : meeting place de l'Opéra, 1er avril 1885
B/A 1587 : physionomie de Paris, décembre 1917 à décembre 1918
B/A 1588 : physionomie de Paris, janvier à mai 1919
B/A 1614 : état d'esprit des Parisiens, 2nd district
E/B 26 : physionomie de Paris, 9e arrondissement
E/B 129 : physionomie de Paris, 9e arrondissement

Archives militaires

Archives historiques de la Défense de Vincennes
16 N 2691-2693 : hôpitaux militaires
7 N 170, 616-618, 9 N 5 : hôpitaux

Archives du service de santé des armées du Val-de-Grâce
C 3071 : hôpital militaire Villemin, Paris

Archives du service de santé des armées de Limoges
Hôpital Complémentaire Villemin 33 : Grand Hôtel (archives non cotées)

Bibliothèque Historique de la Ville de Paris

Série et collection d'actualité : 77, hôtellerie et restauration

Iconographies
B174 : Compagnie immobilière de Paris, la rue de Rivoli
B749 : Compagnie immobilière de Paris, boulevard des Capucines
C.A.XXXIV, 1 : le Grand Hôtel
Paris Album 4°1, ph. n° 93 : le Grand Hôtel

Archives historiques du groupe Crédit Agricole SA

DEEF 19362-2 : Banque parisienne, 1875-1900
DEEF 19368 : Compagnie immobilière, 1872-1889
DEEF 19377-2 : Rente foncière, 1880-1890
DEEF 29193 : société du Grand Hôtel, société de l'hôtel Continental, Rente foncière
DEEF 29178-1 : Banque parisienne
DEEF 37644 : Société de la rue Edouard VII

Archives du Grand Hôtel

Les archives du Grand Hôtel, base de notre étude, sont désormais déposées aux ADP. Elles se retrouvent sous la cote V12S. Loin de reprendre leur classement définitif, voici un court aperçu :

- rapports du conseil d'administration à l'assemblée générale ordinaire des actionnaires de la société du Grand Hôtel, 1887-1974 ;
- procès-verbaux des assemblées générales de la société du Grand Hôtel, 1897-1911 ;
- rapports du conseil d'administration à l'assemblée générale ordinaire des actionnaires de la société de la Rente Foncière, 1880-1914 ;
- divers documents administratifs (baux, statuts, documents de la Compagnie immobilière, enregistrements au registre du commerce...) ;

- journaux de comptabilité de la Société du Grand Hôtel, 1881-1902 (lacunaire) ;
- comptes de gestion, 1881-1904 (lacunaire) ;
- livres du personnel, 1893-1940 (lacunaire) ;
- plans originaux du Grand Hôtel et plans de rénovation ;
- albums de menus, 1880-1890 ;
- coupures de presse ;
- documentations en tout genre ;
- documents imprimés emmenant de la direction du Grand Hôtel ou distribués dans le Grand Hôtel : *Gazette des Étrangers*, 1864-1866 ; *Guide de l'Étranger dans Paris et ses environs,* 11e édition, Paris, Grand Hôtel, 1877 ; *La vie à Paris*, avril 1898-mars 1899.

Archives privées

En la personne de Rémi Chapotin, arrière-petit-fils d'Arthur Millon, nous avons trouvé un formidable allié qui nous a permis de consulter bon nombre de documents inédits. De plus, nous avons eu la chance de pouvoir consulter la collection de Pascal Boissel, fonds d'une extrême qualité sur l'histoire de la grande hôtellerie parisienne. Nous les retrouvons, dans le texte, sous les entrées « Fonds Chapotin » et « Collection Boissel ».

Sources imprimées

Bibliothèque nationale de France

G-1572 (bis) : *Les grands hôtels du monde,* Paris, Imprimerie G. Kugelmann, 1872.
4-WZ-842 : Compagnie générale du Gaz pour la France et l'étranger, statuts 1879.
4-WZ-1864 : Compagnie industrielle pour la France et l'étranger, statuts 1888 et 1896.
4-WZ-3885 : Société du Louvre.
8-WZ-4287 : Rente foncière, documents administratifs, notamment statuts et modifications de statuts : 1880, 1887, 1893, 1906, 1910, 1927, 1943.

4-WZ-12342 : Union hôtelière parisienne, statuts, modification de statuts et rapports du conseil d'administration, 1906, 1907, 1922-1930, 1933-1937, 1960-1962.
V-13647 : *Compagnie immobilière de Paris, ci-devant Compagnie de l'hôtel et des immeubles de la rue de Rivoli, rapports aux assemblées générales ordinaires et extraordinaires des 29 septembre 1855, 26 mai 1856, 23 juin 1857, 23 juin 1858, 17 août 1858, 28 avril 1859, 21 avril 1860 et 20 avril 1861*, Paris, Imprimerie administrative et des chemins de fer de Paul Dupont, 1861.

Sur Paris

ALMÉRAS Henry (d')
La vie parisienne sous le Second Empire, Paris, Albin Michel, s.d.
ALMÉRAS Henry (d')
La vie parisienne pendant le Siège et sous la Commune, Paris, Albin Michel, 1927.
AUCOURT (comte d')
Les anciens hôtels de Paris, Paris, H. Champion, 1890.
AVENEL Georges (Vicomte d')
Le mécanisme de la vie moderne, 5e série, les grandes hôtelleries. La Bourse. Les transports urbains (omnibus, tramways, métropolitain). Porcelaines et faïences. Tapis et tapisseries, Paris, Armand Colin, 1905.
BARRON Louis
Paris pittoresque, 1800-1900, la vie, les mœurs, les plaisirs, Paris, Société française d'éditions d'art, 1899.
BERTAUT Jules
Le Boulevard, Paris, Flammarion, 1924.
BIDAULT DES CHAUMES A.
Le percement de la rue Édouard VII, Paris, Publications du journal *Le génie civil*, 1912.
COCHIN Auguste
Paris, sa population, son industrie, Paris, Mémoire lu à l'Académie des Sciences morales et politiques, 1864.
COLLECTIF
Paris, guide par les principaux écrivains et artistes de la France, 2nd volume, *La vie*, Paris, A. Lacroix éditeurs, 1867.
DELVAU Alfred
Les plaisirs de Paris, guide pratique et illustré, Paris, Achille Faure Libraire-éditeur, 1867.

Du Camp Maxime
Paris, ses organes, ses fonctions et sa vie dans la seconde moitié du XIXe siècle, Paris, Hachette, 1869-1875, 6 volumes.
Fargue Léon-Paul
Le piéton de Paris, 6e édition, Paris, Gallimard, 1939.
Frébault Élie
La vie de Paris, guide pittoresque du visiteur, Paris, E. Dentu, 1878.
Haussmann Georges-Eugène
Mémoires, Paris, Victor-Havard, 1893 ; réédition : Paris, Seuil, 2000.
La Tynna Jean (de)
Dictionnaire des rues de Paris, Paris, Imprimerie de Gille fils, 1817.
Labédollière Émile (de)
Le nouveau Paris, histoire de ses 20 arrondissements, Paris, Gustave Barba éditeur, 1860.
Lejars Félix
Un hôpital militaire pendant la guerre, Villemin, 1914-1919, Paris, Masson & Cie, 1923.
Perrot A.-M.
Petit atlas pittoresque des quarante-huit quartiers de la ville de Paris, Paris, E. Garnot , 1835 ; réédition : Paris, Service des travaux historiques de la ville de Paris, 1987.
Rochegude (marquis de)
Promenades dans toutes les rues de Paris par arrondissement, 9e arrondissement, Paris, Hachette, 1910.
Salnat E. (de) et Martial A. P. (dir.)
Les boulevards de Paris, Paris, Alcan-Lévy, 1877.
Turgan Julien
Études sur l'Exposition Universelle de 1867, Paris, Michel Lévy Frères, 1867.

Sur les restaurants, cafés et hôtels

Ainé Berte
Les menus d'un restaurant de Paris durant le Siège, Toulon, Imprimerie Tardy, 1873.
Andrieu Pierre
Histoire du restaurant en France, Paris, Éditions de la Journée vinicole, 1955.
Andrieu Pierre
Histoire anecdotique des hôtels de France, Paris, Éditions Del Luca, 1956.

ANONYME
Usage alimentaire de la viande de cheval, banquet des hippophages, Paris, Imprimerie de Soye, 1865.

AUNAY Alfred (d')
Le Louvre, Grand Hôtel et Grands Magasins, Paris, Imprimerie Tolmer & Cie, s.d.

BAUTTE A.
À travers le monde culinaire et gourmand, critique de la cuisine et de l'administration des grands hôtels, et restaurants mondains, des familles princières et aristocratiques, Paris, Imprimerie Nilsson, 1910.

BODET R.
Toques blanches et habits noirs, L'hôtellerie et la restauration autrefois et aujourd'hui, Paris, Dorbon-Ainé, 1939.

BOURGUIN L. A.
La viande de cheval, deux lettres adressées à M. Jules Duval, Paris, Imprimerie Schiller, 1868.

BOURSEAU Marcel
Les réquisitions d'hôtels sous le régime de la législation française et dans la réglementation des territoires occupés, Biarritz, Éditions Cote basque, 1943.

CHAVETTE Eugène
Restaurateurs et restaurés, Paris, A. Le Chevalier éditeur, 1867.

CURNONSKY et ROUFF Marcel
La France gastronomique, Guide des merveilles culinaires et des bonnes auberges françaises, Paris, Paris, Rouff, 1925, deux volumes.

DELVAU Alfred
Histoire anecdotique des cafés et cabarets de Paris, Paris, Édition E. Dentu, 1862.

DIDARET René-Hilarion
Le pourboire dans les Hôtels, Cafés et Restaurants, Les mauvais effets du Pourboire-Salaire, Comment faire disparaître le Pourboire et garantir le Salaire, Paris, Fédération nationale confédérée des Syndicats de travailleurs de l'alimentation, 1922.

FERRÉ J.
Le code de l'hôtelier, Paris, Plon, 1889.

FOSCA François
Histoire des cafés de Paris, Paris, Firmin-Didot & Cie, 1934.

GAUTIER Marcel
L'hôtellerie, étude théorique et pratique, Paris, Librairie Dalloz, 1932.

GAUTIER Marcel
L'industrie hôtelière, Paris, PUF, 1962.

GOUFFÉ Jules
Le livre de cuisine, 1867, Paris, Parangon, 2001.
GUYER Édouard
Les hôtels modernes, Paris, Morel & Cie, 1877.
HÔTEL MAJESTIC
Hôtel Majestic, Paris, Imp. Draeger frères, s.d.
HÔTEL RITZ
Hôtel Ritz, Paris, Société des publications d'art, 1899.
LACAN Adolphe
Guide de l'hôtelier et du voyageur, Paris, Société anonyme du recueil Sirey, 1926.
LEOSPO Louis
Traité d'industrie hôtelière, Paris, Flammarion, s.d.
LEPAGE Auguste
Les cafés artistiques et littéraires de Paris, Paris, Martin Boursin, 1882.
MONTAGNÉ Prosper
La « végétaline », ses origines, son emploi, recettes de cuisine, Marseille, Rocca Tassy et de Roux, 1906.
MONTAGNÉ Prosper
Le festin occitan, Paris, Flammarion, 1929 ; réédition : Villelongue d'Aude, Atelier du Gué, 1999.
MONTAGNÉ Prosper
Larousse gastronomique, Paris, Larousse, 1938.
RÉAL Claude et GRATEROLLE P.
L'industrie hôtelière, Paris, Gaston Doin & Cie, 1929.
RETEL Jacques-O.
Les gens de l'hôtellerie, Paris, Les éditions ouvrières, 1965.
RITZ Marie-Louise
César Ritz, Paris, Tallandier, 1948.
ROUÉ Paul
Code hôtelier, Paris, Librairie des publications populaires, 1906.
SYNDICAT GÉNÉRAL DE L'INDUSTRIE HÔTELIÈRE ET DES GRANDS HÔTELS DE PARIS
Les hôtels de la France, Syndicat général de l'industrie hôtelière et des grands hôtels de Paris, 1913.

Guides touristiques

BAEDEKER Karl
Paris, guide pratique du voyageur, Paris, A. Bohné, 1860.

BAEDEKER Karl
La Suisse ainsi que les lacs avoisinant de l'Italie septentrionale, la Savoie, et quelques parties limitrophes du Piémont, de la Lombardie et du Tyrol, Coblenz, Karl Baedeker éditeur, 1863.

BAEDEKER Karl
Paris et la France du Nord ainsi que les chemins de fer des frontières à Paris, 2de édition, Coblenz, Karl Baedeker éditeur, 1867.

BAEDEKER Karl
Paris et ses environs, 7e édition, Leipzig, Karl Baedeker éditeur, 1884.

COOK Thomas
Cook's guide to Paris, Londres, Thomas Cook and Son, 1881.

DREMEL Édouard
Guide de Bruxelles et de ses environs, souvenir des hôtels de Belle Vue et de Flandre, Bruxelles, Edouard Dremel, 1881.

GRAND HÔTEL
Guide de l'Étranger dans Paris et ses environs, Paris, Grand Hôtel, 1874.

GRAND HÔTEL DU LOUVRE
Guide de l'étranger dans Paris et ses environs, 11e édition, Paris, Grand Hôtel du Louvre, 1877.

GUIDE DIAMANT
Paris, Versailles, Saint-Germain, Saint-Denis, Chantilly, Fontainebleau, Paris, Hachette, 1925.

GUIDE JOANNE
Paris en 1901, Paris, Hachette & Cie, 1901.

GUIDE JULLIARD DE PARIS
Les bonnes et nouvelles adresses de Henri Gault et Christian Millau, Paris, Julliard, 1965.

JOANNE Adolphe
Le guide parisien, Paris, Hachette, 1862.

JOANNE Adolphe
Paris illustré en 1870, guide de l'étranger et du Parisien, 3e édition, Paris, Hachette, 1870.

JOANNE Adolphe
Paris-Diamant, 6e édition, Paris, Hachette, 1874.

SYNDICAT GÉNÉRAL DE L'INDUSTRIE HÔTELIÈRE DE PARIS
Les hôtels de la France, colonies et étranger, Paris, s.e., 1933.

Autres ouvrages

AYCARD M.

Histoire du Crédit mobilier, 1852-1867, Paris, A. Lacroix et Verbœckhoven, 1867.

CHARLÉTY Sébastien

Histoire du Saint-simonisme, 1825-1864, Paris, Hachette, 1896.

CRAMPON A.

La finance saint-simonienne à son déclin, Paris, Balitout, 1867.

DUBOIS Alexandre et LUCAS Charles

Biographie universelle des architectes célèbres, tome I, Paris, Imprimerie générale de Ch. Lahure, 1868.

DUMESNIL Henri

Aimé Millet, souvenirs intimes, Paris, A. Lemerre, 1891.

JAMES Constantin

Le guide pratique aux eaux minérales et aux bains de mer, hydrothérapie, stations d'hiver, thérapeutique, 8e édition, Paris, Masson, 1872.

LAUDET Georges

Éclaircissement historique sur les dispositions des appareils de manutention et modifications conseillées à la Compagnie immobilière, Paris, s.e., 1868.

LEQUIME F.

La réquisition des hôtels par le Service de santé militaire, Clermont-Ferrand, Imprimeries typographique et lithographique G. Mont-Louis, 1915.

NOUETTE-DELORME Émile

Le Crédit mobilier et ses valeurs, histoire de douze ans, Paris, Librairie Castel, 1865.

Littérature

ASSOULINE Pierre

Lutetia, Paris, Gallimard, 2005.

BALZAC Honoré (de)

Le Père Goriot, Paris, Werdet et Spachmann, 1835 ; réédition : Paris, Le Livre de poche, 2004.

DAUDET Alphonse

Trente ans de Paris, Paris, Marpon et Flammarion, 1888.

HUGO Victor

Les Misérables, t. I, Paris, Pagnerre, 1862 ; réédition : Paris, Pocket, 1992.

PROUST Marcel

À l'ombre des jeunes filles en fleurs, 1919, Paris, Le Livre de poche, 2010.

Zola Émile
Nana, 1880, Paris, Le Livre de poche, 2004.
Zola Émile
Au bonheur des dames, 1883, Paris, Le Livre de poche, 2004.

Périodiques

Presse généraliste

L'Illustration, 1860-1920.
La Revue Illustrée, volume 18, juin-décembre 1894 et volume 20, juin-décembre 1895.
Le Figaro, 1860-1900.
Le Monde illustré, 1860-1900.
Le Temps, 1860-1880.
Musée des Familles, 1861-1862, t. XXIX et 1862-1863, t. XXX.
« Paris monumental : Le Grand-Hôtel », in *La France Industrielle* (supplément au journal *Le Gil-Blas*), 4 avril 1896.

Presse professionnelle

Bulletin du syndicat des grands hôtels et maisons meublées de Paris, 1894-août 1939 (lacunaire).
Journal des limonadiers et des restaurateurs, organe des cafés, restaurants, marchands de vins, bars, débitants, hôtels, 1884-1970 (lacunaire).
Journal officiel de la chambre syndicale des hôteliers-logeurs de Paris, devenu en juillet 1888, *L'Hôtelier, organe de la chambre syndicale des hôteliers de Paris,* 1882-1970.
L'Hôtelier français, la gazette de la vie hôtelière et du tourisme, devenu en juillet 1941, *l'Hôtelier français, la gazette de la restauration, des débitants de boisson et du tourisme*, 1941-1944.

BIBLIOGRAPHIE

Instruments de travail / Histoire politique

ANCEAU Éric

Dictionnaire des députés du Second Empire, Rennes, Presses universitaires de Rennes, 1999.

ANCEAU Éric

Napoléon III, un Saint-Simon à cheval, Paris, Tallandier, 2008.

BELLANGER Claude (dir.)

Histoire générale de la Presse française de 1870 à 1940, t. III, Paris, PUF, 1972.

CARON François

La France des patriotes, 1851-1918, 2de édition, Paris, Le Livre de poche Références, 2002.

CHARLE Christophe

Histoire sociale de la France au XIXe siècle, Paris, Seuil, 1991.

CHARLE Christophe

Les élites de la République (1880-1900), 2de édition, Paris, Fayard, 2006.

COINTET Michèle et COINTET Jean-Paul (dir.)

Dictionnaire historique de la France sous l'Occupation, Paris, Tallandier, 2000.

COINTET Jean-Paul

Histoire de Vichy, Paris, Perrin, 2003.

COSTON Henry
Dictionnaire des dynasties bourgeoises et du monde des affaires, Paris, Alain Moreau, 1975.
DAUMAS Jean-Claude (dir.)
Dictionnaire historique des patrons français, Paris, Flammarion, 2010.
DROZ Bernard
Histoire de la décolonisation au XXe siècle, Paris, Seuil, 2006.
DUBY Georges (dir.)
Histoire de la France urbaine, t. IV, *La ville de l'âge industriel*, Paris, Seuil, 1983.
MIQUEL Pierre
Le Second Empire, Paris, Plon, 1992.
PLESSIS Alain
De la fête impériale au mur des fédérés, 1852-1871, Paris, Seuil, 1979.
RÉMOND René
Le XXe siècle, Paris, Le Livre de poche Références, 2005.
TULARD Jean (dir.)
Dictionnaire du Second Empire, Paris, Fayard, 1995.

Ouvrages sur Paris

BOUCHET Ghislaine
Le cheval à Paris de 1850 à 1914, Genève, Droz, 1993.
CARMONA Michel
Haussmann, Paris, Fayard, 2000.
CARON François
« L'embellie parisienne à la Belle Époque, l'invention d'un modèle de consommation », in *Vingtième siècle, revue d'histoire*, n° 47, juillet-septembre 1995, p. 42-57.
CASSELLE Pierre
Paris républicain, 1871-1914, Paris, Hachette, 2003.
CHARLE Christophe
Paris, fin de siècle, culture et politique, Paris, Seuil, 1998.
COINTET Jean-Paul
Paris 40-44, Paris, Perrin, 2001.
COQUERY Natacha
L'hôtel aristocratique, Le marché du luxe à Paris au XVIIIe siècle, Paris, Publications de la Sorbonne, 1998.

Darmon Pierre

Vivre à Paris pendant la Grande Guerre, Paris, Fayard, 2002.

Daumard Adeline

Maisons de Paris et propriétaires parisiens au xixe siècle (1809-1880), Paris, Cujas, 1965.

Favier Jean

Paris, deux mille ans d'histoire, Paris, Fayard, 1997.

Fulcher Jane

Le Grand Opéra en France : un art politique, 1820-1870, Paris, Belin, 1987.

Gaillard Jeanne

Paris, la ville (1852-1870), Lille, Ateliers de reproduction des thèses Université Lille III, 1976.

Girard Louis

La politique des travaux publics du Second Empire, Paris, Armand Colin, 1951.

Hillairet Jacques

Dictionnaire historique des rues de Paris, 1963, Paris, Les Éditions de Minuit, 1997, 2 tomes.

Lavedan Pierre

Nouvelle histoire de Paris, Histoire de l'urbanisme à Paris, Paris, Hachette, 1993.

Leborgne Dominique (dir.)

Les Champs-Élysées et leur quartier, Paris, Délégation à l'action artistique de la ville de Paris, 1988.

Levisse-Touzé Christine

Paris libéré, Paris retrouvé, Paris, Découvertes Gallimard, 1994.

Loyer François

Paris xixe siècle, l'immeuble et la rue, Paris, Hazan, 1987.

Loyer François (dir.)

Autour de l'Opéra, naissance de la ville moderne, Paris, Délégation à l'action artistique de la ville de Paris, 1995.

Mabire Jean-Christophe

L'Exposition Universelle de 1900, Paris, L'Harmattan, 2000.

Michel Henri

Paris allemand, Paris, Albin Michel, 1981.

Moncan Patrice (de)

Les grands boulevards de Paris, Paris, Les Éditions du Mécène, 2002.

Moncan Patrice (de) et Heurteux Claude

Le Paris d'Haussmann, Paris, Les Éditions du Mécène, 2002.

Ory Pascal

Les Expositions Universelles de Paris, Paris, Ramsay « image », 1982.

OSTER Daniel et GOULEMOT Jean
La vie parisienne, anthologie des mœurs du XIXe siècle, Paris, Sand/Conti, 1989.

PINON Pierre
Atlas du Paris haussmannien, la ville en héritage du Second Empire à nos jours, Paris, Parigramme, 2002.

ROY Joseph-Antoine
Histoire du Jockey-Club de Paris, Paris, Librairie Marcel Rivière & Cie, 1958.

SCHROEDER-GUEHUS Brigitte et RASMUSSEN Anne
Les fastes du progrès, le guide des Exposition universelles, 1851-1992, Paris, Flammarion, 1992.

TULARD Jean (dir.)
Almanach de Paris de 1789 à nos jours, 2nd volume, Paris, Encyclopedia Universalis, 1990.

Ouvrages sur l'hôtellerie, la restauration et l'alimentation

ASCHER François, COHEN Jean-Louis et HAUVUY Jean-Claude
Luxe, habitat, confort : les références hôtelières, rapport de recherche (non publié), Université Paris VIII, décembre 1987.

BOISSEL Pascal
Hôtel Meurice, Paris, SNEA, 1987.

BOISSEL Pascal
Le Grand Hôtel, 1862-1992, 130 ans, Le Grand Hôtel Intercontinental Paris, 1992.

BOISSEL Pascal
Grand Hôtel, Café de la Paix, deux siècles de vie parisienne, Paris, Éditions Italiques, 2004.

BRAUNSTEIN Mathieu, GIRAUD Delphine et LEMAIRE Gérard-Georges
Grands Hôtels de Paris et d'Europe centrale et orientale, Paris, Éditions Éric Koehler, 1993.

CHOMBARD-GAUDIN Cécile
Bâtisseurs de palaces, entrepreneurs et magiciens, Bière, Cabétia, 2009.

COLLECTIF
Palaces et grands hôtels d'Europe, Paris, Flammarion, 1984.

CSERGO Julia et LEMASSON Jean-Pierre (dir.)
Voyages en gastronomies, l'invention des capitales et des régions gourmandes, Paris, Autrement, 2008.

Delphine Christophe et Letourmy Georgina (dir.)
Paris et ses cafés, Paris, Délégation à l'action artistique de la ville de Paris, 2004.

Denby Elaine
Grands hotels, reality & illusion, an architectural and social history, Londres, Reaktion Books, 1998.

Drouard Alain
Histoire des cuisiniers en France, XIXe-XXe siècle, Paris, CNRS éditions, 2004.

Drouard Alain et Williot Jean-Pierre (dir.)
Histoire des innovations alimentaires, XIXe et XXe siècles, Paris, L'Harmattan, 2007.

Étienne Bernard et Gaillard Marc
Palaces et grands hôtels, Paris, Éditions Atlas, 1992.

Faure Alain et Levy-Vroelant Claire
Une chambre en ville : hôtels meublés et garnis de Paris, 1860-1990, Paris, Créaphis, 2007.

Flandrin Jean-Louis et Montanari Massimo (dir.)
Histoire de l'alimentation, Paris, Fayard, 1996.

Flandrin Jean-Louis
L'ordre des mets, Paris, Odile Jacob, 2002.

Flückiger-Seiler Roland
Hotelpaläste : zwischen Traum und Wirklichkeit : Schweizer Tourismus und Hotelbau, 1830-1920, Baden, Hier + Jetzt, 2003.

Fondation Auguste Escoffier
La Cuisine de Palace, actes du colloque de la Fondation Auguste Escoffier (5-6 décembre 1997), Villeneuve-Loubet, 1998.

Gouirand Pierre
« Le palace », le concept de luxe en hôtellerie, Aix-en-Provence, Centre des hautes études touristiques, 1991.

Hoffer Pascal
Grands hôtels, Palaces, les bâtisseurs de rêve, Yens-sur-Morges, Cabétia, 2003.

Hubscher Ronald
« Nourrir le peuple : l'hippophagie à Paris au XIXe siècle », in Guintard Claude et Mazzoli-Guintard Christine (dir.), *Élevage d'hier, élevage d'aujourd'hui, Mélanges d'ethnozootechnie offerts à Bernard Denis*, Rennes, Presses universitaires de Rennes, 2004, p. 139-150.

HUMAIR Cédric
« Tourisme et transfert technologique : le Beau-Rivage Palace face aux défis du progrès technique, 1861-1914 », in MAILLARD Nadja (dir.), *Beau-Rivage Palace. Histoire(s)*, Lausanne, 2008, p. 82-100.
JAMES Kenneth
Auguste Escoffier & César Ritz, les rois de l'hôtellerie moderne, Périgueux, Pilote 24 édition, 2008.
JAMMET Pierre
Le Bristol, un palace dans son siècle, Paris, Hoëbeke, 1998.
JOURDAIN Virginie
L'Hôtel Bellevue (1776-1905). Précurseur de l'hôtellerie de luxe à Bruxelles, Bruxelles, Archives de la ville de Bruxelles, collection Studia Bruxellae n° 5, 2008.
JOURDAIN Virginie
L'hôtellerie bruxelloise 1880-1940, acteurs, structures et logiques spatiales d'un secteur multiforme, thèse de doctorat d'histoire (dir. Serge Jaumain et Laurent Tissot), Université libre de Bruxelles et Université de Neuchâtel, 2011.
KANOWSKI Claudia
Tafelsilber für die Bourgeoisie, Berlin, Gebr. Mann Verlag, 2000.
KOSINSKI Sophie et MICHELETTI Éric
Grands Hôtels du bord de mer, Paris, Histoire & Collections, 1996.
LAMOISE Roger
La vie et l'œuvre de Prosper Montagné, Malakoff, éditions Jacques Lanore, 1995.
LESUR Jean-Marc
Les hôtels de Paris, de l'auberge au palace, XIXe-XXe siècles, Neuchâtel, Éditions Alphil, 2005.
LITSCHGY Émile
La vie des palaces, Hôtels de séjour d'autrefois, Spéracèdes, Tac Motifs, 1997.
MAILLARD Nadja (dir.)
Beau-Rivage Palace. Histoire(s), Lausanne, 2008.
MELCHIOR DE LANGLE Henry
Le petit monde des cafés et débits parisiens au XIXe siècle, Paris, PUF Histoires, 1990.
MONTREUX PALACE
Le Montreux Palace, Montreux, Éditions Montreux Palace SA, 2006.
MUSÉE CARNAVALET
Du palais au palace, des grands hôtels de voyageurs à Paris au XIXe siècle, Paris, Paris Musées, 1998.

Ott Thierry

Palaces, une histoire de la grande hôtellerie suisse, Yens-sur-Morges, Cabédita, 1990.

Payen-Appenzeller Pascal

Hôtel Plaza Athénée Paris, Paris, Assouline, 2004.

Poulain Jean-Pierre et Neirinck Edmond

Histoire de la cuisine et des cuisiniers, techniques culinaires et pratiques de table, en France, du Moyen-Âge à nos jours, Paris, Éditions LT Jacques Lanore, 2004.

Rambourg Patrick

Histoire de la cuisine et de la gastronomie françaises, Paris, Perrin, 2010.

Roche Daniel (dir.)

La ville promise. Mobilité et accueil à Paris (fin XVIIIe siècle – début XIXe siècle), Paris, Fayard, 2000.

Spang L. Rebecca

The invention of the restaurant, Paris and modern gastronomie culture, Cambridge, Harvard University Press, 2001.

Tessier Alexandre

Le Grand Hôtel, 110 ans d'hôtellerie parisienne, 1862-1972, thèse de doctorat d'histoire (dir. Marc de Ferrière Le Vayer), Université François-Rabelais de Tours, 2009, 3 volumes.

Tissot Laurent

« L'hôtellerie de luxe à Genève (1830-2000). De ses espaces à ses usages », in *Entreprises et Histoire, Le luxe*, avril 2007, n° 46, p. 17-33.

Tissot Laurent

« Le Beau-Rivage Palace : son évolution économique et sociale (1861-1976) », in Maillard Nadja (dir.), *Beau-Rivage Palace. Histoire(s)*, Lausanne, 2008, p. 62-76.

Vajda Joanne

« Grands hôtels de gare parisiens, le Terminus Saint-Lazare et le Palais d'Orsay », in *Paris et Ile-de-France, Mémoires publiés par la Fédération des sociétés historiques et archéologiques de Paris et d'Ile-de-France*, t. 54, 2003, p. 339-396.

Ouvrages sur l'histoire d'entreprise et économique

ANDRIEU Claire
La banque sous l'Occupation, paradoxes de l'histoire d'une profession, 1936-1946, Paris, Presses de la Fondation nationale des sciences politiques, 1990.

AUTIN Jean
Les frères Pereire, le bonheur d'entreprendre, Paris, Librairie académique Perrin, 1984.

BARBANCE Marthe
Histoire de la Compagnie générale Transatlantique, Paris, Arts et Métiers graphiques, 1955.

BARBIER Frédéric
Finance et politique, la dynastie des Fould, XVIIIe-XXe siècle, Paris, Armand Colin, 1991.

BARJOT Dominique (dir.)
Les patrons du Second Empire, Anjou, Normandie, Maine, Paris, Picard/Cénomane, 1991.

BARJOT Dominique
Travaux publics de France, un siècle d'entrepreneurs et d'entreprises (1883-1992), Paris, Presses de l'école nationale des Ponts et Chaussées, 1993.

BARJOT Dominique (dir.)
Les entrepreneurs du Second Empire, Paris, Presses de l'Université de Paris-Sorbonne, 2003.

BARJOT Dominique
La Grande Entreprise française de travaux publics (1883-1974), Paris, Economica, 2006.

BELTRAN Alain et CARRÉ Patrice-A.
La fée et la servante, la société française face à l'électricité, XIX-XXe siècle, Paris, Belin, 1991.

BELTRAN Alain, FRANK Robert et ROUSSO Henry (dir.)
La vie des entreprises sous l'Occupation, Paris, Belin, 1994.

BERGERON Louis
Les capitalistes en France (1780-1914), Paris, Gallimard, 1978.

BERGERON Louis
Les industries du luxe en France, Paris, Odile Jacob, 1998.

BERNERON-COUVENHES Marie-Françoise
Les Messageries maritimes, L'essor d'une grande compagnie de navigation française, 1851-1894, Paris, PUPS, 2007.

BONIN Hubert
Histoire économique de la France depuis 1880, Paris, Masson, 1988.

BONIN Hubert

Les banques françaises de l'entre-deux-guerres (1919-1935), Paris, Éditions Plage, 2000, 3 volumes.

BONIN Hubert

La Banque de l'union parisienne (1874/1904-1974), histoire de la deuxième grande banque d'affaires française, Paris, Éditions Plage, 2001.

BOUNEAU Christophe et LUNG Yannick (dir.)

Les territoires de l'innovation, espaces de conflit, Pessac, Maison des Sciences de l'Homme d'Aquitaine, 2006.

BOURIENNE Véronique

« Boucicaut, Chauchard et les autres, fondateurs et fondation des premiers grands magasins parisiens », in *Mémoires de la Fédération des sociétés historiques et archéologiques de Paris et de l'Ile-de-France*, t. 40, Paris, 1989, p 257-335.

BOUVIER Jean, FURET François et GILLET Marcel

Le mouvement du profit en France au XIXe siècle, Matériaux et Études, Paris, Mouton, 1965.

BRETON Yves, BRODER Albert et LUTFALLA Michel (dir.)

La longue stagnation en France, l'autre grande dépression 1873-1897, Paris, Economica, 1997.

BUSSIÈRE Éric

Paribas, l'Europe et le monde, 1872-1992, Anvers, Fonds Mercator, 1992.

CARON François et CARDOT Françoise (dir.)

Histoire de l'électricité en France, Tome premier, 1881-1918, Paris, Fayard, 1991.

CARON François

Histoire économique de la France, XIXe-XXe siècle, 2de édition, Paris, Armand Colin, 1995.

CARON François

Histoire des chemins de fer, t. I : 1740-1883, t. II : 1883-1937, Paris, Fayard, 1997 et 2005.

CHADEAU Emmanuel

L'économie du risque, les entrepreneurs 1850-1980, Paris, Olivier Orban, 1988.

CHANDLER Alfred D.

La main visible des managers, Cambridge, Belknap Press of Harvard University Press, 1977 ; traduction française : Paris, Economica, 1988.

COLLI Andrea

The history of family business, 1850-2000, Cambridge, Cambridge University Press, 2003.

DARD Olivier, DAUMAS Jean-Claude et MARCOT François (dir.)
L'Occupation, l'État français et les entreprises, Paris, Association pour le développement de l'histoire économique, 2000.

DAUMAS Jean-Claude
L'amour du drap, Blin & Blin, 1827-1975, histoire d'une entreprise lainière familiale, Besançon, Presses universitaires franc-comtoises, 1999.

DAUMAS Jean-Claude et FERRIÈRE LE VAYER Marc (de) (dir.)
Entreprises et Histoire, Le luxe , avril 2007, n° 46.

DAVIET Jean-Pierre
Un destin international, La compagnie de Saint-Gobain de 1830 à 1939, Paris, Éditions des Archives contemporaines, 1988.

DAVIET Jean-Pierre
« Stratégie et structure chez Saint-Gobain : un modèle français dans les années 1930 ? », in *Entreprises et Histoire, stratégie industrielle, l'éternel retour ?*, n° 1, avril 1992, p. 42-60.

DESBOIS-THIBAULT Claire
L'extraordinaire aventure du champagne, Moët & Chandon, une affaire de famille, Paris, Presses universitaires de France, 2003.

FARGETTE Guy
Émile et Isaac Pereire, l'esprit d'entreprise au XIXe siècle, Paris, L'Harmattan, 2003.

FERRIÈRE LE VAYER Marc (de)
Christofle, deux siècles d'aventure industrielle, 1793-1993, Paris, Le Monde Éditions, 1995.

FERRIÈRE LE VAYER Marc (de)
Les cinq vies de Corbehem, de Béghin à Stora Enso, l'aventure d'une usine, Douai, Pagine, 1998.

FLEURIET Michel
Pouvoir et finance d'entreprise, droit et pratiques, Paris, Dalloz Gestion, 1977.

FLEURIET Michel
Les O.P.A. en France, Paris, Dalloz Gestion, 1991.

FRIDENSON Patrick
Histoire des usines Renault, t. 1, *Naissance de la grande entreprise (1898-1939)*, Paris, Seuil, 1972 ; réédition : Paris, Seuil, 1998.

GASTON-BRETON Tristan
Lesieur, une marque dans l'histoire, 1908-1998, Paris, Perrin, 1998.

GILLE Bertrand
La banque et le crédit en France de 1815 à 1848, Paris, PUF, 1959.

GOUBERT Jean-Pierre (dir.)
Du luxe au confort, Paris, Belin, 1988.

KURGAN-VAN HENTENRYK Ginette
Rail, finance et politique : les entreprises Philippart (1865-1890), Bruxelles, Éditions de l'université de Bruxelles, 1982.
KURGAN-VAN HENTENRYK Ginette
Gouverner la Générale de Belgique, essai de biographie collective, Bruxelles, De Boeck & Larcier, 1996.
KURGAN-VAN HENTENRYK Ginette, JAUMAIN Serge et MONTENS Valérie (dir.)
Dictionnaire des patrons en Belgique, les hommes, les entreprises, les réseaux, Bruxelles, De Boeck & Larcier, 1996.
LACROIX-RIZ Annie
Industriels et banquiers sous l'Occupation, la collaboration économique avec le Reich et Vichy, Paris, Armand Colin, 1999.
LESCURE Michel
Les banques, l'État et le marché immobilier en France à l'époque contemporaine (1820-1940), Paris, EHESS, 1982.
LESCURE Michel
Histoire d'une filière : immobilier et bâtiment en France (1820-1980), Paris, Hatier, 1983.
LESCURE Michel
PME et croissance économique, l'expérience française des années 1920, Paris, Economica, 1996.
LÉVY-LEBOYER Maurice (dir.)
Le patronat sous la seconde industrialisation, Paris, Les éditions ouvrières, 1979.
MARSEILLE Jacques (dir.)
Les performances des entreprises françaises au XXe siècle, Paris, Le Monde Éditions, 1995.
MARSEILLE Jacques (dir.)
L'industrialisation de l'Europe occidentale (1880-1970), Paris, ADHE, 1998.
MARSEILLE Jacques (dir.)
Le luxe en France du siècle des « Lumières » à nos jours, Paris, ADHE, 1999.
MARSEILLE Jacques
Empire colonial et capitalisme français, histoire d'un divorce, 2de édition, Paris, Albin Michel, 2005.
MARTY NICOLAS
Perrier, c'est nous ! Histoire de la source Perrier et de son personnel, Paris, Les éditions de l'atelier, 2005.

MILLER B. Michael
Au Bon Marché, 1869-1920, Le consommateur apprivoisé, Paris, Armand Colin, 1987.
PERROT Philippe
Le luxe, une richesse entre faste et confort XVIIIe-XIXe siècle, Paris, Seuil, 1995.
PLESSIS Alain
Régents et gouverneurs de la Banque de France sous le Second Empire, Genève, Droz, 1985.
PLESSIS Alain
La politique de la Banque de France de 1851 à 1870, Genève, Droz, 1985.
PLESSIS Alain
Histoires de la Banque de France, Paris, Albin Michel, 1998.
ROCHEBRUNE Renaud (de) et HAZERA Jean-Claude
Les patrons sous l'Occupation, Paris, Odile Jacob, 1995.
SCHWEITZER Sylvie
Des engrenages à la chaîne, les usines Citroën 1915-1935, Lyon, Presses universitaires de Lyon, 1982.
STOSKOPF Nicolas
Les patrons du Second Empire, t. VII : *banquiers et financiers parisiens*, Paris, Éditions Picard, 2002.
TERRIER Didier
Les deux âges de la proto-industrie, les tisserands du Cambrésis et du Saint-Quentinois, 1730-1880, Paris, Éditions de l'EHESS, 1996.
VERHEYDE Philippe
Les mauvais comptes de Vichy, L'aryanisation des entreprises juives, Paris, Perrin, 1999.
VERLEY Patrick
Entreprises et entrepreneurs du XVIIIe siècle au début du XXe siècle, Paris, Hachette, 1994.
WILLIOT Jean-Pierre
Naissance d'un service public : le gaz à Paris, Paris, Éditions Rive Droite, 1999.

Ouvrages sur l'histoire de l'art et de l'architecture

AMIC Yolande
L'opaline française au XIXe siècle, Paris, Gründ, 1952.
ARMINJON Catherine (dir.)
L'Art de Vivre, deux cents ans de création en France, 1789-1989, Paris, Flammarion, 1989.

ARMINJON Catherine et *al.*
L'orfèvrerie au XIXe siècle, actes du colloque international Galeries nationales du Grand Palais, 12-13 décembre 1991, Paris, La Documentation française, 1994.

BENEZIT E.
Dictionnaire des peintres, sculpteurs, dessinateurs et graveurs, Paris, Gründ, 1999, 14 volumes.

CABANNE Pierre et SCHURR Gérald
Dictionnaire des petits maîtres de la peinture (1820-1920), Paris, Les éditions de l'Amateur, 2003.

DUGAST Anne et PARIZET Isabelle
Dictionnaire par noms d'architectes des constructions élevées à Paris aux XIXe et XXe siècles, tome I : Abadie à Cyr-Robert, Paris, Service des travaux historiques de la ville de Paris, 1990.

ELEB Monique et DEBARRE Anne
L'invention de l'habitation moderne, Paris, 1880-1914, Paris, Hazan et Archives d'architecture moderne, 1995.

HAUTECŒUR Louis
Histoire de l'architecture classique en France, tome VII, la fin de l'architecture classique 1848-1900, Paris, Éditions A. et J. Picard & Cie, 1957.

LAMI Stanislas
Dictionnaire des sculpteurs de l'école française au XIXe siècle, Paris, Librairie ancienne Honoré Champion, 1914-1921, 4 volumes.

LOYER François
Histoire de l'architecture française de la Révolution à nos jours, Paris, Mengès, 1999.

MUSÉE CARNAVALET
Hittorff, un architecte du XIXe siècle, Paris, Paris Musée, 1986.

PEVSNER Nikolaus
A history of building types, Washington, Thames and Hudson, 1976.

RIVÉ Philippe (dir.)
La Sorbonne et sa reconstruction, Lyon, La Manufacture, 1987.

ZIRMI Tiphaine
Alfred Armand (1805-1888), un architecte collectionneur, Paris, École nationale des Chartes, 2003.

Ouvrages sur l'histoire du tourisme

BECK Robert et MADOEUF Anna
Divertissements et loisirs dans les sociétés urbaines à l'époque moderne et contemporaine, Tours, Presses universitaires François-Rabelais, 2005.

BERTHO-LAVENIR Catherine
La roue et le stylo : comment nous sommes devenus touristes, Paris, Odile Jacob, 1999.

BOYER Marc
Le tourisme, Paris, Seuil, 1972.

BOYER Marc
Histoire de l'invention du tourisme, XVIe-XIXe siècles, origine et développement du tourisme dans le Sud-Est de la France, La Tour d'Aigues, Éditions de l'Aube, 2000.

BOYER Marc
Histoire générale du tourisme du XVIe au XXIe siècle, Paris, L'Harmattan, 2005.

CHAUBAUD Gilles, COHEN Évelyne, COQUERY Natacha et PENEZ Jérôme (dir.)
Les guides imprimés du XVIe siècle au XXe siècle, villes, paysages, voyages, Paris, Belin, 2000.

CORBIN Alain
Le territoire du vide, l'Occident et le désir du rivage : 1750-1840, Paris, Flammarion, 1988.

CORBIN Alain (dir.)
L'avènement des loisirs, 1850-1960, Paris, Aubier, 1995.

DAUMARD Adeline et *al.*
Oisiveté et loisirs dans les sociétés occidentales au XIXe siècle, Abbeville, Centre de recherches d'histoire sociale de l'Université de Picardie, 1983.

GERBOD Paul
Voyages au pays des mangeurs de grenouilles, La France vue par les Britanniques du XVIIIe siècle à nos jours, Paris, Albin Michel, 1991.

HUMAIR Cédric et TISSOT Laurent (dir.)
Le tourisme suisse et son rayonnement international « Switzerland, the playground of the world », Lausanne, Éditions Antipodes, 2011.

LARIQUE Bertrand
L'économie du tourisme en France des années 1890 à la veille de la Seconde guerre mondiale. Organisation et développement d'un secteur socio-économique, thèse de doctorat d'histoire (dir. Christophe Bouneau), Université Bordeaux III, 2006.

TISSOT Laurent

Naissance d'une industrie touristique, les Anglais et la Suisse au XIXe *siècle,* Lausanne, Payot, 2000.

TISSOT Laurent (dir.)

Entreprises et Histoire, Le tourisme, juin 2007, n° 47.

WALTON John K.

The English Seaside Resort, A Social History, 1750-1914, Leicester, Leicester University Press, 1983.

WALTON John K.

The British seaside, Holidays and resorts in the twentieth century, Manchester, Manchester University Press, 2000.

INDEX NOMINUM

TABLES

Tableaux et graphiques

Figures